普通高等教育"十二五"规划教材

最优化计算方法及其 MATLAB 程序实现

马昌凤　柯艺芬　谢亚君　编著

国防工业出版社
·北京·

内 容 简 介

本书较为系统地介绍了最优化问题的基本理论和方法及其主要算法的 MATLAB 程序实现.关于无约束最优化问题,主要介绍了线搜索方法、梯度法、牛顿法、共轭梯度法、拟牛顿法、信赖域方法和最小二乘问题的数值解法.关于约束优化问题,主要介绍了最优性条件、线性规划的单纯形方法和非线性规划的可行方向法、罚函数法、二次规划问题和序列二次规划法等.设计的 MATLAB 程序有精确线搜索的黄金分割法和抛物线法,非精确线搜索的 Armijo 准则,梯度法,牛顿法,重开始共轭梯度法,BFGS 算法,DFP 算法,Broyden 族方法,信赖域方法,求解非线性最小二乘问题的 L-M 算法,解约束优化问题的乘子法,求解二次规划的有效集法,SQP 子问题的光滑牛顿法以及求解约束优化问题的 SQP 方法等.此外,书中配有丰富的例题和习题,可供学习者使用.本书既注重计算方法的实用性,又注意保持理论分析的严谨性,强调算法的思想和原理在计算机上的实现.

本书的主要阅读对象是数学与应用数学、信息与计算科学和统计学专业的本科生,应用数学、计算数学和运筹学与控制论专业的研究生,理工科其他有关专业的研究生,对最优化理论与算法感兴趣的教师及科技工作人员.

图书在版编目(CIP)数据

最优化计算方法及其 MATLAB 程序实现/马昌凤,柯艺芬,谢亚君编著.—北京:国防工业出版社, 2022.2 重印
ISBN 978-7-118-10236-9

Ⅰ.①最… Ⅱ.①马… ②柯… ③谢… Ⅲ.①Matlab 软件-应用-最优化算法 Ⅳ.①O242.23-39

中国版本图书馆 CIP 数据核字(2015)第 153095 号

※

国防工業出版社 出版发行
(北京市海淀区紫竹院南路 23 号 邮政编码 100048)
莱州市丰源印刷有限公司印刷
新华书店经售

*

开本 787×1092 1/16 **印张** 17¼ **字数** 390 千字
2022 年 2 月第 1 版第 4 次印刷 **印数** 7501—9000 册 **定价** 39.00 元

(本书如有印装错误,我社负责调换)

国防书店:(010)88540777 书店传真:(010)88540776
发行业务:(010)88540717 发行传真:(010)88540762

前言

运筹学的理论与方法广泛应用于工业与农业、交通与运输、国防与建筑以及通信与管理等各个部门、各个领域; 它主要解决最优计划、最优分配、最优决策、最佳设计和最佳管理等最优化问题. 本书所介绍的最优化方法又称为数学规划, 是运筹学的一个重要分支, 也是计算数学和应用数学的一个重要组成部分.

本书系统地介绍了最优化理论与方法及其 MATLAB 程序实现, 其主要阅读对象是数学与应用数学、信息与计算科学专业的本科生, 应用数学、计算数学和运筹学与控制论专业的研究生, 理工科有关专业的研究生, 对最优化理论与算法感兴趣的教师及科技工作人员. 读者只需具备微积分、线性代数和 MATLAB 程序设计方面的初步知识即可.

本书的主要内容包括: 最优化理论基础; 线搜索方法; 梯度法与牛顿法; 共轭梯度法; 拟牛顿法; 信赖域方法; 最小二乘问题的解法; 最优性条件; 线性规划; 罚函数法; 可行方向法; 二次规划; 等等. 设计的 MATLAB 程序有精确线搜索的黄金分割法和抛物线法, 非精确线搜索的 Armijo 准则, 梯度法, 牛顿法, 重开始共轭梯度法, 对称秩 1 算法, BFGS 算法, DFP 算法, Broyden 族方法, 信赖域方法, 非线性最小二乘问题的 L-M 算法, 解约束优化问题的乘子法, 求解二次规划的有效集法, 牛顿-拉格朗日算法, SQP 子问题的光滑牛顿法以及求解约束优化问题的 SQP 方法等. 此外, 书中配有丰富的例题和习题, 可供学习者使用.

本书各章节的主要算法都给出了 MATLAB 程序及相应的计算实例. 为了更好地配合教学, 作者编制了与本教材配套的电子课件 (PDF 格式的 PPT) 和全部算法的 MATLAB 程序, 需要的读者可到国防工业出版社网站下载 (网址:http://www.ndip.cn), 或发邮件至 896369667@qq.com 索取.

本书具有如下特点:

(1) 介绍最优化中最重要最基础的理论与算法, 它们是研究各种复杂的最优化问题的基础和工具.

(2) 最优化方法与 MATLAB 程序实现相结合, 采用当前最流行的数学软件 MATLAB 编制了主要优化算法的 MATLAB 程序. 所有程序都在计算机上经过调试和运行, 简洁而实用.

(3) 书中的每一程序之后都给出了相应的计算实例. 这不仅能帮助学生理解程序里所包含的最优化理论知识, 而且对培养学生处理最优化问题的能力也大有裨益.

(4) 每章都配备了一定数量的习题, 以加强学生对所学知识的理解.

由于作者水平有限, 加之时间仓促, 书中的缺点和错误在所难免, 恳请读者不吝赐教. 来信请发至: macf88@163.com, yfke89@163.com 或 xieyajun0525@163.com.

作 者
2015 年 3 月

目 录

第 1 章　最优化方法引论

1.1　最优化问题

在现实生活中, 经常会遇到某类实际问题, 要求在众多的方案中选择一个最优方案. 例如, 在工程设计中, 怎样选择参数使设计方案在满足要求的前提下达到成本最低; 在产品加工过程中, 如何搭配各种原料的比例才能既降低成本, 又能提高产品质量; 在资源配置时, 如何分配现有资源, 使得分配方案得到最好的经济效益. 这类基于现有资源使效益极大化或者为实现某类目标使成本极小化的问题称为最优化问题.

通俗地说, 最优化问题, 就是求一个多元函数在某个给定集合上的极值问题. 因此, 几乎所有类型的最优化问题都可以用下面的数学模型来描述:

$$\begin{aligned} &\min f(\boldsymbol{x}), \\ &\text{s.t.}\ \ \boldsymbol{x} \in \Omega, \end{aligned} \tag{1.1}$$

式中: Ω 为某个给定的集合, 称为可行集或可行域; $f(\boldsymbol{x})$ 为定义在集合 Ω 上连续可微的多元实值函数, 称为目标函数; $\boldsymbol{x} = (x_1, x_2, \cdots, x_n)^{\mathrm{T}}$ 为决策变量; s.t. 为 subject to (受限于) 的缩写.

对于极大化目标函数的情形, 可通过在目标函数前添加负号等价地转化为极小化目标函数. 因此, 这里只考虑极小化目标函数的情形.

可行域 Ω 的表述方式有多种, 一般常用等式和不等式来描述, 即

$$\Omega = \big\{\boldsymbol{x} \in \mathbf{R}^n | c_i(\boldsymbol{x}) = 0,\ i \in \mathcal{E};\ c_i(\boldsymbol{x}) \geqslant 0,\ i \in \mathcal{I}\big\}, \tag{1.2}$$

式中: $c_i(\boldsymbol{x})$ $(i \in \mathcal{E} \cup \mathcal{I})$ 为定义在 $\mathbf{R}^n$ 上连续可微的多元实值函数, 称为约束函数.

对于 $i \in \mathcal{E}$, $c_i(\boldsymbol{x}) = 0$ 称为等式约束, $\mathcal{E}$ 称为等式约束指标集; 对于 $i \in \mathcal{I}$, $c_i(\boldsymbol{x}) \geqslant 0$ 称为不等式约束, $\mathcal{I}$ 称为不等式约束指标集.

若指标集 $\mathcal{E} \cup \mathcal{I} = \varnothing$, 则称为无约束优化问题, 否则称为约束优化问题. 特别地, 把 $\mathcal{E} \neq \varnothing$ 且 $\mathcal{I} = \varnothing$ 的优化问题称为等式约束优化问题; 而把 $\mathcal{I} \neq \varnothing$ 且 $\mathcal{E} = \varnothing$ 的优化问题称为不等式约束优化问题. 此外, 通常把目标函数为二次函数而约束函数都是线性函数的优化问题称为二次规划; 而把目标函数和约束函数都是线性函数的优化问题称为线性规划.

1.2　向量和矩阵范数

在算法的收敛性分析中, 需要用到向量和矩阵范数的概念及其有关理论.

设 $\mathbf{R}^n$ 表示实 n 维向量空间, $\mathbf{R}^{m\times n}$ 表示实 $m\times n$ 矩阵全体所组成的线性空间. 在这两个空间中, 分别定义向量和矩阵的范数.

向量 $\boldsymbol{x}\in\mathbf{R}^n$ 的范数 $\|\cdot\|$ 是一个非负数, 它必须满足以下条件:

(1) $\|\boldsymbol{x}\|\geqslant 0$, $\|\boldsymbol{x}\|=0\Longleftrightarrow \boldsymbol{x}=\mathbf{0}$;

(2) $\|\alpha\boldsymbol{x}\|=|\alpha|\|\boldsymbol{x}\|$, $\forall\ \alpha\in\mathbf{R}$;

(3) $\|\boldsymbol{x}+\boldsymbol{y}\|\leqslant\|\boldsymbol{x}\|+\|\boldsymbol{y}\|$.

一类有用的向量范数是 p- 范数, 其定义为

$$\|\boldsymbol{x}\|_p=\left(\sum_{i=1}^{n}|x_i|^p\right)^{\frac{1}{p}},\quad p\geqslant 1. \tag{1.3}$$

其中最常用的向量范数有:

1- 范数: $\|\boldsymbol{x}\|_1=\sum\limits_{i=1}^{n}|x_i|$;

2- 范数: $\|\boldsymbol{x}\|_2=\left(\sum\limits_{i=1}^{n}|x_i|^2\right)^{\frac{1}{2}}$;

∞- 范数: $\|\boldsymbol{x}\|_\infty=\max\limits_{1\leqslant i\leqslant n}|x_i|$.

矩阵 $\boldsymbol{A}\in\mathbf{R}^{m\times n}$ 的范数, 完全可以按照向量范数的定义引入矩阵范数. 但大多数情形下, 研究的矩阵范数还需满足乘法性质:

$$\|\boldsymbol{AB}\|\leqslant\|\boldsymbol{A}\|\|\boldsymbol{B}\|,\quad \forall\ \boldsymbol{A}\in\mathbf{R}^{m\times n},\boldsymbol{B}\in\mathbf{R}^{n\times q},$$

式中: $\|\boldsymbol{AB}\|$, $\|\boldsymbol{A}\|$, $\|\boldsymbol{B}\|$ 分别为 $\mathbf{R}^{m\times q}$, $\mathbf{R}^{m\times n}$, $\mathbf{R}^{n\times q}$ 中的矩阵范数.

如果一矩阵范数 $\|\cdot\|_\mu$ 相对于向量范数 $\|\cdot\|$ 满足不等式

$$\|\boldsymbol{Ax}\|\leqslant\|\boldsymbol{A}\|_\mu\|\boldsymbol{x}\|,\quad \forall\ \boldsymbol{A}\in\mathbf{R}^{m\times n},\boldsymbol{x}\in\mathbf{R}^n,$$

则称矩阵范数 $\|\cdot\|_\mu$ 和向量范数 $\|\cdot\|$ 是相容的. 进一步, 若存在 $\boldsymbol{x}\neq\mathbf{0}$ 使

$$\|\boldsymbol{A}\|_\mu=\max_{\boldsymbol{x}\neq\mathbf{0}}\frac{\|\boldsymbol{Ax}\|}{\|\boldsymbol{x}\|}=\max_{\|\boldsymbol{x}\|=1}\|\boldsymbol{Ax}\|, \tag{1.4}$$

则称矩阵范数 $\|\cdot\|_\mu$ 是由向量范数 $\|\cdot\|$ 诱导出来的算子范数, 简称算子范数, 有时也称为从属于向量范数 $\|\cdot\|$ 的矩阵范数. 此时向量范数和算子范数通常采用相同的符号 $\|\cdot\|$.

不难验证, 从属于向量范数 $\|\boldsymbol{x}\|_1$, $\|\boldsymbol{x}\|_2$, $\|\boldsymbol{x}\|_\infty$ 的矩阵范数分别为

$$\|\boldsymbol{A}\|_1=\max_{1\leqslant j\leqslant n}\sum_{i=1}^{m}|a_{ij}|,$$

$$\|\boldsymbol{A}\|_2=\max\left\{\sqrt{\lambda}\mid\lambda\in\lambda(\boldsymbol{A}^{\mathrm{T}}\boldsymbol{A})\right\},$$

$$\|\boldsymbol{A}\|_\infty = \max_{1\leqslant i\leqslant m}\sum_{j=1}^{n}|a_{ij}|,$$

它们分别称为列和范数, 谱范数, 行和范数.

本书在讨论各种迭代算法的收敛性时, 通常采用谱范数和按下述方式定义的 F - 范数:

$$\|\boldsymbol{A}\|_F = \left(\sum_{i=1}^{m}\sum_{j=1}^{n}a_{ij}^2\right)^{1/2} = \sqrt{\mathrm{tr}(\boldsymbol{A}^{\mathrm{T}}\boldsymbol{A})}. \tag{1.5}$$

下面讨论向量序列和矩阵序列的收敛性. 若 $\{\boldsymbol{x}^{(k)}\}_{k=1}^{\infty}\subset\mathbf{R}^n$, 则

$$\lim_{k\to\infty}\boldsymbol{x}^{(k)} = \boldsymbol{x} \Longleftrightarrow \lim_{k\to\infty}x_i^{(k)} = x_i,$$

式中: $i=1,2,\cdots,n$. 类似地, 若 $\{\boldsymbol{A}^{(k)}\}_{k=1}^{\infty}\subset\mathbf{R}^{m\times n}$, 则

$$\lim_{k\to\infty}\boldsymbol{A}^{(k)} = \boldsymbol{A} \Longleftrightarrow \lim_{k\to\infty}a_{ij}^{(k)} = a_{ij},$$

式中: $i=1,2,\cdots,m$; $j=1,2,\cdots,n$. 为了利用范数描述上述极限, 必须建立向量范数的等价定理以及矩阵范数的等价定理.

定理 1.1 (1) 设 $\|\cdot\|$ 和 $\|\cdot\|'$ 是定义在 $\mathbf{R}^n$ 上的两个向量范数, 则存在两个正数 c_1 和 c_2, 对所有 $\boldsymbol{x}\in\mathbf{R}^n$ 均成立

$$c_1\|\boldsymbol{x}\| \leqslant \|\boldsymbol{x}\|' \leqslant c_2\|\boldsymbol{x}\|.$$

(2) 设 $\|\cdot\|$ 和 $\|\cdot\|'$ 是定义在 $\mathbf{R}^{m\times n}$ 上的两个矩阵范数, 则存在两个正数 m_1 和 m_2, 对所有 $\boldsymbol{A}\in\mathbf{R}^{m\times n}$ 均成立

$$m_1\|\boldsymbol{A}\| \leqslant \|\boldsymbol{A}\|' \leqslant m_2\|\boldsymbol{A}\|.$$

下面利用范数的概念, 等价地定义向量序列和矩阵序列的收敛性.

定理 1.2 (1) 设 $\{\boldsymbol{x}^{(k)}\}$ 为 n 维向量序列, $\|\cdot\|$ 为定义在 $\mathbf{R}^n$ 上的向量范数, 则

$$\lim_{k\to\infty}\boldsymbol{x}^{(k)} = \boldsymbol{x} \Longleftrightarrow \lim_{k\to\infty}\|\boldsymbol{x}^{(k)}-\boldsymbol{x}\| = 0.$$

(2) 设 $\{\boldsymbol{A}^{(k)}\}$ 为 $m\times n$ 矩阵序列, $\|\cdot\|$ 为定义在 $\mathbf{R}^{m\times n}$ 上的矩阵范数, 则

$$\lim_{k\to\infty}\boldsymbol{A}^{(k)} = \boldsymbol{A} \Longleftrightarrow \lim_{k\to\infty}\|\boldsymbol{A}^{(k)}-\boldsymbol{A}\| = 0.$$

1.3 多元函数分析

本节主要介绍后文经常需要用到的 n 元函数的一阶和二阶导数以及泰勒展开式.

定义 1.1 设有 n 元实函数 $f(\boldsymbol{x})$, 其中自变量 $\boldsymbol{x}=(x_1,x_2\cdots,x_n)^{\mathrm{T}}\in\mathbf{R}^n$. 称向量

$$\nabla f(\boldsymbol{x})=\left(\frac{\partial f(\boldsymbol{x})}{\partial x_1},\frac{\partial f(\boldsymbol{x})}{\partial x_2},\cdots,\frac{\partial f(\boldsymbol{x})}{\partial x_n}\right)^{\mathrm{T}} \tag{1.6}$$

为 $f(\boldsymbol{x})$ 在 $\boldsymbol{x}$ 处的一阶导数或梯度. 称矩阵

$$\nabla^2 f(\boldsymbol{x})=\begin{pmatrix}\dfrac{\partial^2 f(\boldsymbol{x})}{\partial x_1^2} & \dfrac{\partial^2 f(\boldsymbol{x})}{\partial x_1\partial x_2} & \cdots & \dfrac{\partial^2 f(\boldsymbol{x})}{\partial x_1\partial x_n}\\ \dfrac{\partial^2 f(\boldsymbol{x})}{\partial x_2\partial x_1} & \dfrac{\partial^2 f(\boldsymbol{x})}{\partial x_2^2} & \cdots & \dfrac{\partial^2 f(\boldsymbol{x})}{\partial x_2\partial x_n}\\ \vdots & \vdots & \ddots & \vdots\\ \dfrac{\partial^2 f(\boldsymbol{x})}{\partial x_n\partial x_1} & \dfrac{\partial^2 f(\boldsymbol{x})}{\partial x_n\partial x_2} & \cdots & \dfrac{\partial^2 f(\boldsymbol{x})}{\partial x_n^2}\end{pmatrix} \tag{1.7}$$

为 $f(\boldsymbol{x})$ 在 $\boldsymbol{x}$ 处的二阶导数或 Hesse 阵. 若梯度 $\nabla f(\boldsymbol{x})$ 的每个分量函数在 $\boldsymbol{x}$ 处都连续, 则称 f 在 $\boldsymbol{x}$ 处一阶连续可微. 若 Hesse 阵 $\nabla^2 f(\boldsymbol{x})$ 的各个分量函数在 $\boldsymbol{x}$ 处都连续, 则称 f 在 $\boldsymbol{x}$ 处二阶连续可微.

若 f 在开集 $\mathcal{D}$ 的每一点都一阶连续可微, 则称 f 在 $\mathcal{D}$ 上一阶连续可微. 若 f 在开集 $\mathcal{D}$ 的每一点都二阶连续可微, 则称 f 在 $\mathcal{D}$ 上二阶连续可微.

由定义 1.1 不难发现, 若 f 在 $\boldsymbol{x}$ 处二阶连续可微, 则

$$\frac{\partial^2 f(\boldsymbol{x})}{\partial x_i\partial x_j}=\frac{\partial^2 f(\boldsymbol{x})}{\partial x_j\partial x_i},\quad i,j=1,2,\cdots,n,$$

即 Hesse 阵 $\nabla^2 f(\boldsymbol{x})$ 是对称阵.

例 1.1 设二次函数

$$f(\boldsymbol{x})=\frac{1}{2}\boldsymbol{x}^{\mathrm{T}}\boldsymbol{A}\boldsymbol{x}-\boldsymbol{b}^{\mathrm{T}}\boldsymbol{x},$$

式中: $\boldsymbol{b}\in\mathbf{R}^n$ 且 $\boldsymbol{A}\in\mathbf{R}^{n\times n}$ 是对称阵. 那么, 不难计算 $f(\boldsymbol{x})$ 在 $\boldsymbol{x}$ 处的梯度及 Hesse 阵分别为

$$\nabla f(\boldsymbol{x})=\boldsymbol{A}\boldsymbol{x}-\boldsymbol{b},\quad \nabla^2 f(\boldsymbol{x})=\boldsymbol{A}.$$

例 1.2 (泰勒展开) 设函数 $f:\mathbf{R}^n\to\mathbf{R}$ 连续可微, 则

$$f(\boldsymbol{x}+\boldsymbol{h}) = f(\boldsymbol{x})+\int_0^1\nabla f(\boldsymbol{x}+t\boldsymbol{h})^{\mathrm{T}}\boldsymbol{h}\mathrm{d}t$$

$$
\begin{aligned}
&= f(\boldsymbol{x}) + \nabla f(\boldsymbol{x}+\theta\boldsymbol{h})^{\mathrm{T}}\boldsymbol{h} \quad \big(\theta \in (0,1)\big) \\
&= f(\boldsymbol{x}) + \nabla f(\boldsymbol{x})^{\mathrm{T}}\boldsymbol{h} + o(\|\boldsymbol{h}\|).
\end{aligned}
$$

进一步, 若函数 f 是二次连续可微的, 则有

$$
\begin{aligned}
f(\boldsymbol{x}+\boldsymbol{h}) &= f(\boldsymbol{x}) + \nabla f(\boldsymbol{x})^{\mathrm{T}}\boldsymbol{h} + \int_0^1 (1-t)\boldsymbol{h}^{\mathrm{T}}\nabla^2 f(\boldsymbol{x}+t\boldsymbol{h})\boldsymbol{h}\mathrm{d}t \\
&= f(\boldsymbol{x}) + \nabla f(\boldsymbol{x})^{\mathrm{T}}\boldsymbol{h} + \frac{1}{2}\boldsymbol{h}^{\mathrm{T}}\nabla^2 f(\boldsymbol{x}+\theta\boldsymbol{h})\boldsymbol{h} \quad \big(\theta \in (0,1)\big) \\
&= f(\boldsymbol{x}) + \nabla f(\boldsymbol{x})^{\mathrm{T}}\boldsymbol{h} + \frac{1}{2}\boldsymbol{h}^{\mathrm{T}}\nabla^2 f(\boldsymbol{x})\boldsymbol{h} + o(\|\boldsymbol{h}\|^2)
\end{aligned}
$$

及

$$
\begin{aligned}
\nabla f(\boldsymbol{x}+\boldsymbol{h}) &= \nabla f(\boldsymbol{x}) + \int_0^1 \nabla^2 f(\boldsymbol{x}+t\boldsymbol{h})^{\mathrm{T}}\boldsymbol{h}\mathrm{d}t \\
&= \nabla f(\boldsymbol{x}) + \nabla^2 f(\boldsymbol{x}+\theta\boldsymbol{h})^{\mathrm{T}}\boldsymbol{h} \quad \big(\theta \in (0,1)\big) \\
&= \nabla f(\boldsymbol{x}) + \nabla^2 f(\boldsymbol{x})^{\mathrm{T}}\boldsymbol{h} + o(\|\boldsymbol{h}\|).
\end{aligned}
$$

下面简单介绍向量值函数的可微性及中值定理. 设有向量值函数

$$
\boldsymbol{F}(\boldsymbol{x}) = (F_1(\boldsymbol{x}), F_2(\boldsymbol{x}), \cdots, F_m(\boldsymbol{x}))^{\mathrm{T}} : \mathbf{R}^n \to \mathbf{R}^m.
$$

若每个分量函数 F_i 都是 (连续) 可微的, 则称 $\boldsymbol{F}$ 是 (连续) 可微的. 向量值函数 $\boldsymbol{F}$ 在 $\boldsymbol{x}$ 处的导数 $\boldsymbol{F}' \in \mathbf{R}^{m\times n}$ 是指它在 $\boldsymbol{x}$ 处的 Jacobi 矩阵, 记为 $\boldsymbol{F}'(\boldsymbol{x})$ 或 $\boldsymbol{J}_F(\boldsymbol{x})$, 即

$$
\boldsymbol{F}'(\boldsymbol{x}) := \boldsymbol{J}_F(\boldsymbol{x}) := \begin{pmatrix}
\dfrac{\partial F_1(\boldsymbol{x})}{\partial x_1} & \dfrac{\partial F_1(\boldsymbol{x})}{\partial x_2} & \cdots & \dfrac{\partial F_1(\boldsymbol{x})}{\partial x_n} \\
\dfrac{\partial F_2(\boldsymbol{x})}{\partial x_1} & \dfrac{\partial F_2(\boldsymbol{x})}{\partial x_2} & \cdots & \dfrac{\partial F_2(\boldsymbol{x})}{\partial x_n} \\
\vdots & \vdots & \ddots & \vdots \\
\dfrac{\partial F_m(\boldsymbol{x})}{\partial x_1} & \dfrac{\partial F_m(\boldsymbol{x})}{\partial x_2} & \cdots & \dfrac{\partial F_m(\boldsymbol{x})}{\partial x_n}
\end{pmatrix}.
$$

考虑到标量函数的梯度定义, 有时也把向量函数 $\boldsymbol{F}$ 的 Jacobi 矩阵的转置称为 $\boldsymbol{F}$ 在 $\boldsymbol{x}$ 处的梯度矩阵, 记为

$$
\nabla \boldsymbol{F}(\boldsymbol{x}) = \boldsymbol{J}_F(\boldsymbol{x})^{\mathrm{T}} = \big(\nabla F_1(\boldsymbol{x}), \nabla F_2(\boldsymbol{x}), \cdots, \nabla F_m(\boldsymbol{x})\big).
$$

不难发现, 例 1.2 中关于多元实函数的一些结论可以推广到向量值函数的情形. 例如, 若向量值函数 $\boldsymbol{F}: \mathbf{R}^n \to \mathbf{R}^m$ 是连续可微的, 则对于任意的 $\boldsymbol{x}$, $\boldsymbol{h} \in \mathbf{R}^n$, 有

$$
\boldsymbol{F}(\boldsymbol{x}+\boldsymbol{h}) = \boldsymbol{F}(\boldsymbol{x}) + \int_0^1 \nabla \boldsymbol{F}(\boldsymbol{x}+t\boldsymbol{h})^{\mathrm{T}}\boldsymbol{h}\mathrm{d}t = \boldsymbol{F}(\boldsymbol{x}) + \boldsymbol{F}'(\boldsymbol{x})\boldsymbol{h} + o(\|\boldsymbol{h}\|).
$$

对于向量值函数 $\boldsymbol{F}$, 也可以定义 Lipschitz 连续性的概念.

定义 1.2 设向量值函数 $\boldsymbol{F}:\mathbf{R}^n\to\mathbf{R}^m$, $\boldsymbol{x}\in\mathbf{R}^n$, 称 $\boldsymbol{F}$ 在 $\boldsymbol{x}$ 处是 Lipschitz 连续的, 是指存在常数 $L>0$, 使得对任意的 $\boldsymbol{y}\in\mathbf{R}^n$, 满足

$$\|\boldsymbol{F}(\boldsymbol{x})-\boldsymbol{F}(\boldsymbol{y})\|\leqslant L\|\boldsymbol{x}-\boldsymbol{y}\|, \tag{1.8}$$

式中: L 为 Lipschitz 常数.

若式 (1.8) 对任意的 $\boldsymbol{x}$, $\boldsymbol{y}\in\mathbf{R}^n$ 都成立, 则称 $\boldsymbol{F}$ 在 $\mathbf{R}^n$ 内是 Lipschitz 连续的.

在迭代法的收敛性分析中, 有时需要用到向量值函数的"中值定理", 现引述如下.

定理 1.3 设向量值函数 $\boldsymbol{F}:\mathbf{R}^n\to\mathbf{R}^m$ 连续可微, 那么

(1) 对任意的 $\boldsymbol{x},\boldsymbol{y}\in\mathbf{R}^n$, 有

$$\|\boldsymbol{F}(\boldsymbol{x})-\boldsymbol{F}(\boldsymbol{y})\|\leqslant\sup_{0\leqslant t\leqslant 1}\|\boldsymbol{F}'(\boldsymbol{y}+t(\boldsymbol{x}-\boldsymbol{y}))\|\,\|\boldsymbol{x}-\boldsymbol{y}\|;$$

(2) 对任意的 $\boldsymbol{x},\boldsymbol{y},\boldsymbol{z}\in\mathbf{R}^n$, 有

$$\|\boldsymbol{F}(\boldsymbol{y})-\boldsymbol{F}(\boldsymbol{z})-\boldsymbol{F}'(\boldsymbol{x})(\boldsymbol{y}-\boldsymbol{z})\|\leqslant\sup_{0\leqslant t\leqslant 1}\|\boldsymbol{F}'(\boldsymbol{z}+t(\boldsymbol{y}-\boldsymbol{z}))-\boldsymbol{F}'(\boldsymbol{x})\|\,\|\boldsymbol{y}-\boldsymbol{z}\|.$$

由定理 1.3 的结论 (2) 可推得下面的结论.

推论 1.1 设向量值函数 $\boldsymbol{F}:\mathbf{R}^n\to\mathbf{R}^m$ 是连续可微的, 且其 Jacobi 矩阵映射是 Lipschitz 连续的, 即存在常数 $L>0$ 使得

$$\|\boldsymbol{F}'(\boldsymbol{u})-\boldsymbol{F}'(\boldsymbol{v})\|\leqslant L\|\boldsymbol{u}-\boldsymbol{v}\|,\quad\forall\,\boldsymbol{u},\boldsymbol{v}\in\mathbf{R}^n, \tag{1.9}$$

则对任意的 $\boldsymbol{x},\boldsymbol{h}\in\mathbf{R}^n$, 有

$$\|\boldsymbol{F}(\boldsymbol{x}+\boldsymbol{h})-\boldsymbol{F}(\boldsymbol{x})-\boldsymbol{F}'(\boldsymbol{x})\boldsymbol{h}\|\leqslant\frac{1}{2}L\|\boldsymbol{h}\|^2. \tag{1.10}$$

1.4 凸集与凸函数

本节介绍凸集、锥和凸函数的有关概念.

定义 1.3 设集合 $\mathcal{D}\subset\mathbf{R}^n$. 称集合 $\mathcal{D}$ 为凸集, 是指对任意的 $\boldsymbol{x},\boldsymbol{y}\in\mathcal{D}$ 及任意的实数 $\lambda\in[0,1]$, 都有 $\lambda\boldsymbol{x}+(1-\lambda)\boldsymbol{y}\in\mathcal{D}$.

由定义 1.3 不难知道凸集的几何意义, 即对非空集合 $\mathcal{D}\subset\mathbf{R}^n$, 若连接其中任意两点的线段仍属于该集合, 则称该集合 $\mathcal{D}$ 为凸集.

不难证明凸集的下列基本性质.

性质 1.1 设 $\mathcal{D},\mathcal{D}_1,\mathcal{D}_2$ 是凸集, α 是一实数, 那么

(1) $\alpha\mathcal{D} := \{\boldsymbol{y}|\boldsymbol{y}=\alpha\boldsymbol{x},\ \boldsymbol{x}\in\mathcal{D}\}$ 是凸集;

(2) 交集 $\mathcal{D}_1\cap\mathcal{D}_2$ 是凸集;

(3) 和集 $\mathcal{D}_1+\mathcal{D}_2 := \{\boldsymbol{z}|\boldsymbol{z}=\boldsymbol{x}+\boldsymbol{y},\ \boldsymbol{x}\in\mathcal{D}_1,\ \boldsymbol{y}\in\mathcal{D}_2\}$ 也是凸集.

例 1.3 n 维欧几里得空间中的 m 个点的凸组合是一个凸集, 即集合

$$\left\{\boldsymbol{x}=\sum_{i=1}^{m}\alpha_i\boldsymbol{x}_i \,\middle|\, \boldsymbol{x}_i\in\mathbf{R}^n,\ \alpha_i\geqslant 0,\ \sum_{i=1}^{m}\alpha_i=1\right\}$$

是凸集.

例 1.4 n 维欧几里得空间中的超平面 $H := \{\boldsymbol{x}|\boldsymbol{b}^{\mathrm{T}}\boldsymbol{x}=\alpha\}$ 是一个凸集, 其中 $\alpha\in\mathbf{R}$, $\boldsymbol{b}\in\mathbf{R}^n\backslash\{\boldsymbol{0}\}$ 是超平面的法向量. 此外, 下面的四个半空间都是凸集:

(1) 正的闭半空间 $H^+ := \{\boldsymbol{x}|\boldsymbol{b}^{\mathrm{T}}\boldsymbol{x}\geqslant\alpha\}$;

(2) 负的闭半空间 $H^- := \{\boldsymbol{x}|\boldsymbol{b}^{\mathrm{T}}\boldsymbol{x}\leqslant\alpha\}$;

(3) 正的开半空间 $\overset{\circ}{H}{}^+ := \{\boldsymbol{x}|\boldsymbol{b}^{\mathrm{T}}\boldsymbol{x}>\alpha\}$;

(4) 负的开半空间 $\overset{\circ}{H}{}^- := \{\boldsymbol{x}|\boldsymbol{b}^{\mathrm{T}}\boldsymbol{x}<\alpha\}$.

例 1.5 以 $\boldsymbol{x}_0\in\mathbf{R}^n$ 为起点、$\boldsymbol{d}\in\mathbf{R}^n\backslash\{\boldsymbol{0}\}$ 为方向的射线

$$r(\boldsymbol{x}_0;\boldsymbol{d}) := \{\boldsymbol{x}\in\mathbf{R}^n \,|\, \boldsymbol{x}=\boldsymbol{x}_0+\alpha\boldsymbol{d},\ \alpha\geqslant 0\}$$

是凸集.

定义 1.4 集合 $\mathcal{D}\subset\mathbf{R}^n$ 的凸包 (convex hull) 是指所有包含 $\mathcal{D}$ 的凸集的交集, 记为

$$\mathrm{conv}(\mathcal{D}) := \bigcap_{\mathcal{G}\supseteq\mathcal{D}}\mathcal{G},$$

式中: $\mathcal{G}$ 为凸集.

下面给出锥和凸锥的定义.

定义 1.5 设非空集合 $\mathcal{G}\subset\mathbf{R}^n$. 若对任意的 $\boldsymbol{x}\in\mathcal{G}$ 和任意的实数 $\lambda>0$, 有 $\lambda\boldsymbol{x}\in\mathcal{G}$, 则称 $\mathcal{G}$ 为一个锥 (cone). 若 $\mathcal{G}$ 同时也是凸集, 则称 $\mathcal{G}$ 为一个凸锥 (convex cone). 此外, 对于锥 $\mathcal{G}$, 若 $\boldsymbol{0}\in\mathcal{G}$, 则称 $\mathcal{G}$ 为一个尖锥 (pointed cone). 相应地, 包含 $\boldsymbol{0}$ 的凸锥称为尖凸锥.

例 1.6 多面体 $\{\boldsymbol{x}\in\mathbf{R}^n|\boldsymbol{A}\boldsymbol{x}\geqslant\boldsymbol{0}\}$ 是一个尖凸锥, 通常称为多面锥 (polyhedral cone).

例 1.7 集合

$$\mathbf{R}_+^n := \{\boldsymbol{x} \in \mathbf{R}^n | x_i \geqslant 0,\ i = 1, 2, \cdots, n\}$$

是一个尖凸锥，通常称为非负锥 (nonnegative cone). 相应地，凸锥

$$\mathbf{R}_{++}^n := \{\boldsymbol{x} \in \mathbf{R}^n | x_i > 0,\ i = 1, 2, \cdots, n\}$$

称为正锥 (positive cone).

有了凸集的概念之后，就可以定义凸集上所谓的凸函数.

定义 1.6 设函数 $f: \mathcal{D} \subset \mathbf{R}^n \to \mathbf{R}$，其中 $\mathcal{D}$ 为凸集.

(1) 称 f 是 $\mathcal{D}$ 上的凸函数，是指对任意的 $\boldsymbol{x}, \boldsymbol{y} \in \mathcal{D}$ 及任意的实数 $\lambda \in [0, 1]$，都有

$$f(\lambda \boldsymbol{x} + (1-\lambda)\boldsymbol{y}) \leqslant \lambda f(\boldsymbol{x}) + (1-\lambda) f(\boldsymbol{y}).$$

(2) 称 f 是 $\mathcal{D}$ 上的严格凸函数，是指对任意的 $\boldsymbol{x}, \boldsymbol{y} \in \mathcal{D}$，$\boldsymbol{x} \neq \boldsymbol{y}$ 及任意的实数 $\lambda \in (0, 1)$，都有

$$f(\lambda \boldsymbol{x} + (1-\lambda)\boldsymbol{y}) < \lambda f(\boldsymbol{x}) + (1-\lambda) f(\boldsymbol{y}).$$

(3) 称 f 是 $\mathcal{D}$ 上的一致凸函数，是指存在常数 $\gamma > 0$，使对任意的 $\boldsymbol{x}, \boldsymbol{y} \in \mathcal{D}$ 及任意的实数 $\lambda \in [0, 1]$，都有

$$f(\lambda \boldsymbol{x} + (1-\lambda)\boldsymbol{y}) + \frac{1}{2}\lambda(1-\lambda)\gamma\|\boldsymbol{x} - \boldsymbol{y}\|^2 \leqslant \lambda f(\boldsymbol{x}) + (1-\lambda) f(\boldsymbol{y}).$$

凸函数具有下列基本性质.

性质 1.2 设 f, f_1, f_2 都是凸集 $\mathcal{D}$ 上的凸函数，$c_1, c_2 \in \mathbf{R}_+$，$\alpha \in \mathbf{R}$，则有

(1) $c_1 f_1(\boldsymbol{x}) + c_2 f_2(\boldsymbol{x})$ 也是 $\mathcal{D}$ 上的凸函数；

(2) 水平集

$$\mathcal{L}(f, \alpha) = \{\boldsymbol{x} | \boldsymbol{x} \in \mathcal{D},\ f(\boldsymbol{x}) \leqslant \alpha\}$$

是凸集.

凸集和凸函数在优化理论中起着举足轻重的作用，但是利用凸函数的定义来判断一个函数是否具有凸性并非一件容易的事情. 如果函数是一阶或二阶连续可微的，则可利用函数的梯度或 Hesse 阵来判别或验证函数的凸性要相对容易一些. 下面给出几个判别定理.

定理 1.4 设 f 在凸集 $\mathcal{D} \subset \mathbf{R}^n$ 上一阶连续可微，则

(1) f 在 $\mathcal{D}$ 上为凸函数的充要条件是

$$f(\boldsymbol{x}) \geqslant f(\boldsymbol{y}) + \nabla f(\boldsymbol{y})^{\mathrm{T}}(\boldsymbol{x} - \boldsymbol{y}), \quad \forall\ \boldsymbol{x}, \boldsymbol{y} \in \mathcal{D}; \tag{1.11}$$

(2) f 在 $\mathcal{D}$ 上为严格凸函数的充要条件是, 当 $\boldsymbol{x} \neq \boldsymbol{y}$ 时, 成立

$$f(\boldsymbol{x}) > f(\boldsymbol{y}) + \nabla f(\boldsymbol{y})^{\mathrm{T}}(\boldsymbol{x}-\boldsymbol{y}), \quad \forall\, \boldsymbol{x}, \boldsymbol{y} \in \mathcal{D}; \tag{1.12}$$

(3) f 在 $\mathcal{D}$ 上为一致凸函数的充要条件是, 存在常数 $c>0$, 使对任意的 $\boldsymbol{x}, \boldsymbol{y} \in \mathcal{D}$, 成立

$$f(\boldsymbol{x}) \geqslant f(\boldsymbol{y}) + \nabla f(\boldsymbol{y})^{\mathrm{T}}(\boldsymbol{x}-\boldsymbol{y}) + c\|\boldsymbol{x}-\boldsymbol{y}\|^2. \tag{1.13}$$

在一元函数中, 若 $f(x)$ 在区间 (a,b) 上二阶可微且 $f''(x) \geqslant 0\ (>0)$, 则 $f(x)$ 在 (a,b) 内凸 (严格凸). 对于二阶连续可微的多元函数 $f: \mathcal{D} \subset \mathbf{R}^n \to \mathbf{R}$, 也可以由其二阶导数 (Hesse 阵) 给出凸性的一个近乎完整的表述.

定义 1.7 设 n 元实函数 f 在凸集 $\mathcal{D}$ 上是二阶连续可微的. 若对一切 $\boldsymbol{h} \in \mathbf{R}^n$, 有 $\boldsymbol{h}^T \nabla^2 f(\boldsymbol{x}) \boldsymbol{h} \geqslant 0$, 则称 $\nabla^2 f$ 在点 $\boldsymbol{x}$ 处是半正定的. 若对一切 $\boldsymbol{0} \neq \boldsymbol{h} \in \mathbf{R}^n$, 有 $\boldsymbol{h}^T \nabla^2 f(\boldsymbol{x}) \boldsymbol{h} > 0$, 则称 $\nabla^2 f$ 在点 $\boldsymbol{x}$ 处是正定的. 进一步, 若存在常数 $c>0$, 使得对任意的 $\boldsymbol{h} \in \mathbf{R}^n$, $\boldsymbol{x} \in \mathcal{D}$, 有 $\boldsymbol{h}^T \nabla^2 f(\boldsymbol{x}) \boldsymbol{h} \geqslant c\|\boldsymbol{h}\|^2$, 则称 $\nabla^2 f$ 在 $\mathcal{D}$ 上是一致正定的.

有了定义 1.7, 可以把一元函数关于用二阶导数表述凸性的结果推广到多元函数上.

定理 1.5 设 n 元实函数 f 在凸集 $\mathcal{D} \subset \mathbf{R}^n$ 上二阶连续可微, 则

(1) f 在 $\mathcal{D}$ 上为凸函数的充要条件是 $\nabla^2 f(\boldsymbol{x})$ 对一切 $\boldsymbol{x} \in \mathcal{D}$ 为半正定;

(2) f 在 $\mathcal{D}$ 上为严格凸函数的充分条件是 $\nabla^2 f(\boldsymbol{x})$ 对一切 $\boldsymbol{x} \in \mathcal{D}$ 为正定;

(3) f 在 $\mathcal{D}$ 上为一致凸函数的充要条件是 $\nabla^2 f(\boldsymbol{x})$ 对一切 $\boldsymbol{x} \in \mathcal{D}$ 为一致正定.

注 $\nabla^2 f$ 正定是 f 为严格凸函数的充分条件而非必要条件.

1.5 无约束问题的最优性条件

本节讨论无约束优化问题

$$\min_{\boldsymbol{x} \in \mathbf{R}^n} f(\boldsymbol{x}) \tag{1.14}$$

的最优性条件, 它包含一阶条件和二阶条件. 首先给出极小点的定义, 它分为全局极小点和局部极小点.

定义 1.8 若对于任意的 $\boldsymbol{x} \in \mathbf{R}^n$, 都有

$$f(\boldsymbol{x}^*) \leqslant f(\boldsymbol{x}),$$

则称 $\boldsymbol{x}^*$ 为 f 的一个全局极小点. 若上述不等式严格成立且 $\boldsymbol{x} \neq \boldsymbol{x}^*$, 则称 $\boldsymbol{x}^*$ 为 f 的一个严格全局极小点.

定义 1.9 若对于任意的 $\boldsymbol{x} \in N(\boldsymbol{x}^*, \delta) = \{\boldsymbol{x} \in \mathbf{R}^n | \|\boldsymbol{x} - \boldsymbol{x}^*\| < \delta\}$, 都有

$$f(\boldsymbol{x}^*) \leqslant f(\boldsymbol{x}),$$

则称 $\boldsymbol{x}^*$ 为 f 的一个局部极小点, 其中 $\delta > 0$ 为某个常数. 若上述不等式严格成立且 $\boldsymbol{x} \neq \boldsymbol{x}^*$, 则称 $\boldsymbol{x}^*$ 为 f 的一个严格局部极小点.

由定义 1.8 和定义 1.9 可知, 全局极小点一定是局部极小点, 反之不然. 一般来说, 求全局极小点是相当困难的, 因此, 通常只求局部极小点 (在实际应用中, 有时求局部极小点已满足了问题的要求). 故本书所讨论的求极小点的方法都是指局部极小点.

为了讨论和叙述的方便, 本书引入下列记号:

$$\boldsymbol{g}(\boldsymbol{x}) = \nabla f(\boldsymbol{x}), \quad \boldsymbol{g}_k = \nabla f(\boldsymbol{x}_k), \quad \boldsymbol{G}(\boldsymbol{x}) = \nabla^2 f(\boldsymbol{x}), \quad \boldsymbol{G}_k = \nabla^2 f(\boldsymbol{x}_k).$$

定理 1.6 **(一阶必要条件)** 设 $f(\boldsymbol{x})$ 在开集 $\mathcal{D}$ 上一阶连续可微. 若 $\boldsymbol{x}^* \in \mathcal{D}$ 是问题 (1.14) 的一个局部极小点, 则必有 $\boldsymbol{g}(\boldsymbol{x}^*) = \mathbf{0}$.

证明 取 $\boldsymbol{x} = \boldsymbol{x}^* - \alpha \boldsymbol{g}(\boldsymbol{x}^*) \in \mathcal{D}$, 其中 $\alpha > 0$ 为某个常数, 则有

$$\begin{aligned} f(\boldsymbol{x}) &= f(\boldsymbol{x}^*) + \boldsymbol{g}(\boldsymbol{x}^*)^{\mathrm{T}}(\boldsymbol{x} - \boldsymbol{x}^*) + o(\|\boldsymbol{x} - \boldsymbol{x}^*\|) \\ &= f(\boldsymbol{x}^*) - \alpha \boldsymbol{g}(\boldsymbol{x}^*)^{\mathrm{T}} \boldsymbol{g}(\boldsymbol{x}^*) + o(\alpha) \\ &= f(\boldsymbol{x}^*) - \alpha \|\boldsymbol{g}(\boldsymbol{x}^*)\|^2 + o(\alpha). \end{aligned}$$

注意到 $f(\boldsymbol{x}) \geqslant f(\boldsymbol{x}^*)$ 及 $\alpha > 0$, 于是有

$$0 \leqslant \|\boldsymbol{g}(\boldsymbol{x}^*)\|^2 \leqslant \frac{o(\alpha)}{\alpha}.$$

上式两边令 $\alpha \to 0$, 得 $\|\boldsymbol{g}(\boldsymbol{x}^*)\| = 0$, 即 $\boldsymbol{g}(\boldsymbol{x}^*) = \mathbf{0}$. 证毕. □

定理 1.7 **(二阶必要条件)** 设 $f(\boldsymbol{x})$ 在开集 $\mathcal{D}$ 上二阶连续可微. 若 $\boldsymbol{x}^* \in \mathcal{D}$ 是问题 (1.14) 的一个局部极小点, 则必有 $\boldsymbol{g}(\boldsymbol{x}^*) = \mathbf{0}$ 且 $\boldsymbol{G}(\boldsymbol{x}^*)$ 是半正定矩阵.

证明 设 $\boldsymbol{x}^*$ 是一局部极小点, 那么由定理 1.6 可知 $\boldsymbol{g}(\boldsymbol{x}^*) = \mathbf{0}$. 下面只需证明 $\boldsymbol{G}(\boldsymbol{x}^*)$ 的半正定性. 任取 $\boldsymbol{x} = \boldsymbol{x}^* + \alpha \boldsymbol{d} \in \mathcal{D}$, 其中 $\alpha > 0$ 且 $\boldsymbol{d} \in \mathbf{R}^n$. 由泰勒展开式, 得

$$0 \leqslant f(\boldsymbol{x}) - f(\boldsymbol{x}^*) = \frac{1}{2}\alpha^2 \boldsymbol{d}^{\mathrm{T}} \boldsymbol{G}(\boldsymbol{x}^*) \boldsymbol{d} + o(\alpha^2),$$

即

$$\boldsymbol{d}^{\mathrm{T}} \boldsymbol{G}(\boldsymbol{x}^*) \boldsymbol{d} + \frac{o(2\alpha^2)}{\alpha^2} \geqslant 0.$$

对上式令 $\alpha \to 0$, 即得 $\boldsymbol{d}^{\mathrm{T}} \boldsymbol{G}(\boldsymbol{x}^*) \boldsymbol{d} \geqslant 0$, 从而定理成立. 证毕. □

定理 1.8 (二阶充分条件) 设 $f(\boldsymbol{x})$ 在开集 $\mathcal{D}$ 上二阶连续可微. 若 $\boldsymbol{x}^* \in \mathcal{D}$ 满足条件 $\boldsymbol{g}(\boldsymbol{x}^*) = \boldsymbol{0}$ 及 $\boldsymbol{G}(\boldsymbol{x}^*)$ 是正定矩阵, 则 $\boldsymbol{x}^*$ 是问题 (1.14) 的一个局部极小点.

证明 任取 $\boldsymbol{x} = \boldsymbol{x}^* + \alpha\boldsymbol{d} \in \mathcal{D}$, 其中 $\alpha > 0$ 且 $\boldsymbol{d} \in \mathbf{R}^n$. 由泰勒展开式, 得

$$f(\boldsymbol{x}^* + \alpha\boldsymbol{d}) = f(\boldsymbol{x}^*) + \alpha\boldsymbol{g}(\boldsymbol{x}^*)^{\mathrm{T}}\boldsymbol{d} + \frac{1}{2}\alpha^2\boldsymbol{d}^{\mathrm{T}}\boldsymbol{G}(\boldsymbol{x}^* + \theta\alpha\boldsymbol{d})\boldsymbol{d}, \quad \theta \in (0,1).$$

注意到 $\boldsymbol{g}(\boldsymbol{x}^*) = \boldsymbol{0}$, $\boldsymbol{G}(\boldsymbol{x}^*)$ 正定和 f 二阶连续可微, 故存在 $\delta > 0$, 使得 $\boldsymbol{G}(\boldsymbol{x}^* + \theta\alpha\boldsymbol{d})$ 在 $\|\theta\alpha\boldsymbol{d}\| < \delta$ 范围内正定. 因此, 由上式即得

$$f(\boldsymbol{x}^* + \alpha\boldsymbol{d}) > f(\boldsymbol{x}^*),$$

从而定理成立. 证毕. □

一般来说, 目标函数的稳定点不一定是极小点. 但对于目标函数是凸函数的无约束优化问题, 其稳定点、局部极小点和全局极小点三者是等价的.

定理 1.9 设 $f(\boldsymbol{x})$ 在 $\mathbf{R}^n$ 上是凸函数并且是一阶连续可微的, 则 $\boldsymbol{x}^* \in \mathbf{R}^n$ 是问题 (1.14) 的全局极小点的充要条件是 $\boldsymbol{g}(\boldsymbol{x}^*) = \boldsymbol{0}$.

证明 必要性是显然的, 所以只需证明充分性. 设 $\boldsymbol{g}(\boldsymbol{x}^*) = \boldsymbol{0}$. 由凸函数的判别定理 1.4 (1), 得

$$f(\boldsymbol{x}) \geqslant f(\boldsymbol{x}^*) + \boldsymbol{g}(\boldsymbol{x}^*)^{\mathrm{T}}(\boldsymbol{x} - \boldsymbol{x}^*) = f(\boldsymbol{x}^*), \quad \forall\, \boldsymbol{x} \in \mathbf{R}^n,$$

这表明 $\boldsymbol{x}^*$ 是全局极小点. 证毕. □

1.6 无约束优化问题的算法概述

在数值优化中, 一般采用迭代法求解无约束优化问题

$$\min_{\boldsymbol{x} \in \mathbf{R}^n} f(\boldsymbol{x}) \tag{1.15}$$

的极小点. 其基本思路是: 首先给定一个初始点 $\boldsymbol{x}_0$, 然后按照某一迭代规则产生一个迭代序列 $\{\boldsymbol{x}_k\}$, 使得若该序列是有限的, 则最后一个点就是问题 (1.15) 的极小点; 否则, 若序列 $\{\boldsymbol{x}_k\}$ 是无穷点列时, 它有极限点且这个极限点即为问题 (1.15) 的极小点.

设 $\boldsymbol{x}_k$ 为第 k 次迭代点, $\boldsymbol{d}_k$ 为第 k 次搜索方向, α_k 为第 k 次步长因子, 则第 k 次迭代完成后可得到新一轮 (第 $k+1$ 次) 的迭代点

$$\boldsymbol{x}_{k+1} = \boldsymbol{x}_k + \alpha_k d_k. \tag{1.16}$$

因此, 可以写出求解无约束优化问题 (1.15) 的一般算法框架如下.

算法 1.1（无约束优化问题的一般算法框架）

步骤 0，给定初始化参数及初始迭代点 $\boldsymbol{x}_0$. 令 $k := 0$.

步骤 1，若 $\boldsymbol{x}_k$ 满足某种终止准则，停止迭代，以 $\boldsymbol{x}_k$ 作为近似极小点.

步骤 2，通过求解 $\boldsymbol{x}_k$ 处的某个子问题确定下降方向 $\boldsymbol{d}_k$.

步骤 3，通过某种搜索方式确定步长因子 α_k，使得 $f(\boldsymbol{x}_k + \alpha_k \boldsymbol{d}_k) < f(\boldsymbol{x}_k)$.

步骤 4，令 $\boldsymbol{x}_{k+1} := \boldsymbol{x}_k + \alpha_k \boldsymbol{d}_k$, $k := k+1$，转步骤 1.

为了方便起见, 通常称算法 1.1 中的 $\boldsymbol{s}_k = \alpha_k \boldsymbol{d}_k$ 为第 k 次迭代的位移. 从算法 1.1 可以看出, 不同的位移 (不同的搜索方向及步长因子) 即产生了不同的迭代算法. 为了保证算法的收敛性, 一般要求搜索方向为所谓的下降方向.

定义 1.10 若存在 $\bar{\alpha} > 0$，使得对任意的 $\alpha \in (0, \bar{\alpha}]$ 和 $\boldsymbol{d}_k \neq \boldsymbol{0}$，有

$$f(\boldsymbol{x}_k + \alpha \boldsymbol{d}_k) < f(\boldsymbol{x}_k),$$

则称 $\boldsymbol{d}_k$ 为 $f(\boldsymbol{x})$ 在 $\boldsymbol{x}_k$ 处的一个下降方向.

若目标函数 f 是一阶连续可微的, 则判别 $\boldsymbol{d}_k$ 是否为下降方向将有更为方便的判别条件.

引理 1.1 设函数 $f : \mathcal{D} \subset \mathbf{R}^n \to \mathbf{R}$ 在开集 $\mathcal{D}$ 上一阶连续可微，则 $\boldsymbol{d}_k$ 为 $f(\boldsymbol{x})$ 在 $\boldsymbol{x}_k$ 处的一个下降方向的充要条件是

$$\nabla f(\boldsymbol{x}_k)^{\mathrm{T}} \boldsymbol{d}_k < 0. \tag{1.17}$$

证明 由泰勒展开式, 得

$$f(\boldsymbol{x}_k + \alpha \boldsymbol{d}_k) = f(\boldsymbol{x}_k) + \alpha \nabla f(\boldsymbol{x}_k)^{\mathrm{T}} \boldsymbol{d}_k + o(\alpha).$$

若式 (1.17) 成立, 则对于充分小的 $\alpha > 0$, 显然有 $f(\boldsymbol{x}_k + \alpha \boldsymbol{d}_k) < f(\boldsymbol{x}_k)$, 即 $\boldsymbol{d}_k$ 为 $f(\boldsymbol{x})$ 在 $\boldsymbol{x}_k$ 处的一个下降方向. 反之, 有

$$\alpha \nabla f(\boldsymbol{x}_k)^{\mathrm{T}} \boldsymbol{d}_k + o(\alpha) < 0,$$

即

$$\nabla f(\boldsymbol{x}_k)^{\mathrm{T}} \boldsymbol{d}_k + \frac{o(\alpha)}{\alpha} < 0.$$

由于

$$\lim_{\alpha \to 0} \frac{o(\alpha)}{\alpha} = 0,$$

故可推得式 (1.17) 成立. 证毕. □

算法的收敛性是设计一个迭代算法的最起码要求. 关于收敛性, 有如下所谓的“局部收敛性”和“全局收敛性”概念.

定义 1.11 若某算法只有当初始点 $\boldsymbol{x}_0$ 充分接近极小点 $\boldsymbol{x}^*$ 时, 由算法产生的点列 $\{\boldsymbol{x}_k\}$ 才收敛于 $\boldsymbol{x}^*$, 则称该算法具有局部收敛性. 若对于任意的初始点 $\boldsymbol{x}_0$, 由算法产生的点列 $\{\boldsymbol{x}_k\}$ 都收敛于 $\boldsymbol{x}^*$, 则称该算法具有全局收敛性.

算法的局部收敛速度是衡量一个算法好坏的重要指标, 通常有两种衡量收敛速度的尺度: Q-收敛和 R-收敛. 下面分别进行定义.

定义 1.12 设算法产生的点列 $\{\boldsymbol{x}_k\}$ 收敛于极小点 $\boldsymbol{x}^*$, 且

$$\limsup_{k\to\infty} \frac{\|\boldsymbol{x}_{k+1}-\boldsymbol{x}^*\|}{\|\boldsymbol{x}_k-\boldsymbol{x}^*\|^p} \leqslant c.$$

(1) 若 $p=1$ 且 $0<c<1$, 则称该算法具有 Q-线性收敛速度 (或 Q-线性收敛的).

(2) 若 $p=1$ 且 $c=0$, 则称该算法具有 Q-超线性收敛速度 (或 Q-超线性收敛的).

(3) 若 $p=2$ 且 $0<c<\infty$, 则称该算法具有 Q-平方收敛速度 (或 Q-平方收敛的).

(4) 一般地, 若 $p>2$ 且 $0<c<\infty$, 则称该算法具有 Q-p 阶收敛速度 (或 Q-p 阶收敛的).

由定义 1.12 可知, Q-收敛是通过相邻两迭代点与最优点的靠近程度之比来定义的. 容易证明, 若序列 $\{\boldsymbol{x}_k\}$ Q-超线性收敛到 $\boldsymbol{x}^*$, 则

$$\lim_{k\to\infty} \frac{\|\boldsymbol{x}_{k+1}-\boldsymbol{x}^*\|}{\|\boldsymbol{x}_k-\boldsymbol{x}^*\|} = 1. \tag{1.18}$$

与 Q-收敛不同, R-收敛是借助一个收敛于零的数列来度量 $\{\|\boldsymbol{x}_k-\boldsymbol{x}^*\|\}$ 趋于零的速度.

定义 1.13 设算法产生的点列 $\{\boldsymbol{x}_k\}$ 收敛于极小点 $\boldsymbol{x}^*$.

(1) 若存在常数 $c>0$ 和 $q\in(0,1)$ 使得

$$\|\boldsymbol{x}_k-\boldsymbol{x}^*\| \leqslant cq^k, \tag{1.19}$$

则称序列 $\{\boldsymbol{x}_k\}$ R-线性收敛到 $\boldsymbol{x}^*$.

(2) 若存在常数 $c>0$ 和收敛于零的正数列 $\{q_k\}$ 使得

$$\|\boldsymbol{x}_k-\boldsymbol{x}^*\| \leqslant c\prod_{i=0}^{k} q_i, \tag{1.20}$$

则称序列 $\{\boldsymbol{x}_k\}$ R-超线性收敛到 $\boldsymbol{x}^*$.

在计算机上实现一个迭代算法，通常需要一个迭代终止条件. 常用的基本终止条件有下列三种:

(1) 位移的绝对误差或相对误差充分小, 即

$$\|\boldsymbol{x}_{k+1}-\boldsymbol{x}_k\|<\varepsilon \quad \text{或} \quad \frac{\|\boldsymbol{x}_{k+1}-\boldsymbol{x}_k\|}{\|\boldsymbol{x}_k\|}<\varepsilon,$$

式中: ε 为充分小的正数;

(2) 目标函数的绝对误差或相对误差充分小, 即

$$|f(\boldsymbol{x}_{k+1})-f(\boldsymbol{x}_k)|<\varepsilon \quad \text{或} \quad \frac{|f(\boldsymbol{x}_{k+1})-f(\boldsymbol{x}_k)|}{|f(\boldsymbol{x}_k)|}<\varepsilon,$$

式中: ε 为充分小的正数;

(3) 目标函数的梯度的范数充分小, 即

$$\|\nabla f(\boldsymbol{x}_k)\|<\varepsilon,$$

式中: ε 为充分小的正数.

习 题 1

1. 验证下列各集合是凸集:

(1) $S=\{(x_1,x_2)|2x_1+x_2\geqslant 1, x_1-2x_2\geqslant 1\}$;

(2) $S=\{(x_1,x_2)|x_1^2+x_2^2\leqslant 1\}$;

(3) $S=\{(x_1,x_2)||x_2|<x_1\}$.

2. 判断下列函数为凸 (凹) 函数或严格凸 (凹) 函数:

(1) $f(\boldsymbol{x})=x_1^2+2x_2^2$;

(2) $f(\boldsymbol{x})=3x_1^2-6x_1x_2+x_2^2$;

(3) $f(\boldsymbol{x})=x_1^2-2x_1x_2+x_2^2+2x_1+3x_2$;

(4) $f(\boldsymbol{x})=2x_1^2+x_2^2+2x_3^2+x_1x_2-3x_1x_3+x_1-x_3$.

3. 证明: $f(\boldsymbol{x})=\dfrac{1}{2}\boldsymbol{x}^{\mathrm{T}}\boldsymbol{A}\boldsymbol{x}-\boldsymbol{b}^{\mathrm{T}}\boldsymbol{x}$ 为严格凸函数当且仅当 Hesse 阵 $\boldsymbol{A}$ 正定.

4. 若对任意 $\boldsymbol{x}\in\mathbf{R}^n$ 及实数 $\theta>0$ 都有 $f(\theta\boldsymbol{x})=\theta f(\boldsymbol{x})$. 证明: $f(\boldsymbol{x})$ 在 $\mathbf{R}^n$ 上为凸函数的充要条件是 $\forall\boldsymbol{x},\boldsymbol{y}\in\mathbf{R}^n$, $f(\boldsymbol{x}+\boldsymbol{y})\leqslant f(\boldsymbol{x})+f(\boldsymbol{y})$.

5. 设 $f:\mathbf{R}^3\to\mathbf{R}$ 定义为 $f(\boldsymbol{x})=(x_1+3x_2)^2+2(x_1-x_3)^4+(x_2-2x_3)^4$. 证明: $\boldsymbol{x}^*=(0,0,0)^{\mathrm{T}}$ 是 $f(\boldsymbol{x})$ 的稳定点, 且 $\boldsymbol{x}^*$ 是 $f(\boldsymbol{x})$ 在 $\mathbf{R}^3$ 上的严格全局极小点.

6. 设 $f:\mathbf{R}^n\to\mathbf{R}$ 是凸函数, $\boldsymbol{x}^{(1)},\boldsymbol{x}^{(2)},\cdots,\boldsymbol{x}^{(m)}\in\mathbf{R}^n$, $\lambda_1,\lambda_2,\cdots,\lambda_m$ 是非负实数且 $\lambda_1+\lambda_2+\cdots+\lambda_m=1$. 证明:

$$f(\lambda_1\boldsymbol{x}^{(1)})+f(\lambda_2\boldsymbol{x}^{(2)})+\cdots+\lambda_m x^{(m)}\leqslant\lambda_1 f(\boldsymbol{x}^{(1)})+\lambda_2 f(\boldsymbol{x}^{(2)})+\cdots+\lambda_m f(\boldsymbol{x}^{(m)}).$$

7. 设 f, g 都是 $\mathbf{R}^n$ 上的凸函数, 证明: $f+g$ 及 $\max\{|f|,|g|\}$ 也是凸函数.

8. 设 $f(\boldsymbol{x})=x_1^2+x_2^3-\dfrac{1}{3}x_1^3$, 证明: f 有严格局部极小点 $(0,0)^{\mathrm{T}}$ 和鞍点 $(1,0)^{\mathrm{T}}$.

9. 设三个序列

$$x_k=\left(\frac{1}{2}\right)^{2^k},\quad y_k=\mathrm{e}^{-k\ln k},\quad z_k=\frac{1}{k^2},$$

当 $k\to\infty$ 时, 它们均收敛于 0. 试证: 序列 $\{x_k\}$ 是 Q-2 阶收敛的, $\{y_k\}$ 是 Q-超线性收敛的, $\{z_k\}$ 是 Q-线性收敛的.

10. 设

$$f(\boldsymbol{x})=10-2(x_1^2-x_2)^2,$$

$$S=\{(x_1,x_2)|-11\leqslant x_1\leqslant 1,-1\leqslant x_2\leqslant 1\}.$$

试问 $f(\boldsymbol{x})$ 是否为 S 上的凸函数?

11. 设 $\boldsymbol{A}\in\mathbf{R}^{m\times n}$, $\boldsymbol{b}\in\mathbf{R}^m$. 试给出无约束优化问题

$$\min_{\boldsymbol{x}\in\mathbf{R}^n} f(\boldsymbol{x})=\|\boldsymbol{A}\boldsymbol{x}-\boldsymbol{b}\|^2$$

的一阶最优性条件, 并验证该条件是否是充分的, 它的最优解是否唯一.

12. 设 $\boldsymbol{A}\in\mathbf{R}^{n\times n}$, $\boldsymbol{b}\in\mathbf{R}^n$. 试给出无约束优化问题

$$\min_{\boldsymbol{x}\in\mathbf{R}^n} f(\boldsymbol{x})=\frac{1}{2}\boldsymbol{x}^{\mathrm{T}}\boldsymbol{A}\boldsymbol{x}-\boldsymbol{b}^{\mathrm{T}}\boldsymbol{x}$$

的最优性条件.

13. 设 $\boldsymbol{A}\in\mathbf{R}^{n\times n}$ 对称正定, $\boldsymbol{b}\in\mathbf{R}^n$. 试求下述优化问题的最优解和最优值:

$$\min_{\boldsymbol{x}\in\mathbf{R}^n} f(\boldsymbol{x})=\boldsymbol{b}^{\mathrm{T}}\boldsymbol{x},\quad \text{s.t. } \boldsymbol{x}^{\mathrm{T}}\boldsymbol{A}\boldsymbol{x}\leqslant 1.$$

并利用该结果证明对任意的 $\boldsymbol{x},\boldsymbol{y}\in\mathbf{R}^n$, 有

$$(\boldsymbol{x}^{\mathrm{T}}\boldsymbol{y})^2\leqslant(\boldsymbol{x}^{\mathrm{T}}\boldsymbol{A}\boldsymbol{x})(\boldsymbol{y}^{\mathrm{T}}\boldsymbol{A}^{-1}\boldsymbol{y}).$$

第 2 章　线搜索方法

从本章开始, 介绍无约束优化问题的一些常用数值方法. 考虑下面的无约束优化模型

$$\min_{\boldsymbol{x}\in\mathbf{R}^n} f(\boldsymbol{x}). \tag{2.1}$$

线搜索方法是求解无约束优化问题的一个最基本的方法, 具有简单、可靠等优点. 本章主要讨论一维线搜索方法及其收敛性分析.

在第 1 章论及无约束优化问题迭代算法的一般框架时, 其中有下面的一个迭代步骤:

通过某种搜索方式确定步长因子 α_k, 使得

$$f(\boldsymbol{x}_k+\alpha_k\boldsymbol{d}_k)<f(\boldsymbol{x}_k). \tag{2.2}$$

这实际上是 (n 个变量的) 目标函数 $f(\boldsymbol{x})$ 在一个规定的方向上移动所形成的单变量优化问题, 也就是所谓的"线搜索"或"一维搜索". 令

$$\phi(\alpha)=f(\boldsymbol{x}_k+\alpha\boldsymbol{d}_k), \tag{2.3}$$

这样, 搜索式 (2.2) 等价于求步长因子 α_k 使得

$$\phi(\alpha_k)<\phi(0).$$

线搜索有精确线搜索和非精确线搜索之分. 所谓精确线搜索, 是指求 α_k 使目标函数 f 沿方向 $\boldsymbol{d}_k$ 达到极小, 即

$$f(\boldsymbol{x}_k+\alpha_k\boldsymbol{d}_k)=\min_{\alpha>0} f(\boldsymbol{x}_k+\alpha\boldsymbol{d}_k)$$

或

$$\phi(\alpha_k)=\min_{\alpha>0}\phi(\alpha).$$

若 $f(\boldsymbol{x})$ 是连续可微的, 那么由精确线搜索得到的步长因子 α_k 具有如下性质:

$$\nabla f(\boldsymbol{x}_k+\alpha_k\boldsymbol{d}_k)^{\mathrm{T}}\boldsymbol{d}_k=0\ \ (\text{亦即}\ \boldsymbol{g}_{k+1}^{\mathrm{T}}\boldsymbol{d}_k=0). \tag{2.4}$$

性质 (2.4) 在后面的算法收敛性分析中将起着重要的作用.

所谓非精确线搜索, 是指选取 α_k 使目标函数 f 得到可接受的下降量, 即 $\Delta f_k=f(\boldsymbol{x}_k)-f(\boldsymbol{x}_k+\alpha_k\boldsymbol{d}_k)>0$ 是可接受的.

2.1 精确线搜索及其 MATLAB 实现

精确线搜索的基本思想是: 首先确定包含问题最优解的搜索区间, 然后采用某种插值或分割技术缩小这个区间, 进行搜索求解. 下面给出搜索区间的定义.

定义 2.1 设 ϕ 是定义在实数集上一元实函数, $\alpha^* \in [0, +\infty)$, 并且

$$\phi(\alpha^*) = \min_{\alpha \geqslant 0} \phi(\alpha). \tag{2.5}$$

若存在区间 $[a, b] \subset [0, +\infty)$, 使 $\alpha^* \in (a, b)$, 则称 $[a, b]$ 是极小化问题 (2.5) 的搜索区间. 进一步, 若 α^* 使得 $\phi(\alpha)$ 在 $[a, \alpha^*]$ 上严格递减, 在 $[\alpha^*, b]$ 上严格递增, 则称 $[a, b]$ 是 $\phi(\alpha)$ 的单峰区间, $\phi(\alpha)$ 是 $[a, b]$ 上的单峰函数.

下面介绍一种确定搜索区间并保证具有近似单峰性质的数值算法—进退法, 其基本思想是从一点出发, 按一定步长, 试图确定函数值呈现"高-低-高"的三点, 从而得到一个近似的单峰区间.

算法 2.1 (确定近似单峰区间的进退法)

步骤 0, 选取 $\alpha_0 \geqslant 0$, $h_0 > 0$. 计算 $\phi_0 := \phi(\alpha_0)$. 令 $k := 0$.

步骤 1, 令 $\alpha_{k+1} := \alpha_k + h_k$, 计算 $\phi_{k+1} := \phi(\alpha_{k+1})$. 若 $\phi_{k+1} < \phi_k$, 转步骤 2; 否则, 转步骤 3.

步骤 2, 加大步长. 令 $h_{k+1} := 2h_k$, $\alpha := \alpha_k$, $\alpha_k := \alpha_{k+1}$, $\phi_k := \phi_{k+1}$, $k := k + 1$, 转步骤 1.

步骤 3, 反向搜索或输出. 若 $k = 0$, 令 $h_1 := -h_0$, $\alpha := \alpha_1$, $\alpha_1 := \alpha_0$, $\phi_1 := \phi_0$, $k := 1$, 转步骤 1; 否则, 停止迭代, 令

$$a = \min\{\alpha, \alpha_{k+1}\}, \quad b = \max\{\alpha, \alpha_{k+1}\}.$$

输出 $[a, b]$.

精确线搜索一般分为两类: 一类是使用导数的搜索, 如插值法、牛顿法及抛物线法等; 另一类是不使用导数的搜索, 如黄金分割法、分数法及成功-失败法等. 本书仅介绍黄金分割法和抛物线法.

2.1.1 黄金分割法

黄金分割法也称为 0.618 法, 其基本思想是: 通过试探点函数值的比较, 使包含极小点的搜索区间不断缩小. 该方法仅需要计算函数值, 适用范围广, 使用方便. 下面推导黄金分割法的计算公式.

设

$$\phi(s)=f(\boldsymbol{x}_k+s\boldsymbol{d}_k),$$

式中: $\phi(s)$ 为搜索区间 $[a_0,b_0]$ 上的单峰函数.

在第 i 次迭代时, 搜索区间为 $[a_i,b_i]$. 取两个试探点为 $p_i,q_i\in[a_i,b_i]$ 且 $p_i<q_i$. 计算 $\phi(p_i)$ 和 $\phi(q_i)$. 根据单峰函数的性质, 可能会出现如下两种情形之一:

(1) 若 $\phi(p_i)\leqslant\phi(q_i)$, 则令 $a_{i+1}:=a_i$, $b_{i+1}:=q_i$;

(2) 若 $\phi(p_i)>\phi(q_i)$, 则令 $a_{i+1}:=p_i$, $b_{i+1}:=b_i$.

要求两个试探点 p_i 和 q_i 满足下述两个条件:

① $[a_i,q_i]$ 与 $[p_i,b_i]$ 的长度相同, 即 $b_i-p_i=q_i-a_i$;

② 区间长度的缩短率相同, 即 $b_{i+1}-a_{i+1}=t(b_i-a_i)$.

从而得

$$p_i=a_i+(1-t)(b_i-a_i),\quad q_i=a_i+t(b_i-a_i). \tag{2.6}$$

现在考虑情形 (1). 此时, 新的搜索区间为

$$[a_{i+1},b_{i+1}]=[a_i,q_i].$$

为了进一步缩短搜索区间, 需取新的试探点 p_{i+1}, q_{i+1}. 由式 (2.6), 得

$$\begin{aligned} q_{i+1} &= a_{i+1}+t(b_{i+1}-a_{i+1}) = a_i+t(q_i-a_i) \\ &= a_i+t^2(b_i-a_i). \end{aligned}$$

若令

$$t^2=1-t,\quad t>0, \tag{2.7}$$

则

$$q_{i+1}=a_i+(1-t)(b_i-a_i)=p_i.$$

这样, 新的试探点 q_{i+1} 就不需要重新计算. 类似地, 对于情形 (2), 也有相同的结论.

解方程 (2.7) 得区间长度缩短率为

$$t=\frac{\sqrt{5}-1}{2}\approx 0.618.$$

因此, 可以写出黄金分割法的计算步骤如下.

算法 2.2 (**黄金分割法**)

步骤 0, 确定初始搜索区间 $[a_0,b_0]$ 和容许误差 $0\leqslant\varepsilon\ll 1$. 令 $t=(\sqrt{5}-1)/2$, 计算初始试探点

$$p_0=a_0+(1-t)(b_0-a_0),\quad q_0=a_0+t(b_0-a_0)$$

及相应的函数值 $\phi(p_0)$, $\phi(q_0)$. 令 $i := 0$.

步骤 1, 若 $\phi(p_i) \leqslant \phi(q_i)$, 转步骤 2; 否则, 转步骤 3.

步骤 2, 计算左试探点. 若 $|q_i - a_i| \leqslant \varepsilon$, 停算, 输出 p_i; 否则, 令

$$a_{i+1} := a_i, \quad b_{i+1} := q_i, \quad \phi(q_{i+1}) := \phi(p_i),$$
$$q_{i+1} := p_i, \quad p_{i+1} := a_{i+1} + (1-t)(b_{i+1} - a_{i+1}).$$

计算 $\phi(p_{i+1})$, $i := i+1$, 转步骤 1.

步骤 3, 计算右试探点. 若 $|b_i - p_i| \leqslant \varepsilon$, 停算, 输出 q_i; 否则, 令

$$a_{i+1} := p_i, \quad b_{i+1} := b_i, \quad \phi(p_{i+1}) := \phi(q_i),$$
$$p_{i+1} := q_i, \quad q_{i+1} := a_{i+1} + t(b_{i+1} - a_{i+1}).$$

计算 $\phi(q_{i+1})$, $i := i+1$, 转步骤 1.

值得说明的是, 由于每次迭代搜索区间的收缩率是 $t \approx 0.618$, 故黄金分割法只是线性收敛的, 即这一方法的计算效率并不高, 但该方法每次迭代只需计算一次函数值的优点足以弥补这一缺憾.

下面给出用黄金分割法求单变量函数 ϕ 在单峰区间上近似极小点的 MATLAB 程序.

程序 2.1 (**黄金分割法程序**) 用黄金分割法求单变量函数 ϕ 在单峰区间 $[a,b]$ 上的近似极小点.

```
function [i,s,phis,ds,dphi,G]=golds(phi,a,b,epsilon,delta)
%功能: 黄金分割法精确线搜索
%输入: phi是目标函数, a, b是搜索区间的两个端点,
%      epsilon, delta分别是自变量和函数值的容许误差
%输出: i是迭代次数, s, phis分别是近似极小点和极小值,
%      ds, dphi分别是s和phis的误差限, G是ix4矩阵,
%      其第i行分别是a,p,q,b的第i次迭代值[ai,pi,qi,bi]
t=(sqrt(5)-1)/2;  h=b-a;
phia=feval(phi,a);  phib=feval(phi,b);
p=a+(1-t)*h;  q=a+t*h;
phip=feval(phi,p);  phiq=feval(phi,q);
i=1;  G(i,:)=[a, p, q, b];
while(abs(phib-phia)>delta)|(h>epsilon)
```

```
    if(phip<=phiq)
        b=q; phib=phiq; q=p; phiq=phip;
        h=b-a; p=a+(1-t)*h; phip=feval(phi,p);
    else
        a=p; phia=phip; p=q; phip=phiq;
        h=b-a; q=a+t*h; phiq=feval(phi,q);
    end
    i=i+1;  G(i,:)=[a, p, q, b];
end
if(phip<=phiq)
    s=p;  phis=php;
else
    s=q;  phis=phiq;
end
ds=abs(b-a);  dphi=abs(phib-phia);
```

例 2.1 利用黄金分割法 (程序 2.1) 求函数 $\phi(x)=3x^2-2\tan x$ 在 $[0,1]$ 上的极小点. 取容许误差 $\varepsilon=10^{-4}$, $\delta=10^{-5}$.

解 在 MATLAB 命令窗口输入如下命令:

```
>> phi=@(x)3*x^2-2*tan(x);
>> [i,s,phis,ds,dphi,G]=golds(phi,0,1,1e-4,1e-5)
```

回车后即得表 2.1 所列的数值结果.

表 2.1 用黄金分割法求单变量函数极小点的数值结果

迭代次数 (i)	极小点 (s^*)	极小值 $(\phi(s^*))$	$\lvert b_i-a_i\rvert$ 的值	$\lvert\phi(b_i)-\phi(a_i)\rvert$ 的值
21	0.3895	-0.3658	6.6107×10^{-5}	2.7880×10^{-9}

2.1.2 抛物线法

抛物线法也叫二次插值法, 其基本思想是: 在搜索区间中不断地使用二次多项式去近似目标函数, 并逐步用插值多项式的极小点去逼近线搜索问题

$$\min_{s>0}\phi(s)=f(\boldsymbol{x}_k+s\boldsymbol{d}_k)$$

的极小点. 下面详细介绍这一方法.

设已知三点

$$s_0,\quad s_1=s_0+h,\quad s_2=s_0+2h\ \ (h>0)$$

处的函数值 ϕ_0, ϕ_1, ϕ_2, 且满足

$$\phi_1 < \phi_0, \quad \phi_1 < \phi_2.$$

上述条件保证了函数 ϕ 在区间 $[s_0, s_2]$ 上是单峰函数. 则满足上述条件的二次拉格朗日插值多项式为

$$q(s) = \frac{(s-s_1)(s-s_2)}{2h^2}\phi_0 - \frac{(s-s_0)(s-s_2)}{h^2}\phi_1 + \frac{(s-s_0)(s-s_1)}{2h^2}\phi_2.$$

$q(s)$ 的一阶导数为

$$q'(s) = \frac{2s-s_1-s_2}{2h^2}\phi_0 - \frac{2s-s_0-s_2}{h^2}\phi_1 + \frac{2s-s_0-s_1}{2h^2}\phi_2. \tag{2.8}$$

令 $q'(s) = 0$, 解得

$$\begin{aligned} \bar{s} &= \frac{(s_1+s_2)\phi_0 - 2(s_0+s_2)\phi_1 + (s_0+s_1)\phi_2}{2(\phi_0 - 2\phi_1 + \phi_2)} \\ &= \frac{(2s_0+3h)\phi_0 - 2(2s_0+2h)\phi_1 + (2s_0+h)\phi_2}{2(\phi_0 - 2\phi_1 + \phi_2)} \\ &= s_0 + \frac{(3\phi_0 - 4\phi_1 + \phi_2)h}{2(\phi_0 - 2\phi_1 + \phi_2)} := s_0 + \bar{h}, \end{aligned} \tag{2.9}$$

式中

$$\bar{h} = \frac{(4\phi_1 - 3\phi_0 - \phi_2)h}{2(2\phi_1 - \phi_0 - \phi_2)} > 0. \tag{2.10}$$

又因 $q(s)$ 的二阶导数为

$$q''(s) = \frac{\phi_0}{h^2} - \frac{2\phi_1}{h^2} + \frac{\phi_2}{h^2} = \frac{\phi_0 - 2\phi_1 + \phi_2}{h^2} > 0,$$

故 $q(s)$ 为凸二次函数, 从而 $s_{\min}$ 是 $q(s)$ 的全局极小点.

注意到 $\bar{s} = s_0 + \bar{h}$ 比 s_0 更好地逼近极小点 s^*, 故可用 $\bar{s}, \bar{h}$ 分别替换 s_0 和 h 并重复上述计算过程, 求出新的 $\bar{s}$ 和新的 $\bar{h}$. 重复这一迭代过程, 直到得到所需的精度为止. 值得说明的是, 这一算法中目标函数的导数在式 (2.8) 中隐式地用来确定二次插值多项式的极小点, 而算法的程序实现中并不需要使用导数值.

算法 2.3 (抛物线法)

步骤 0, 由算法 2.1 确定三点 $s_0 < s_1 < s_2$, 对应的函数值 ϕ_0, ϕ_1, ϕ_2 满足

$$\phi_1 < \phi_0, \quad \phi_1 < \phi_2.$$

设定容许误差 $0 \leqslant \varepsilon \ll 1$.

步骤 1, 若 $|s_2 - s_0| < \varepsilon$, 停算, 输出 $s^* \approx s_1$.

步骤 2, 计算插值点. 根据式 (2.9) 计算 $\bar{s}$ 和 $\bar{\phi} := \phi(\bar{s})$. 若 $\phi_1 \leqslant \bar{\phi}$, 转步骤 4; 否则, 转步骤 3.

步骤 3, 若 $s_1 > \bar{s}$, 则 $s_2 := s_1$, $s_1 := \bar{s}$, $\phi_2 := \phi_1$, $\phi_1 := \bar{\phi}$, 转步骤 1; 否则, $s_0 := s_1$, $s_1 := \bar{s}$, $\phi_0 := \phi_1$, $\phi_1 := \bar{\phi}$, 转步骤 1.

步骤 4, 若 $s_1 < \bar{s}$, 则 $s_2 := \bar{s}$, $\phi_2 := \bar{\phi}$, 转步骤 1; 否则, $s_0 := \bar{s}$, $\phi_0 := \bar{\phi}$, 转步骤 1.

下面给出用抛物线法求单变量函数 ϕ 在单峰区间上近似极小点的 MATLAB 程序.

程序 2.2 (**抛物线法程序**) 求单变量函数 ϕ 在区间 $[a,b]$ 上的近似极小点, 从初始点 s_0 开始, 然后在区间 $[a,s_0]$ 和 $[s_0,b]$ 上进行搜索.

```
function [i,s,phis,ds,dphi,S]=qmin(phi,a,b,epsilon,delta)
%功能: 抛物线法精确线搜索
%输入: phi是目标函数, a, b是搜索区间的两个端点,
%      epsilon, delta分别是自变量和函数值的容许误差
%输出: i是迭代次数, s, phis分别是近似极小点和极小值,
%      ds是|s-s1|, dphi是|phi(s)-phi(s1)|, S是向量,
%      其第j个分量是第j次迭代值s0
s0=a; i=1; S(i)=s0; maxi=30; maxj=20;
big=1e6; err=1; cond=0; h=1; ds=0.00001;
if (abs(s0)>1e4), h=abs(s0)*(1e-4); end
while (i<maxi & err>delta & cond~=5)
    f1=(feval(phi,s0+ds)-feval(phi,s0-ds))/(2*ds);
    if(f1>0), h=-abs(h); end
    s1=s0+h;  s2=s0+2*h;  bars=s0;
    phi0=feval(phi,s0);  phi1=feval(phi,s1);
    phi2=feval(phi,s2);  barphi=phi0;  cond=0;
    j=0;  %确定h使得phi1<phi0且phi1<phi2
    while(j<maxj & abs(h)>epsilon & cond==0)
        if (phi0<=phi1),
            s2=s1; phi2=phi1; h=0.5*h;
            s1=s0+h; phi1=feval(phi,s1);
        else if (phi2<phi1),
                s1=s2; phi1=phi2; h=2*h;
                s2=s0+2*h; phi2=feval(phi,s2);
```

```
                else
                    cond=-1;
                end
            end
            j=j+1;
            if(abs(h)>big | abs(s0)>big), cond=5; end
        end
        if(cond==5)
            bars=s1;  barphi=feval(phi,s1);
        else
            %二次插值求phis
            d=2*(2*phi1-phi0-phi2);
            if(d<0),
                barh=h*(4*phi1-3*phi0-phi2)/d;
            else
                barh=h/3; cond=4;
            end
            bars=s0+barh;  barphi=feval(phi,bars);
            h=abs(h);  h0=abs(barh);
            h1=abs(barh-h);  h2=abs(barh-2*h);
            %确定下一次迭代的h值
            if(h0<h), h=h0; end
            if(h1<h), h=h1; end
            if(h2<h), h=h2; end
            if(h==0), h=barh; end
            if(h<epsilon), cond=1; end
            if(abs(h)>big | abs(bars)>big), cond=5; end
            err=abs(barphi-phi1);
            s0=bars;  i=i+1;  S(i)=s0;
        end
        if(cond==2 & h<epsilon), cond=3; end
    end
    s=s0;  phis=feval(phi,s);
    ds=abs(s-s1);  dphi=err;
```

例 2.2 利用抛物线法 (程序 2.2) 求函数 $\phi(x) = 3x^2 - 2\tan x$ 在 $[0,1]$ 上的极小点. 取容许误差 $\varepsilon = 10^{-4}$, $\delta = 10^{-5}$.

解 在 MATLAB 命令窗口输入如下命令:

```
>> phi=@(x)3*x^2-2*tan(x);
>> [i,s,phis,ds,dphi,S]=qmin(phi,0,1,1e-4,1e-5)
```

回车后即得如表 2.2 所列的数值结果.

表 2.2 用抛物线法求单变量函数极小点的数值结果

迭代次数 (i)	极小点 (s^*)	极小值 ($\phi(s^*)$)	$\lvert s^* - s_1\rvert$ 的值	$\lvert\phi(s^*) - \phi(s_1)\rvert$ 的值
5	0.3895	−0.3658	5.9671×10^{-5}	7.2670×10^{-9}

2.2 非精确线搜索及其 MATLAB 实现

线搜索策略是求解许多优化问题下降算法的基本组成部分, 但精确线搜索往往需要计算很多的函数值和梯度值, 从而耗费较多的计算资源. 特别是当迭代点远离最优点时, 精确线搜索通常不是十分有效和合理的. 对于许多优化算法, 其收敛速度并不依赖于精确搜索过程. 因此, 既能保证目标函数具有可接受的下降量, 又能使最终形成的迭代序列收敛的非精确线搜索变得越来越流行. 本书着重介绍非精确线搜索中的 Wolfe 准则和 Armijo 准则.

2.2.1 Wolfe 准则

Wolfe 准则是指给定 $\rho \in (0, 0.5)$, $\sigma \in (\rho, 1)$, 求 α_k 使得下面两个不等式同时成立:

$$f(\boldsymbol{x}_k + \alpha_k \boldsymbol{d}_k) \leqslant f(\boldsymbol{x}_k) + \rho\alpha_k \boldsymbol{g}_k^{\mathrm{T}} \boldsymbol{d}_k, \tag{2.11}$$

$$\nabla f(\boldsymbol{x}_k + \alpha_k \boldsymbol{d}_k)^{\mathrm{T}} \boldsymbol{d}_k \geqslant \sigma \boldsymbol{g}_k^{\mathrm{T}} \boldsymbol{d}_k, \tag{2.12}$$

式中: $\boldsymbol{g}_k = \boldsymbol{g}(\boldsymbol{x}_k) = \nabla f(\boldsymbol{x}_k)$.

式 (2.12) 有时也用另一个更强的条件

$$|\nabla f(\boldsymbol{x}_k + \alpha_k \boldsymbol{d}_k)^{\mathrm{T}} \boldsymbol{d}_k| \leqslant -\sigma \boldsymbol{g}_k^{\mathrm{T}} \boldsymbol{d}_k \tag{2.13}$$

来代替. 这样, 当 $\sigma > 0$ 充分小时, 可保证式 (2.13) 变成近似精确线搜索. 条件 (2.11) 和条件 (2.13) 也称为强 Wolfe 准则.

强 Wolfe 准则表明, 由该准则得到的新的迭代点 $\boldsymbol{x}_{k+1} = \boldsymbol{x}_k + \alpha_k \boldsymbol{d}_k$ 在 $\boldsymbol{x}_k$ 的某一邻域内并且使目标函数值有一定的下降量.

由于 $\boldsymbol{g}_k^{\mathrm{T}} \boldsymbol{d}_k < 0$, 可以证明 Wolfe 准则的有限终止性, 即步长因子 α_k 的存在性, 有下面的定理.

定理 2.1 设 $f(\boldsymbol{x})$ 有下界且 $\boldsymbol{g}_k^{\mathrm{T}}\boldsymbol{d}_k < 0$, 令 $\rho \in (0, 0.5)$, $\sigma \in (\rho, 1)$, 则存在一个区间 $[a, b](0 < a < b)$, 使得每个 $\alpha \in [a, b]$ 均满足式 (2.11) 和式 (2.13).

2.2.2 Armijo 准则

Armijo 准则是指给定 $\beta \in (0,1)$, $\sigma \in (0, 0.5)$. 令步长因子 $\alpha_k = \beta^{m_k}$, 其中 m_k 为满足下列不等式的最小非负整数:

$$f(\boldsymbol{x}_k + \beta^m \boldsymbol{d}_k) \leqslant f(\boldsymbol{x}_k) + \sigma\beta^m \boldsymbol{g}_k^{\mathrm{T}}\boldsymbol{d}_k. \tag{2.14}$$

可以证明, 若 $f(\boldsymbol{x})$ 是连续可微的且满足 $\boldsymbol{g}_k^{\mathrm{T}}\boldsymbol{d}_k < 0$, 则 Armijo 准则是有限终止的, 即存在正数 σ, 使得对于充分大的正整数 m, 式 (2.14) 成立.

为了程序实现的方便, 将 Armijo 搜索写成下列详细的算法步骤.

算法 2.4 (**Armijo 准则**)

给定参数 $\beta \in (0,1)$, $\sigma \in (0, 0.5)$. 对 $m = 0, 1, \cdots$, 若不等式

$$f(\boldsymbol{x}_k + \beta^m \boldsymbol{d}_k) \leqslant f(\boldsymbol{x}_k) + \sigma\beta^m \boldsymbol{g}_k^{\mathrm{T}}\boldsymbol{d}_k$$

成立, 则置 $m_k := m$, $\boldsymbol{x}_{k+1} := \boldsymbol{x}_k + \beta^{m_k}\boldsymbol{d}_k$, 第 k 步线搜索完成.

下面给出 Armijo 搜索的 MATLAB 程序.

程序 2.3 (**Armijo 搜索程序**) Armijo 搜索准则是许多非线性优化算法都必须执行的步骤, 把它编制成可重复利用的程序模块是很有意义的.

```
function mk=armijo(xk,dk)
beta=0.5;  sigma=0.2;
m=0;  maxm=20;
while (m<=maxm)
    if(fun(xk+beta^m*dk)<=fun(xk)+sigma*beta^m*gfun(xk)'*dk)
        mk=m;  break;
    end
    m=m+1;
end
alpha=beta^mk
newxk=xk+alpha*dk
fk=fun(xk)
newfk=fun(newxk)
```

注 程序 2.3 中的 fun 和 gfun 分别是指目标函数和它的梯度函数的子程序. 执行上述过程时, 必须事先准备好这两个子程序.

用程序 2.3 可以求解下面的优化子问题.

例 2.3 考虑无约束优化问题

$$\min_{\boldsymbol{x}\in\mathbf{R}^2} f(\boldsymbol{x})=100(x_1^2-x_2)^2+(x_1-1)^2,$$

设当前迭代点 $\boldsymbol{x}_k=(-1,1)^{\mathrm{T}}$, 下降方向 $\boldsymbol{d}_k=(1,-2)^{\mathrm{T}}$. 利用程序 2.3 求步长因子 α_k.

解 首先, 编写好目标函数及其梯度的两个 m 文件 fun.m 和 gfun.m:

```
%目标函数
function f=fun(x)
f=100*(x(1)^2-x(2))^2+(x(1)-1)^2;
%梯度
function gf=gfun(x)
gf=[400*x(1)*(x(1)^2-x(2))+2*(x(1)-1);-200*(x(1)^2-x(2))];
```

然后, 在 MATLAB 命令窗口输入如下命令:

```
xk=[-1,1]'; dk=[1,-2]'; mk=armijo(xk,dk)
```

得

$$m_k=2;\quad \alpha_k=0.25;\quad \boldsymbol{x}_{k+1}=(-0.75,0.5)^{\mathrm{T}};\quad f(\boldsymbol{x}_k)=4;\quad f(\boldsymbol{x}_{k+1})=3.4531.$$

2.3 线搜索法的收敛性

下面给出线搜索法的收敛性结果. 所谓"线搜索法"是指用线搜索策略求步长因子的无约束优化问题下降类算法的简称, 其一般的算法框架如下.

算法 2.5 (**线搜索法算法框架**)

步骤 0, 初始化. 选取有关参数及初始迭代点 $\boldsymbol{x}_0\in\mathbf{R}^n$. 设定容许误差 $0\leqslant\varepsilon\ll 1$. 令 $k:=0$.

步骤 1, 检验终止判别准则. 计算 $\boldsymbol{g}_k=\nabla f(\boldsymbol{x}_k)$. 若 $\|\boldsymbol{g}_k\|\leqslant\varepsilon$, 停算, 输出 $\boldsymbol{x}^*\approx\boldsymbol{x}_k$.

步骤 2, 确定下降方向 $\boldsymbol{d}_k$, 使满足 $\boldsymbol{g}_k^{\mathrm{T}}\boldsymbol{d}_k<0$.

步骤 3, 确定步长因子 α_k. 可在下列"精确"与"非精确"两种线搜索策略中选用其一:

(1) 用 2.1 节介绍的黄金分割法或抛物线法等精确线搜索策略求

$$\alpha_k=\arg\min_{\alpha>0} f(\boldsymbol{x}_k+\alpha\boldsymbol{d}_k);\tag{2.15}$$

(2) 用 2.2 节介绍的 Wolfe 准则或 Armijo 准则等非精确线搜索策略求 α_k.

步骤 4, 更新迭代点. 令 $\boldsymbol{x}_{k+1} := \boldsymbol{x}_k + \alpha_k \boldsymbol{d}_k$, $k := k+1$, 转步骤 1.

值得说明的是, 为了保证这类算法的收敛性, 除了在步骤 3 要选用适当的线搜索策略外, 搜索方向 $\boldsymbol{d}_k$ 也需满足一定的条件, 即对于所有的 k, $\boldsymbol{d}_k$ 与 $-\boldsymbol{g}_k$ 的夹角 θ_k 满足

$$0 \leqslant \theta_k \leqslant \frac{\pi}{2} - \mu, \quad \mu \in \left(0, \frac{\pi}{2}\right). \tag{2.16}$$

显然, 夹角 θ_k 的余弦为

$$\cos\theta_k = \frac{-\boldsymbol{g}_k^{\mathrm{T}}\boldsymbol{d}_k}{\|\boldsymbol{g}_k\|\|\boldsymbol{d}_k\|}. \tag{2.17}$$

下面的定理描述了基于精确线搜索策略的无约束优化问题下降类算法的收敛性.

定理 2.2 设 $\{\boldsymbol{x}_k\}$ 是由算法 2.5 产生的序列, $f(\boldsymbol{x})$ 有下界且对任意的 $\boldsymbol{x}_0 \in \mathbf{R}^n$, $\nabla f(\boldsymbol{x})$ 在水平集

$$\mathcal{L}(\boldsymbol{x}_0) = \{\boldsymbol{x} \in \mathbf{R}^n | \, f(\boldsymbol{x}) \leqslant f(\boldsymbol{x}_0)\}$$

上存在且一致连续. 若下降方向 $\boldsymbol{d}_k$ 满足条件 (2.16) 且搜索步长因子 α_k 满足精确线搜索条件 (2.15), 则若非 $\boldsymbol{g}_k = \boldsymbol{0}$, 必有 $\boldsymbol{g}_k \to \boldsymbol{0}\,(k \to \infty)$.

证明 只需证明 $\boldsymbol{g}_k \neq \boldsymbol{0}$ 时必有 $\boldsymbol{g}_k \to \boldsymbol{0}\,(k \to \infty)$ 成立. 用反证法. 若 $\boldsymbol{g}_k \to \boldsymbol{0}$ 不成立, 则存在常数 $\varepsilon > 0$ 和一个子列 (仍记为该序列本身) 使得 $\|\boldsymbol{g}_k\| \geqslant \varepsilon > 0$.

首先, 由算法 2.5 的步骤 2 知, $\{f(\boldsymbol{x}_k)\}$ 是单调下降的, 再注意到 $f(\boldsymbol{x}_k)$ 有下界, 故序列 $\{f(\boldsymbol{x}_k)\}$ 的极限存在, 从而

$$f(\boldsymbol{x}_{k+1}) - f(\boldsymbol{x}_k) \to 0, \quad k \to \infty. \tag{2.18}$$

另一方面, 有

$$\frac{-\boldsymbol{g}_k^{\mathrm{T}}\boldsymbol{d}_k}{\|\boldsymbol{d}_k\|} = \|\boldsymbol{g}_k\|\cos\theta_k \geqslant \varepsilon\sin\mu \equiv \varepsilon_0. \tag{2.19}$$

由泰勒展开式, 得

$$\begin{aligned} f(\boldsymbol{x}_k + \alpha\boldsymbol{d}_k) &= f(\boldsymbol{x}_k) + \alpha\boldsymbol{g}(\boldsymbol{\xi}_k)^{\mathrm{T}}\boldsymbol{d}_k \\ &= f(\boldsymbol{x}_k) + \alpha\boldsymbol{g}_k^{\mathrm{T}}\boldsymbol{d}_k + \alpha[\boldsymbol{g}(\boldsymbol{\xi}_k) - \boldsymbol{g}_k]^{\mathrm{T}}\boldsymbol{d}_k \\ &\leqslant f(\boldsymbol{x}_k) + \alpha\|\boldsymbol{d}_k\|\left[\frac{\boldsymbol{g}_k^{\mathrm{T}}\boldsymbol{d}_k}{\|\boldsymbol{d}_k\|} + \|\boldsymbol{g}(\boldsymbol{\xi}_k) - \boldsymbol{g}_k\|\right], \end{aligned} \tag{2.20}$$

式中: $\boldsymbol{\xi}_k$ 为连接 $\boldsymbol{x}_k$ 与 $\boldsymbol{x}_k + \alpha\boldsymbol{d}_k$ 线段上的某一点.

由于 $\boldsymbol{g}(\boldsymbol{x}) = \nabla f(\boldsymbol{x})$ 在水平集 $\mathcal{L}(\boldsymbol{x}_0)$ 上一致连续, 故存在 $\bar{\alpha} > 0$, 使得当 $0 \leqslant \alpha\|\boldsymbol{d}_k\| \leqslant \bar{\alpha}$ 时, 有

$$\|\boldsymbol{g}(\boldsymbol{\xi}_k) - \boldsymbol{g}_k\| \leqslant \frac{1}{2}\varepsilon_0, \quad \forall k \geqslant 0. \tag{2.21}$$

在式 (2.20) 中令 $\alpha=\bar{\alpha}/\|\boldsymbol{d}_k\|$, 并利用式 (2.19) 和式 (2.21), 得

$$\begin{aligned} f\Big(\boldsymbol{x}_k+\frac{\bar{\alpha}}{\|\boldsymbol{d}_k\|}\boldsymbol{d}_k\Big) &\leqslant f(\boldsymbol{x}_k)+\bar{\alpha}\Big[\frac{\boldsymbol{g}_k^{\mathrm{T}}\boldsymbol{d}_k}{\|\boldsymbol{d}_k\|}+\|\boldsymbol{g}(\boldsymbol{\xi}_k)-\boldsymbol{g}_k\|\Big] \\ &\leqslant f(\boldsymbol{x}_k)+\bar{\alpha}\Big[-\varepsilon_0+\frac{1}{2}\varepsilon_0\Big] \\ &= f(\boldsymbol{x}_k)-\frac{1}{2}\bar{\alpha}\varepsilon_0. \end{aligned}$$

由精确搜索条件, 得

$$f(\boldsymbol{x}_{k+1})\leqslant f\Big(\boldsymbol{x}_k+\frac{\bar{\alpha}}{\|\boldsymbol{d}_k\|}\boldsymbol{d}_k\Big)\leqslant f(\boldsymbol{x}_k)-\frac{1}{2}\bar{\alpha}\varepsilon_0.$$

这与式 (2.18) 矛盾, 从而 $\boldsymbol{g}_k\to\boldsymbol{0}$. 证毕. □

下面的定理描述了基于 Wolfe 准则或 Armijo 准则的非精确线搜索法的收敛性.

定理 2.3 设 $\{\boldsymbol{x}_k\}$ 是由算法 2.5 产生的序列, $f(\boldsymbol{x})$ 有下界且对任意的 $\boldsymbol{x}_0\in\mathbf{R}^n$, $\nabla f(\boldsymbol{x})$ 在水平集

$$\mathcal{L}(\boldsymbol{x}_0)=\{\boldsymbol{x}\in\mathbf{R}^n|\, f(\boldsymbol{x})\leqslant f(\boldsymbol{x}_0)\}$$

上存在且一致连续. 若下降方向 $\boldsymbol{d}_k$ 满足条件 (2.16), 则

(1) 采用 Wolfe 准则求搜索步长因子 α_k 时, 有 $\{\|\boldsymbol{g}_k\|\}\to 0\ (k\to\infty)$;

(2) 采用 Armijo 准则求搜索步长因子 α_k 时, $\{\boldsymbol{x}_k\}$ 的任何聚点 $\boldsymbol{x}^*$ 都满足 $\nabla f(\boldsymbol{x}^*)=\boldsymbol{0}$.

证明 (1) 用反证法. 设存在子列 (仍记指标为 k), 使得 $\|\boldsymbol{g}_k\|\geqslant\varepsilon>0$. 注意到 $\boldsymbol{d}_k$ 是下降方向, 由 Wolfe 准则的条件 (2.11) 知, $\{f(\boldsymbol{x}_k)\}$ 是单调下降的. 又 $f(\boldsymbol{x}_k)$ 有下界, 故序列 $\{f(\boldsymbol{x}_k)\}$ 的极限存在, 因此有 $f(\boldsymbol{x}_k)-f(\boldsymbol{x}_{k+1})\to 0$. 令 $\boldsymbol{s}_k=\alpha_k\boldsymbol{d}_k$, 则由式 (2.11) 和式 (2.16) 可得 $\cos\theta_k\geqslant\sin\mu$ 及

$$0\leqslant-\boldsymbol{g}_k^{\mathrm{T}}(\alpha_k\boldsymbol{d}_k)=-\boldsymbol{g}_k^{\mathrm{T}}\boldsymbol{s}_k\leqslant\frac{1}{\rho}\big(f(\boldsymbol{x}_k)-f(\boldsymbol{x}_{k+1})\big)\to 0. \tag{2.22}$$

故

$$0\leqslant\|\boldsymbol{g}_k\|\|\boldsymbol{s}_k\|\sin\mu\leqslant\|\boldsymbol{g}_k\|\|\boldsymbol{s}_k\|\cos\theta_k=-\boldsymbol{g}_k^{\mathrm{T}}\boldsymbol{s}_k\to 0.$$

注意到 $\|\boldsymbol{g}_k\|\geqslant\varepsilon>0$, 故由上式必有 $\|\boldsymbol{s}_k\|\to 0$. 又由于 $\nabla f(\boldsymbol{x})$ 在水平集 $\mathcal{L}(\boldsymbol{x}_0)$ 上是一致连续的, 所以有

$$\nabla f(\boldsymbol{x}_{k+1})^{\mathrm{T}}\boldsymbol{s}_k=\boldsymbol{g}_k^{\mathrm{T}}\boldsymbol{s}_k+o(\|\boldsymbol{s}_k\|),$$

即

$$\lim_{k\to\infty}\frac{\nabla f(\boldsymbol{x}_{k+1})^{\mathrm{T}}\boldsymbol{s}_k}{\boldsymbol{g}_k^{\mathrm{T}}\boldsymbol{s}_k}=1,$$

这与式 (2.12) 及 $\sigma < 1$ 矛盾. 因而必有 $\|\boldsymbol{g}_k\| \to 0$.

(2) 用反证法. 假设 $\boldsymbol{x}^*$ 是序列 $\{\boldsymbol{x}_k\}$ 的聚点且 $\nabla f(\boldsymbol{x}^*) \neq \boldsymbol{0}$. 由定理的条件可得 $f(\boldsymbol{x}_k) \to f(\boldsymbol{x}^*)$ 及 $f(\boldsymbol{x}_k) - f(\boldsymbol{x}_{k+1}) \to 0$. 又由 Armijo 准则的条件 (2.14), 有

$$-\sigma \boldsymbol{g}_k^{\mathrm{T}} \boldsymbol{s}_k \to 0, \quad \boldsymbol{g}_k^{\mathrm{T}} \boldsymbol{s}_k \to 0,$$

式中: $\boldsymbol{s}_k = \beta^{m_k} \boldsymbol{d}_k$. 若 $\boldsymbol{g}_k \to \boldsymbol{0}$ 不成立, 则由上式可得 $\|\boldsymbol{s}_k\| \to 0$. 由于在 Armijo 准则的条件 (2.14) 中, m_k 是使不等式成立的最小非负整数, 因此, 对于 $\beta^{m_k-1} = \beta^{m_k}/\beta$, 不等式变为

$$f(\boldsymbol{x}_k + \beta^{m_k-1}\boldsymbol{d}_k) - f(\boldsymbol{x}_k) > \sigma \beta^{m_k-1} \boldsymbol{g}_k^{\mathrm{T}} \boldsymbol{d}_k.$$

注意到 $\beta^{m_k-1}\boldsymbol{d}_k = \boldsymbol{s}_k/\beta$, 故上式即为

$$f\Big(\boldsymbol{x}_k + \frac{1}{\beta}\boldsymbol{s}_k\Big) - f(\boldsymbol{x}_k) > \sigma \boldsymbol{g}_k^{\mathrm{T}} \Big(\frac{\boldsymbol{s}_k}{\beta}\Big). \tag{2.23}$$

若令 $\boldsymbol{p}_k = \dfrac{\boldsymbol{s}_k}{\|\boldsymbol{s}_k\|}$, 则 $\dfrac{\boldsymbol{s}_k}{\beta} = \dfrac{\|\boldsymbol{s}_k\|}{\beta}\boldsymbol{p}_k$. 由 $\|\boldsymbol{s}_k\| \to 0$, 可知 $\alpha_k' = \dfrac{\|\boldsymbol{s}_k\|}{\beta} \to 0$, 且式 (2.23) 可改写为

$$\frac{f(\boldsymbol{x}_k + \alpha_k' \boldsymbol{p}_k) - f(\boldsymbol{x}_k)}{\alpha_k'} > \sigma \boldsymbol{g}_k^{\mathrm{T}} \boldsymbol{p}_k.$$

因 $\|\boldsymbol{p}_k\| = 1$, 故 $\{\|\boldsymbol{p}_k\|\}$ 有界, 从而存在收敛的子列, 仍记为 $\{\|\boldsymbol{p}_k\|\} \to \boldsymbol{p}^*$ $(\|\boldsymbol{p}^*\| = 1)$. 对上式两边取极限, 得

$$\nabla f(\boldsymbol{x}^*)^{\mathrm{T}} \boldsymbol{p}^* \geqslant \sigma \nabla f(\boldsymbol{x}^*)^{\mathrm{T}} \boldsymbol{p}^*.$$

由此, 得

$$\nabla f(\boldsymbol{x}^*)^{\mathrm{T}} \boldsymbol{p}^* \geqslant 0. \tag{2.24}$$

另一方面, 注意到

$$\boldsymbol{p}_k = \frac{\boldsymbol{s}_k}{\|\boldsymbol{s}_k\|} = \frac{\boldsymbol{d}_k}{\|\boldsymbol{d}_k\|},$$

故有

$$-\boldsymbol{g}_k^{\mathrm{T}} \boldsymbol{p}_k = -\boldsymbol{g}_k^{\mathrm{T}} \Big(\frac{\boldsymbol{d}_k}{\|\boldsymbol{d}_k\|}\Big) = \|\boldsymbol{g}_k\| \cos\theta_k \geqslant \|\boldsymbol{g}_k\| \sin\mu.$$

对上式取极限, 得

$$-\nabla f(\boldsymbol{x}^*)^{\mathrm{T}} \boldsymbol{p}^* \geqslant \|\nabla f(\boldsymbol{x}^*)\| \sin\mu > 0,$$

即

$$\nabla f(\boldsymbol{x}^*)^{\mathrm{T}} \boldsymbol{p}^* < 0,$$

这与式 (2.24) 矛盾. 故必有 $\nabla f(\boldsymbol{x}^*) = \boldsymbol{0}$. 证毕. □

习 题 2

1. 用黄金分割法求解

$$\min \phi(x) = \mathrm{e}^{-x} + x^2.$$

要求最终区间长度 $l \leqslant 0.2$, 取初始搜索区间为 $[0, 1]$.

2. 用黄金分割法求解

$$\min \phi(x) = x^2 - x - 1.$$

取初始搜索区间为 $[0, 1]$, 区间精度为 $\varepsilon = 0.05$.

3. 用黄金分割法求

$$\min \phi(x) = x^3 - 2x + 1$$

的近似最优解, 取初始搜索区间为 $[0, 3]$, 区间精度为 $\varepsilon = 0.15$.

4. 用抛物线法求函数 $\phi(x) = x^2 - 5x + 2$ 的近似极小点, 给定 $x_0 = 1$, $h_0 = 0.1$.

5. 用抛物线法求

$$\min_{x>0} \phi(x) = x^3 - 2x + 5$$

的近似最优解, 取初始搜索区间为 $[0, 3]$, 初始点 $x_0 = 1$, 终止条件为 $|x_{k+1} - x_k| < \varepsilon = 0.01$.

6. 设函数 $\phi(x)$ 在 a 与 b 之间存在极小点, 又已知

$$\phi_a = \phi(a), \quad \phi_b = \phi(b), \quad \phi'_a = \phi'(a).$$

作二次插值多项式 $\varphi(x)$, 使满足

$$\varphi(a) = \phi_a, \quad \varphi(b) = \phi_b, \quad \varphi'(a) = \phi'_a.$$

求 $\varphi(x)$ 的极小点.

7. 分别用书中所给的黄金分割法程序和抛物线法程序计算下列问题的近似最优解:

(1) $\min \phi(x) = e^{-x} + 3x^2$; (2) $\min \phi(x) = 3x^4 - 4x^3 - 12x^2$;

(3) $\min \phi(x) = x^4 + 2x + 4$; (4) $\min \phi(x) = x^3 - 3x + 1$.

8. 利用书中所给的 Armijo 搜索程序计算下列问题

$$\min \phi(\alpha) = f(\boldsymbol{x}_k + \alpha \boldsymbol{d}_k),$$

式中: $f(\boldsymbol{x}) = 100(x_1^2 - x_2)^2 + (x_1 - 1)^2$; $\boldsymbol{x}_k = (-1, 1)^{\mathrm{T}}$; $\boldsymbol{d}_k = (1, 1)^{\mathrm{T}}$.

9. 对于 n 元严格凸二次函数 $f(\boldsymbol{x}) = \boldsymbol{x}^{\mathrm{T}} \boldsymbol{A} \boldsymbol{x}$.

(1) 试求在点 $\boldsymbol{x}_k$ 处的下降方向 $\boldsymbol{d}_k$ 的最优步长;

(2) 若取 $\boldsymbol{d}_k = -\boldsymbol{g}_k$, 试计算目标函数 $f(\boldsymbol{x})$ 在每一迭代步的下降量.

10. 对于 n 元严格凸二次函数 $f(\boldsymbol{x}) = \boldsymbol{x}^{\mathrm{T}} \boldsymbol{A} \boldsymbol{x} - 2\boldsymbol{b}^{\mathrm{T}} \boldsymbol{x}$, 试求在点 $\boldsymbol{x}_k$ 处沿下降方向 $\boldsymbol{d}_k$ 的 Wolfe 步长因子 α_k, 并证明

$$2\sigma \bar{\alpha}_k \leqslant \alpha_k \leqslant 2(1-\sigma)\bar{\alpha}_k,$$

式中: $\bar{\alpha}_k$ 为最优步长.

第 3 章　梯度法和牛顿法

本章讨论无约束非线性优化问题

$$\min_{\boldsymbol{x}\in\mathbf{R}^n} f(\boldsymbol{x}) \tag{3.1}$$

的梯度法和牛顿法及其改进算法. 其中梯度法是求解无约束优化问题最简单和最古老的方法之一, 虽然时至今日它不再具有实用性, 但它却是研究其他无约束优化算法的基础, 许多有效算法都是以它为基础通过改进或修正而得到的. 此外, 牛顿法也是一种经典的无约束优化算法, 并且因其收敛速度快以及具有自适应性等优点, 至今仍受到科技工作者的青睐.

3.1　梯度法及其 MATLAB 实现

在第 2 章关于无约束优化问题下降类算法的一般框架时提到, 用不同的方式确定搜索方向或搜索步长, 就会得到不同的算法. 梯度法是用负梯度方向

$$\boldsymbol{d}_k = -\nabla f(\boldsymbol{x}_k) \tag{3.2}$$

作为搜索方向的.

设 $f(\boldsymbol{x})$ 在 $\boldsymbol{x}_k$ 附近连续可微, $\boldsymbol{d}_k$ 为搜索方向向量, $\boldsymbol{g}_k = \nabla f(\boldsymbol{x}_k)$. 由泰勒展开式, 得

$$f(\boldsymbol{x}_k + \alpha\boldsymbol{d}_k) = f(\boldsymbol{x}_k) + \alpha\boldsymbol{g}_k^{\mathrm{T}}\boldsymbol{d}_k + o(\alpha), \quad \alpha > 0.$$

那么目标函数 $f(\boldsymbol{x})$ 在 $\boldsymbol{x}_k$ 处沿方向 $\boldsymbol{d}_k$ 下降的变化率为

$$\begin{aligned}\lim_{\alpha\to 0}\frac{f(\boldsymbol{x}_k + \alpha\boldsymbol{d}_k) - f(\boldsymbol{x}_k)}{\alpha} &= \lim_{\alpha\to 0}\frac{\alpha\boldsymbol{g}_k^{\mathrm{T}}\boldsymbol{d}_k + o(\alpha)}{\alpha}\\ &= \boldsymbol{g}_k^{\mathrm{T}}\boldsymbol{d}_k = \|\boldsymbol{g}_k\|\|\boldsymbol{d}_k\|\cos\bar{\theta}_k,\end{aligned}$$

式中: $\bar{\theta}_k$ 为 $\boldsymbol{g}_k$ 与 $\boldsymbol{d}_k$ 的夹角.

显然, 对于不同的方向 $\boldsymbol{d}_k$, 函数变化率取决于它与 $\boldsymbol{g}_k$ 夹角的余弦值. 要使变化率最小, 只有 $\cos\bar{\theta}_k = -1$, 即 $\bar{\theta}_k = \pi$ 时才能达到, 亦即 $\boldsymbol{d}_k$ 应该取式 (3.2) 中的负梯度方向, 即负梯度方向是目标函数 $f(\boldsymbol{x})$ 在当前点的最速下降方向, 因此梯度法也称为最速下降法. 下面给出梯度法的具体计算步骤.

算法 3.1 (梯度法)

步骤 0, 选取初始点 $\boldsymbol{x}_0 \in \mathbf{R}^n$, 容许误差 $0 \leqslant \varepsilon \ll 1$. 令 $k := 0$.

步骤 1, 计算 $\boldsymbol{g}_k = \nabla f(\boldsymbol{x}_k)$. 若 $\|\boldsymbol{g}_k\| \leqslant \varepsilon$, 停算, 输出 $\boldsymbol{x}_k$ 作为近似极小点.

步骤 2, 取方向 $\boldsymbol{d}_k=-\boldsymbol{g}_k$.

步骤 3, 由线搜索方法确定步长因子 α_k.

步骤 4, 令 $\boldsymbol{x}_{k+1}:=\boldsymbol{x}_k+\alpha_k\boldsymbol{d}_k$, $k:=k+1$, 转步骤 1.

注 步骤 3 中步长因子 α_k 的确定既可以使用精确线搜索方法, 也可以使用非精确线搜索方法, 在理论上都能保证其全局收敛性. 若采用精确线搜索方法, 即

$$f(\boldsymbol{x}_k+\alpha_k\boldsymbol{d}_k)=\min_{\alpha>0}f(\boldsymbol{x}_k+\alpha\boldsymbol{d}_k),$$

那么 α_k 应满足

$$\phi'(\alpha)=\frac{\mathrm{d}}{\mathrm{d}\alpha}f(\boldsymbol{x}_k+\alpha\boldsymbol{d}_k)|_{\alpha=\alpha_k}=\nabla f(\boldsymbol{x}_k+\alpha_k\boldsymbol{d}_k)^{\mathrm{T}}\boldsymbol{d}_k=0.$$

由式 (3.2), 有

$$\boldsymbol{g}(\boldsymbol{x}_{k+1})^{\mathrm{T}}\boldsymbol{g}(\boldsymbol{x}_k)=0,$$

即新点 $\boldsymbol{x}_{k+1}$ 处的梯度与旧点 $\boldsymbol{x}_k$ 处的梯度是正交的, 也就是说迭代点列所走的路线是锯齿型的, 故其收敛速度是很缓慢的 (至多线性收敛速度).

由 $\boldsymbol{d}_k=-\boldsymbol{g}_k$ 及式 (2.17), 即

$$\cos\theta_k=\frac{-\boldsymbol{g}_k^{\mathrm{T}}\boldsymbol{d}_k}{\|\boldsymbol{g}_k\|\|\boldsymbol{d}_k\|}=\frac{-\boldsymbol{g}_k^{\mathrm{T}}(-\boldsymbol{g}_k)}{\|\boldsymbol{g}_k\|\|-\boldsymbol{g}_k\|}=1\ \Rightarrow\ \theta_k=0,$$

故条件 (2.16) 必然满足 ($0\leqslant\theta_k\leqslant\frac{\pi}{2}-\mu,\ \mu\in(0,\frac{\pi}{2})$), 从而直接应用定理 2.2 和定理 2.3 即得到梯度法的全局收敛性定理.

定理 3.1 设目标函数 $f(\boldsymbol{x})$ 连续可微且其梯度函数 $\boldsymbol{g}(\boldsymbol{x})$ 是 Lipschitz 连续的, $\{\boldsymbol{x}_k\}$ 由梯度法产生, 其中步长因子 α_k 由精确线搜索, 或由 Wolfe 准则, 或由 Armijo 准则产生, 则有

$$\lim_{k\to\infty}\|\boldsymbol{g}(\boldsymbol{x}_k)\|=0.$$

下面的定理给出了梯度法求解严格凸二次函数极小值问题时的收敛速度估计, 其证明可参阅有关文献, 此处省略不证.

定理 3.2 设矩阵 $\boldsymbol{A}\in\mathbf{R}^{n\times n}$ 对称正定, $\boldsymbol{b}\in\mathbf{R}^n$. 记 λ_1 和 λ_n 分别是 $\boldsymbol{A}$ 的最大和最小特征值, $\kappa=\lambda_1/\lambda_n$. 考虑如下极小化问题

$$\min f(\boldsymbol{x})=\frac{1}{2}\boldsymbol{x}^{\mathrm{T}}\boldsymbol{A}\boldsymbol{x}-\boldsymbol{b}^{\mathrm{T}}\boldsymbol{x}.$$

设 $\{\boldsymbol{x}_k\}$ 是用精确线搜索的梯度法求解上述问题所产生的迭代序列, 则对于所有的 k, 下面的不等式成立

$$\|\boldsymbol{x}_{k+1}-\boldsymbol{x}^*\|_A\leqslant\left(\frac{\kappa-1}{\kappa+1}\right)\|\boldsymbol{x}_k-\boldsymbol{x}^*\|_A, \tag{3.3}$$

式中: $\boldsymbol{x}^*$ 为问题的唯一解, $\|\boldsymbol{x}\|_A=\sqrt{\boldsymbol{x}^{\mathrm{T}}\boldsymbol{A}\boldsymbol{x}}$.

由定理 3.2 可以看出, 若条件数 κ 接近于 1 (即 $\boldsymbol{A}$ 的最大特征值和最小特征值接近时), 梯度法是收敛很快的. 但当条件数 κ 较大时 (即 $\boldsymbol{A}$ 近似于病态时), 算法的收敛速度是很缓慢的.

下面给出基于 Armijo 非精确线搜索的梯度法 MATLAB 程序.

程序 3.1 (**梯度法程序**)

```
function [k,x,val]=grad(fun,gfun,x0,epsilon)
%功能: 梯度法求解无约束优化问题:  min f(x)
%输入: fun, gfun分别是目标函数及其梯度, x0是初始点,
%       epsilon为容许误差
%输出: k是迭代次数, x, val分别是近似最优点和最优值
maxk=5000;  %最大迭代次数
beta=0.5;  sigma=0.4;
k=0;
while(k<maxk)
    gk=feval(gfun,x0);  %计算梯度
    dk=-gk;  %计算搜索方向
    if(norm(gk)<epsilon), break; end  %检验终止准则
    m=0;  mk=0;
    while(m<20)  %用Armijo搜索求步长
        if(feval(fun,x0+beta^m*dk)<=feval(fun,x0)+sigma*beta^m*gk'*dk)
            mk=m; break;
        end
        m=m+1;
    end
    x0=x0+beta^mk*dk;
    k=k+1;
end
x=x0;
val=feval(fun,x0);
```

例 3.1 利用梯度法 (程序 3.1) 求解无约束优化问题

$$\min_{\boldsymbol{x}\in\mathbf{R}^2} f(\boldsymbol{x})=4(x_1^2-x_2)^2+3(x_1-1)^2.$$

该问题有精确解 $\boldsymbol{x}^*=(1,1)^{\mathrm{T}}$, $f(\boldsymbol{x}^*)=0$.

解 首先, 编写好目标函数及其梯度的两个 m 文件 fun.m 和 gfun.m:

```
%目标函数
function f=fun(x)
f=4*(x(1)^2-x(2))^2+3*(x(1)-1)^2;
%梯度
function gf=gfun(x)
gf=[16*x(1)*(x(1)^2-x(2))+6*(x(1)-1); -8*(x(1)^2-x(2))];
```

然后, 利用程序 3.1, 终止准则取为 $\|\nabla f(\boldsymbol{x}_k)\| \leqslant 10^{-5}$. 取不同的初始点, 数值结果如表 3.1 所列.

表 3.1 梯度法的数值结果

初始点 ($\boldsymbol{x}_0$)	迭代次数 (k)	目标函数值 ($f(\boldsymbol{x}_k)$)
$(0.0, 0.0)^{\mathrm{T}}$	167	2.5016×10^{-11}
$(2.0, 1.0)^{\mathrm{T}}$	173	2.8349×10^{-11}
$(-1.2, 1.0)^{\mathrm{T}}$	164	2.7487×10^{-11}
$(2.0, -2.0)^{\mathrm{T}}$	166	2.7958×10^{-11}
$(20.0, 20.0)^{\mathrm{T}}$	844	3.3543×10^{-11}

由表 3.1 可以看出, 梯度法的收敛速度是比较缓慢的.

说明 上述程序的调用方式为

```
>> x0=[-1.2;1.0];
>> [k,x,val]=grad('fun','gfun',x0,1e-5)
```

其中 fun, gfun 分别为目标函数及其梯度的 m 函数文件.

3.2 牛顿法及其 MATLAB 实现

与梯度法一样, 牛顿法也是求解无约束优化问题最早使用的经典算法之一, 其基本思想是: 用迭代点 $\boldsymbol{x}_k$ 处的一阶导数 (梯度) 和二阶导数 (Hesse 阵) 对目标函数进行二次函数近似, 然后把二次函数的极小点作为新的迭代点, 并不断重复这一过程, 直至求得满足精度的近似极小点.

下面来推导牛顿法的迭代公式. 设 $f(\boldsymbol{x})$ 的 Hesse 阵 $\boldsymbol{G}(\boldsymbol{x}) = \nabla^2 f(\boldsymbol{x})$ 连续, 截取其在 $\boldsymbol{x}_k$ 处的泰勒展开式的前三项, 得

$$q_k(\boldsymbol{x}) = f_k + \boldsymbol{g}_k^{\mathrm{T}}(\boldsymbol{x} - \boldsymbol{x}_k) + \frac{1}{2}(\boldsymbol{x} - \boldsymbol{x}_k)^{\mathrm{T}}\boldsymbol{G}_k(\boldsymbol{x} - \boldsymbol{x}_k),$$

式中: $f_k = f(\boldsymbol{x}_k)$; $\boldsymbol{g}_k = \nabla f(\boldsymbol{x}_k)$; $\boldsymbol{G}_k = \nabla^2 f(\boldsymbol{x}_k)$.

求二次函数 $q_k(\boldsymbol{x})$ 的稳定点, 得

$$\nabla q_k(\boldsymbol{x}) = \boldsymbol{g}_k + \boldsymbol{G}_k(\boldsymbol{x} - \boldsymbol{x}_k) = \mathbf{0}.$$

若 $\boldsymbol{G}_k$ 非奇异, 那么解上面的线性方程组 (记其解为 $\boldsymbol{x}_{k+1}$) 即得牛顿法的迭代公式为

$$\boldsymbol{x}_{k+1} = \boldsymbol{x}_k - \boldsymbol{G}_k^{-1}\boldsymbol{g}_k. \tag{3.4}$$

在迭代公式 (3.4) 中, 每步迭代都需要求 Hesse 阵的逆 $\boldsymbol{G}_k^{-1}$, 在实际计算中可通过先解 $\boldsymbol{G}_k\boldsymbol{d} = -\boldsymbol{g}_k$ 得 $\boldsymbol{d}_k$, 然后令 $\boldsymbol{x}_{k+1} = \boldsymbol{x}_k + \boldsymbol{d}_k$ 来避免求逆. 这样, 可以写出基本牛顿法的步骤如下.

算法 3.2 (基本牛顿法)

步骤 0, 选取初始点 $\boldsymbol{x}_0 \in \mathbf{R}^n$, 容许误差 $0 \leqslant \varepsilon \ll 1$. 令 $k := 0$.

步骤 1, 计算 $\boldsymbol{g}_k = \nabla f(\boldsymbol{x}_k)$. 若 $\|\boldsymbol{g}_k\| \leqslant \varepsilon$, 停算, 输出 $\boldsymbol{x}^* \approx \boldsymbol{x}_k$.

步骤 2, 计算 $\boldsymbol{G}_k = \nabla^2 f(\boldsymbol{x}_k)$, 并求解线性方程组

$$\boldsymbol{G}_k\boldsymbol{d} = -\boldsymbol{g}_k,$$

得解 $\boldsymbol{d}_k$.

步骤 3, 令 $\boldsymbol{x}_{k+1} := \boldsymbol{x}_k + \boldsymbol{d}_k$, $k := k+1$, 转步骤 1.

牛顿法最突出的优点是收敛速度快, 具有局部二阶收敛性. 下面的定理表明了这一性质.

定理 3.3 设函数 $f(\boldsymbol{x})$ 有二阶连续偏导数, 在局部极小点 $\boldsymbol{x}^*$ 处, $\boldsymbol{G}(\boldsymbol{x}^*) = \nabla^2 f(\boldsymbol{x}^*)$ 是正定的且 $\boldsymbol{G}(\boldsymbol{x})$ 在 $\boldsymbol{x}^*$ 的一个邻域内是 Lipschitz 连续的. 如果初始点 $\boldsymbol{x}_0$ 充分靠近 $\boldsymbol{x}^*$, 那么对一切 k, 牛顿迭代公式 (3.4) 是适定的, 并且当 $\{\boldsymbol{x}_k\}$ 为无穷点列时, 其极限为 $\boldsymbol{x}^*$ 且收敛阶至少是二阶的.

证明 由 $\boldsymbol{G}(\boldsymbol{x}^*)$ 的正定性及 f 二次连续可微可知, 存在 $\boldsymbol{x}^*$ 的一个邻域 $N_1(\boldsymbol{x}^*)$, 使得对任意的 $\boldsymbol{x} \in N_1(\boldsymbol{x}^*)$, 都有 $\boldsymbol{G}(\boldsymbol{x})$ 是一致正定的. 特别地, $\|\boldsymbol{G}(\boldsymbol{x})^{-1}\|$ 在 $N_1(\boldsymbol{x}^*)$ 上有界, 即存在常数 $M \geqslant 0$, 使得 $\|\boldsymbol{G}(\boldsymbol{x})^{-1}\| \leqslant M, \forall \boldsymbol{x} \in N_1(\boldsymbol{x}^*)$. 又由 $\boldsymbol{G}(\boldsymbol{x})$ 的连续性可知, 存在邻域 $N(\boldsymbol{x}^*)$, 使得

$$\|\boldsymbol{G}(\boldsymbol{x}) - \boldsymbol{G}(\boldsymbol{x}^*)\| \leqslant \frac{1}{4M}, \quad \forall \boldsymbol{x} \in N(\boldsymbol{x}^*) \subseteq N_1(\boldsymbol{x}^*).$$

因此, 当 $\boldsymbol{x}_0 \in N(\boldsymbol{x}^*)$ 时, 有

$$\|\boldsymbol{x}_1 - \boldsymbol{x}^*\| \ = \ \|\boldsymbol{x}_0 - \boldsymbol{x}^* - \boldsymbol{G}_0^{-1}\boldsymbol{g}_0\|$$

$$
\begin{aligned}
&\leqslant \|\boldsymbol{G}_0^{-1}\|\|\boldsymbol{g}(\boldsymbol{x}_0)-\boldsymbol{g}(\boldsymbol{x}^*)-\boldsymbol{G}_0(\boldsymbol{x}_0-\boldsymbol{x}^*)\| \\
&\leqslant \|\boldsymbol{G}_0^{-1}\|\Big\|\int_0^1 \boldsymbol{G}(\boldsymbol{x}^*+t(\boldsymbol{x}-\boldsymbol{x}^*))(\boldsymbol{x}-\boldsymbol{x}^*)\mathrm{d}t-\boldsymbol{G}_0(\boldsymbol{x}_0-\boldsymbol{x}^*)\Big\| \\
&\leqslant M\int_0^1 \|\boldsymbol{G}(\boldsymbol{x}^*+t(\boldsymbol{x}_0-\boldsymbol{x}^*))-\boldsymbol{G}(\boldsymbol{x}_0)\|\|\boldsymbol{x}_0-\boldsymbol{x}^*\|\mathrm{d}t \\
&\leqslant M\Big(\int_0^1 \|\boldsymbol{G}(\boldsymbol{x}^*+t(\boldsymbol{x}_0-\boldsymbol{x}^*))-\boldsymbol{G}(\boldsymbol{x}^*)\|\mathrm{d}t \\
&\qquad +\int_0^1 \|\boldsymbol{G}(\boldsymbol{x}_0)-\boldsymbol{G}(\boldsymbol{x}^*)\|\mathrm{d}t\Big)\|\boldsymbol{x}_0-\boldsymbol{x}^*\| \\
&\leqslant \frac{1}{2}\|\boldsymbol{x}_0-\boldsymbol{x}^*\|. \qquad (3.5)
\end{aligned}
$$

式 (3.5) 特别说明, $\boldsymbol{x}_1 \in N(\boldsymbol{x}^*)$. 类似地, 利用归纳法原理, 可证明对于所有的 $k \geqslant 1$ 有

$$
\|\boldsymbol{x}_{k+1}-\boldsymbol{x}^*\| \leqslant \frac{1}{2}\|\boldsymbol{x}_k-\boldsymbol{x}^*\|.
$$

因此, $\{\boldsymbol{x}_k\} \subset N(\boldsymbol{x}^*)$ 且 $\boldsymbol{x}_k \to \boldsymbol{x}^*\ (k\to\infty)$. 进一步, 类似于式 (3.5) 的推导, 得

$$
\begin{aligned}
\|\boldsymbol{x}_{k+1}-\boldsymbol{x}^*\| &\leqslant M\int_0^1 \|\boldsymbol{G}(\boldsymbol{x}^*+t(\boldsymbol{x}_k-\boldsymbol{x}^*))-\boldsymbol{G}(\boldsymbol{x}_k)\|\|\boldsymbol{x}_k-\boldsymbol{x}^*\|\mathrm{d}t \\
&= o(\|\boldsymbol{x}_k-\boldsymbol{x}^*\|),
\end{aligned}
$$

即 $\{\boldsymbol{x}_k\}$ 超线性收敛于 $\boldsymbol{x}^*$. 若 $\boldsymbol{G}(\boldsymbol{x})$ 在 $\boldsymbol{x}^*$ 的一个邻域内 Lipschitz 连续, 则由上式得

$$
\begin{aligned}
\|\boldsymbol{x}_{k+1}-\boldsymbol{x}^*\| &\leqslant M\Big(\int_0^1 \|\boldsymbol{G}(\boldsymbol{x}^*+t(\boldsymbol{x}_k-\boldsymbol{x}^*))-\boldsymbol{G}(\boldsymbol{x}^*)\|\mathrm{d}t \\
&\qquad +\int_0^1 \|\boldsymbol{G}(\boldsymbol{x}^*)-\boldsymbol{G}(\boldsymbol{x}_k)\|\mathrm{d}t\Big)\|\boldsymbol{x}_k-\boldsymbol{x}^*\| \\
&\leqslant LM\Big(\int_0^1 t\mathrm{d}t+1\Big)\|\boldsymbol{x}_k-\boldsymbol{x}^*\|^2 \\
&= \frac{3}{2}LM\|\boldsymbol{x}_k-\boldsymbol{x}^*\|^2,
\end{aligned}
$$

即 $\{\boldsymbol{x}_k\}$ 二次收敛于 $\boldsymbol{x}^*$. 证毕. □

定理 3.3 指出, 初始点需要足够“靠近”极小点, 否则有可能导致算法不收敛. 由于实际问题的精确极小点一般是不知道的, 因此, 初始点的选取给算法的实际操作带来了很大的困难. 为了克服这一困难, 可引入线搜索方法以得到大范围收敛的算法, 即所谓的阻尼牛顿法.

下面给出基于 Armijo 搜索的阻尼牛顿法的具体步骤.

算法 3.3 (基于 Armijo 搜索的阻尼牛顿法)

步骤 0, 选取参数 $\beta \in (0,1)$, $\sigma \in (0,0.5)$, 初始点 $\boldsymbol{x}_0 \in \mathbf{R}^n$, 容许误差 $0 \leqslant \varepsilon \ll 1$. 令 $k := 0$.

步骤 1, 计算 $\boldsymbol{g}_k = \nabla f(\boldsymbol{x}_k)$. 若 $\|\boldsymbol{g}_k\| \leqslant \varepsilon$, 停算, 输出 $\boldsymbol{x}^* \approx \boldsymbol{x}_k$.

步骤 2, 计算 $\boldsymbol{G}_k = \nabla^2 f(\boldsymbol{x}_k)$, 并求解线性方程组

$$\boldsymbol{G}_k \boldsymbol{d} = -\boldsymbol{g}_k, \tag{3.6}$$

得解 $\boldsymbol{d}_k$.

步骤 3, 记 m_k 是满足下列不等式的最小非负整数 m:

$$f(\boldsymbol{x}_k + \beta^m \boldsymbol{d}_k) \leqslant f(\boldsymbol{x}_k) + \sigma \beta^m \boldsymbol{g}_k^{\mathrm{T}} \boldsymbol{d}_k. \tag{3.7}$$

步骤 4, 令 $\alpha_k := \beta^{m_k}$, $\boldsymbol{x}_{k+1} := \boldsymbol{x}_k + \alpha_k \boldsymbol{d}_k$, $k := k+1$, 转步骤 1.

下面给出算法 3.3 的全局收敛性定理.

定理 3.4 设函数 $f(\boldsymbol{x})$ 二次连续可微且存在常数 $\gamma > 0$, 使得

$$\boldsymbol{d}^{\mathrm{T}} \boldsymbol{G}(\boldsymbol{x}) \boldsymbol{d} \geqslant \gamma \|\boldsymbol{d}\|^2, \ \forall \boldsymbol{d} \in \mathbf{R}^n, \boldsymbol{x} \in \mathcal{L}(\boldsymbol{x}_0), \tag{3.8}$$

式中: $\mathcal{L}(\boldsymbol{x}_0) = \{\boldsymbol{x} | f(\boldsymbol{x}) \leqslant f(\boldsymbol{x}_0)\}$. 设 $\{\boldsymbol{x}_k\}$ 是由算法 3.3 产生的无穷点列, 则该点列收敛于 f 在水平集 $\mathcal{L}(\boldsymbol{x}_0)$ 中的唯一全局极小点.

证明 由条件 (3.8) 知, f 是水平集 $\mathcal{L}(\boldsymbol{x}_0)$ 上的一致凸函数, 因此一定存在唯一的全局极小点 $\boldsymbol{x}^*$, 且 $\boldsymbol{x}^*$ 是 $\boldsymbol{g}(\boldsymbol{x}) = \mathbf{0}$ 的唯一解.

由于 f 是凸函数, 故水平集 $\mathcal{L}(\boldsymbol{x}_0)$ 是一个有界闭凸集. 注意到算法 3.3 的步骤 3, 序列 $\{f(\boldsymbol{x}_k)\}$ 是单调下降的. 故显然有 $\{\boldsymbol{x}_k\} \subset \mathcal{L}(\boldsymbol{x}_0)$.

由式 (3.6) 和式 (3.8) 不难得到

$$\|\boldsymbol{g}_k\| \leqslant \zeta \|\boldsymbol{d}_k\|, \tag{3.9}$$

式中: $\zeta > 0$ 为某个常数.

设 $\boldsymbol{x}^*$ 是 $\{\boldsymbol{x}_k\}$ 的任意一个极限点, 则有 $f_k \to f(\boldsymbol{x}^*)$. 记 θ_k 是负梯度方向 $-\boldsymbol{g}_k$ 与牛顿方向 $\boldsymbol{d}_k = -\boldsymbol{G}_k^{-1} \boldsymbol{g}_k$ 的夹角. 由式 (3.6)、式 (3.8) 和式 (3.9) 可推得

$$\begin{aligned} \cos\theta_k &= \frac{-\boldsymbol{g}_k^{\mathrm{T}} \boldsymbol{d}_k}{\|\boldsymbol{g}_k\| \|\boldsymbol{d}_k\|} = \frac{\boldsymbol{d}_k^{\mathrm{T}} \boldsymbol{G}_k \boldsymbol{d}_k}{\|\boldsymbol{g}_k\| \|\boldsymbol{d}_k\|} \geqslant \frac{\gamma \|\boldsymbol{d}_k\|^2}{\|\boldsymbol{g}_k\| \|\boldsymbol{d}_k\|} \\ &= \frac{\gamma \|\boldsymbol{d}_k\|}{\|\boldsymbol{g}_k\|} \geqslant \frac{\gamma}{\zeta} > 0, \end{aligned}$$

则由定理 2.3, 得

$$\lim_{k\to\infty} \boldsymbol{g}_k = \boldsymbol{0},$$

即 $\{\boldsymbol{x}_k\}$ 的极限点都是稳定点. 由 f 的凸性知, 稳定点亦即 (全局) 极小点. 故由极小点的唯一性知, $\{\boldsymbol{x}_k\}$ 收敛于 f 在水平集 $\mathcal{L}(\boldsymbol{x}_0)$ 上的全局极小点. 证毕. □

为了分析算法 3.3 的收敛速度, 需要用到下面的引理, 其详细的证明过程参见文献 [5].

引理 3.1 设函数 $f:\mathbf{R}^n\to\mathbf{R}$ 二次连续可微, 点列 $\{\boldsymbol{x}_k\}$ 由算法 3.3 产生. 设 $\{\boldsymbol{x}_k\}\to\boldsymbol{x}^*$ 且 $\boldsymbol{g}(\boldsymbol{x}^*)=\boldsymbol{0}$, $\boldsymbol{G}(\boldsymbol{x}^*)$ 正定. 那么, 若

$$\lim_{k\to\infty}\frac{\|\boldsymbol{G}(\boldsymbol{x}_k)\boldsymbol{d}_k+\boldsymbol{g}_k\|}{\|\boldsymbol{d}_k\|}=0, \tag{3.10}$$

则

(1) 当 k 充分大时, 步长因子 $\alpha_k\equiv 1$;

(2) 点列 $\{\boldsymbol{x}_k\}$ 超线性收敛于 $\boldsymbol{x}^*$.

定理 3.5 设定理 3.4 的条件成立, 点列 $\{\boldsymbol{x}_k\}$ 由算法 3.3 产生, 则 $\{\boldsymbol{x}_k\}$ 超线性收敛于 f 的全局极小点 $\boldsymbol{x}^*$. 此外, 若 Hesse 阵 $\boldsymbol{G}(\boldsymbol{x})$ 在 $\boldsymbol{x}^*$ 处 Lipschitz 连续, 则收敛阶至少是二阶的.

证明 定理 3.4 已证明 $\{\boldsymbol{x}_k\}\to\boldsymbol{x}^*$ 且 $\boldsymbol{g}(\boldsymbol{x}^*)=\nabla f(\boldsymbol{x}^*)=\boldsymbol{0}$. 又由算法 3.3 的步骤 2 显然有条件 (3.10) 成立. 故由引理 3.1 (1) 可知, 对于充分大的 k, $\alpha_k=1$ 满足算法中的线搜索式. 因此, 由定理 3.3 立即得到 $\{\boldsymbol{x}_k\}$ 至少二阶收敛于 $\boldsymbol{x}^*$. 证毕. □.

下面给出基于 Armijo 非精确线搜索的阻尼牛顿法 MATLAB 程序.

程序 3.2 (**阻尼牛顿法程序**)

```
function [k,x,val]=dampnm(fun,gfun,Hess,x0,epsilon)
%功能: 阻尼牛顿法求解无约束优化问题:  min f(x)
%输入: fun, gfun, Hess分别是目标函数及其梯度和Hesse阵,
%       x0是初始点, epsilon为容许误差
%输出: k是迭代次数, x, val分别是近似最优点和最优值
maxk=5000;  %最大迭代次数
beta=0.5;  sigma=0.4;  k=0;
while(k<maxk)
    gk=feval(gfun,x0);  %计算梯度
    Gk=feval(Hess,x0);  %计算Hesse阵
```

```
    dk=-Gk\gk;  %解方程组 Gk*dk=-gk, 计算搜索方向
    if(norm(gk)<epsilon), break; end  %检验终止准则
    m=0;  mk=0;
    while(m<20)  %用Armijo搜索求步长
        if(feval(fun,x0+beta^m*dk)<=feval(fun,x0)+sigma*beta^m*gk'*dk)
            mk=m; break;
        end
        m=m+1;
    end
    x0=x0+beta^m*dk;  k=k+1;
end
x=x0;
val=feval(fun,x);
```

例 3.2 利用阻尼牛顿法 (程序 3.2) 求解无约束优化问题

$$\min_{\boldsymbol{x}\in\mathbf{R}^2} f(\boldsymbol{x}) = 4(x_1^2 - x_2)^2 + 3(x_1 - 1)^2.$$

该问题有精确解 $\boldsymbol{x}^* = (1,1)^{\mathrm{T}}$, $f(\boldsymbol{x}^*) = 0$.

解 除了例 3.1 中建立的两个计算目标函数和梯度的 m 文件之外, 还需建立求 Hesse 阵的 m 文件:

```
%Hesse阵
function He=Hess(x)
He=[48*x(1)^2-16*x(2)+6, -16*x(1);
    -16*x(1),             8 ];
```

利用程序 3.2, 终止准则取为 $\|\nabla f(\boldsymbol{x}_k)\| \leqslant 10^{-5}$. 取不同的初始点, 数值结果如表 3.2 所列.

表 3.2 阻尼牛顿法的数值结果

初始点 ($\boldsymbol{x}_0$)	迭代次数 (k)	目标函数值 ($f(\boldsymbol{x}_k)$)
$(0.0, 0.0)^{\mathrm{T}}$	6	8.7342×10^{-20}
$(2.0, 1.0)^{\mathrm{T}}$	7	5.8973×10^{-22}
$(-1.2, 1.0)^{\mathrm{T}}$	8	1.6636×10^{-20}
$(2.0, -2.0)^{\mathrm{T}}$	7	5.9579×10^{-21}
$(20.0, 20.0)^{\mathrm{T}}$	22	3.8193×10^{-24}

由表 3.2 可以看出, 阻尼牛顿法的收敛速度是比较令人满意的.

说明 上述程序的调用方式为

```
>> x0=[-1.2;1.0];
>> [k,x,val]=dampnm('fun','gfun','Hess',x0,1e-5)
```

其中 fun, gfun, Hess 分别为目标函数及其梯度和 Hesse 阵的 m 函数文件.

3.3 修正牛顿法及其 MATLAB 实现

从 3.2 节的分析可知, 牛顿法具有不低于二阶的收敛速度, 这是它的优点. 但该算法要求目标函数的 Hesse 阵 $\boldsymbol{G}(\boldsymbol{x}) = \nabla^2 f(\boldsymbol{x})$ 在每个迭代点 $\boldsymbol{x}_k$ 处是正定的, 否则难以保证牛顿方向 $\boldsymbol{d}_k = -\boldsymbol{G}_k^{-1}\boldsymbol{g}_k$ 是 f 在 $\boldsymbol{x}_k$ 处的下降方向. 为克服这一缺陷, 可对牛顿法进行修正. 修正的途径之一是将牛顿法和梯度法结合起来, 构造所谓的"牛顿-梯度混合算法", 其基本思想是: 当 $\nabla^2 f(\boldsymbol{x}_k)$ 正定时, 采用牛顿方向作为搜索方向; 否则, 若 $\nabla^2 f(\boldsymbol{x}_k)$ 奇异, 或者虽然非奇异但牛顿方向不是下降方向, 则采用负梯度方向作为搜索方向. 下面给出牛顿-梯度混合算法的计算步骤.

算法 3.4 (**牛顿-梯度混合算法**)

步骤 0, 选取初始点 $\boldsymbol{x}_0 \in \mathbf{R}^n$, 容许误差 $0 \leqslant \varepsilon \ll 1$. 令 $k := 0$.

步骤 1, 计算 $\boldsymbol{g}_k = \nabla f(\boldsymbol{x}_k)$. 若 $\|\boldsymbol{g}_k\| \leqslant \varepsilon$, 停算, 输出 $\boldsymbol{x}_k$ 作为近似极小点.

步骤 2, 计算 $\boldsymbol{G}_k = \nabla^2 f(\boldsymbol{x}_k)$, 并求解线性方程组

$$\boldsymbol{G}_k \boldsymbol{d} = -\boldsymbol{g}_k. \tag{3.11}$$

若方程组 (3.11) 有解 $\boldsymbol{d}_k$ 且满足 $\boldsymbol{g}_k^{\mathrm{T}}\boldsymbol{d}_k < 0$, 转步骤 3; 否则, 令 $\boldsymbol{d}_k = -\boldsymbol{g}_k$, 转步骤 3.

步骤 3, 由线搜索方法确定步长因子 α_k.

步骤 4, 令 $\boldsymbol{x}_{k+1} := \boldsymbol{x}_k + \alpha_k \boldsymbol{d}_k$, $k := k+1$, 转步骤 1.

对于算法 3.4, 利用定理 2.2, 定理 2.3 以及引理 3.1 不难证明下面的收敛性定理.

定理 3.6 设对任意的 $\boldsymbol{x}_0 \in \mathbf{R}^n$, 水平集 $\mathcal{L}(\boldsymbol{x}_0) = \{\boldsymbol{x} \mid f(\boldsymbol{x}) \leqslant f(\boldsymbol{x}_0)\}$ 有界, 且函数 f 在包含 $\mathcal{L}(\boldsymbol{x}_0)$ 的一个有界闭凸集上二次连续可微. $\{\boldsymbol{x}_k\}$ 由采用精确线搜索, 或 Wolfe 准则, 或 Armijo 准则确定步长因子的算法 3.4 产生的迭代序列, 且存在 $\{\boldsymbol{x}_k\}$ 的一个极限点 $\boldsymbol{x}^*$, 使得 $\boldsymbol{G}(\boldsymbol{x}^*)$ 正定, 则有

$$\liminf_{k\to\infty} \|\boldsymbol{g}_k\| = 0$$

以及 $\{\boldsymbol{x}_k\}$ 超线性收敛于 $\boldsymbol{x}^*$. 进一步, 若 $\boldsymbol{G}(\boldsymbol{x})$ 在 $\boldsymbol{x}^*$ 处是 Lipschitz 连续的, 则收敛速度至少是二阶的.

上述的修正牛顿法克服了牛顿法要求 Hesse 阵 $\boldsymbol{G}(\boldsymbol{x}_k)=\nabla^2 f(\boldsymbol{x}_k)$ 正定的缺陷. 克服这一缺陷还有其他的方法和途径. 例如, 引进阻尼因子 $\mu_k \geqslant 0$, 即在每一迭代步适当地选取参数 μ_k 使得矩阵 $\boldsymbol{A}_k=\boldsymbol{G}(\boldsymbol{x}_k)+\mu_k \boldsymbol{I}$ 正定. 具体算法步骤如下.

算法 3.5 (修正牛顿法)

步骤 0, 选取参数 $\beta \in (0,1)$, $\sigma \in (0,0.5)$, 初始点 $\boldsymbol{x}_0 \in \mathbf{R}^n$, 容许误差 $0 \leqslant \varepsilon \ll 1$, 参数 $\tau \in [0,1]$. 令 $k:=0$.

步骤 1, 计算 $\boldsymbol{g}_k=\nabla f(\boldsymbol{x}_k)$, $\mu_k=\|\boldsymbol{g}_k\|^{1+\tau}$. 若 $\|\boldsymbol{g}_k\| \leqslant \varepsilon$, 停算, 输出 $\boldsymbol{x}_k$ 作为近似极小点.

步骤 2, 计算 Hesse 阵 $\boldsymbol{G}_k=\nabla^2 f(\boldsymbol{x}_k)$, 并求解线性方程组

$$(\boldsymbol{G}_k+\mu_k \boldsymbol{I})\boldsymbol{d}=-\boldsymbol{g}_k, \tag{3.12}$$

得解 $\boldsymbol{d}_k$.

步骤 3, 令 m_k 是满足下列不等式的最小非负整数 m:

$$f(\boldsymbol{x}_k+\beta^m \boldsymbol{d}_k) \leqslant f(\boldsymbol{x}_k)+\sigma\beta^m \boldsymbol{g}_k^{\mathrm{T}}\boldsymbol{d}_k. \tag{3.13}$$

步骤 4, 令 $\alpha_k:=\beta^{m_k}$, $\boldsymbol{x}_{k+1}:=\boldsymbol{x}_k+\alpha_k \boldsymbol{d}_k$, $k:=k+1$, 转步骤 1.

下面的定理给出了算法 3.5 的全局收敛性, 其证明参见文献 [4].

定理 3.7 设函数 $f:\mathbf{R}^n \to \mathbf{R}$ 有下界且二次连续可微, $\boldsymbol{G}(\boldsymbol{x})=\nabla^2 f(\boldsymbol{x})$ 半正定且 Lipschitz 连续, 则由算法 3.5 产生的迭代序列 $\{\boldsymbol{x}_k\}$ 的任何极限点都是问题 (3.1) 的解.

已有研究证明, 当目标函数的 Hesse 阵 $\boldsymbol{G}(\boldsymbol{x})=\nabla^2 f(\boldsymbol{x})$ 在极小点 $\boldsymbol{x}^*$ 处奇异时, 牛顿法的收敛速度可能会降低为线性收敛速度. 下面给出奇异解的概念.

定义 3.1 若在问题 (3.1) 的极小点 $\boldsymbol{x}^*$ 处 Hesse 阵 $\boldsymbol{G}(\boldsymbol{x}^*)$ 奇异, 则称 $\boldsymbol{x}^*$ 是问题 (3.1) 的奇异解.

当问题 (3.1) 有奇异解时, 其解可能不唯一, 此时用 $\mathcal{X}$ 表示其解集, 即

$$\mathcal{X}=\{\boldsymbol{x}^* \mid f(\boldsymbol{x}^*)=\min f(\boldsymbol{x}),\ \boldsymbol{x}\in \mathbf{R}^n\}.$$

定义 3.2 设 $\boldsymbol{x}^* \in \mathcal{X}$, 函数 $\psi:\mathbf{R}^n \to \mathbf{R}_+$. 若存在 $\boldsymbol{x}^*$ 的邻域 $N(\boldsymbol{x}^*)$ 及常数 $\gamma>0$, 使得

$$\psi(\boldsymbol{x}) \geqslant \gamma \mathrm{dist}(\boldsymbol{x},\mathcal{X}), \quad \boldsymbol{x}\in N(\boldsymbol{x}^*), \tag{3.14}$$

则称函数 ψ 在邻域 $N(\boldsymbol{x}^*)$ 内对问题 (3.1) 解集合 $\mathcal{X}$ 提供了一个局部误差界, 式 (3.14) 中: $\mathrm{dist}(\boldsymbol{x},\mathcal{X})$ 为点 $\boldsymbol{x}$ 到集合 $\mathcal{X}$ 的距离.

下面的定理给出了算法 3.5 的局部收敛速度的估计, 其证明参见文献 [5].

定理 3.8 设定理 3.7 的条件成立. 若由算法 3.5 产生的迭代序列 $\{\boldsymbol{x}_k\}$ 有子列 $\{\boldsymbol{x}_k : k \in K\}$ 收敛于 $\boldsymbol{x}^* \in \mathcal{X}$, 且函数 $\|\boldsymbol{g}(\boldsymbol{x})\|$ 在 $\boldsymbol{x}^*$ 的某邻域内对问题 (3.1) 提供了一个局部误差界, 则当 $k \in K$ 充分大时, $\alpha_k \equiv 1$ 且子列 $\{\boldsymbol{x}_k : k \in K\}$ 二阶收敛于 $\boldsymbol{x}^*$, 即存在常数 $\gamma > 0$ 使得

$$\mathrm{dist}(\boldsymbol{x}_{k+1}, \mathcal{X}) \leqslant \gamma \mathrm{dist}(\boldsymbol{x}_k, \mathcal{X})^2.$$

下面给出修正牛顿法的 MATLAB 程序.

程序 3.3 (**修正牛顿法程序**)

```
function [k,x,val]=revisenm(fun,gfun,Hess,x0,epsilon)
%功能: 修正牛顿法求解无约束优化问题: min f(x)
%输入: fun, gfun, Hess分别是目标函数及其梯度和Hesse阵,
%      x0是初始点, epsilon为容许误差
%输出: k是迭代次数, x, val分别是近似最优点和最优值
n=length(x0); maxk=5000;
beta=0.5;  sigma=0.4;  tau=0.0;
k=0;
while(k<maxk)
    gk=feval(gfun,x0);  %计算梯度
    muk=norm(gk)^(1+tau);
    Gk=feval(Hess,x0);  %计算Hesse阵
    Ak=Gk+muk*eye(n);
    dk=-Ak\gk;  %解方程组Ak*dk=-gk, 计算搜索方向
    if(norm(gk)<epsilon), break; end  %检验终止准则
    m=0; mk=0;
    while(m<20)   %用Armijo搜索求步长
        if(feval(fun,x0+beta^m*dk)<=feval(fun,x0)+sigma*beta^m*gk'*dk)
            mk=m; break;
        end
        m=m+1;
    end
    x0=x0+beta^mk*dk;
    k=k+1;
end
```

```
x=x0;
val=feval(fun,x);
```

例 3.3 利用修正牛顿法 (程序 3.3) 求解无约束优化问题

$$\min_{\boldsymbol{x}\in\mathbf{R}^2} f(\boldsymbol{x}) = 4(x_1^2 - x_2)^2 + 3(x_1 - 1)^2.$$

该问题有精确解 $\boldsymbol{x}^* = (1,1)^{\mathrm{T}}$, $f(\boldsymbol{x}^*) = 0$.

解 例 3.1 和例 3.2 中已经建立的计算目标函数及其梯度和 Hesse 阵的 m 文件, 可以重新利用. 利用程序 3.3, 终止准则取为 $\|\nabla f(\boldsymbol{x}_k)\| \leqslant 10^{-5}$. 取不同的初始点, 数值结果如表 3.3 所列.

表 3.3 修正牛顿法的数值结果

初始点 (x_0)	迭代次数 (k)	目标函数值 ($f(x_k)$)
$(0.0, 0.0)^{\mathrm{T}}$	7	1.2645×10^{-11}
$(2.0, 1.0)^{\mathrm{T}}$	8	8.9197×10^{-13}
$(-1.2, 1.0)^{\mathrm{T}}$	10	3.6267×10^{-13}
$(2.0, -2.0)^{\mathrm{T}}$	13	2.6329×10^{-16}
$(20.0, 20.0)^{\mathrm{T}}$	52	8.3656×10^{-22}

由表 3.3 可以看出, 修正牛顿法的收敛速度不如阻尼牛顿法快, 因为矩阵 $\boldsymbol{A}_k = \boldsymbol{G}_k + \mu_k \boldsymbol{I}$ 只是 Hesse 阵 $\boldsymbol{G}_k$ 的一个近似.

说明 上述程序的调用方式为

```
>> x0=[-1.2;1.0];
>> [k,x,val]=revisenm('fun','gfun','Hess',x0,1e-5)
```

其中 fun, gfun, Hess 分别为目标函数及其梯度和 Hesse 阵的 m 函数文件.

习 题 3

1. 用梯度法求 $f(\boldsymbol{x}) = 3x_1^2 + 2x_2^2 - 4x_1 - 6x_2$ 的极小值.

2. 分别用牛顿法和阻尼牛顿法求函数 $f(\boldsymbol{x}) = 4x_1^2 + x_2^2 - 8x_1 - 4x_2$ 的极小点.

3. 用梯度法程序求函数 $f(\boldsymbol{x}) = (x_1 - 2)^4 + (x_1 - 2x_2)^2$ 的极小点, 取初始点 $\boldsymbol{x}_0 = (0, 3)^{\mathrm{T}}$.

4. 用牛顿法程序求 Rosenbrock 函数 $f(\boldsymbol{x}) = 100(x_1^2 - x_2)^2 + (x_1 - 1)^2$ 的极小点, 取初始点 $\boldsymbol{x}_0 = (-1.2, 1)^{\mathrm{T}}$.

5. 设二次函数为 $f(\boldsymbol{x})=\frac{1}{2}\boldsymbol{x}^{\mathrm{T}}\boldsymbol{A}\boldsymbol{x}-\boldsymbol{b}^{\mathrm{T}}\boldsymbol{x}$, 其中 $\boldsymbol{A}$ 是 n 阶对称正定阵. 证明梯度法求 $f(\boldsymbol{x})$ 的极小点时, 序列 $\{\boldsymbol{x}_k\}$ 由 $\boldsymbol{x}_{k+1}=\boldsymbol{x}_k-\frac{\boldsymbol{g}_k^{\mathrm{T}}\boldsymbol{g}_k}{\boldsymbol{g}_k^{\mathrm{T}}\boldsymbol{A}\boldsymbol{g}_k}\boldsymbol{g}_k$, $k=0,1,2,\cdots$ 确立, 其中 $\boldsymbol{x}_0$ 为给定的初始点, $\boldsymbol{g}_k=\boldsymbol{A}\boldsymbol{x}_k-\boldsymbol{b}$.

6. 设目标函数 $f(\boldsymbol{x})=4x_1^2+x_2^2-x_1^2x_2$, 记 $\boldsymbol{x}^a=(1,1)^{\mathrm{T}},\boldsymbol{x}^b=(3,4)^{\mathrm{T}},\boldsymbol{x}^c=(2,0)^{\mathrm{T}}$.

(1) 分别取初始点 $\boldsymbol{x}_0^a=\boldsymbol{x}^a$, $\boldsymbol{x}_0^b=\boldsymbol{x}^b$, 用标准牛顿法计算前三次迭代;

(2) 注意序列 $\{\boldsymbol{x}_k^a\}$ 和 $\{\boldsymbol{x}_k^b\}$ 分别收敛到 $\boldsymbol{x}_*^a=(0,0)^{\mathrm{T}}$ 和 $\boldsymbol{x}_*^b=(2\sqrt{2},4)^{\mathrm{T}}$, 证明 $\boldsymbol{x}_*^a$ 是 $f(\boldsymbol{x})$ 的极小点以及 $\boldsymbol{x}_*^b$ 是 f 的一个鞍点;

(3) 取 $\boldsymbol{x}_0^c=\boldsymbol{x}^c$, 用牛顿法计算 $\boldsymbol{x}_1^c$, 这将给出牛顿法失败的一种情形.

7. 给定函数 $f(\boldsymbol{x})=(6+x_1+x_2)^2+(2-3x_1-3x_2-x_1x_2)^2$, 求在点 $\bar{\boldsymbol{x}}=(-4,6)^{\mathrm{T}}$ 处的最速下降方向和牛顿方向.

8. 考虑函数 $f(\boldsymbol{x})=x_1^2+4x_2^2-4x_1-8x_2$.

(1) 证明: 若从 $\boldsymbol{x}_0=(0,0)^{\mathrm{T}}$ 出发, 用梯度法求极小点 $\boldsymbol{x}^*$, 则不能经有限步迭代达到 $\boldsymbol{x}^*$;

(2) 是否存在 $\boldsymbol{x}_0$, 使得从 $\boldsymbol{x}_0$ 出发, 用梯度法求 $f(\boldsymbol{x})$ 的极小点, 经有限步迭代即收敛?

9. 设函数 $f(\boldsymbol{x})=\frac{1}{2}\boldsymbol{x}^{\mathrm{T}}\boldsymbol{A}\boldsymbol{x}+\boldsymbol{b}^{\mathrm{T}}\boldsymbol{x}$, 其中 $\boldsymbol{A}$ 对称正定. 又设 $\boldsymbol{x}_0(\neq\boldsymbol{x}^*)$ 可表示为 $\boldsymbol{x}_0=\boldsymbol{x}^*+\mu\boldsymbol{d}$, 其中 $\boldsymbol{x}^*$ 是 $f(\boldsymbol{x})$ 的极小点, $\boldsymbol{d}$ 是 $\boldsymbol{A}$ 的属于特征值 λ 的特征向量. 证明:

(1) $\nabla f(\boldsymbol{x}_0)=\mu\lambda\boldsymbol{d}$;

(2) 如果从 $\boldsymbol{x}_0$ 出发, 沿最速下降方向作精确的一维搜索，则一步迭代达到极小点 $\boldsymbol{x}^*$.

10. 证明牛顿法对于严格凸二次函数迭代一次即得到该函数的全局极小点.

第 4 章 共轭梯度法

第 3 章介绍的梯度法和牛顿法都具有其自身的局限性. 本章将要介绍的共轭梯度法是介于梯度法与牛顿法之间的一种无约束优化算法, 它具有 Q-超线性收敛速度, 而且算法结构简单, 容易编程实现. 此外, 与梯度法类似, 共轭梯度法只用到了目标函数及其梯度值, 避免了二阶导数 (Hesse 阵) 的计算, 从而降低了计算量和存储量, 因此, 它是求解无约束优化问题的一种比较有效而实用的算法.

4.1 线性共轭方向法

线性共轭方向法的基本思想是: 在求解 n 维正定二次目标函数极小点时产生一组共轭方向作为搜索方向, 在精确线搜索条件下算法至多迭代 n 步即能求得极小点. 经过适当地修正后, 线性共轭方向法可以推广到求解一般非二次目标函数情形. 下面先介绍共轭方向的概念.

定义 4.1 设 $\boldsymbol{A} \in \mathbf{R}^{n\times n}$ 是对称正定矩阵, 若 n 维向量组 $\boldsymbol{d}_1, \boldsymbol{d}_2, \cdots, \boldsymbol{d}_m \, (m \leqslant n)$ 满足

$$\boldsymbol{d}_i^{\mathrm{T}} \boldsymbol{A} \boldsymbol{d}_j = 0, \quad i \neq j,$$

则称 $\boldsymbol{d}_1, \boldsymbol{d}_2, \cdots, \boldsymbol{d}_m$ 是 $\boldsymbol{A}$ 共轭的.

显然, 向量组的共轭是正交的推广, 即当 $\boldsymbol{A} = \boldsymbol{I}$ (单位阵) 时, 定义 4.1 变成向量组正交的定义. 此外, 不难证明矩阵 $\boldsymbol{A}$ 的共轭向量组有如下性质.

性质 4.1 设 $\boldsymbol{A} \in \mathbf{R}^{n\times n}$ 是对称正定矩阵, 若非零向量组 $\boldsymbol{d}_1, \boldsymbol{d}_2, \cdots, \boldsymbol{d}_n$ 是 $\boldsymbol{A}$ 共轭的, 则它们是线性无关的.

下面考虑求解正定二次目标函数极小点的线性共轭方向法. 设

$$\min_{\boldsymbol{x}\in\mathbf{R}^n} f(\boldsymbol{x}) = \frac{1}{2}\boldsymbol{x}^{\mathrm{T}}\boldsymbol{A}\boldsymbol{x} - \boldsymbol{b}^{\mathrm{T}}\boldsymbol{x}, \tag{4.1}$$

式中: $\boldsymbol{A}$ 为 n 阶对称正定阵; $\boldsymbol{b}$ 为 n 维常向量. 算法步骤如下.

算法 4.1 (线性共轭方向法)

步骤 0, 给定迭代精度 $0 \leqslant \varepsilon \ll 1$ 和初始点 $\boldsymbol{x}_0 \in \mathbf{R}^n$. 计算 $\boldsymbol{g}_0 = \nabla f(\boldsymbol{x}_0) = \boldsymbol{A}\boldsymbol{x}_0 - \boldsymbol{b}$. 选取初始方向 $\boldsymbol{d}_0$ 使得 $\boldsymbol{d}_0^{\mathrm{T}}\boldsymbol{g}_0 < 0$. 令 $k := 0$.

步骤 1, 若 $\|\boldsymbol{g}_k\| \leqslant \varepsilon$, 停算, 输出 $\boldsymbol{x}^* \approx \boldsymbol{x}_k$.

步骤 2, 利用精确线搜索方法确定步长因子 α_k.

步骤 3, 令 $\boldsymbol{x}_{k+1} := \boldsymbol{x}_k + \alpha_k \boldsymbol{d}_k$, 并计算 $\boldsymbol{g}_{k+1} = \nabla f(\boldsymbol{x}_{k+1}) = \boldsymbol{A}\boldsymbol{x}_{k+1} - \boldsymbol{b}$.

步骤 4, 选取 $\boldsymbol{d}_{k+1}$ 满足下降性和共轭性条件:

$$\boldsymbol{d}_{k+1}^{\mathrm{T}}\boldsymbol{g}_{k+1}<0,\quad \boldsymbol{d}_{k+1}^{\mathrm{T}}\boldsymbol{A}\boldsymbol{d}_i=0,\quad i=0,1,\cdots,k.$$

步骤 5, 令 $k:=k+1$, 转步骤 1.

下面给出算法 4.1 的收敛性定理.

定理 4.1 设目标函数 f 由式 (4.1) 定义. $\{\boldsymbol{x}_k\}$ 是算法 4.1 产生的迭代序列, 则每一步迭代点 $\boldsymbol{x}_{k+1}$ 都是 $f(\boldsymbol{x})$ 在 $\boldsymbol{x}_0$ 和方向 $\boldsymbol{d}_0,\boldsymbol{d}_1,\cdots,\boldsymbol{d}_k$ 所张成的线性流形

$$S_k=\left\{\boldsymbol{x}\,\middle|\,\boldsymbol{x}=\boldsymbol{x}_0+\sum_{i=0}^{k}\alpha_i\boldsymbol{d}_i,\ \forall\alpha_i\right\}$$

中的极小点. 特别地, $\boldsymbol{x}_n=\boldsymbol{x}^*=-\boldsymbol{A}^{-1}\boldsymbol{b}$ 是问题 (4.1) 的唯一极小点.

证明 由算法 4.1 可知, $\boldsymbol{d}_0,\boldsymbol{d}_1,\cdots,\boldsymbol{d}_{n-1}$ 是 $\boldsymbol{A}$共轭的, 因而是线性无关的, 故有 $S_{n-1}=\mathbf{R}^n$. 于是只需证明 $\boldsymbol{x}_{k+1}$ 是 f 在线性流形 S_k 中的极小点即可.

显然有

$$\boldsymbol{x}_{k+1}=\boldsymbol{x}_k+\alpha_k\boldsymbol{d}_k=\cdots=\boldsymbol{x}_0+\sum_{i=0}^{k}\alpha_i\boldsymbol{d}_i\in S_k.$$

另一方面, 对任意 $\boldsymbol{x}\in S_k$, 存在 $\beta_i\in\mathbf{R}$, $i=0,1,\cdots,k$, 使得

$$\boldsymbol{x}=\boldsymbol{x}_0+\sum_{i=0}^{k}\beta_i\boldsymbol{d}_i.$$

记

$$\boldsymbol{h}_{k+1}=\boldsymbol{x}-\boldsymbol{x}_{k+1}=\sum_{i=0}^{k}(\beta_i-\alpha_i)\boldsymbol{d}_i.$$

利用泰勒展开式, 有

$$\begin{aligned}
f(\boldsymbol{x}) &= f(\boldsymbol{x}_{k+1})+\boldsymbol{g}_{k+1}^{\mathrm{T}}\boldsymbol{h}_{k+1}+\frac{1}{2}\boldsymbol{h}_{k+1}^{\mathrm{T}}\boldsymbol{A}\boldsymbol{h}_{k+1}\\
&\geqslant f(\boldsymbol{x}_{k+1})+\boldsymbol{g}_{k+1}^{\mathrm{T}}\boldsymbol{h}_{k+1}\\
&= f(\boldsymbol{x}_{k+1})+\sum_{i=0}^{k}(\beta_i-\alpha_i)\boldsymbol{g}_{k+1}^{\mathrm{T}}\boldsymbol{d}_i.
\end{aligned}$$

下面证明

$$\boldsymbol{g}_{k+1}^{\mathrm{T}}\boldsymbol{d}_i=0,\quad i=0,1,\cdots,k \tag{4.2}$$

即可. 事实上, 因

$$\boldsymbol{g}_{j+1}-\boldsymbol{g}_j=\boldsymbol{A}(\boldsymbol{x}_{j+1}-\boldsymbol{x}_j)=\alpha_j\boldsymbol{A}\boldsymbol{d}_j, \tag{4.3}$$

故当 $i<k$ 时, 有

$$\begin{aligned}\boldsymbol{g}_{k+1}^{\mathrm{T}}\boldsymbol{d}_i &= \boldsymbol{g}_{i+1}^{\mathrm{T}}\boldsymbol{d}_i+\sum_{j=i+1}^{k}(\boldsymbol{g}_{j+1}-\boldsymbol{g}_j)^{\mathrm{T}}\boldsymbol{d}_i\\ &= \boldsymbol{g}_{i+1}^{\mathrm{T}}\boldsymbol{d}_i+\sum_{j=i+1}^{k}\alpha_j\boldsymbol{d}_j^{\mathrm{T}}\boldsymbol{A}\boldsymbol{d}_i \;=\; 0,\end{aligned}$$

式中: 第一项与求和项为 0 分别由精确线搜索和共轭性得到. 当 $i=k$ 时, 直接由精确线搜索, 得 $\boldsymbol{g}_{k+1}^{\mathrm{T}}\boldsymbol{d}_k=0$, 从而式 (4.2) 成立. 证毕. □

注 从定理 4.1 可知, 在精确线搜索下, 用算法 4.1 求解正定二次目标函数极小化问题 (4.1), 至多在 n 步内即可求得其唯一的极小点. 这种能在有限步内求得二次函数极小点的性质通常称为二次终止性.

4.2 线性共轭梯度法及其 MATLAB 实现

在线性共轭方向法中, 取 $\boldsymbol{d}_0=-\boldsymbol{g}_0$ 即得线性共轭梯度法. 下面以严格凸二次函数为例, 介绍线性共轭梯度法中共轭搜索方法 $\boldsymbol{d}_k$ 的构造.

对于严格凸二次函数

$$f(\boldsymbol{x})=\frac{1}{2}\boldsymbol{x}^{\mathrm{T}}\boldsymbol{A}\boldsymbol{x}-\boldsymbol{b}^{\mathrm{T}}\boldsymbol{x}, \tag{4.4}$$

取

$$\boldsymbol{d}_0=-\boldsymbol{g}_0,\quad \boldsymbol{x}_1=\boldsymbol{x}_0+\alpha_0\boldsymbol{d}_0,$$

式中: $\boldsymbol{A}$ 为对称正定阵; α_0 为最优步长.

由式 (4.2), 有

$$\boldsymbol{g}_1^{\mathrm{T}}\boldsymbol{d}_0=0.$$

令

$$\boldsymbol{d}_1=-\boldsymbol{g}_1+\beta_0\boldsymbol{d}_0, \tag{4.5}$$

其中 β_0 的选取须满足

$$\boldsymbol{d}_0^{\mathrm{T}}\boldsymbol{A}\boldsymbol{d}_1=0.$$

式 (4.5) 两边同乘以 $\boldsymbol{d}_0^{\mathrm{T}}\boldsymbol{A}$, 得

$$0=\boldsymbol{d}_0^{\mathrm{T}}\boldsymbol{A}\boldsymbol{d}_1=-\boldsymbol{d}_0^{\mathrm{T}}\boldsymbol{A}\boldsymbol{g}_1+\beta_0\boldsymbol{d}_0^{\mathrm{T}}\boldsymbol{A}\boldsymbol{d}_0.$$

从上式解出 β_0 并利用式 (4.3), 得

$$\beta_0=\frac{\boldsymbol{d}_0^{\mathrm{T}}\boldsymbol{A}\boldsymbol{g}_1}{\boldsymbol{d}_0^{\mathrm{T}}\boldsymbol{A}\boldsymbol{d}_0}=\frac{\boldsymbol{g}_1^{\mathrm{T}}\boldsymbol{A}\boldsymbol{d}_0}{\boldsymbol{d}_0^{\mathrm{T}}\boldsymbol{A}\boldsymbol{d}_0}=\frac{\boldsymbol{g}_1^{\mathrm{T}}(\boldsymbol{g}_1-\boldsymbol{g}_0)}{\boldsymbol{d}_0^{\mathrm{T}}(\boldsymbol{g}_1-\boldsymbol{g}_0)}=\frac{\boldsymbol{g}_1^{\mathrm{T}}\boldsymbol{g}_1}{\boldsymbol{g}_0^{\mathrm{T}}\boldsymbol{g}_0}.$$

这样便得到了 $\boldsymbol{d}_1$ 的表达式. 一般地, 在第 k 次迭代, 令

$$\boldsymbol{d}_k = -\boldsymbol{g}_k + \beta_{k-1}\boldsymbol{d}_{k-1} + \sum_{i=0}^{k-2} \beta_k^{(i)} \boldsymbol{d}_i, \tag{4.6}$$

其中 β_{k-1}, $\beta_k^{(i)}$ $(i = 0, 1, \cdots, k-2)$ 的选取须满足

$$\boldsymbol{d}_k^{\mathrm{T}} \boldsymbol{A} \boldsymbol{d}_i = 0, \quad i = 0, 1, \cdots, k-1.$$

注意到, 由式 (4.1) 和 $\boldsymbol{d}_i$ 的结构, 有

$$\boldsymbol{g}_k^{\mathrm{T}} \boldsymbol{d}_i = 0, \quad \boldsymbol{g}_k^{\mathrm{T}} \boldsymbol{g}_i = 0, \quad i = 0, 1, \cdots, k-1. \tag{4.7}$$

式 (4.6) 两边同乘以 $\boldsymbol{d}_i^{\mathrm{T}} \boldsymbol{A}$ $(i = 0, 1, \cdots, k-1)$ 并利用 $\boldsymbol{A}$ 的共轭性, 得

$$0 = \boldsymbol{d}_{k-1}^{\mathrm{T}} \boldsymbol{A} \boldsymbol{d}_k = -\boldsymbol{d}_{k-1}^{\mathrm{T}} \boldsymbol{A} \boldsymbol{g}_k + \beta_{k-1} \boldsymbol{d}_{k-1}^{\mathrm{T}} \boldsymbol{A} \boldsymbol{d}_{k-1} \tag{4.8}$$

及

$$0 = \boldsymbol{d}_i^{\mathrm{T}} \boldsymbol{A} \boldsymbol{d}_k = -\boldsymbol{d}_i^{\mathrm{T}} \boldsymbol{A} \boldsymbol{g}_k + \beta_k^{(i)} \boldsymbol{d}_i^{\mathrm{T}} \boldsymbol{A} \boldsymbol{d}_i, \ i = 0, 1, \cdots, k-2. \tag{4.9}$$

从式 (4.8) 解出 β_{k-1} 并利用式 (4.3) 和式 (4.7), 得

$$\begin{aligned} \beta_{k-1} &= \frac{\boldsymbol{d}_{k-1}^{\mathrm{T}} \boldsymbol{A} \boldsymbol{g}_k}{\boldsymbol{d}_{k-1}^{\mathrm{T}} \boldsymbol{A} \boldsymbol{d}_{k-1}} = \frac{\boldsymbol{g}_k^{\mathrm{T}} \boldsymbol{A} \boldsymbol{d}_{k-1}}{\boldsymbol{d}_{k-1}^{\mathrm{T}} \boldsymbol{A} \boldsymbol{d}_{k-1}} \\ &= \frac{\boldsymbol{g}_k^{\mathrm{T}} (\boldsymbol{g}_k - \boldsymbol{g}_{k-1})}{\boldsymbol{d}_{k-1}^{\mathrm{T}} (\boldsymbol{g}_k - \boldsymbol{g}_{k-1})} = \frac{\boldsymbol{g}_k^{\mathrm{T}} \boldsymbol{g}_k}{-\boldsymbol{d}_{k-1}^{\mathrm{T}} \boldsymbol{g}_{k-1}} \\ &= \frac{\boldsymbol{g}_k^{\mathrm{T}} \boldsymbol{g}_k}{\boldsymbol{g}_{k-1}^{\mathrm{T}} \boldsymbol{g}_{k-1}}. \end{aligned} \tag{4.10}$$

类似地, 由式 (4.9) 解出 $\beta_k^{(i)}$ 并利用式 (4.3) 和式 (4.7), 得

$$\beta_k^{(i)} = \frac{\boldsymbol{d}_i^{\mathrm{T}} \boldsymbol{A} \boldsymbol{g}_k}{\boldsymbol{d}_i^{\mathrm{T}} \boldsymbol{A} \boldsymbol{d}_i} = \frac{\boldsymbol{g}_k^{\mathrm{T}} \boldsymbol{A} \boldsymbol{d}_i}{\boldsymbol{d}_i^{\mathrm{T}} \boldsymbol{A} \boldsymbol{d}_i} = \frac{\boldsymbol{g}_k^{\mathrm{T}} (\boldsymbol{g}_{i+1} - \boldsymbol{g}_i)}{\boldsymbol{d}_i^{\mathrm{T}} (\boldsymbol{g}_{i+1} - \boldsymbol{g}_i)} = 0, \ i = 0, 1, \cdots, k-2.$$

因此, 线性共轭梯度法的迭代公式为

$$\boldsymbol{x}_{k+1} = \boldsymbol{x}_k + \alpha_k \boldsymbol{d}_k, \quad \boldsymbol{d}_k = -\boldsymbol{g}_k + \beta_{k-1} \boldsymbol{d}_{k-1}, \tag{4.11}$$

其中 $\boldsymbol{d}_{-1} = \boldsymbol{0}$, β_{k-1} 由式 (4.10) 确定. 容易知道, 对于严格凸二次函数 (4.4), 可确定最优步长为 $\alpha_k = -\boldsymbol{g}_k^{\mathrm{T}} \boldsymbol{d}_k / \boldsymbol{d}_k^{\mathrm{T}} \boldsymbol{A} \boldsymbol{d}_k$.

综合上述讨论, 可得到求解严格凸二次函数 (4.4) 极小点的算法步骤如下.

算法 4.2 (线性共轭梯度法)

步骤 0, 给定迭代精度 $0 \leqslant \varepsilon \ll 1$ 和初始点 $\boldsymbol{x}_0 \in \mathbf{R}^n$. 计算 $\boldsymbol{g}_0 = \boldsymbol{A}\boldsymbol{x}_0 - \boldsymbol{b}$, $\boldsymbol{d}_0 = -\boldsymbol{g}_0$. 令 $k := 0$.

步骤 1, 若 $\|\boldsymbol{g}_k\| \leqslant \varepsilon$, 停算, 输出 $\boldsymbol{x}^* \approx \boldsymbol{x}_k$.

步骤 2, 计算

$$\begin{aligned}
&\alpha_k = -\frac{\boldsymbol{g}_k^{\mathrm{T}}\boldsymbol{d}_k}{\boldsymbol{d}_k^{\mathrm{T}}\boldsymbol{A}\boldsymbol{d}_k},\\
&\boldsymbol{x}_{k+1} := \boldsymbol{x}_k + \alpha_k\boldsymbol{d}_k,\\
&\boldsymbol{g}_{k+1} = \boldsymbol{A}\boldsymbol{x}_{k+1} - \boldsymbol{b},\\
&\beta_k = \frac{\boldsymbol{g}_{k+1}^{\mathrm{T}}\boldsymbol{A}\boldsymbol{d}_k}{\boldsymbol{d}_k^{\mathrm{T}}\boldsymbol{A}\boldsymbol{d}_k} = \frac{\boldsymbol{g}_{k+1}^{\mathrm{T}}\boldsymbol{g}_{k+1}}{\boldsymbol{g}_k^{\mathrm{T}}\boldsymbol{g}_k},\\
&\boldsymbol{d}_{k+1} = -\boldsymbol{g}_{k+1} + \beta_k\boldsymbol{d}_k.
\end{aligned}$$

步骤 3, 令 $k := k+1$, 转步骤 1.

定理 4.2 设矩阵 $\boldsymbol{A} \in \mathbf{R}^{n\times n}$ 对称正定, 则在最优步长规则下求二次函数 (4.4) 极小点的线性共轭梯度法经 $m \leqslant n$ 步迭代后终止, 且对所有 $0 \leqslant k \leqslant m-1$, 有

$$\boldsymbol{d}_k^{\mathrm{T}}\boldsymbol{g}_k = -\boldsymbol{g}_k^{\mathrm{T}}\boldsymbol{g}_k, \tag{4.12}$$

$$\boldsymbol{d}_k^{\mathrm{T}}\boldsymbol{A}\boldsymbol{d}_i = 0,\ \ \boldsymbol{g}_k^{\mathrm{T}}\boldsymbol{g}_i = \boldsymbol{g}_k^{\mathrm{T}}\boldsymbol{d}_i = 0,\ i \leqslant k-1, \tag{4.13}$$

$$\operatorname{span}\{\boldsymbol{g}_0, \boldsymbol{g}_1, \cdots, \boldsymbol{g}_k\} = \operatorname{span}\{\boldsymbol{g}_0, \boldsymbol{A}\boldsymbol{g}_0, \cdots, \boldsymbol{A}^k\boldsymbol{g}_0\}, \tag{4.14}$$

$$\operatorname{span}\{\boldsymbol{d}_0, \boldsymbol{d}_1, \cdots, \boldsymbol{d}_k\} = \operatorname{span}\{\boldsymbol{g}_0, \boldsymbol{A}\boldsymbol{g}_0, \cdots, \boldsymbol{A}^k\boldsymbol{g}_0\}. \tag{4.15}$$

证明 由定理 4.1, 要证明算法的二次终止性只需证明 $\boldsymbol{d}_0, \boldsymbol{d}_1, \cdots, \boldsymbol{d}_{n-1}$ 关于矩阵 $\boldsymbol{A}$ 共轭即可, 这恰好是式 (4.13) 的第一式要证明的.

首先证明式 (4.12). 由于对任意 $k \geqslant 0$, 由式 (4.11) 及精确线搜索的性质 (4.7), 有

$$\boldsymbol{d}_k^{\mathrm{T}}\boldsymbol{g}_k = -\boldsymbol{g}_k^{\mathrm{T}}\boldsymbol{g}_k + \beta_{k-1}\boldsymbol{d}_{k-1}^{\mathrm{T}}\boldsymbol{g}_k = -\boldsymbol{g}_k^{\mathrm{T}}\boldsymbol{g}_k.$$

其次证明式 (4.13). 对任意的 $i \leqslant k-1$, 由线性共轭方向 $\boldsymbol{d}_i$ 的递推公式, 得

$$\begin{aligned}
\boldsymbol{d}_i &= -\boldsymbol{g}_i + \beta_{i-1}\boldsymbol{d}_{i-1} = -\boldsymbol{g}_i - \beta_{i-1}\boldsymbol{g}_{i-1} + \beta_{i-1}\beta_{i-2}\boldsymbol{d}_{i-2}\\
&= -\boldsymbol{g}_i - \beta_{i-1}\boldsymbol{g}_{i-1} - \beta_{i-1}\beta_{i-2}\boldsymbol{g}_{i-2} - \cdots - \prod_{j=0}^{i-1}\beta_j\boldsymbol{g}_0.
\end{aligned}$$

因此, 若对任意的 $i \leqslant k-1$, $\boldsymbol{g}_k^{\mathrm{T}}\boldsymbol{g}_i = 0$, 必有 $\boldsymbol{g}_k^{\mathrm{T}}\boldsymbol{d}_i = 0$. 故只需证明

$$\boldsymbol{d}_k^{\mathrm{T}}\boldsymbol{A}\boldsymbol{d}_i = 0,\ \ \boldsymbol{g}_k^{\mathrm{T}}\boldsymbol{g}_i = 0,\ i \leqslant k-1 \tag{4.16}$$

成立即可. 可以用数学归纳法证明这一结论. 当 $k=1$ 时, 结论成为 $\boldsymbol{d}_1^{\mathrm{T}}\boldsymbol{A}\boldsymbol{d}_0=0$ 和 $\boldsymbol{g}_1^{\mathrm{T}}\boldsymbol{g}_0=0$. 根据 β_0 的选取和精确线搜索的性质, 这一结论显然成立. 设式 (4.16) 对某个 $k<m-1$ 成立, 下证结论对 $k+1$ 也成立.

事实上, 对二次函数 $f(\boldsymbol{x})=\dfrac{1}{2}\boldsymbol{x}^{\mathrm{T}}\boldsymbol{A}\boldsymbol{x}-\boldsymbol{b}^{\mathrm{T}}\boldsymbol{x}$, 显然有

$$\boldsymbol{g}_{k+1}=\boldsymbol{g}_k+\boldsymbol{A}(\boldsymbol{x}_{k+1}-\boldsymbol{x}_k)=\boldsymbol{g}_k+\alpha_k\boldsymbol{A}\boldsymbol{d}_k. \tag{4.17}$$

上式两边用 $\boldsymbol{d}_k^{\mathrm{T}}$ 左乘并利用最优步长规则的性质及式 (4.12), 得

$$\alpha_k=-\frac{\boldsymbol{g}_k^{\mathrm{T}}\boldsymbol{d}_k}{\boldsymbol{d}_k^{\mathrm{T}}\boldsymbol{A}\boldsymbol{d}_k}=\frac{\boldsymbol{g}_k^{\mathrm{T}}\boldsymbol{g}_k}{\boldsymbol{d}_k^{\mathrm{T}}\boldsymbol{A}\boldsymbol{d}_k}\neq 0. \tag{4.18}$$

由式 (4.11) 和式 (4.17), 对 $i\leqslant k$, 有

$$\boldsymbol{g}_{k+1}^{\mathrm{T}}\boldsymbol{g}_i=\boldsymbol{g}_k^{\mathrm{T}}\boldsymbol{g}_i+\alpha_k\boldsymbol{d}_k^{\mathrm{T}}\boldsymbol{A}\boldsymbol{g}_i=\boldsymbol{g}_k^{\mathrm{T}}\boldsymbol{g}_i-\alpha_k\boldsymbol{d}_k^{\mathrm{T}}\boldsymbol{A}(\boldsymbol{d}_i-\beta_{i-1}\boldsymbol{d}_{i-1}). \tag{4.19}$$

于是, 当 $i=k$ 时, 利用归纳法假设, 由式 (4.18) 和式 (4.19), 得

$$\boldsymbol{g}_{k+1}^{\mathrm{T}}\boldsymbol{g}_k=\boldsymbol{g}_k^{\mathrm{T}}\boldsymbol{g}_k-\alpha_k\boldsymbol{d}_k^{\mathrm{T}}\boldsymbol{A}\boldsymbol{d}_k=\boldsymbol{g}_k^{\mathrm{T}}\boldsymbol{g}_k-\frac{\boldsymbol{g}_k^{\mathrm{T}}\boldsymbol{g}_k}{\boldsymbol{d}_k^{\mathrm{T}}\boldsymbol{A}\boldsymbol{d}_k}\boldsymbol{d}_k^{\mathrm{T}}\boldsymbol{A}\boldsymbol{d}_k=0.$$

而当 $i<k$ 时, 由式 (4.19) 和归纳法假设, 有 $\boldsymbol{g}_{k+1}^{\mathrm{T}}\boldsymbol{g}_i=0$. 这样, 式 (4.16) 的第二式得证.

另一方面, 由式 (4.11) 和式 (4.17), 对 $i\leqslant k$, 有

$$\begin{aligned}\boldsymbol{d}_{k+1}^{\mathrm{T}}\boldsymbol{A}\boldsymbol{d}_i &= -\boldsymbol{g}_{k+1}^{\mathrm{T}}\boldsymbol{A}\boldsymbol{d}_i+\beta_k\boldsymbol{d}_k^{\mathrm{T}}\boldsymbol{A}\boldsymbol{d}_i\\ &= \boldsymbol{g}_{k+1}^{\mathrm{T}}(\boldsymbol{g}_i-\boldsymbol{g}_{i+1})/\alpha_i+\beta_k\boldsymbol{d}_k^{\mathrm{T}}\boldsymbol{A}\boldsymbol{d}_i.\end{aligned} \tag{4.20}$$

当 $i=k$ 时, 由式 (4.10)、式 (4.18) 和式 (4.20), 得

$$\begin{aligned}\boldsymbol{d}_{k+1}^{\mathrm{T}}\boldsymbol{A}\boldsymbol{d}_k &= \boldsymbol{g}_{k+1}^{\mathrm{T}}(\boldsymbol{g}_k-\boldsymbol{g}_{k+1})/\alpha_k+\beta_k\boldsymbol{d}_k^{\mathrm{T}}\boldsymbol{A}\boldsymbol{d}_k\\ &= -\boldsymbol{g}_{k+1}^{\mathrm{T}}\boldsymbol{g}_{k+1}\frac{\boldsymbol{d}_k^{\mathrm{T}}\boldsymbol{A}\boldsymbol{d}_k}{\boldsymbol{g}_k^{\mathrm{T}}\boldsymbol{g}_k}+\frac{\boldsymbol{g}_{k+1}^{\mathrm{T}}\boldsymbol{g}_{k+1}}{\boldsymbol{g}_k^{\mathrm{T}}\boldsymbol{g}_k}\boldsymbol{d}_k^{\mathrm{T}}\boldsymbol{A}\boldsymbol{d}_k\\ &= 0.\end{aligned}$$

当 $i<k$ 时, 由归纳法假设和式 (4.16) 的第二式立即推出 $\boldsymbol{d}_{k+1}^{\mathrm{T}}\boldsymbol{A}\boldsymbol{d}_i=0$. 至此, 式 (4.16) 的第一式得证.

现在来证明式 (4.14) 和式 (4.15). 由迭代公式和 $\boldsymbol{d}_0=-\boldsymbol{g}_0$, 容易推出

$$\mathrm{span}\{\boldsymbol{d}_0,\boldsymbol{d}_1,\cdots,\boldsymbol{d}_k\}=\mathrm{span}\{\boldsymbol{g}_0,\boldsymbol{g}_1,\cdots,\boldsymbol{g}_k\},$$

故只需证明式 (4.14) 即可. 以下用数学归纳法证明式 (4.14).

当 $k=0$ 时结论显然成立. 现假定结论对某个 $k \geqslant 1$ 成立. 为证式 (4.14) 对 $k+1$ 也成立, 只需证

$$\boldsymbol{g}_{k+1} \in \operatorname{span}\{\boldsymbol{g}_0, \boldsymbol{A}\boldsymbol{g}_0, \cdots, \boldsymbol{A}^{k+1}\boldsymbol{g}_0\},$$

且

$$\boldsymbol{g}_{k+1} \notin \operatorname{span}\{\boldsymbol{g}_0, \boldsymbol{A}\boldsymbol{g}_0, \cdots, \boldsymbol{A}^{k}\boldsymbol{g}_0\} = \operatorname{span}\{\boldsymbol{d}_0, \boldsymbol{d}_1, \cdots, \boldsymbol{d}_k\} \triangleq \mathcal{Z}_k.$$

事实上, 由归纳法假设, $\boldsymbol{d}_k$ 和 $\boldsymbol{g}_k$ 均属于子空间 $\operatorname{span}\{\boldsymbol{g}_0, \boldsymbol{A}\boldsymbol{g}_0, \cdots, \boldsymbol{A}^{k}\boldsymbol{g}_0\}$. 故 $\boldsymbol{A}\boldsymbol{d}_k$ 和 $\boldsymbol{g}_k$ 均属于 $\operatorname{span}\{\boldsymbol{g}_0, \boldsymbol{A}\boldsymbol{g}_0, \cdots, \boldsymbol{A}^{k+1}\boldsymbol{g}_0\}$. 由 $\boldsymbol{g}_{k+1} = \boldsymbol{g}_k + \alpha_k \boldsymbol{A}\boldsymbol{d}_k$ 可推得

$$\boldsymbol{g}_{k+1} \in \operatorname{span}\{\boldsymbol{g}_0, \boldsymbol{A}\boldsymbol{g}_0, \cdots, \boldsymbol{A}^{k+1}\boldsymbol{g}_0\}.$$

再由共轭方向法的基本性质, 有 $\boldsymbol{g}_{k+1} \perp \mathcal{Z}_k$. 故若

$$\boldsymbol{g}_{k+1} \in \operatorname{span}\{\boldsymbol{g}_0, \boldsymbol{A}\boldsymbol{g}_0, \cdots, \boldsymbol{A}^{k}\boldsymbol{g}_0\} = \operatorname{span}\{\boldsymbol{d}_0, \boldsymbol{d}_1, \cdots, \boldsymbol{d}_k\},$$

则有 $\boldsymbol{g}_{k+1} = \boldsymbol{0}$, 矛盾! 所以, 必有

$$\operatorname{span}\{\boldsymbol{g}_0, \boldsymbol{g}_1, \cdots, \boldsymbol{g}_{k+1}\} = \operatorname{span}\{\boldsymbol{g}_0, \boldsymbol{A}\boldsymbol{g}_0, \cdots, \boldsymbol{A}^{k+1}\boldsymbol{g}_0\}.$$

从而式 (4.14) 得证. 证毕. □

下面给出算法 4.2 的 MATLAB 程序实现.

程序 4.1 (**线性共轭梯度法程序**)

```
function [k,x,val]=linecg(A,b,x0,epsilon,N)
%功能: 线性共轭梯度法求解无约束问题:
%       min f(x)=0.5*x^T*A*x-b^T*x
%输入: A是n阶对称正定矩阵, b是n维列向量, x0是初始点,
%      epsilon是容许误差, N是最大迭代次数
%输出: k是迭代次数, x,val分别是近似最优点和最优值
if nargin<5, N=1000; end
if nargin<4, epsilon=1.e-5; end
if nargin<3, x0=zeros(length(b),1); end
k=0;
gk=A*x0-b;
dk=-gk;
while(k<N)
    temp=A*dk;
```

```
    alpha=-gk'*dk/(dk'*temp);
    x=x0+alpha*dk;
    gk=A*x-b;
    betak=gk'*temp/(dk'*temp);
    dk=-gk+betak*dk;
    if(norm(gk)<epsilon), break; end
    x0=x;
    k=k+1;
end
val=0.5*x'*A*x-b'*x;
```

例 4.1 利用线性共轭梯度法程序 4.1 求解无约束优化问题

$$\min_{\boldsymbol{x}\in\mathbf{R}^n} f(\boldsymbol{x}) = \frac{1}{2}\boldsymbol{x}^{\mathrm{T}}\boldsymbol{A}\boldsymbol{x} - \boldsymbol{b}^{\mathrm{T}}\boldsymbol{x},$$

式中:

$$\boldsymbol{A} = \begin{pmatrix} 4 & -1 & & & \\ -1 & 4 & -1 & & \\ & \ddots & \ddots & \ddots & \\ & & -1 & 4 & -1 \\ & & & -1 & 4 \end{pmatrix} \in \mathbf{R}^{n\times n}, \quad \boldsymbol{b} = \begin{pmatrix} 3 \\ 2 \\ \vdots \\ 2 \\ 3 \end{pmatrix} \in \mathbf{R}^n.$$

该问题有精确解 $\boldsymbol{x}^* = (1,1,\cdots,1)^{\mathrm{T}}$.

解 利用程序 4.1, 取 $n = 100$, 初始向量为零向量, 终止准则取为 $\|\nabla f(\boldsymbol{x}_k)\| \leqslant 10^{-5}$. 数值结果如下:

```
>> ex41
k =
    10
val =
  -101.0000
```

即线性共轭梯度法程序迭代 10 次满足终止条件，得近似极小值为 $f(\boldsymbol{x}^*) \approx -101$.

4.3 非线性共轭梯度法及其 MATLAB 实现

线性共轭梯度法在求凸二次函数的极小值点时具有良好的性质, 将其应用于无约束非线性极小化问题

$$\min_{\boldsymbol{x}\in\mathbf{R}^n} f(\boldsymbol{x}) \tag{4.21}$$

就得到非线性共轭梯度法. 具体地说, 非线性共轭梯度法是在每一迭代步利用当前点处的最速下降方向 (负梯度方向) 与算法的前一个方向的线性组合作为当前步的搜索方向, 并且取 $\boldsymbol{d}_0=-\boldsymbol{g}_0$. 这一方法经 Hesteness、Stiefel 和 Fletcher 等人研究并应用于无约束优化问题取得了丰富的成果, 非线性共轭梯度法也因此成为当前求解无约束优化问题的重要算法类.

对于非线性共轭梯度法的搜索方向 $\boldsymbol{d}_{k+1}=-\boldsymbol{g}_{k+1}+\beta_k\boldsymbol{d}_k$, 参数 β_k 有多种表述形式. 下面是常用的几种:

$$\begin{aligned}
\beta_k &= \frac{\boldsymbol{g}_{k+1}^{\mathrm{T}}\boldsymbol{g}_{k+1}}{\boldsymbol{g}_k^{\mathrm{T}}\boldsymbol{g}_k} && \text{(Fletcher - Reeves 公式, 简称为 FR 公式)},\\
\beta_k &= \frac{\boldsymbol{g}_{k+1}^{\mathrm{T}}\boldsymbol{g}_{k+1}}{-\boldsymbol{d}_k^{\mathrm{T}}\boldsymbol{g}_k} && \text{(Dixon 公式)},\\
\beta_k &= \frac{\boldsymbol{g}_{k+1}^{\mathrm{T}}\boldsymbol{g}_{k+1}}{\boldsymbol{d}_k^{\mathrm{T}}(\boldsymbol{g}_{k+1}-\boldsymbol{g}_k)} && \text{(Dai - Yuan 公式)},\\
\beta_k &= \frac{\boldsymbol{g}_{k+1}^{\mathrm{T}}(\boldsymbol{g}_{k+1}-\boldsymbol{g}_k)}{\boldsymbol{d}_k^{\mathrm{T}}(\boldsymbol{g}_{k+1}-\boldsymbol{g}_k)} && \text{(Crowder - Wolfe 公式)},\\
\beta_k &= \frac{\boldsymbol{g}_{k+1}^{\mathrm{T}}(\boldsymbol{g}_{k+1}-\boldsymbol{g}_k)}{\boldsymbol{d}_k^{\mathrm{T}}(\boldsymbol{g}_{k+1}-\boldsymbol{g}_k)} && \text{(Hesteness - Stiefel 公式, 简称为 HS 公式)},\\
\beta_k &= \frac{\boldsymbol{g}_{k+1}^{\mathrm{T}}(\boldsymbol{g}_{k+1}-\boldsymbol{g}_k)}{\boldsymbol{g}_k^{\mathrm{T}}\boldsymbol{g}_k} && \text{(Polak - Ribiére - Polyak 公式, 简称为 PRP 公式)}.
\end{aligned} \tag{4.22}$$

下面给出非线性共轭梯度法求解无约束优化问题 (4.1) 极小点的算法步骤.

算法 4.3 (**非线性共轭梯度法**)

步骤 0, 给定迭代精度 $0\leqslant\varepsilon\ll 1$ 和初始点 $\boldsymbol{x}_0\in\mathbf{R}^n$. 计算 $\boldsymbol{g}_0=\nabla f(\boldsymbol{x}_0)$, $\boldsymbol{d}_0=-\boldsymbol{g}_0$. 令 $k:=0$.

步骤 1, 若 $\|\boldsymbol{g}_k\|\leqslant\varepsilon$, 停算, 输出 $\boldsymbol{x}^*\approx\boldsymbol{x}_k$.

步骤 2, 利用某种线搜索方法确定搜索步长 α_k, 计算

$$\boldsymbol{x}_{k+1}=\boldsymbol{x}_k+\alpha_k\boldsymbol{d}_k,\qquad \boldsymbol{g}_{k+1}=\nabla f(\boldsymbol{x}_{k+1}).$$

步骤 3, 更新搜索方向 $\boldsymbol{d}_{k+1}:=-\boldsymbol{g}_{k+1}+\beta_k\boldsymbol{d}_k$, 其中 β_k 由式 (4.22) 中的某一公式 (如 FR 公式) 确定.

步骤 4, 令 $k := k+1$, 转步骤 1.

下面证明算法 4.3 的收敛性定理.

定理 4.3 设 $\{\boldsymbol{x}_k\}$ 是由算法 4.3 产生的序列, 假定函数 $f(\boldsymbol{x})$ 一阶连续可微且水平集 $\mathcal{L}(\boldsymbol{x}_0) = \{\boldsymbol{x} \mid f(\boldsymbol{x}) \leqslant f(\boldsymbol{x}_0)\}$ 是有界的, 那么算法 4.3 或者有限步终止, 或者 $\lim\limits_{k\to\infty} \boldsymbol{g}(\boldsymbol{x}_k) = \boldsymbol{0}$.

证明 不失一般性, 不妨假设 $\{\boldsymbol{x}_k\}$ 是无穷序列. 此时有 $\boldsymbol{g}(\boldsymbol{x}_k) \neq \boldsymbol{0}$. 因 $\boldsymbol{d}_k = -\boldsymbol{g}_k + \beta_{k-1}\boldsymbol{d}_{k-1}$, 故有

$$\boldsymbol{g}_k^{\mathrm{T}}\boldsymbol{d}_k = -\|\boldsymbol{g}_k\|^2 + \beta_{k-1}\boldsymbol{g}_k^{\mathrm{T}}\boldsymbol{d}_{k-1} = -\|\boldsymbol{g}_k\|^2 < 0,$$

即 $\boldsymbol{d}_k$ 是下降方向. 从而由精确线搜索规则可知, $\{f(\boldsymbol{x}_k)\}$ 是单调下降的, 故 $\{\boldsymbol{x}_k\} \subset \mathcal{L}(\boldsymbol{x}_0)$. 于是 $\{\boldsymbol{x}_k\}$ 是有界的, 因而必有聚点 $\boldsymbol{x}^*$, 即存在子列 $\{\boldsymbol{x}_k | k \in K_1\}$ 收敛到 $\boldsymbol{x}^*$. 由 f 的连续性, 有

$$f^* = \lim_{k(\in K_1)\to\infty} f(\boldsymbol{x}_k) = f\Big(\lim_{k(\in K_1)\to\infty} \boldsymbol{x}_k\Big) = f(\boldsymbol{x}^*).$$

类似地, $\{\boldsymbol{x}_{k+1} | k \in K_1\}$ 也是有界序列, 故存在子列 $\{\boldsymbol{x}_{k+1} | k \in K_2\}$ 收敛到 $\bar{\boldsymbol{x}}^*$, 这里 $K_2 \subset K_1$ 是无穷子序列. 于是得

$$f^* = \lim_{k(\in K_2)\to\infty} f(\boldsymbol{x}_k) = f\Big(\lim_{k(\in K_2)\to\infty} \boldsymbol{x}_k\Big) = f(\bar{\boldsymbol{x}}^*).$$

故有

$$f(\bar{\boldsymbol{x}}^*) = f(\boldsymbol{x}^*) = f^*. \tag{4.23}$$

下面用反证法证明 $\boldsymbol{g}(\boldsymbol{x}^*) = \boldsymbol{0}$. 如若不然, 即 $\boldsymbol{g}(\boldsymbol{x}^*) \neq \boldsymbol{0}$, 则对于充分小的 $\alpha > 0$, 有

$$f(\boldsymbol{x}^* + \alpha\boldsymbol{d}^*) = f(\boldsymbol{x}^*) + \alpha\boldsymbol{g}(\boldsymbol{x}^*)^{\mathrm{T}}\boldsymbol{d}^* + o(\alpha) < f(\boldsymbol{x}^*),$$

即

$$f(\boldsymbol{x}^* + \alpha\boldsymbol{d}^*) < f(\boldsymbol{x}^*).$$

注意到, 对任意的 $\alpha > 0$, 有

$$f(\boldsymbol{x}_{k+1}) = f(\boldsymbol{x}_k + \alpha_k\boldsymbol{d}_k) \leqslant f(\boldsymbol{x}_k + \alpha\boldsymbol{d}_k).$$

对于 $k \in K_2 \subset K_1$, 令 $k \to \infty$ 对上式取极限, 得

$$f(\bar{\boldsymbol{x}}^*) \leqslant f(\boldsymbol{x}^* + \alpha\boldsymbol{d}^*) < f(\boldsymbol{x}^*),$$

这与式 (4.23) 矛盾, 从而证明了 $\boldsymbol{g}(\boldsymbol{x}^*) = \boldsymbol{0}$. 证毕. □

若在算法 4.3 中采用非精确线搜索确定步长因子 α_k, 如 Wolfe 准则 (2.11) 和 (2.12), 则利用一般下降类算法的全局收敛性定理, 可以得到非精确线搜索下的非线性共轭梯度法的收敛性定理.

定理 4.4 设 $\{\boldsymbol{x}_k\}$ 是由算法 4.3 利用 Wolfe 准则 (2.11) 和 (2.12) 产生的序列, 假定函数 $f(\boldsymbol{x})$ 一阶连续可微且有下界, 其梯度函数 $\boldsymbol{g}(\boldsymbol{x})$ 在 $\mathbf{R}^n$ 上 Lipschitz 连续, 即存在常数 $L > 0$, 使得

$$\|\boldsymbol{g}(\boldsymbol{u}) - \boldsymbol{g}(\boldsymbol{v})\| \leqslant L\|\boldsymbol{u} - \boldsymbol{v}\|, \quad \forall\, \boldsymbol{u}, \boldsymbol{v} \in \mathbf{R}^n.$$

若选取的搜索方向 $\boldsymbol{d}_k$ 与 $-\boldsymbol{g}_k$ 的夹角 θ_k 满足条件

$$0 \leqslant \theta_k \leqslant \frac{\pi}{2} - \mu, \quad \mu \in \left(0, \frac{\pi}{2}\right).$$

那么算法 4.3 或者有限步终止, 或者 $\lim\limits_{k\to\infty} g(\boldsymbol{x}_k) = \mathbf{0}$.

证明 不失一般性, 不妨假设 $\{\boldsymbol{x}_k\}$ 是无穷序列. 由 Lipschitz 及连续条件和 Wolfe 准则 (2.12), 得

$$\begin{aligned}\alpha_k L\|\boldsymbol{d}_k\|^2 &\geqslant \boldsymbol{d}_k^{\mathrm{T}}[\boldsymbol{g}(\boldsymbol{x}_k + \alpha_k \boldsymbol{d}_k) - \boldsymbol{g}_k] \geqslant -(1-\sigma)\boldsymbol{d}_k^{\mathrm{T}}\boldsymbol{g}_k \\ &= (1-\sigma)\|\boldsymbol{d}_k\|\|\boldsymbol{g}_k\|\cos\theta_k,\end{aligned}$$

即

$$\alpha_k\|\boldsymbol{d}_k\| \geqslant \frac{(1-\sigma)}{L}\|\boldsymbol{g}_k\|\cos\theta_k.$$

于是利用上式及 Wolfe 准则 (2.11), 得

$$\begin{aligned}& f(\boldsymbol{x}_k) - f(\boldsymbol{x}_k + \alpha_k \boldsymbol{d}_k) \\ \geqslant\ & -\rho\alpha_k \boldsymbol{d}_k^{\mathrm{T}}\boldsymbol{g}_k \ = \ \rho\alpha_k\|\boldsymbol{d}_k\|\|\boldsymbol{g}_k\|\cos\theta_k \\ \geqslant\ & \rho\frac{(1-\sigma)}{L}\|\boldsymbol{g}_k\|^2\cos^2\theta_k \\ \geqslant\ & \frac{\rho(1-\sigma)}{L}\|\boldsymbol{g}_k\|^2\sin^2\mu.\end{aligned}$$

注意到 $f(\boldsymbol{x})$ 是有下界的, 由上式不难推得

$$\sum_{k=0}^{\infty}\|\boldsymbol{g}_k\|^2 < +\infty,$$

这蕴含了当 $k \to \infty$ 时, 有 $\|\boldsymbol{g}_k\| \to 0$. 证毕. □

在共轭梯度法的实际使用中, 通常在迭代 n 步或 $n+1$ 步之后, 重新取负梯度方向作为搜索方向, 称之为重开始共轭梯度法. 这是因为对于一般非二次函数而言, n 步

迭代后共轭梯度法产生的搜索方向往往不再具有共轭性. 而对于大规模问题, 常常每 $m\,(m<n$ 或 $m \ll n)$ 步就进行重开始. 此外, 当搜索方向不是下降方向时, 也插入负梯度方向作为搜索方向.

下面给出基于 Armijo 非精确线搜索的重开始 FR 非线性共轭梯度法的 MATLAB 程序.

程序 4.2 (FR 非线性共轭梯度法程序)

```
function [k,x,val]=frcg(fun,gfun,x0,epsilon,N)
% 功能: FR非线性共轭梯度法求解无约束问题:  min f(x)
% 输入: fun, gfun分别是目标函数及其梯度, x0是初始点,
%        epsilon是容许误差, N是最大迭代次数
if nargin<5, N=1000; end
if nargin<4, epsilon=1.e-5; end
beta=0.6;  sigma=0.4;
n=length(x0);  k=0;
while(k<N)
    gk=feval(gfun,x0);  %计算梯度
    itern=k-(n+1)*floor(k/(n+1));
    itern=itern+1;  %计算搜索方向
    if(itern==1)
        dk=-gk;
    else
        betak=(gk'*gk)/(g0'*g0);
        dk=-gk+betak*d0;  gd=gk'*dk;
        if(gd>=0.0), dk=-gk; end
    end
    if(norm(gk)<epsilon), break; end  %检验终止条件
    m=0; mk=0;
    while(m<20)  %用Armijo搜索求步长
        if(feval(fun,x0+beta^m*dk)<=feval(fun,x0)+sigma*beta^m*gk'*dk)
            mk=m; break;
        end
        m=m+1;
    end
```

```
    x=x0+beta^mk*dk;
    g0=gk;  d0=dk;
    x0=x;  k=k+1;
end
val=feval(fun,x);
```

例 4.2 利用 FR 非线性共轭梯度法 (程序 4.2) 求解无约束问题求解无约束优化问题

$$\min_{\boldsymbol{x}\in\mathbf{R}^2} f(\boldsymbol{x}) = 2x_1^2 + x_2^2 - 2x_1x_2 - 2x_2.$$

该问题有精确解 $\boldsymbol{x}^* = (1,2)^{\mathrm{T}}$, $f(\boldsymbol{x}^*) = -2$.

解 首先, 编写好目标函数及其梯度的两个 m 文件 fun.m 和 gfun.m:

```
%目标函数
function f=fun(x)
f=2*x(1)^2+x(2)^2-2*x(1)*x(2)-2*x(2);
%梯度
function gf=gfun(x)
gf=[4*x(1)-2*x(2);2*x(2)-2*x(1)-2];
```

然后, 利用程序 4.2, 终止准则取为 $\|\nabla f(\boldsymbol{x}_k)\| \leqslant 10^{-5}$. 取不同的初始点, 数值结果如表 4.1 所列.

表 4.1 FR 共轭梯度法的数值结果

初始点 ($\boldsymbol{x}_0$)	迭代次数 (k)	目标函数值 ($f(\boldsymbol{x}_k)$)
$(0.0, 0.0)^{\mathrm{T}}$	12	−2.0000
$(1.0, 1.0)^{\mathrm{T}}$	14	−2.0000
$(5.0, 5.0)^{\mathrm{T}}$	17	−2.0000
$(10.0, 10.0)^{\mathrm{T}}$	16	−2.0000
$(-8.0, -8.0)^{\mathrm{T}}$	15	−2.0000

由表 4.1 可以看出, FR 共轭梯度法的收敛速度是比较令人满意的.

说明 上述程序的调用方式为

```
>> x0=[0.0;0.0];
>> [k,x,val]=frcg('fun','gfun',x0)
```

其中 fun, gfun 分别为目标函数及其梯度的 m 函数文件.

习 题 4

1. 证明向量 $\boldsymbol{d}_1=(1,0)^{\mathrm T}$ 和 $\boldsymbol{d}_2=(3,-2)^{\mathrm T}$ 关于矩阵

$$\boldsymbol{A}=\begin{pmatrix}2&3\\3&5\end{pmatrix}$$

共轭.

2. 设矩阵 $\boldsymbol{A}\in\mathbf{R}^{n\times n}$ 对称正定, $\boldsymbol{b}\in\mathbf{R}^n$. 又 $\boldsymbol{x}^*\in\mathbf{R}^n$ 为优化问题

$$\min_{\boldsymbol{x}\in\mathbf{R}^n} f(\boldsymbol{x})=\frac{1}{2}\boldsymbol{x}^{\mathrm T}\boldsymbol{A}\boldsymbol{x},\quad \text{s.t. } \boldsymbol{x}\geqslant\boldsymbol{b}$$

的极小点. 试证明 $\boldsymbol{x}^*$ 和向量 $(\boldsymbol{x}^*-\boldsymbol{b})$ 关于 $\boldsymbol{A}$ 共轭.

3. 给定矩阵

$$\boldsymbol{A}=\begin{pmatrix}1&2\\2&5\end{pmatrix},\quad \boldsymbol{B}=\begin{pmatrix}1&-1&0\\-1&2&0\\0&0&3\end{pmatrix}.$$

试关于矩阵 $\boldsymbol{A}$ 和 $\boldsymbol{B}$ 各求出一组共轭方向.

4. 设 $f(\boldsymbol{x})=\dfrac{1}{2}\boldsymbol{x}^{\mathrm T}\boldsymbol{A}\boldsymbol{x}-\boldsymbol{b}^{\mathrm T}\boldsymbol{x}$, 其中

$$\boldsymbol{A}=\begin{pmatrix}4&2\\2&4\end{pmatrix},\quad \boldsymbol{b}=\begin{pmatrix}3\\3\end{pmatrix}.$$

(1) 证明: $\boldsymbol{d}_0=(1,0)^{\mathrm T}$ 与 $\boldsymbol{d}_1=(-1,2)^{\mathrm T}$ 关于 $\boldsymbol{A}$ 共轭;

(2) 以 $\boldsymbol{x}_0=(0,0)^{\mathrm T}$ 为初始点, $\boldsymbol{d}_0$ 和 $\boldsymbol{d}_1$ 为搜索方向, 用精确线搜索求 f 的极小点.

5. 设 $\boldsymbol{A}$ 为 n 阶正定阵. $\boldsymbol{u}_1,\boldsymbol{u}_2,\cdots,\boldsymbol{u}_n\in\mathbf{R}^n$ 线性无关, $\boldsymbol{d}_k$ 由下列方式产生:

$$\boldsymbol{d}_1=\boldsymbol{u}_1,\ \boldsymbol{d}_{k+1}=\boldsymbol{u}_{k+1}-\sum_{i=1}^{k}\frac{\boldsymbol{u}_{k+1}^{\mathrm T}\boldsymbol{A}\boldsymbol{d}_i}{\boldsymbol{d}_i^{\mathrm T}\boldsymbol{A}\boldsymbol{d}_i},\ k=1,\cdots,n-1.$$

试证明 $\boldsymbol{d}_1,\boldsymbol{d}_2,\cdots,\boldsymbol{d}_n$ 关于 $\boldsymbol{A}$ 共轭.

6. 设 $\boldsymbol{A}$ 是 n 阶具有不同特征值的对称正定矩阵, 证明 $\boldsymbol{A}$ 的不同特征值对应的特征向量关于 $\boldsymbol{A}$ 是共轭的.

7. 用共轭梯度法求下列函数的极小点:

(1) $f(\boldsymbol{x})=4x_1^2+4x_2^2-4x_1x_2-12x_2$, 取初始点 $\boldsymbol{x}_0=(-0.5,1)^{\mathrm T}$;

(2) $f(\boldsymbol{x})=x_1^2-2x_1x_2+2x_2^2+x_3^2-x_2x_3+x_1+3x_2-x_3$, 取初始点 $\boldsymbol{x}_0=(0,0,0)^{\mathrm T}$.

8. 设 $\boldsymbol{A}$ 是 n 阶对称正定阵, 非零向量 $\boldsymbol{d}_1,\boldsymbol{d}_2,\cdots,\boldsymbol{d}_n\in\mathbf{R}^n$ 关于矩阵 $\boldsymbol{A}$ 共轭. 证明:

(1) $\boldsymbol{x}=\sum\limits_{i=1}^{n}\dfrac{\boldsymbol{d}_i^{\mathrm T}\boldsymbol{A}\boldsymbol{d}_i}{\boldsymbol{d}_i^{\mathrm T}\boldsymbol{A}\boldsymbol{d}_i}\boldsymbol{d}_i,\ \forall\boldsymbol{x}\in\mathbf{R}^n$;

(2) $\boldsymbol{A}^{-1}=\sum\limits_{i=1}^{n}\dfrac{\boldsymbol{d}_i\boldsymbol{d}_i^{\mathrm T}}{\boldsymbol{d}_i^{\mathrm T}\boldsymbol{A}\boldsymbol{d}_i}$.

9. 设 $\boldsymbol{p}_1, \boldsymbol{p}_n, \cdots, \boldsymbol{p}_n \in \mathbf{R}^n$ 为一组线性无关向量, $\boldsymbol{A}$ 是 n 阶对称正定阵, 令向量 $\boldsymbol{d}_k$ 为:

$$\boldsymbol{d}_k = \begin{cases} \boldsymbol{p}_k, & k=1 \\ \boldsymbol{p}_k - \sum\limits_{i=1}^{k-1} \dfrac{\boldsymbol{d}_i^{\mathrm{T}} \boldsymbol{A} \boldsymbol{p}_i}{\boldsymbol{d}_i^{\mathrm{T}} \boldsymbol{A} \boldsymbol{d}_i} \boldsymbol{d}_i, & k=2, \cdots, n \end{cases}$$

证明: $\boldsymbol{d}_1, \boldsymbol{d}_2, \cdots, \boldsymbol{d}_n$ 关于 $\boldsymbol{A}$ 共轭.

10. 在强 Wolfe 步长规则下的非线性共轭梯度法中 $(0<\rho<\sigma<0.5)$, 对任意的 $|\beta_k| \leqslant \beta_k^{\mathrm{FR}}$, 均有

$$-\frac{1}{1-\sigma} \leqslant \frac{\boldsymbol{g}_k^{\mathrm{T}} \boldsymbol{d}_k}{\|\boldsymbol{g}_k\|^2} \leqslant \frac{2\sigma-1}{1-\sigma}.$$

第 5 章　拟牛顿法

第 3 章介绍的牛顿法的优点是具有二阶收敛速度, 但当 Hesse 阵 $\boldsymbol{G}(\boldsymbol{x}_k)=\nabla^2 f(\boldsymbol{x}_k)$ 不正定时, 不能保证所产生的方向是目标函数在 $\boldsymbol{x}_k$ 处的下降方向. 特别地, 当 $\boldsymbol{G}(\boldsymbol{x}_k)$ 奇异时, 算法就无法继续进行下去. 尽管修正牛顿法可以克服这一缺陷, 但其中的修正参数 μ_k 的选取很难把握, 过大或过小都会影响到收敛速度. 此外, 牛顿法的每一迭代步都需要目标函数的二阶导数, 即 Hesse 阵, 对于大规模问题其计算量是惊人的.

本章即将介绍的拟牛顿法克服了这些缺点. 20 世纪 50 年代中期, 美国物理学家 Davidon 首次提出了拟牛顿法. 不久后, 这一算法被运筹学家 Fletcher 和 Powell 证明是比当时现有算法既快又稳定的算法. 在随后的 20 多年里, 拟牛顿法成为无约束优化问题算法研究的热点. 拟牛顿法在计算过程中不需要计算目标函数的 Hesse 阵, 却在某种意义下具有使用 Hesse 阵时的功效. 因此, 它是求解无约束最优化问题的一种有效方法.

5.1　拟牛顿法及其性质

拟牛顿法的基本思想是: 在基本牛顿法的步骤 2 中用 Hesse 阵 $\boldsymbol{G}_k=\nabla^2 f(\boldsymbol{x}_k)$ 的某个近似矩阵 $\boldsymbol{B}_k$ 取代 $\boldsymbol{G}_k$. 通常, $\boldsymbol{B}_k$ 应具有下面的三个特点:

(1) 在某种意义下有 $\boldsymbol{B}_k\approx\boldsymbol{G}_k$, 使得相应的算法产生的方向近似于牛顿方向, 以确保算法具有较快的收敛速度;

(2) 对所有的 k, $\boldsymbol{B}_k$ 是对称正定的, 从而使得算法所产生的方向是函数 f 在 $\boldsymbol{x}_k$ 处的下降方向;

(3) 矩阵 $\boldsymbol{B}_k$ 更新规则相对比较简单, 即通常采用一个秩 1 或秩 2 矩阵进行校正.

下面介绍满足这三个特点的矩阵 $\boldsymbol{B}_k$ 的构造. 设 $f:\mathbf{R}^n\to\mathbf{R}$ 在开集 $\mathcal{D}\subset\mathbf{R}^n$ 上二次连续可微. 那么, f 在 $\boldsymbol{x}_{k+1}$ 处的二次近似模型为

$$f(\boldsymbol{x})\approx f(\boldsymbol{x}_{k+1})+\boldsymbol{g}_{k+1}^{\mathrm{T}}(\boldsymbol{x}-\boldsymbol{x}_{k+1})+\frac{1}{2}(\boldsymbol{x}-\boldsymbol{x}_{k+1})^{\mathrm{T}}\boldsymbol{G}_{k+1}(\boldsymbol{x}-\boldsymbol{x}_{k+1}).$$

对上式求导数, 得

$$\boldsymbol{g}(\boldsymbol{x})\approx\boldsymbol{g}_{k+1}+\boldsymbol{G}_{k+1}(\boldsymbol{x}-\boldsymbol{x}_{k+1}).$$

令 $\boldsymbol{x}=\boldsymbol{x}_k$, 位移 $\boldsymbol{s}_k=\boldsymbol{x}_{k+1}-\boldsymbol{x}_k$, 梯度差 $\boldsymbol{y}_k=\boldsymbol{g}_{k+1}-\boldsymbol{g}_k$, 则有

$$\boldsymbol{G}_{k+1}\boldsymbol{s}_k\approx\boldsymbol{y}_k.$$

注意到, 对于二次函数 f, 上式是精确成立的. 现在, 要求在拟牛顿法中构造出 Hesse 阵的近似矩阵 $\boldsymbol{B}_k$ 满足这种关系式, 即

$$\boldsymbol{B}_{k+1}\boldsymbol{s}_k=\boldsymbol{y}_k. \tag{5.1}$$

式 (5.1) 通常称为拟牛顿方程或拟牛顿条件. 令 $\boldsymbol{H}_{k+1}=\boldsymbol{B}_{k+1}^{-1}$, 则得到拟牛顿方程的另一个形式:

$$\boldsymbol{H}_{k+1}\boldsymbol{y}_k=\boldsymbol{s}_k, \tag{5.2}$$

式中: $\boldsymbol{H}_{k+1}$ 为 Hesse 阵逆的近似.

搜索方向由 $\boldsymbol{d}_k=-\boldsymbol{H}_k\boldsymbol{g}_k$ 或 $\boldsymbol{B}_k\boldsymbol{d}_k=-\boldsymbol{g}_k$ 确定. 根据 $\boldsymbol{B}_k$(或 $\boldsymbol{H}_k$) 的第三个特点, 可令

$$\boldsymbol{B}_{k+1}=\boldsymbol{B}_k+\boldsymbol{E}_k,\quad \boldsymbol{H}_{k+1}=\boldsymbol{H}_k+\boldsymbol{D}_k, \tag{5.3}$$

式中: $\boldsymbol{E}_k$, $\boldsymbol{D}_k$ 为秩 1 或秩 2 矩阵.

通常将由拟牛顿方程 (5.1) (或 (5.2)) 和校正规则 (5.3) 所确立的方法称为拟牛顿法.

下面介绍一个对称秩 1 校正公式. 在式 (5.3) 中取 $\boldsymbol{E}_k=\alpha\boldsymbol{u}_k\boldsymbol{u}_k^{\mathrm{T}}$ (秩 1 矩阵), 其中 $\alpha\in\mathbf{R}$, $\boldsymbol{u}_k\in\mathbf{R}^n$. 由拟牛顿方程 (5.1), 得

$$(\boldsymbol{B}_k+\alpha\boldsymbol{u}_k\boldsymbol{u}_k^{\mathrm{T}})\boldsymbol{s}_k=\boldsymbol{y}_k,$$

即有

$$\alpha(\boldsymbol{u}_k^{\mathrm{T}}\boldsymbol{s}_k)\boldsymbol{u}_k=\boldsymbol{y}_k-\boldsymbol{B}_k\boldsymbol{s}_k. \tag{5.4}$$

式 (5.4) 表明向量 $\boldsymbol{u}_k$ 平行于向量 $\boldsymbol{y}_k-\boldsymbol{B}_k\boldsymbol{s}_k$, 即存在常数 β 使得 $\boldsymbol{u}_k=\beta(\boldsymbol{y}_k-\boldsymbol{B}_k\boldsymbol{s}_k)$. 因此有

$$\boldsymbol{E}_k=\alpha\beta^2(\boldsymbol{y}_k-\boldsymbol{B}_k\boldsymbol{s}_k)(\boldsymbol{y}_k-\boldsymbol{B}_k\boldsymbol{s}_k)^{\mathrm{T}}.$$

于是, 由式 (5.4), 得

$$\alpha\beta^2[(\boldsymbol{y}_k-\boldsymbol{B}_k\boldsymbol{s}_k)^{\mathrm{T}}\boldsymbol{s}_k](\boldsymbol{y}_k-\boldsymbol{B}_k\boldsymbol{s}_k)=\boldsymbol{y}_k-\boldsymbol{B}_k\boldsymbol{s}_k.$$

由此, 若 $(\boldsymbol{y}_k-\boldsymbol{B}_k\boldsymbol{s}_k)^{\mathrm{T}}\boldsymbol{s}_k\neq 0$, 可取 $\alpha\beta^2[(\boldsymbol{y}_k-\boldsymbol{B}_k\boldsymbol{s}_k)^{\mathrm{T}}\boldsymbol{s}_k]=1$, 即

$$\alpha\beta^2=\frac{1}{(\boldsymbol{y}_k-\boldsymbol{B}_k\boldsymbol{s}_k)^{\mathrm{T}}\boldsymbol{s}_k},\quad \boldsymbol{E}_k=\frac{(\boldsymbol{y}_k-\boldsymbol{B}_k\boldsymbol{s}_k)(\boldsymbol{y}_k-\boldsymbol{B}_k\boldsymbol{s}_k)^{\mathrm{T}}}{(\boldsymbol{y}_k-\boldsymbol{B}_k\boldsymbol{s}_k)^{\mathrm{T}}\boldsymbol{s}_k}.$$

故得对称秩 1 校正公式如下:

$$\boldsymbol{B}_{k+1}=\boldsymbol{B}_k+\frac{(\boldsymbol{y}_k-\boldsymbol{B}_k\boldsymbol{s}_k)(\boldsymbol{y}_k-\boldsymbol{B}_k\boldsymbol{s}_k)^{\mathrm{T}}}{(\boldsymbol{y}_k-\boldsymbol{B}_k\boldsymbol{s}_k)^{\mathrm{T}}\boldsymbol{s}_k}. \tag{5.5}$$

类似地, 利用拟牛顿方程 (5.2), 对 $\boldsymbol{H}_k$ 进行对称秩 1 修正, 得

$$\boldsymbol{H}_{k+1}=\boldsymbol{H}_k+\frac{(\boldsymbol{s}_k-\boldsymbol{H}_k\boldsymbol{y}_k)(\boldsymbol{s}_k-\boldsymbol{H}_k\boldsymbol{y}_k)^{\mathrm{T}}}{(\boldsymbol{s}_k-\boldsymbol{H}_k\boldsymbol{y}_k)^{\mathrm{T}}\boldsymbol{y}_k}. \tag{5.6}$$

有了对称秩 1 校正公式后, 利用它可以构造求解无约束优化问题的一个拟牛顿算法, 详细步骤如下.

算法 5.1 (对称秩 1 算法)

步骤 0, 选取初始点 $\boldsymbol{x}_0 \in \mathbf{R}^n$, 终止误差 $0 \leqslant \varepsilon \ll 1$, 初始对称正定阵 $\boldsymbol{H}_0$(通常取单位阵 $\boldsymbol{I}_n$). 令 $k := 0$.

步骤 1, 若 $\|\boldsymbol{g}_k\| \leqslant \varepsilon$, 停算, 输出 $\boldsymbol{x}_k$ 作为近似极小点.

步骤 2, 计算搜索方向 $\boldsymbol{d}_k = -\boldsymbol{H}_k \boldsymbol{g}_k$.

步骤 3, 用线搜索技术求步长因子 α_k.

步骤 4, 令 $\boldsymbol{x}_{k+1} := \boldsymbol{x}_k + \alpha_k \boldsymbol{d}_k$, 由对称秩 1 校正公式 (5.6) 确定 $\boldsymbol{H}_{k+1}$.

步骤 5, 令 $k := k+1$, 转步骤 1.

下面给出基于 Armijo 非精确线搜索的对称秩 1 算法的 MATLAB 程序.

程序 5.1 (对称秩 1 算法程序)

```
function [k,x,val]=sr1(fun,gfun,x0,epsilon,N)
%功能: 对称秩1算法求解无约束问题: min f(x)
%输入: fun,gfun分别是目标函数及其梯度, x0是初始点,
%       epsilon是容许误差, N是最大迭代次数
%输出: k是迭代次数, x, val分别是近似最优点和最优值
if nargin<5, N=1000; end
if nargin<4, epsilon=1.e-5; end
beta=0.55;  sigma=0.4;
n=length(x0);  Hk=eye(n);  k=0;
while(k<N)
   gk=feval(gfun,x0);  %计算梯度
   dk=-Hk*gk;  %计算搜索方向
   if(norm(gk)<epsilon), break; end  %检验终止准则
   m=0; mk=0;
   while(m<20)  %用Armijo搜索求步长
     if(feval(fun,x0+beta^m*dk)<=feval(fun,x0)+sigma*beta^m*gk'*dk)
        mk=m; break;
     end
     m=m+1;
   end
   x=x0+beta^mk*dk;
   sk=x-x0; yk=feval(gfun,x)-gk;
   Hk=Hk+(sk-Hk*yk)*(sk-Hk*yk)'/((sk-Hk*yk)'*yk);  %秩1校正
```

```
    k=k+1; x0=x;
end
val=feval(fun,x0);
```

例 5.1 利用对称秩 1 算法 (程序 5.1) 求解无约束优化问题

$$\min_{\boldsymbol{x}\in\mathbf{R}^2} f(\boldsymbol{x}) = 2(x_1 - x_2^2)^2 + (x_2 - 2)^2.$$

该问题有唯一的极小点 $\boldsymbol{x}^* = (4, 2)^{\mathrm{T}}$, 极小值 $f(\boldsymbol{x}^*) = 0$.

解 首先, 编写好目标函数及其梯度的两个 m 文件 fun.m 和 gfun.m:

```
%目标函数
function f=fun(x)
f=2*(x(1)-x(2)^2)^2+(x(2)-2)^2;
%梯度
function gf=gfun(x)
gf=[4*(x(1)-x(2)^2);-8*x(2)*(x(1)-x(2)^2)+2*(x(2)-2)];
```

然后, 利用程序 5.1, 终止准则取为 $\|\nabla f(\boldsymbol{x}_k)\| \leqslant 10^{-5}$. 取不同的初始点, 数值结果如表 5.1 所列.

表 5.1 对称秩 1 校正算法的数值结果

初始点 ($\boldsymbol{x}_0$)	迭代次数 (k)	近似极小值 ($f(\boldsymbol{x}_k)$)
$(1.0, 1.0)^{\mathrm{T}}$	12	3.2595×10^{-16}
$(-1.0, -1.0)^{\mathrm{T}}$	16	2.0598×10^{-14}
$(2.0, -1.0)^{\mathrm{T}}$	21	3.9971×10^{-18}
$(-1.0, 2.0)^{\mathrm{T}}$	13	1.3586×10^{-10}
$(10.0, 10.0)^{\mathrm{T}}$	21	4.2303×10^{-15}

说明 上述程序的调用方式为

```
>> x0=[1.0;1.0];
>> [k,x,val]=sr1('fun','gfun',x0)
```

其中 fun, gfun 分别为目标函数及其梯度的 m 函数文件.

5.2 BFGS 算法及其 MATLAB 实现

BFGS 校正是目前最流行也是最有效的拟牛顿校正, 它是由 Broyden、Fletcher、Goldfarb 和 Shanno 在 1970 年各自独立提出的拟牛顿法, 故称为 BFGS 算法. 其基本思想是: 在式 (5.3) 中取修正矩阵 $\boldsymbol{E}_k$ 为秩 2 矩阵

$$\boldsymbol{E}_k = \alpha \boldsymbol{u}_k \boldsymbol{u}_k^{\mathrm{T}} + \beta \boldsymbol{v}_k \boldsymbol{v}_k^{\mathrm{T}},$$

式中: $\boldsymbol{u}_k, \boldsymbol{v}_k \in \mathbf{R}^n$ 为待定向量; $\alpha, \beta \in \mathbf{R}$ 为待定实数.

于是, 由拟牛顿方程 (5.1), 得

$$(\boldsymbol{B}_k + \alpha \boldsymbol{u}_k \boldsymbol{u}_k^{\mathrm{T}} + \beta \boldsymbol{v}_k \boldsymbol{v}_k^{\mathrm{T}})\boldsymbol{s}_k = \boldsymbol{y}_k,$$

或等价地

$$\alpha(\boldsymbol{u}_k^{\mathrm{T}} \boldsymbol{s}_k)\boldsymbol{u}_k + \beta(\boldsymbol{v}_k^{\mathrm{T}} \boldsymbol{s}_k)\boldsymbol{v}_k = \boldsymbol{y}_k - \boldsymbol{B}_k \boldsymbol{s}_k. \tag{5.7}$$

不难发现, 满足式 (5.7) 的向量 $\boldsymbol{u}_k$ 和 $\boldsymbol{v}_k$ 不唯一, 可取 $\boldsymbol{u}_k$ 和 $\boldsymbol{v}_k$ 分别平行于 $\boldsymbol{B}_k\boldsymbol{s}_k$ 和 $\boldsymbol{y}_k$, 即令 $\boldsymbol{u}_k = \gamma \boldsymbol{B}_k \boldsymbol{s}_k$, $\boldsymbol{v}_k = \theta \boldsymbol{y}_k$, 其中 γ, θ 是待定的参数. 于是有

$$\boldsymbol{E}_k = \alpha\gamma^2 \boldsymbol{B}_k \boldsymbol{s}_k \boldsymbol{s}_k^{\mathrm{T}} \boldsymbol{B}_k + \beta\theta^2 \boldsymbol{y}_k \boldsymbol{y}_k^{\mathrm{T}}.$$

将 $\boldsymbol{u}_k, \boldsymbol{v}_k$ 的表达式代入式 (5.7), 得

$$\alpha\big[(\gamma \boldsymbol{B}_k \boldsymbol{s}_k)^{\mathrm{T}} \boldsymbol{s}_k\big](\gamma \boldsymbol{B}_k \boldsymbol{s}_k) + \beta\big[(\theta \boldsymbol{y}_k)^{\mathrm{T}} \boldsymbol{s}_k\big](\theta \boldsymbol{y}_k) = \boldsymbol{y}_k - \boldsymbol{B}_k \boldsymbol{s}_k,$$

整理, 得

$$\big[\alpha\gamma^2(\boldsymbol{s}_k^{\mathrm{T}} \boldsymbol{B}_k \boldsymbol{s}_k) + 1\big]\boldsymbol{B}_k \boldsymbol{s}_k + \big[\beta\theta^2(\boldsymbol{y}_k^{\mathrm{T}} \boldsymbol{s}_k) - 1\big]\boldsymbol{y}_k = \mathbf{0}.$$

故此, 可令 $\alpha\gamma^2(\boldsymbol{s}_k^{\mathrm{T}} \boldsymbol{B}_k \boldsymbol{s}_k) + 1 = 0$ 及 $\beta\theta^2(\boldsymbol{y}_k^{\mathrm{T}} \boldsymbol{s}_k) - 1 = 0$, 即

$$\alpha\gamma^2 = -\frac{1}{\boldsymbol{s}_k^{\mathrm{T}} \boldsymbol{B}_k \boldsymbol{s}_k}, \quad \beta\theta^2 = \frac{1}{\boldsymbol{y}_k^{\mathrm{T}} \boldsymbol{s}_k}.$$

从而得到如下的 BFGS 秩 2 修正公式为

$$\boldsymbol{B}_{k+1} = \boldsymbol{B}_k - \frac{\boldsymbol{B}_k \boldsymbol{s}_k \boldsymbol{s}_k^{\mathrm{T}} \boldsymbol{B}_k}{\boldsymbol{s}_k^{\mathrm{T}} \boldsymbol{B}_k \boldsymbol{s}_k} + \frac{\boldsymbol{y}_k \boldsymbol{y}_k^{\mathrm{T}}}{\boldsymbol{y}_k^{\mathrm{T}} \boldsymbol{s}_k}. \tag{5.8}$$

显然, 由式 (5.8) 可知, 若 $\boldsymbol{B}_k$ 对称, 则校正后的 $\boldsymbol{B}_{k+1}$ 也对称, 并且可以证明 BFGS 校正公式有如下性质.

引理 5.1 设 $\boldsymbol{B}_k$ 对称正定, $\boldsymbol{B}_{k+1}$ 由 BFGS 校正公式 (5.8) 确定, 那么 $\boldsymbol{B}_{k+1}$ 对称正定的充要条件是 $\boldsymbol{y}_k^{\mathrm{T}} \boldsymbol{s}_k > 0$.

证明 必要性是显然的. 因 $\boldsymbol{y}_k^{\mathrm{T}}\boldsymbol{s}_k = \boldsymbol{s}_k^{\mathrm{T}}\boldsymbol{B}_{k+1}\boldsymbol{s}_k$, 故若 $\boldsymbol{B}_{k+1}$ 正定, 则显然有 $\boldsymbol{y}_k^{\mathrm{T}}\boldsymbol{s}_k > 0$.

下面证明充分性. 设 $\boldsymbol{y}_k^{\mathrm{T}}\boldsymbol{s}_k > 0$ 且 $\boldsymbol{B}_k$ 正定. 由式 (5.8), 对任意的 $\boldsymbol{0} \neq \boldsymbol{d} \in \mathbf{R}^n$, 有

$$\boldsymbol{d}^{\mathrm{T}}\boldsymbol{B}_{k+1}\boldsymbol{d} = \boldsymbol{d}^{\mathrm{T}}\boldsymbol{B}_k\boldsymbol{d} - \frac{(\boldsymbol{d}^{\mathrm{T}}\boldsymbol{B}_k\boldsymbol{s}_k)^2}{\boldsymbol{s}_k^{\mathrm{T}}\boldsymbol{B}_k\boldsymbol{s}_k} + \frac{(\boldsymbol{d}^{\mathrm{T}}\boldsymbol{y}_k)^2}{\boldsymbol{y}_k^{\mathrm{T}}\boldsymbol{s}_k}. \tag{5.9}$$

因 $\boldsymbol{B}_k$ 对称正定, 故存在对称正定阵 $\boldsymbol{B}_k^{1/2}$, 使得 $\boldsymbol{B}_k = \boldsymbol{B}_k^{1/2}\boldsymbol{B}_k^{1/2}$. 从而, 利用 Cauchy-Schwarz 不等式, 得

$$\begin{aligned}(\boldsymbol{d}^{\mathrm{T}}\boldsymbol{B}_k\boldsymbol{s}_k)^2 &= \left[(\boldsymbol{B}_k^{1/2}\boldsymbol{d})^{\mathrm{T}}(\boldsymbol{B}_k^{1/2}\boldsymbol{s}_k)\right]^2 \leqslant \|\boldsymbol{B}_k^{1/2}\boldsymbol{d}\|^2\|\boldsymbol{B}_k^{1/2}\boldsymbol{s}_k\|^2 \\ &= (\boldsymbol{B}_k^{1/2}\boldsymbol{d})^{\mathrm{T}}(\boldsymbol{B}_k^{1/2}\boldsymbol{d}) \cdot (\boldsymbol{B}_k^{1/2}\boldsymbol{s}_k)^{\mathrm{T}}(\boldsymbol{B}_k^{1/2}\boldsymbol{s}_k) \\ &= (\boldsymbol{d}^{\mathrm{T}}\boldsymbol{B}_k\boldsymbol{d})(\boldsymbol{s}_k^{\mathrm{T}}\boldsymbol{B}_k\boldsymbol{s}_k).\end{aligned} \tag{5.10}$$

不难发现, 不等式 (5.10) 中等号成立的充要条件是存在实数 $\tau_k \neq 0$, 使得 $\boldsymbol{B}_k^{1/2}\boldsymbol{d} = \tau_k\boldsymbol{B}_k^{1/2}\boldsymbol{s}_k$, 即 $\boldsymbol{d} = \tau_k\boldsymbol{s}_k$.

故由式 (5.9) 和式 (5.10), 得

$$\boldsymbol{d}^{\mathrm{T}}\boldsymbol{B}_{k+1}\boldsymbol{d} \geqslant \boldsymbol{d}^{\mathrm{T}}\boldsymbol{B}_k\boldsymbol{d} - \frac{(\boldsymbol{d}^{\mathrm{T}}\boldsymbol{B}_k\boldsymbol{d})(\boldsymbol{s}_k^{\mathrm{T}}\boldsymbol{B}_k\boldsymbol{s}_k)}{\boldsymbol{s}_k^{\mathrm{T}}\boldsymbol{B}_k\boldsymbol{s}_k} + \frac{(\boldsymbol{d}^{\mathrm{T}}\boldsymbol{y}_k)^2}{\boldsymbol{y}_k^{\mathrm{T}}\boldsymbol{s}_k} = \frac{(\boldsymbol{d}^{\mathrm{T}}\boldsymbol{y}_k)^2}{\boldsymbol{y}_k^{\mathrm{T}}\boldsymbol{s}_k} > 0.$$

从而, 对任意的 $\boldsymbol{d} \in \mathbf{R}^n$, $\boldsymbol{d} \neq \boldsymbol{0}$, 总有 $\boldsymbol{d}^{\mathrm{T}}\boldsymbol{B}_{k+1}\boldsymbol{d} > 0$. 证毕. □

引理 5.1 表明, 若初始矩阵 $\boldsymbol{B}_0$ 对称正定且在迭代过程中保持 $\boldsymbol{y}_k^{\mathrm{T}}\boldsymbol{s}_k > 0\,(\forall\, k \geqslant 0)$, 则由 BFGS 校正公式产生的矩阵序列 $\{\boldsymbol{B}_k\}$ 是对称正定的, 从而方程组 $\boldsymbol{B}_k\boldsymbol{d} = -\boldsymbol{g}_k$ 有唯一解 $\boldsymbol{d}_k$, 且 $\boldsymbol{d}_k$ 是函数 f 在 $\boldsymbol{x}_k$ 处的下降方向.

引理 5.2 *若在 BFGS 算法中采用精确线搜索或 Wolfe 搜索准则, 则有* $\boldsymbol{y}_k^{\mathrm{T}}\boldsymbol{s}_k > 0$.

证明 注意到, 对于精确线搜索有 $\boldsymbol{g}_{k+1}^{\mathrm{T}}\boldsymbol{d}_k = 0$, 故

$$\boldsymbol{y}_k^{\mathrm{T}}\boldsymbol{s}_k = \alpha_k(\boldsymbol{g}_{k+1} - \boldsymbol{g}_k)^{\mathrm{T}}\boldsymbol{d}_k = -\alpha_k\boldsymbol{g}_k^{\mathrm{T}}\boldsymbol{d}_k > 0.$$

对于 Wolfe 搜索准则, 利用该准则的第二个不等式 (即 $\nabla f(\boldsymbol{x}_k + \alpha_k\boldsymbol{d}_k)^{\mathrm{T}}\boldsymbol{d}_k \geqslant \sigma\boldsymbol{g}_k^{\mathrm{T}}\boldsymbol{d}_k$), 得

$$\begin{aligned}\boldsymbol{y}_k^{\mathrm{T}}\boldsymbol{s}_k &= \alpha_k(\boldsymbol{g}_{k+1} - \boldsymbol{g}_k)^{\mathrm{T}}\boldsymbol{d}_k \;\geqslant\; \alpha_k(\sigma - 1)\boldsymbol{g}_k^{\mathrm{T}}\boldsymbol{d}_k \\ &= -\alpha_k(1 - \sigma)\boldsymbol{g}_k^{\mathrm{T}}\boldsymbol{d}_k \;>\; 0.\end{aligned}$$

证毕. □

已有证明表示, Armijo 搜索准则一般不能保证 $\boldsymbol{y}_k^{\mathrm{T}}\boldsymbol{s}_k>0$. 但 Armijo 准则因其简单且易于程序实现而深得人们的喜爱, 因此, 为了保证采用 Armijo 准则时矩阵序列 $\{\boldsymbol{B}_k\}$ 的对称正定性, 可采用如下的校正方式

$$\boldsymbol{B}_{k+1}=\begin{cases}\boldsymbol{B}_k, & \boldsymbol{y}_k^{\mathrm{T}}\boldsymbol{s}_k\leqslant 0,\\ \boldsymbol{B}_k-\dfrac{\boldsymbol{B}_k\boldsymbol{s}_k\boldsymbol{s}_k^{\mathrm{T}}\boldsymbol{B}_k}{\boldsymbol{s}_k^{\mathrm{T}}\boldsymbol{B}_k\boldsymbol{s}_k}+\dfrac{\boldsymbol{y}_k\boldsymbol{y}_k^{\mathrm{T}}}{\boldsymbol{y}_k^{\mathrm{T}}\boldsymbol{s}_k}, & \boldsymbol{y}_k^{\mathrm{T}}\boldsymbol{s}_k>0.\end{cases} \tag{5.11}$$

不难发现, 只要 $\boldsymbol{B}_0$ 对称正定, 校正公式 (5.11) 可以保证矩阵序列 $\{\boldsymbol{B}_k\}$ 的对称正定性.

下面给出基于 Armijo 非精确线搜索准则的 BFGS 算法的详细步骤.

算法 5.2 (BFGS 算法)

步骤 0, 选取参数 $\beta\in(0,1)$, $\sigma\in(0,0.5)$, 初始点 $\boldsymbol{x}_0\in\mathbf{R}^n$, 终止误差 $0\leqslant\varepsilon\ll 1$, 初始对称正定阵 $\boldsymbol{B}_0$ (通常取为 $\boldsymbol{G}(\boldsymbol{x}_0)$ 或单位阵 $\boldsymbol{I}_n$). 令 $k:=0$.

步骤 1, 计算 $\boldsymbol{g}_k=\nabla f(\boldsymbol{x}_k)$. 若 $\|\boldsymbol{g}_k\|\leqslant\varepsilon$, 停算, 输出 $\boldsymbol{x}_k$ 作为近似极小点.

步骤 2, 解线性方程组

$$\boldsymbol{B}_k\boldsymbol{d}=-\boldsymbol{g}_k, \tag{5.12}$$

得解 $\boldsymbol{d}_k$.

步骤 3, 设 m_k 是满足下列不等式的最小非负整数 m:

$$f(\boldsymbol{x}_k+\beta^m\boldsymbol{d}_k)\leqslant f(\boldsymbol{x}_k)+\sigma\beta^m\boldsymbol{g}_k^{\mathrm{T}}\boldsymbol{d}_k. \tag{5.13}$$

令 $\alpha_k:=\beta^{m_k}$, $\boldsymbol{x}_{k+1}:=\boldsymbol{x}_k+\alpha_k\boldsymbol{d}_k$.

步骤 4, 由校正公式 (5.11) 确定 $\boldsymbol{B}_{k+1}$.

步骤 5, 令 $k:=k+1$, 转步骤 1.

下面给出基于 Armijo 非精确线搜索的 BFGS 算法的 MATLAB 程序.

程序 5.2 (BFGS 算法程序)

```
function [k,x,val]=bfgs(fun,gfun,x0,varargin)
%功能: BFGS算法求解无约束问题:  min f(x)
%输入: fun, gfun分别是目标函数及其梯度, x0是初始点, varargin是输入的
%       可变参数变量,简单调用BFGS时可以忽略它,但若其他程序循环调用该程
%       序时将发挥重要的作用
%输出: k是迭代次数, x, val分别是近似最优点和最优值
N=1000;  %给出最大迭代次数
epsilon=1.e-5;  %给定容许误差
```

```
beta=0.55;  sigma=0.4;
n=length(x0);  Bk=eye(n);
k=0;
while(k<N)
    gk=feval(gfun,x0,varargin{:});  %计算梯度
    if(norm(gk)<epsilon), break; end   %检验终止准则
    dk=-Bk\gk;  %解方程组Bk*dk=-gk, 计算搜索方向
    m=0; mk=0;
    while(m<20)   %用Armijo搜索求步长
        newf=feval(fun,x0+beta^m*dk,varargin{:});
        oldf=feval(fun,x0,varargin{:});
        if(newf<=oldf+sigma*beta^m*gk'*dk)
            mk=m; break;
        end
        m=m+1;
    end
    %BFGS校正
    x=x0+beta^mk*dk;
    sk=x-x0;
    yk=feval(gfun,x,varargin{:})-gk;
    if(yk'*sk>0)
        Bk=Bk-(Bk*sk*sk'*Bk)/(sk'*Bk*sk)+(yk*yk')/(yk'*sk);
    end
    k=k+1;
    x0=x;
end
val=feval(fun,x0,varargin{:});
```

例 5.2 利用 BFGS 算法 (程序 5.2) 求解无约束优化问题

$$\min_{\boldsymbol{x}\in\mathbf{R}^2} f(\boldsymbol{x}) = 2(x_1 - x_2^2)^2 + (x_2 - 2)^2.$$

该问题有唯一的极小点 $\boldsymbol{x}^* = (4,2)^{\mathrm{T}}$, 极小值 $f(\boldsymbol{x}^*) = 0$.

解 例 5.1 中已经建立的计算目标函数及其梯度的 m 文件, 可以重新利用. 利用程序 5.2, 终止准则取为 $\|\nabla f(\boldsymbol{x}_k)\| \leqslant 10^{-5}$. 取不同的初始点, 数值结果如表 5.2 所列.

表 5.2 BFGS 校正算法的数值结果

初始点 ($\boldsymbol{x}_0$)	迭代次数 (k)	目标函数值 ($f(\boldsymbol{x}_k)$)
$(1.0, 1.0)^{\mathrm{T}}$	10	6.0956×10^{-14}
$(-1.0, -1.0)^{\mathrm{T}}$	13	2.4356×10^{-12}
$(2.0, -1.0)^{\mathrm{T}}$	16	1.9396×10^{-15}
$(-1.0, 2.0)^{\mathrm{T}}$	12	3.8232×10^{-15}
$(10.0, 10.0)^{\mathrm{T}}$	20	2.0524×10^{-17}

对比表 5.1 可以看出, BFGS 算法比对称秩 1 算法更为有效.

5.3 DFP 算法及其 MATLAB 实现

DFP 校正是第一个拟牛顿校正, 是 1959 年由 Davidon 提出的, 后经 Fletcher 和 Powell 解释和改进, 命名为 DFP 算法, 它是求解无约束优化问题最有效的算法之一. 类似于 BFGS 校正公式的推导, 可得 DFP 校正公式如下:

$$\boldsymbol{H}_{k+1} = \boldsymbol{H}_k - \frac{\boldsymbol{H}_k \boldsymbol{y}_k \boldsymbol{y}_k^{\mathrm{T}} \boldsymbol{H}_k}{\boldsymbol{y}_k^{\mathrm{T}} \boldsymbol{H}_k \boldsymbol{y}_k} + \frac{\boldsymbol{s}_k \boldsymbol{s}_k^{\mathrm{T}}}{\boldsymbol{s}_k^{\mathrm{T}} \boldsymbol{y}_k}. \tag{5.14}$$

同样, 不难发现, 由式 (5.14), 若 $\boldsymbol{H}_k$ 对称, 校正后的 $\boldsymbol{H}_{k+1}$ 也对称, 并且类似于引理 5.1 的证明, 可得 DFP 校正公式的如下性质.

引理 5.3 *设 $\boldsymbol{H}_k$ 对称正定, $\boldsymbol{H}_{k+1}$ 由 DFP 校正公式 (5.14) 确定, 那么 $\boldsymbol{H}_{k+1}$ 对称正定的充要条件是 $\boldsymbol{s}_k^{\mathrm{T}} \boldsymbol{y}_k > 0$.*

类似于引理 5.2, 可以证明, 当采用精确线搜索或 Wolfe 搜索准则时, 矩阵序列 $\{\boldsymbol{H}_k\}$ 的正定性条件 $\boldsymbol{s}_k^{\mathrm{T}} \boldsymbol{y}_k > 0$ 可以被满足. 但一般来说, Armijo 搜索准则不能满足这一条件, 需要作如下修正:

$$\boldsymbol{H}_{k+1} = \begin{cases} \boldsymbol{H}_k, & \boldsymbol{s}_k^{\mathrm{T}} \boldsymbol{y}_k \leqslant 0, \\ \boldsymbol{H}_k - \dfrac{\boldsymbol{H}_k \boldsymbol{y}_k \boldsymbol{y}_k^{\mathrm{T}} \boldsymbol{H}_k}{\boldsymbol{y}_k^{\mathrm{T}} \boldsymbol{H}_k \boldsymbol{y}_k} + \dfrac{\boldsymbol{s}_k \boldsymbol{s}_k^{\mathrm{T}}}{\boldsymbol{s}_k^{\mathrm{T}} \boldsymbol{y}_k}, & \boldsymbol{y}_k^{\mathrm{T}} \boldsymbol{s}_k > 0. \end{cases} \tag{5.15}$$

下面给出基于 Armijo 非精确线搜索准则的 DFP 算法的详细步骤.

算法 5.3 (DFP 算法)

步骤 0, 选取参数 $\beta \in (0,1)$, $\sigma \in (0, 0.5)$, 初始点 $\boldsymbol{x}_0 \in \mathbf{R}^n$, 终止误差 $0 \leqslant \varepsilon \ll 1$, 初始对称正定阵 $\boldsymbol{H}_0$ (通常取为 $\boldsymbol{G}(\boldsymbol{x}_0)^{-1}$ 或单位阵 $\boldsymbol{I}_n$). 令 $k := 0$.

步骤 1, 计算 $\boldsymbol{g}_k = \nabla f(\boldsymbol{x}_k)$. 若 $\|\boldsymbol{g}_k\| \leqslant \varepsilon$, 停算, 输出 $\boldsymbol{x}_k$ 作为近似极小点.

步骤 2, 计算搜索方向:

$$\boldsymbol{d}_k = -\boldsymbol{H}_k \boldsymbol{g}_k. \tag{5.16}$$

步骤 3, 设 m_k 是满足下列不等式的最小非负整数 m:

$$f(\boldsymbol{x}_k + \beta^m \boldsymbol{d}_k) \leqslant f(\boldsymbol{x}_k) + \sigma \beta^m \boldsymbol{g}_k^{\mathrm{T}} \boldsymbol{d}_k. \tag{5.17}$$

令 $\alpha_k := \beta^{m_k}$, $\boldsymbol{x}_{k+1} := \boldsymbol{x}_k + \alpha_k \boldsymbol{d}_k$.

步骤 4, 由校正公式 (5.15) 确定 $\boldsymbol{H}_{k+1}$.

步骤 5, 令 $k := k + 1$, 转步骤 1.

下面给出基于 Armijo 非精确线搜索的 DFP 算法的 MATLAB 程序.

程序 5.3 (**DFP 算法程序**)

```
function [k,x,val]=dfp(fun,gfun,x0,epsilon,N)
%功能: DFP算法求解无约束优化问题: min f(x)
%输入: fun, gfun分别是目标函数及其梯度, x0是初始点,
%      epsilon是容许误差, N是最大迭代次数
%输出: k是迭代次数, x, val分别是近似最优点和最优值
if nargin<5, N=1000; end
if nargin<4, epsilon=1.e-5; end
beta=0.55; sigma=0.4;
n=length(x0);  Hk=eye(n);  k=0;
while(k<N)
    gk=feval(gfun,x0);  %计算梯度
    if(norm(gk)<epsilon), break; end  %检验终止准则
    dk=-Hk*gk;  %计算搜索方向
    m=0; mk=0;
    while(m<20)  %用Armijo搜索求步长
        if(feval(fun,x0+beta^m*dk)<=feval(fun,x0)+sigma*beta^m*gk'*dk)
            mk=m; break;
        end
        m=m+1;
    end
    %DFP校正
    x=x0+beta^mk*dk;
```

```
    sk=x-x0; yk=feval(gfun,x)-gk;
    if(sk'*yk>0)
        Hk=Hk-(Hk*yk*yk'*Hk)/(yk'*Hk*yk)+(sk*sk')/(sk'*yk);
    end
    k=k+1; x0=x;
end
val=feval(fun,x0);
```

例 5.3 利用 DFP 算法 (程序 5.3) 求解无约束优化问题

$$\min_{\boldsymbol{x}\in\mathbf{R}^2} f(\boldsymbol{x}) = 2(x_1 - x_2^2)^2 + (x_2 - 2)^2.$$

该问题有唯一的极小点 $\boldsymbol{x}^* = (4,2)^{\mathrm{T}}$, 极小值 $f(\boldsymbol{x}^*) = 0$.

解 利用程序 5.3, 终止准则取为 $\|\nabla f(\boldsymbol{x}_k)\| \leqslant 10^{-5}$. 取不同的初始点, 数值结果如表 5.3 所列.

表 5.3 DFP 校正算法的数值结果

初始点 ($\boldsymbol{x}_0$)	迭代次数 (k)	目标函数值 ($f(\boldsymbol{x}_k)$)
$(1.0, 1.0)^{\mathrm{T}}$	9	2.0346×10^{-11}
$(-1.0, -1.0)^{\mathrm{T}}$	14	5.8598×10^{-13}
$(2.0, -1.0)^{\mathrm{T}}$	18	1.4094×10^{-16}
$(-1.0, 2.0)^{\mathrm{T}}$	20	8.5698×10^{-15}
$(10.0, 10.0)^{\mathrm{T}}$	68	1.5793×10^{-13}

对比表 5.2 可以看出, DFP 算法的计算效率似乎不如 BFGS 算法.

5.4 Broyden 族算法及其 MATLAB 实现

前面讨论了 BFGS 和 DFP 校正, 它们都是由 $\boldsymbol{y}_k$ 和 $\boldsymbol{B}_k\boldsymbol{s}_k$ (或 $\boldsymbol{s}_k$ 和 $\boldsymbol{H}_k\boldsymbol{y}_k$) 组成的秩 2 校正. 本节讨论由 BFGS 和 DFP 校正的加权线性组合产生的一类校正族

$$\boldsymbol{B}_{k+1}^{\omega} = \omega_k \boldsymbol{B}_{k+1}^{\mathrm{DFP}} + (1-\omega_k)\boldsymbol{B}_{k+1}^{\mathrm{BFGS}} \tag{5.18}$$

$$= \boldsymbol{B}_k - \frac{\boldsymbol{B}_k\boldsymbol{s}_k\boldsymbol{s}_k^{\mathrm{T}}\boldsymbol{B}_k}{\boldsymbol{s}_k^{\mathrm{T}}\boldsymbol{B}_k\boldsymbol{s}_k} + \frac{\boldsymbol{y}_k\boldsymbol{y}_k^{\mathrm{T}}}{\boldsymbol{s}_k^{\mathrm{T}}\boldsymbol{y}_k} + \omega_k\boldsymbol{u}_k\boldsymbol{u}_k^{\mathrm{T}}, \tag{5.19}$$

式中: ω_k 为实参数; $\boldsymbol{u}_k$ 由下式定义, 即

$$\boldsymbol{u}_k = \sqrt{\boldsymbol{s}_k^{\mathrm{T}}\boldsymbol{B}_k\boldsymbol{s}_k}\left(\frac{\boldsymbol{y}_k}{\boldsymbol{y}_k^{\mathrm{T}}\boldsymbol{s}_k} - \frac{\boldsymbol{B}_k\boldsymbol{s}_k}{\boldsymbol{s}_k^{\mathrm{T}}\boldsymbol{B}_k\boldsymbol{s}_k}\right). \tag{5.20}$$

这类校正公式称为 Broyden 族. 不难发现, 在式 (5.19) 中, 当 $\omega_k = 0$, 即得到 BFGS 校正公式; 当 $\omega_k = 1$, 即得到 DFP 校正公式.

对应地, 关于 $\boldsymbol{H}_k$ 的 Broyden 族校正公式为

$$\boldsymbol{H}_{k+1}^{\phi} = \phi_k \boldsymbol{H}_{k+1}^{\mathrm{BFGS}} + (1-\phi_k)\boldsymbol{H}_{k+1}^{\mathrm{DFP}} \tag{5.21}$$

$$= \boldsymbol{H}_k - \frac{\boldsymbol{H}_k \boldsymbol{y}_k \boldsymbol{y}_k^{\mathrm{T}} \boldsymbol{H}_k}{\boldsymbol{y}_k^{\mathrm{T}} \boldsymbol{H}_k \boldsymbol{y}_k} + \frac{\boldsymbol{s}_k \boldsymbol{s}_k^{\mathrm{T}}}{\boldsymbol{s}_k^{\mathrm{T}} \boldsymbol{y}_k} + \phi_k \boldsymbol{v}_k \boldsymbol{v}_k^{\mathrm{T}}, \tag{5.22}$$

式中: ϕ_k 为实参数; $\boldsymbol{v}_k$ 由下式定义, 即

$$\boldsymbol{v}_k = \sqrt{\boldsymbol{y}_k^{\mathrm{T}} \boldsymbol{H}_k \boldsymbol{y}_k}\left(\frac{\boldsymbol{s}_k}{\boldsymbol{y}_k^{\mathrm{T}} \boldsymbol{s}_k} - \frac{\boldsymbol{H}_k \boldsymbol{y}_k}{\boldsymbol{y}_k^{\mathrm{T}} \boldsymbol{H}_k \boldsymbol{y}_k}\right). \tag{5.23}$$

可以证明参数 ω_k 与 ϕ_k 之间的关系为

$$\omega_k = \frac{1-\phi_k}{1-\phi_k(1-\mu_k)}, \tag{5.24}$$

式中

$$\mu_k = \frac{(\boldsymbol{s}_k^{\mathrm{T}} \boldsymbol{B}_k \boldsymbol{s}_k)(\boldsymbol{y}_k^{\mathrm{T}} \boldsymbol{H}_k \boldsymbol{y}_k)}{(\boldsymbol{s}_k^{\mathrm{T}} \boldsymbol{y}_k)^2}.$$

不难发现 $\boldsymbol{u}_k^{\mathrm{T}} \boldsymbol{s}_k = 0$ 和 $\boldsymbol{v}_k^{\mathrm{T}} \boldsymbol{y}_k = 0$, 因此 Broyden 族 (5.19) 和 (5.22) 给出的校正公式于任何参数 ω_k 和 ϕ_k 都满足拟牛顿方程 (5.1) 和 (5.2).

下面给出 Broyden 族校正公式的两个性质.

定理 5.1 用 Broyden 族算法求解极小化二次目标函数问题

$$\min_{\boldsymbol{x} \in \mathbf{R}^n} f(\boldsymbol{x}) = \frac{1}{2} \boldsymbol{x}^{\mathrm{T}} \boldsymbol{A} \boldsymbol{x} - \boldsymbol{b}^{\mathrm{T}} \boldsymbol{x}. \tag{5.25}$$

如果初始矩阵 $\boldsymbol{H}_0$ 是正定的, 算法所产生的迭代点列是互异的, 则

(1) 当 $\boldsymbol{y}_k^{\mathrm{T}} \boldsymbol{s}_k > 0$ 且 $\phi_k \geqslant 0$ 或 $\omega_k \geqslant 0$ 时, Broyden 族校正公式保持正定性;

(2) 在精确线搜索下, 算法所产生的搜索方向 $\boldsymbol{d}_0, \boldsymbol{d}_1, \cdots, \boldsymbol{d}_k (k \leqslant n-1)$ 满足

① $\boldsymbol{d}_i^{\mathrm{T}} \boldsymbol{A} \boldsymbol{d}_j = 0,\ 0 \leqslant i < j \leqslant k$; ② $\boldsymbol{H}_k^{\phi} \boldsymbol{y}_i = \boldsymbol{s}_i,\ 0 \leqslant i \leqslant k-1$.

证明 由于结论 (1) 的证明与引理 5.1 类似, 所以下面仅证结论 (2).

对 k 用归纳法. 注意到 $\boldsymbol{s}_i = \boldsymbol{x}_{i+1} - \boldsymbol{x}_i = \alpha_i \boldsymbol{d}_i$, $\boldsymbol{y}_i = \boldsymbol{g}_{i+1} - \boldsymbol{g}_i = \boldsymbol{A}(\boldsymbol{x}_{i+1} - \boldsymbol{x}_i) = \boldsymbol{A}\boldsymbol{s}_i$. 那么, 当 $k=1$ 时, 由拟牛顿方程 (5.2) 可知

$$\boldsymbol{H}_1^{\phi} \boldsymbol{y}_0 = \boldsymbol{s}_0$$

成立, 且有

$$\boldsymbol{d}_0^{\mathrm{T}} \boldsymbol{A} \boldsymbol{d}_1 = (\boldsymbol{A}\boldsymbol{d}_0)^{\mathrm{T}} \boldsymbol{d}_1 = -\frac{1}{\alpha_0}(\boldsymbol{A}\boldsymbol{s}_0)^{\mathrm{T}} \boldsymbol{H}_1^{\phi} \boldsymbol{g}_1$$

$$= -\frac{1}{\alpha_0}\boldsymbol{y}_0^{\mathrm{T}}\boldsymbol{H}_1^{\phi}\boldsymbol{g}_1 = -\frac{1}{\alpha_0}\boldsymbol{s}_0^{\mathrm{T}}\boldsymbol{g}_1$$
$$= -\boldsymbol{d}_0^{\mathrm{T}}\boldsymbol{g}_1 = 0,$$

即当 $k=1$ 时, 结论成立.

设当 $k=l$ 时, 结论成立, 现证当 $k=l+1$ 时结论也成立. 由归纳法假设, 有

$$\boldsymbol{d}_i^{\mathrm{T}}\boldsymbol{A}\boldsymbol{d}_j = 0,\ \ 0 \leqslant i < j \leqslant l;\quad \boldsymbol{H}_l^{\phi}\boldsymbol{y}_i = \boldsymbol{s}_i,\ \ 0 \leqslant i \leqslant l-1. \tag{5.26}$$

当 $k=l+1$ 时, 对于 $0 \leqslant i \leqslant l-1$, 有

$$\begin{aligned}
\boldsymbol{H}_{l+1}^{\phi}\boldsymbol{y}_i &= \left(\boldsymbol{H}_l^{\phi} - \frac{\boldsymbol{H}_l^{\phi}\boldsymbol{y}_l\boldsymbol{y}_l^{\mathrm{T}}\boldsymbol{H}_l^{\phi}}{\boldsymbol{y}_l^{\mathrm{T}}\boldsymbol{H}_l^{\phi}\boldsymbol{y}_l} + \frac{\boldsymbol{s}_l\boldsymbol{s}_l^{\mathrm{T}}}{\boldsymbol{s}_l^{\mathrm{T}}\boldsymbol{y}_l} + \phi_l\boldsymbol{v}_l\boldsymbol{v}_l^{\mathrm{T}}\right)\boldsymbol{y}_i \\
&= \boldsymbol{H}_l^{\phi}\boldsymbol{y}_i - \frac{\boldsymbol{H}_l^{\phi}\boldsymbol{y}_l\boldsymbol{y}_l^{\mathrm{T}}\boldsymbol{H}_l^{\phi}\boldsymbol{y}_i}{\boldsymbol{y}_l^{\mathrm{T}}\boldsymbol{H}_l^{\phi}\boldsymbol{y}_l} + \frac{\boldsymbol{s}_l\boldsymbol{s}_l^{\mathrm{T}}\boldsymbol{y}_i}{\boldsymbol{s}_l^{\mathrm{T}}\boldsymbol{y}_l} + \phi_l\boldsymbol{v}_l\boldsymbol{v}_l^{\mathrm{T}}\boldsymbol{y}_i \\
&= \boldsymbol{s}_i - \frac{\boldsymbol{H}_l^{\phi}\boldsymbol{y}_l(\boldsymbol{y}_l^{\mathrm{T}}\boldsymbol{s}_i)}{\boldsymbol{y}_l^{\mathrm{T}}\boldsymbol{H}_l^{\phi}\boldsymbol{y}_l} + \frac{\boldsymbol{s}_l\boldsymbol{s}_l^{\mathrm{T}}\boldsymbol{y}_i}{\boldsymbol{s}_l^{\mathrm{T}}\boldsymbol{y}_l} + \phi_l\boldsymbol{v}_l\boldsymbol{v}_l^{\mathrm{T}}\boldsymbol{y}_i \\
&= \boldsymbol{s}_i - \frac{\boldsymbol{H}_l^{\phi}\boldsymbol{y}_l(\boldsymbol{s}_l^{\mathrm{T}}\boldsymbol{A}\boldsymbol{s}_i)}{\boldsymbol{y}_l^{\mathrm{T}}\boldsymbol{H}_l^{\phi}\boldsymbol{y}_l} + \frac{\boldsymbol{s}_l\boldsymbol{s}_l^{\mathrm{T}}\boldsymbol{A}\boldsymbol{s}_i}{\boldsymbol{s}_l^{\mathrm{T}}\boldsymbol{y}_l} + \phi_l\boldsymbol{v}_l\boldsymbol{v}_l^{\mathrm{T}}\boldsymbol{y}_i
\end{aligned}$$

由 $\boldsymbol{s}_i = \alpha_i\boldsymbol{d}_i$ 和式 (5.26) 的第一式可知, 上式等式右边的第二项和第三项为 0. 下面考虑第四项. 注意到,

$$\begin{aligned}
&\frac{1}{(\boldsymbol{y}_l^{\mathrm{T}}\boldsymbol{H}_l^{\phi}\boldsymbol{y}_l)}\boldsymbol{v}_l\boldsymbol{v}_l^{\mathrm{T}}\boldsymbol{y}_i = \left(\frac{\boldsymbol{s}_l}{\boldsymbol{y}_l^{\mathrm{T}}\boldsymbol{s}_l} - \frac{\boldsymbol{H}_l^{\phi}\boldsymbol{y}_l}{\boldsymbol{y}_l^{\mathrm{T}}\boldsymbol{H}_l^{\phi}\boldsymbol{y}_l}\right)\left(\frac{\boldsymbol{s}_l}{\boldsymbol{y}_l^{\mathrm{T}}\boldsymbol{s}_l} - \frac{\boldsymbol{H}_l^{\phi}\boldsymbol{y}_l}{\boldsymbol{y}_l^{\mathrm{T}}\boldsymbol{H}_l^{\phi}\boldsymbol{y}_l}\right)^{\mathrm{T}}\boldsymbol{y}_i \\
&= \frac{\boldsymbol{s}_l\boldsymbol{s}_l^{\mathrm{T}}\boldsymbol{y}_i}{(\boldsymbol{y}_l^{\mathrm{T}}\boldsymbol{s}_l)^2} + \frac{\boldsymbol{H}_l^{\phi}\boldsymbol{y}_l\boldsymbol{y}_l^{\mathrm{T}}\boldsymbol{H}_l^{\phi}\boldsymbol{y}_i}{(\boldsymbol{y}_l^{\mathrm{T}}\boldsymbol{H}_l^{\phi}\boldsymbol{y}_l)^2} - \frac{\boldsymbol{s}_l\boldsymbol{y}_l^{\mathrm{T}}\boldsymbol{H}_l^{\phi}\boldsymbol{y}_i}{(\boldsymbol{y}_l^{\mathrm{T}}\boldsymbol{s}_l)(\boldsymbol{y}_l^{\mathrm{T}}\boldsymbol{H}_l^{\phi}\boldsymbol{y}_l)} - \frac{\boldsymbol{H}_l^{\phi}\boldsymbol{y}_l\boldsymbol{s}_l^{\mathrm{T}}\boldsymbol{y}_i}{(\boldsymbol{y}_l^{\mathrm{T}}\boldsymbol{s}_l)(\boldsymbol{y}_l^{\mathrm{T}}\boldsymbol{H}_l^{\phi}\boldsymbol{y}_l)} \\
&= \frac{\boldsymbol{s}_l(\boldsymbol{s}_l^{\mathrm{T}}\boldsymbol{A}\boldsymbol{s}_i)}{(\boldsymbol{y}_l^{\mathrm{T}}\boldsymbol{s}_l)^2} + \frac{\boldsymbol{H}_l^{\phi}\boldsymbol{y}_l\boldsymbol{y}_l^{\mathrm{T}}\boldsymbol{s}_i}{(\boldsymbol{y}_l^{\mathrm{T}}\boldsymbol{H}_l^{\phi}\boldsymbol{y}_l)^2} - \frac{\boldsymbol{s}_l\boldsymbol{y}_l^{\mathrm{T}}\boldsymbol{s}_i}{(\boldsymbol{y}_l^{\mathrm{T}}\boldsymbol{s}_l)(\boldsymbol{y}_l^{\mathrm{T}}\boldsymbol{H}_l^{\phi}\boldsymbol{y}_l)} - \frac{\boldsymbol{H}_l^{\phi}\boldsymbol{y}_l(\boldsymbol{s}_l^{\mathrm{T}}\boldsymbol{A}\boldsymbol{s}_i)}{(\boldsymbol{y}_l^{\mathrm{T}}\boldsymbol{s}_l)(\boldsymbol{y}_l^{\mathrm{T}}\boldsymbol{H}_l^{\phi}\boldsymbol{y}_l)} \\
&= 0 + \frac{\boldsymbol{H}_l^{\phi}\boldsymbol{y}_l(\boldsymbol{s}_l^{\mathrm{T}}\boldsymbol{A}\boldsymbol{s}_i)}{(\boldsymbol{y}_l^{\mathrm{T}}\boldsymbol{H}_l^{\phi}\boldsymbol{y}_l)^2} - \frac{\boldsymbol{s}_l(\boldsymbol{s}_l^{\mathrm{T}}\boldsymbol{A}\boldsymbol{s}_i)}{(\boldsymbol{y}_l^{\mathrm{T}}\boldsymbol{s}_l)(\boldsymbol{y}_l^{\mathrm{T}}\boldsymbol{H}_l^{\phi}\boldsymbol{y}_l)} - 0 = 0.
\end{aligned}$$

故有

$$\boldsymbol{H}_{l+1}^{\phi}\boldsymbol{y}_i = \boldsymbol{s}_i,\ \ 0 \leqslant i \leqslant l-1. \tag{5.27}$$

又因为拟牛顿方程 $\boldsymbol{H}_{l+1}^{\phi}\boldsymbol{y}_l = \boldsymbol{s}_l$ 满足, 所以式 (5.27) 对于 $0 \leqslant i \leqslant l$ 成立.

下面证明

$$\boldsymbol{d}_i^{\mathrm{T}}\boldsymbol{A}\boldsymbol{d}_j = 0,\ \ 0 \leqslant i < j \leqslant l+1. \tag{5.28}$$

由式 (5.26), 只需证明对于 $0 \leqslant i \leqslant l$ 成立

$$\boldsymbol{d}_i^{\mathrm{T}}\boldsymbol{A}\boldsymbol{d}_{l+1} = 0.$$

事实上, 有

$$\begin{aligned}
\boldsymbol{d}_i^{\mathrm{T}} \boldsymbol{A} \boldsymbol{d}_{l+1} &= (\boldsymbol{A}\boldsymbol{d}_i)^{\mathrm{T}} \boldsymbol{d}_{l+1} = \frac{1}{\alpha_i} \boldsymbol{y}_i^{\mathrm{T}} \big(-\boldsymbol{H}_{l+1}^{\phi} \boldsymbol{g}_{l+1} \big) \\
&= -\frac{1}{\alpha_i} \boldsymbol{s}_i^{\mathrm{T}} \boldsymbol{g}_{l+1} = -\boldsymbol{d}_i^{\mathrm{T}} \boldsymbol{g}_{l+1} \\
&= -\boldsymbol{d}_i^{\mathrm{T}} \Big(\boldsymbol{g}_{i+1} + \sum_{j=i+1}^{l} (\boldsymbol{g}_{j+1} - \boldsymbol{g}_j) \Big) \\
&= -\boldsymbol{g}_{i+1}^{\mathrm{T}} \boldsymbol{d}_i - \sum_{j=i+1}^{l} \boldsymbol{y}_j^{\mathrm{T}} \boldsymbol{d}_i \\
&= -\boldsymbol{g}_{i+1}^{\mathrm{T}} \boldsymbol{d}_i - \sum_{j=i+1}^{l} \boldsymbol{s}_j^{\mathrm{T}} \boldsymbol{A} \boldsymbol{d}_i = 0.
\end{aligned}$$

因此, 对于 $k = l+1$, 结论成立. 证毕. □

推论 5.1 在定理 5.1 的条件下, 有如下结论:

(1) Broyden 族校正公式至多迭代 n 次就可以达到极小点 $\boldsymbol{x}^*$, 即存在 $k\,(0 \leqslant k \leqslant n)$, 使得 $\boldsymbol{x}_k = \boldsymbol{x}^*$;

(2) 若 $\boldsymbol{x}_k \neq \boldsymbol{x}^*$ $(0 \leqslant k \leqslant n-1)$, 则 $\boldsymbol{H}_n = \boldsymbol{A}^{-1}$.

证明 由定理 5.1 可知, Broyden 族校正算法是一种共轭方向法, 故结论 (1) 成立.

下面证明结论 (2). 若 $\boldsymbol{x}_k \neq \boldsymbol{x}^*$ $(0 \leqslant k \leqslant n-1)$, 则 Broyden 族校正公式产生 n 个共轭方向 $\boldsymbol{d}_0, \boldsymbol{d}_1, \cdots, \boldsymbol{d}_{n-1}$, 因而它们是线性无关的, 从而 $\boldsymbol{s}_0, \boldsymbol{s}_1, \cdots, \boldsymbol{s}_{n-1}$ 也是线性无关的. 又由定理 5.1, 得

$$\boldsymbol{H}_n \boldsymbol{A} \boldsymbol{s}_i = \boldsymbol{H}_n \boldsymbol{y}_i = \boldsymbol{s}_i, \quad i = 0, 1, \cdots, n-1,$$

即

$$\boldsymbol{H}_n \boldsymbol{A} \big(\boldsymbol{s}_0, \boldsymbol{s}_1, \cdots, \boldsymbol{s}_{n-1} \big) = \big(\boldsymbol{s}_0, \boldsymbol{s}_1, \cdots, \boldsymbol{s}_{n-1} \big).$$

因矩阵 $\big(\boldsymbol{s}_0, \boldsymbol{s}_1, \cdots, \boldsymbol{s}_{n-1} \big)$ 非奇异, 故有 $\boldsymbol{H}_n \boldsymbol{A} = \boldsymbol{I}$, 即 $\boldsymbol{H}_n = \boldsymbol{A}^{-1}$. 证毕. □

下面给出基于 Armijo 非精确线搜索的 Broyden 族算法的详细步骤.

算法 5.4 (Broyden 族算法)

步骤 0, 选取参数 $\beta \in (0,1)$, $\sigma \in (0, 0.5)$, $\phi \in [0,1]$, 初始点 $\boldsymbol{x}_0 \in \mathbf{R}^n$, 终止误差 $0 \leqslant \varepsilon \ll 1$, 初始对称正定阵 $\boldsymbol{H}_0$ (通常取为单位阵 $\boldsymbol{I}_n$). 令 $k := 0$.

步骤 1, 计算 $\boldsymbol{g}_k = \nabla f(\boldsymbol{x}_k)$. 若 $\|\boldsymbol{g}_k\| \leqslant \varepsilon$, 停算, 输出 $\boldsymbol{x}_k$ 作为近似极小点.

步骤 2, 计算搜索方向:

$$\boldsymbol{d}_k = -\boldsymbol{H}_k \boldsymbol{g}_k. \tag{5.29}$$

步骤 3, 设 m_k 是满足下列不等式的最小非负整数 m:

$$f(\boldsymbol{x}_k+\beta^m\boldsymbol{d}_k)\leqslant f(\boldsymbol{x}_k)+\sigma\beta^m\boldsymbol{g}_k^{\mathrm{T}}\boldsymbol{d}_k. \tag{5.30}$$

令 $\alpha_k:=\beta^{m_k}$, $\boldsymbol{x}_{k+1}:=\boldsymbol{x}_k+\alpha_k\boldsymbol{d}_k$.

步骤 4, 由下面的校正公式确定 $\boldsymbol{H}_{k+1}$:

$$\boldsymbol{H}_{k+1}=\begin{cases}\boldsymbol{H}_k, & \boldsymbol{s}_k^{\mathrm{T}}\boldsymbol{y}_k\leqslant 0,\\ \boldsymbol{H}_k-\dfrac{\boldsymbol{H}_k\boldsymbol{y}_k\boldsymbol{y}_k^{\mathrm{T}}\boldsymbol{H}_k}{\boldsymbol{y}_k^{\mathrm{T}}\boldsymbol{H}_k\boldsymbol{y}_k}+\dfrac{\boldsymbol{s}_k\boldsymbol{s}_k^{\mathrm{T}}}{\boldsymbol{s}_k^{\mathrm{T}}\boldsymbol{y}_k}+\phi\boldsymbol{v}_k\boldsymbol{v}_k^{\mathrm{T}}, & \boldsymbol{y}_k^{\mathrm{T}}\boldsymbol{s}_k>0.\end{cases} \tag{5.31}$$

式中: $\boldsymbol{v}_k$ 由下式定义, 即

$$\boldsymbol{v}_k=\sqrt{\boldsymbol{y}_k^{\mathrm{T}}\boldsymbol{H}_k\boldsymbol{y}_k}\left(\frac{\boldsymbol{s}_k}{\boldsymbol{y}_k^{\mathrm{T}}\boldsymbol{s}_k}-\frac{\boldsymbol{H}_k\boldsymbol{y}_k}{\boldsymbol{y}_k^{\mathrm{T}}\boldsymbol{H}_k\boldsymbol{y}_k}\right).$$

步骤 5, 令 $k:=k+1$, 转步骤 1.

下面给出基于 Armijo 非精确线搜索的 Broyden 族算法的 MATLAB 程序.

程序 5.4 (Broyden 族算法程序)

```
function [k,x,val]=broyden(fun,gfun,x0,epsilon,N)
%功能: Broyden族算法求解无约束优化问题:  min f(x)
%输入: fun, gfun分别是目标函数及其梯度, x0是初始点,
%       epsilon是容许误差, N是最大迭代次数
%输出: k是迭代次数, x, val分别是近似最优点和最优值
if nargin<5, N=1000; end
if nargin<4, epsilon=1.e-5; end
beta=0.55;  sigma=0.4;  phi=0.5;
n=length(x0);  Hk=eye(n);  k=0;
while(k<N)
    gk=feval(gfun,x0);  %计算梯度
    if(norm(gk)<epsilon), break; end  %检验终止准则
    dk=-Hk*gk;  %计算搜索方向
    m=0; mk=0;
    while(m<20)  %用Armijo搜索求步长
        if(feval(fun,x0+beta^m*dk)<=feval(fun,x0)+sigma*beta^m*gk'*dk)
            mk=m; break;
        end
```

```
        m=m+1;
    end
    %Broyden族校正
    x=x0+beta^mk*dk;  sk=x-x0;
    yk=feval(gfun,x)-gk;  Hy=Hk*yk;
    sy=sk'*yk;  yHy=yk'*Hk*yk;
    if(sy<0.2*yHy)
        theta=0.8*yHy/(yHy-sy);
        sk=theta*sk+(1-theta)*Hy;
        sy=0.2*yHy;
    end
    vk=sqrt(yHy)*(sk/sy - Hy/yHy);
    Hk=Hk-(Hy*Hy')/yHy+(sk*sk')/sy+phi*vk*vk';
    x0=x; k=k+1;
end
val=feval(fun,x0);
```

例 5.4 利用 Broyden 族算法 (程序 5.4) 求解无约束优化问题

$$\min_{\boldsymbol{x}\in\mathbf{R}^2} f(\boldsymbol{x}) = 2(x_1 - x_2^2)^2 + (x_2 - 2)^2.$$

该问题有唯一的极小点 $\boldsymbol{x}^* = (4, 2)^{\mathrm{T}}$, 极小值 $f(\boldsymbol{x}^*) = 0$.

解 利用程序 5.4, 选取参数 $\phi = 0.5$, 终止准则取为 $\|\nabla f(\boldsymbol{x}_k)\| \leqslant 10^{-5}$. 取不同的初始点, 数值结果如表 5.4 所列.

表 5.4 Broyden 族算法的数值结果

初始点 ($\boldsymbol{x}_0$)	迭代次数 (k)	目标函数值 ($f(\boldsymbol{x}_k)$)
$(1.0, 1.0)^{\mathrm{T}}$	10	1.6903×10^{-14}
$(-1.0, -1.0)^{\mathrm{T}}$	13	1.2482×10^{-18}
$(2.0, -1.0)^{\mathrm{T}}$	14	6.3962×10^{-16}
$(-1.0, 2.0)^{\mathrm{T}}$	11	1.4843×10^{-13}
$(10.0, 10.0)^{\mathrm{T}}$	15	3.1705×10^{-14}

从表 5.4 可以看出, 适当选取参数 ϕ 的值, 可以使得 Broyden 族算法的计算效果要优于 BFGS 算法和 DFP 算法.

5.5 拟牛顿法的收敛性

本节讨论拟牛顿法的收敛性, 主要给出基于非精确线搜索的 BFGS 算法的全局收敛性和局部 Q-超线性收敛性定理. 为了方便起见, 将 BFGS 算法的迭代公式复述如下:

$$\boldsymbol{x}_{k+1} = \boldsymbol{x}_k - \alpha_k \boldsymbol{B}_k^{-1} \boldsymbol{g}_k, \tag{5.32}$$

$$\boldsymbol{B}_{k+1} = \boldsymbol{B}_k - \frac{\boldsymbol{B}_k \boldsymbol{s}_k \boldsymbol{s}_k^{\mathrm{T}} \boldsymbol{B}_k}{\boldsymbol{s}_k^{\mathrm{T}} \boldsymbol{B}_k \boldsymbol{s}_k} + \frac{\boldsymbol{y}_k \boldsymbol{y}_k^{\mathrm{T}}}{\boldsymbol{y}_k^{\mathrm{T}} \boldsymbol{s}_k}, \tag{5.33}$$

式中: $\boldsymbol{s}_k = \boldsymbol{x}_{k+1} - \boldsymbol{x}_k$; $\boldsymbol{y}_k = \boldsymbol{g}_{k+1} - \boldsymbol{g}_k$; α_k 由非精确线搜索方法得到.

在讨论收敛性之前, 先给出如下假设条件.

假设 5.1 (1) 函数 $f(\boldsymbol{x})$ 在 $\mathbf{R}^n$ 上二阶连续可微;

(2) 水平集

$$\mathcal{L}(\boldsymbol{x}_0) = \{\boldsymbol{x} \in \mathbf{R}^n \mid f(\boldsymbol{x}) \leqslant f(\boldsymbol{x}_0)\}$$

是凸集, 且函数 f 在 $\mathcal{L}(\boldsymbol{x}_0)$ 上一致凸, 即存在常数 $0 < m \leqslant M$, 使得

$$m\|\boldsymbol{d}\|^2 \leqslant \boldsymbol{d}^{\mathrm{T}} G(\boldsymbol{x}) \boldsymbol{d} \leqslant M\|\boldsymbol{d}\|^2; \tag{5.34}$$

(3) 存在 $\boldsymbol{x}^*$ 的一个邻域 $N(\boldsymbol{x}^*, \delta)$, 使得 $\boldsymbol{G}(\boldsymbol{x}) = \nabla^2 f(\boldsymbol{x})$ 在该邻域内 Lipschitz 连续, 即存在常数 $L > 0$, 使得

$$\|\boldsymbol{G}(\boldsymbol{x}) - \boldsymbol{G}(\boldsymbol{x}^*)\| \leqslant L\|\boldsymbol{x} - \boldsymbol{x}^*\|, \quad \forall \boldsymbol{x} \in N(\boldsymbol{x}^*, \delta).$$

在后面的分析中, 需要用到一个求秩 2 校正矩阵行列式的公式, 即

$$\det\big(\boldsymbol{I} + \boldsymbol{w}_1 \boldsymbol{w}_2^{\mathrm{T}} + \boldsymbol{w}_3 \boldsymbol{w}_4^{\mathrm{T}}\big) = (1 + \boldsymbol{w}_1^{\mathrm{T}} \boldsymbol{w}_2)(1 + \boldsymbol{w}_3^{\mathrm{T}} \boldsymbol{w}_4) - (\boldsymbol{w}_1^{\mathrm{T}} \boldsymbol{w}_4)(\boldsymbol{w}_2^{\mathrm{T}} \boldsymbol{w}_3), \tag{5.35}$$

式中: $\boldsymbol{w}_i\,(i = 1, 2, 3, 4)$ 为任意的 n 维向量.

下面给出全局收敛性定理.

定理 5.2 设 $\{\boldsymbol{B}_k\}$ 是由 BFGS 校正公式 (5.33) 产生的非奇异矩阵序列, α_k 为满足 Armijo 准则 (2.14) 的步长因子. 若 $f(\boldsymbol{x})$ 满足假设 5.1 (1) 和 (2), 那么由迭代公式 (5.32) 产生的序列 $\{\boldsymbol{x}_k\}$ 全局收敛到 $f(\boldsymbol{x})$ 的极小点 $\boldsymbol{x}^*$.

证明 根据 Armijo 准则下的线搜索法的收敛定理 2.3, 只需验证搜索方向 $\boldsymbol{d}_k$ 与负梯度方向 $-\boldsymbol{g}_k$ 的夹角 θ_k 满足条件 (2.16), 即 $0 < \theta_k \leqslant \dfrac{\pi}{2} - \mu$, $\mu \in \left(0, \dfrac{\pi}{2}\right)$. 注意到,

$$\cos\theta_k = \frac{-\boldsymbol{d}_k^{\mathrm{T}} \boldsymbol{g}_k}{\|\boldsymbol{d}_k\| \|\boldsymbol{g}_k\|} = \frac{\boldsymbol{s}_k^{\mathrm{T}} (\boldsymbol{B}_k \boldsymbol{s}_k)}{\|\boldsymbol{s}_k\| \|\boldsymbol{B}_k \boldsymbol{s}_k\|}.$$

以下只需证明由上式定义的 θ_k 满足 $\cos\theta_k \geqslant \nu > 0$ 即可.

由 $\boldsymbol{y}_k$ 的定义, 得

$$\boldsymbol{y}_k = \boldsymbol{g}_{k+1} - \boldsymbol{g}_k = \int_0^1 \boldsymbol{G}(\boldsymbol{x}_k + t\boldsymbol{s}_k)\boldsymbol{s}_k \mathrm{d}t, \tag{5.36}$$

故有

$$\boldsymbol{y}_k^{\mathrm{T}}\boldsymbol{s}_k = \int_0^1 \boldsymbol{s}_k^{\mathrm{T}}\boldsymbol{G}(\boldsymbol{x}_k + t\boldsymbol{s}_k)\boldsymbol{s}_k \mathrm{d}t.$$

利用假设 5.1 (2), 得

$$\boldsymbol{y}_k^{\mathrm{T}}\boldsymbol{s}_k \geqslant m\|\boldsymbol{s}_k\|^2, \quad \text{即} \quad a_k \triangleq \frac{\boldsymbol{y}_k^{\mathrm{T}}\boldsymbol{s}_k}{\|\boldsymbol{s}_k\|^2} \geqslant m. \tag{5.37}$$

由式 (5.36), 得

$$\|\boldsymbol{y}_k\| \leqslant \int_0^1 \|\boldsymbol{G}(\boldsymbol{x}_k + t\boldsymbol{s}_k)\boldsymbol{s}_k\| \mathrm{d}t \leqslant \|\boldsymbol{s}_k\| \int_0^1 \|\boldsymbol{G}(\boldsymbol{x}_k + t\boldsymbol{s}_k)\| \mathrm{d}t. \tag{5.38}$$

不难发现, 由假设 5.1 (2), 有

$$\max_{\boldsymbol{x}\in\mathcal{L}(\boldsymbol{x}_0)} \|\boldsymbol{G}(\boldsymbol{x})\| = \max_{\boldsymbol{x}\in\mathcal{L}(\boldsymbol{x}_0)} \sup_{\boldsymbol{d}\neq 0} \frac{|\boldsymbol{d}^{\mathrm{T}}G(\boldsymbol{x})\boldsymbol{d}|}{\|\boldsymbol{d}\|^2} \leqslant M.$$

因此, 由式 (5.38) 可推得 $\|\boldsymbol{y}_k\| \leqslant M\|\boldsymbol{s}_k\|$. 结合式 (5.37), 有

$$b_k \triangleq \frac{\|\boldsymbol{y}_k\|^2}{\boldsymbol{y}_k^{\mathrm{T}}\boldsymbol{s}_k} \leqslant \frac{\|\boldsymbol{y}_k\|^2}{m\|\boldsymbol{s}_k\|^2} \leqslant \frac{M^2}{m} \triangleq \bar{b}.$$

对 BFGS 校正公式

$$\boldsymbol{B}_{k+1} = \boldsymbol{B}_k - \frac{\boldsymbol{B}_k\boldsymbol{s}_k\boldsymbol{s}_k^{\mathrm{T}}\boldsymbol{B}_k}{\boldsymbol{s}_k^{\mathrm{T}}\boldsymbol{B}_k\boldsymbol{s}_k} + \frac{\boldsymbol{y}_k\boldsymbol{y}_k^{\mathrm{T}}}{\boldsymbol{y}_k^{\mathrm{T}}\boldsymbol{s}_k},$$

两边求迹, 得

$$\mathrm{tr}(\boldsymbol{B}_{k+1}) = \mathrm{tr}(\boldsymbol{B}_k) - \frac{\|\boldsymbol{B}_k\boldsymbol{s}_k\|^2}{\boldsymbol{s}_k^{\mathrm{T}}\boldsymbol{B}_k\boldsymbol{s}_k} + \frac{\|\boldsymbol{y}_k\|^2}{\boldsymbol{y}_k^{\mathrm{T}}\boldsymbol{s}_k}. \tag{5.39}$$

为了便于应用式 (5.35), 将 BFGS 校正公式写成如下形式:

$$\begin{aligned}
\boldsymbol{B}_{k+1} &= \boldsymbol{B}_k\Big[\boldsymbol{I} + \Big(-\frac{1}{\boldsymbol{s}_k^{\mathrm{T}}\boldsymbol{B}_k\boldsymbol{s}_k}\boldsymbol{s}_k\Big)(\boldsymbol{s}_k^{\mathrm{T}}\boldsymbol{B}_k) + \Big(\frac{1}{\boldsymbol{s}_k^{\mathrm{T}}\boldsymbol{y}_k}\boldsymbol{B}_k^{-1}\boldsymbol{y}_k\Big)\boldsymbol{y}_k^{\mathrm{T}}\Big] \\
&\triangleq \boldsymbol{B}_k\big(\boldsymbol{I} + \boldsymbol{w}_1\boldsymbol{w}_2^{\mathrm{T}} + \boldsymbol{w}_3\boldsymbol{w}_4^{\mathrm{T}}\big).
\end{aligned}$$

利用式 (5.35), 得

$$\det\big(\boldsymbol{B}_{k+1}\big) = -\det\big(\boldsymbol{B}_k\big)\big(\boldsymbol{w}_1^{\mathrm{T}}\boldsymbol{w}_4\big) = \det\big(\boldsymbol{B}_k\big)\frac{\boldsymbol{s}_k^{\mathrm{T}}\boldsymbol{y}_k}{\boldsymbol{s}_k^{\mathrm{T}}\boldsymbol{B}_k\boldsymbol{s}_k}. \tag{5.40}$$

记

$$c_k \triangleq \frac{\boldsymbol{s}_k^{\mathrm{T}}\boldsymbol{B}_k\boldsymbol{s}_k}{\|\boldsymbol{s}_k\|^2},$$

则

$$\frac{\|\boldsymbol{B}_k\boldsymbol{s}_k\|^2}{\boldsymbol{s}_k^{\mathrm{T}}\boldsymbol{B}_k\boldsymbol{s}_k} = \left(\frac{\|\boldsymbol{s}_k\|\|\boldsymbol{B}_k\boldsymbol{s}_k\|}{\boldsymbol{s}_k^{\mathrm{T}}\boldsymbol{B}_k\boldsymbol{s}_k}\right)^2 \frac{\boldsymbol{s}_k^{\mathrm{T}}\boldsymbol{B}_k\boldsymbol{s}_k}{\|\boldsymbol{s}_k\|^2} = \frac{c_k}{\cos^2\theta_k}. \tag{5.41}$$

于是由式 (5.40), 有

$$\det(\boldsymbol{B}_{k+1}) = \det(\boldsymbol{B}_k)\frac{\boldsymbol{s}_k^{\mathrm{T}}\boldsymbol{y}_k}{\|\boldsymbol{s}_k\|^2}\frac{\|\boldsymbol{s}_k\|^2}{\boldsymbol{s}_k^{\mathrm{T}}\boldsymbol{B}_k\boldsymbol{s}_k} = \det(\boldsymbol{B}_k)\frac{a_k}{c_k}. \tag{5.42}$$

关于对称正定矩阵 $\boldsymbol{B}$, 定义函数

$$\varphi(\boldsymbol{B}) = \mathrm{tr}(\boldsymbol{B}) - \ln(\det(\boldsymbol{B})),$$

则有 $\varphi(\boldsymbol{B}) > 0$. 事实上, 设 $0 < \lambda_1 \leqslant \lambda_2 \leqslant \cdots \leqslant \lambda_n$ 为 $\boldsymbol{B}$ 的特征值, 则

$$\begin{aligned}
\varphi(\boldsymbol{B}) &= \mathrm{tr}(\boldsymbol{B}) - \ln(\det(\boldsymbol{B})) \\
&= \sum_{i=1}^{n}\lambda_i - \ln(\lambda_1\lambda_2\cdots\lambda_n) \\
&= \sum_{i=1}^{n}(\lambda_i - \ln\lambda_i) > 0.
\end{aligned}$$

由式 (5.39)、式 (5.41) 和式 (5.42), 得

$$\begin{aligned}
\varphi(\boldsymbol{B}_{k+1}) &= \mathrm{tr}(\boldsymbol{B}_{k+1}) - \ln(\det(\boldsymbol{B}_{k+1})) \\
&= \mathrm{tr}(\boldsymbol{B}_k) - \frac{\|\boldsymbol{B}_k\boldsymbol{s}_k\|^2}{\boldsymbol{s}_k^{\mathrm{T}}\boldsymbol{B}_k\boldsymbol{s}_k} + \frac{\|\boldsymbol{y}_k\|^2}{\boldsymbol{y}_k^{\mathrm{T}}\boldsymbol{s}_k} - \ln\left(\det(\boldsymbol{B}_k)\frac{a_k}{c_k}\right) \\
&= \varphi(\boldsymbol{B}_k) - \frac{c_k}{\cos^2\theta_k} + b_k - \ln a_k + \ln c_k \\
&= \varphi(\boldsymbol{B}_k) + (b_k - \ln a_k - 1) \\
&\quad + \left(1 - \frac{c_k}{\cos^2\theta_k} + \ln\frac{c_k}{\cos^2\theta_k}\right) + \ln\cos^2\theta_k \\
&\leqslant \varphi(\boldsymbol{B}_k) + \nu + \ln\cos^2\theta_k,
\end{aligned}$$

上式的最后一个不等式利用了函数 $\psi(t) = 1 - t + \ln t$ 在区间 $(0, \infty)$ 上的非正性及 $a_k \geqslant m$ 和 $b_k \leqslant \bar{b}$, 且正常数 $\nu \geqslant \bar{b} - \ln m - 1 \geqslant b_k - \ln a_k - 1$. 于是有

$$0 < \varphi(\boldsymbol{B}_{k+1}) \leqslant \varphi(\boldsymbol{B}_0) + \nu(k+1) + \sum_{i=0}^{k}\ln\cos^2\theta_i. \tag{5.43}$$

下面证明数列 $\{\cos\theta_k\} \nrightarrow 0\,(k \to \infty)$. 用反证法. 若结论不成立, 则对上述的常数 $\nu > 0$, 存在 $k_0 > 0$ 使得对所有的 $k \geqslant k_0$, 有

$$\ln\cos^2\theta_k < -2\nu.$$

由式 (5.43), 得

$$\begin{aligned}
0 &< \varphi(\boldsymbol{B}_{k+1}) \\
&\leqslant \varphi(\boldsymbol{B}_0)+\nu(k+1)+\sum_{i=0}^{k_0-1}\ln\cos^2\theta_i+\sum_{i=k_0}^{k}\ln\cos^2\theta_i \\
&\leqslant \varphi(\boldsymbol{B}_0)+\nu(k+1)+\sum_{i=0}^{k_0-1}\ln\cos^2\theta_i+\sum_{i=k_0}^{k}(-2\nu) \\
&= \varphi(\boldsymbol{B}_0)+\sum_{i=0}^{k_0-1}\ln\cos^2\theta_i+\nu(k+1)-2\nu(k-k_0+1) \\
&= \varphi(\boldsymbol{B}_0)+\sum_{i=0}^{k_0-1}\ln\cos^2\theta_i+2\nu k_0-\nu(k+1) \ \rightarrow\ -\infty\ (k\rightarrow\infty),
\end{aligned}$$

矛盾. 这样便存在 $\{\boldsymbol{x}_k\}$ 的无穷子列 $\{\boldsymbol{x}_k\}_{k\in K}$ 和数 $\nu>0$, 使得对所有的 $k\in K$, 有 $\cos\theta_k\geqslant\nu$. 于是类似于定理 2.3 的证明过程, 可以推出 $\{\|\boldsymbol{g}_k\|\}_{k\in K}\rightarrow 0$. 因 $f(\boldsymbol{x})$ 在水平集上是严格凸的, 其稳定点与全局极小点是一致的也是唯一的, 这样便可推得整个序列 $\{\boldsymbol{x}_k\}$ 收敛到 $f(\boldsymbol{x})$ 的全局极小点 $\boldsymbol{x}^*$. 证毕. □

下面给出拟牛顿法 Q-超线性收敛的一个充分必要条件.

定理 5.3 设 $f(\boldsymbol{x})$ 满足假设 5.1, $\{\boldsymbol{B}_k\}$ 是非奇异的矩阵序列. 若迭代公式

$$\boldsymbol{x}_{k+1}=\boldsymbol{x}_k-\boldsymbol{B}_k^{-1}\boldsymbol{g}_k,\quad \boldsymbol{x}_0\in\mathbf{R}^n \tag{5.44}$$

产生的无穷序列 $\{\boldsymbol{x}_k\}$ 收敛于 $f(\boldsymbol{x})$ 的稳定点 $\boldsymbol{x}^*$, 则 $\{\boldsymbol{x}_k\}$ Q-超线性收敛到 $\boldsymbol{x}^*$ 的充分必要条件是

$$\lim_{k\rightarrow\infty}\frac{\|[\boldsymbol{B}_k-\boldsymbol{G}(\boldsymbol{x}^*)]\boldsymbol{d}_k\|}{\|\boldsymbol{d}_k\|}=0, \tag{5.45}$$

式中: $\boldsymbol{d}_k=\boldsymbol{x}_{k+1}-\boldsymbol{x}_k$; $\boldsymbol{G}(\boldsymbol{x}^*)=\nabla^2 f(\boldsymbol{x}^*)$.

证明 设牛顿步为 $\boldsymbol{d}_k^N=-\boldsymbol{G}_k^{-1}\boldsymbol{g}_k$. 首先证明式 (5.45) 等价于

$$\|\boldsymbol{d}_k-\boldsymbol{d}_k^N\|=o(\|\boldsymbol{d}_k\|). \tag{5.46}$$

事实上, 若式 (5.45) 成立, 则

$$\begin{aligned}
\|\boldsymbol{d}_k-\boldsymbol{d}_k^N\| &= \|\boldsymbol{G}_k^{-1}(\boldsymbol{G}_k\boldsymbol{d}_k+\boldsymbol{g}_k)\| \\
&= \|\boldsymbol{G}_k^{-1}(\boldsymbol{G}_k-\boldsymbol{B}_k)\boldsymbol{d}_k\| \leqslant \|\boldsymbol{G}_k^{-1}\|\cdot\|(\boldsymbol{G}_k-\boldsymbol{B}_k)\boldsymbol{d}_k\| \\
&\leqslant C\Big(\|[\boldsymbol{G}_k-\boldsymbol{G}(\boldsymbol{x}^*)]\boldsymbol{d}_k\|+\|[\boldsymbol{G}(\boldsymbol{x}^*)-\boldsymbol{B}_k]\boldsymbol{d}_k\|\Big) \\
&= o(\|\boldsymbol{d}_k\|).
\end{aligned}$$

反之, 若式 (5.46) 成立, 注意到 $\|\boldsymbol{G}_k\|$ 是有界的, 故有

$$\|\boldsymbol{G}_k(\boldsymbol{d}_k - \boldsymbol{d}_k^N)\| = o(\|\boldsymbol{d}_k\|).$$

由 $\boldsymbol{G}_k\boldsymbol{d}_k^N = -\boldsymbol{g}_k = \boldsymbol{B}_k\boldsymbol{d}_k$, 有

$$\|(\boldsymbol{G}_k - \boldsymbol{B}_k)\boldsymbol{d}_k\| = o(\|\boldsymbol{d}_k\|).$$

由上式及 $\boldsymbol{G}(x)$ 的连续性即可推得式 (5.45) 成立.

注意到牛顿法的二阶收敛性结果

$$\|\boldsymbol{x}_k + \boldsymbol{d}_k^N - \boldsymbol{x}^*\| \leqslant C\|\boldsymbol{x}_k - \boldsymbol{x}^*\|^2,$$

于是有

$$\begin{aligned}\|\boldsymbol{d}_k\| - \|\boldsymbol{x}_k - \boldsymbol{x}^*\| &\leqslant \|\boldsymbol{x}_k + \boldsymbol{d}_k - \boldsymbol{x}^*\| \\ &\leqslant \|\boldsymbol{x}_k + \boldsymbol{d}_k^N - \boldsymbol{x}^*\| + \|\boldsymbol{d}_k - \boldsymbol{d}_k^N\| \\ &\leqslant C\|\boldsymbol{x}_k - \boldsymbol{x}^*\|^2 + o(\|\boldsymbol{d}_k\|).\end{aligned}$$

由此可得 $\|\boldsymbol{d}_k\| = O(\|\boldsymbol{x}_k - \boldsymbol{x}^*\|)$, 再代入上式, 得

$$\|\boldsymbol{x}_k + \boldsymbol{d}_k - \boldsymbol{x}^*\| = o(\|\boldsymbol{x}_k - \boldsymbol{x}^*\|).$$

至此已经完成了定理的证明. 证毕. □

最后, 不加证明地列出 BFGS 算法的局部 Q-超线性收敛定理, 其详细的证明过程参见文献 [16].

定理 5.4 设 $f(\boldsymbol{x})$ 满足假设 5.1, $\boldsymbol{x}_0$ 和 $\boldsymbol{B}_0$ 为任意给定的初始点和初始正定对称矩阵. $\{\boldsymbol{x}_k\}$ 是由 BFGS 算法产生的迭代序列且收敛于假设 5.1 (3) 中的 $\boldsymbol{x}^*$. 那么, 若

$$\sum_{k=1}^{\infty} \|\boldsymbol{x}_k - \boldsymbol{x}^*\| < \infty,$$

则 $\{\boldsymbol{x}_k\}$ 局部 Q-超线性收敛于 $\boldsymbol{x}^*$.

习 题 5

1. 设对称矩阵 $\boldsymbol{A}$ 满足 $\|\boldsymbol{A}\|_F \leqslant 1$, 试证明 $\boldsymbol{I} - \boldsymbol{A}$ 为半正定矩阵.

2. 设用 DFP 算法求解问题的过程中, 有

$$\boldsymbol{H}_k = \begin{pmatrix} 3 & 1 \\ 1 & 1 \end{pmatrix}, \ \boldsymbol{s}_k = \begin{pmatrix} 1 \\ 2 \end{pmatrix}, \ \boldsymbol{y}_k = \begin{pmatrix} 1 \\ 1 \end{pmatrix}.$$

计算 $\boldsymbol{H}_{k+1}$.

3. 用 DFP 算法求解 $\min f(\boldsymbol{x}) = x_1^2 + 3x_2^2$, 取初始点和初始矩阵分别为

$$\boldsymbol{x}_0 = \begin{pmatrix} 1 \\ -1 \end{pmatrix}, \ \boldsymbol{H}_0 = \begin{pmatrix} 2 & 1 \\ 1 & 1 \end{pmatrix}.$$

4. 用 BFGS 算法求 $f(\boldsymbol{x}) = x_1^2 + x_1x_2 + x_2^2$ 的极小点, 取初始点 $\boldsymbol{x}_0 = (3, 2)^{\mathrm{T}}$.

5. 分别利用 BFGS 算法和 DFP 算法的 MATLAB 程序求解下列优化问题:

(1) $\min f(\boldsymbol{x}) = x_1^2 + x_2^2 - 3x_1 - x_1x_2 + 3$, 取初始点 $\boldsymbol{x}_0 = (0, 0)^{\mathrm{T}}$;

(2) $\min f(\boldsymbol{x}) = 4(1 - x_1)^2 + 5(x_2 - x_1^2)^2$, 取初始点 $\boldsymbol{x}_0 = (2, 0)^{\mathrm{T}}$.

6. 用 DFP 算法求解问题

$$\min f(\boldsymbol{x}) = x_1^2 - x_1x_2 + x_2^2 + 2x_1 - 4x_2,$$

初始点取为 $\boldsymbol{x}_0 = (2, 2)^{\mathrm{T}}$, 初始矩阵取为 $\boldsymbol{H}_0 = \boldsymbol{I}_2$ (单位阵). 验证算法所生成的两个方向是关于

$$\boldsymbol{H} = \begin{pmatrix} 2 & -1 \\ -1 & 2 \end{pmatrix}$$

共轭的.

7. 分别利用 BFGS 算法和 DFP 算法的 MATLAB 程序求 Powell 奇异函数的极小值:

$$\min f(\boldsymbol{x}) = (x_1 + 10x_2)^2 + 5(x_3 - 10x_4)^2 + (x_2 - 2x_3)^2 + 10(x_1 - x_4)^2.$$

初始点取为 $\boldsymbol{x}_0 = (3, -1, 0, 1)^{\mathrm{T}}$.

8. 设 $\boldsymbol{A}$ 为 n 阶非奇异矩阵，$\boldsymbol{u}, \boldsymbol{v} \in \mathbf{R}^n$, 证明: $\boldsymbol{A} + \boldsymbol{u}\boldsymbol{v}^{\mathrm{T}}$ 可逆当且仅当 $\boldsymbol{I} + \boldsymbol{v}^{\mathrm{T}}\boldsymbol{A}^{-1}\boldsymbol{u}$ 可逆，且

$$(\boldsymbol{A} + \boldsymbol{u}\boldsymbol{v}^{\mathrm{T}})^{-1} = \boldsymbol{A}^{-1} - \boldsymbol{A}^{-1}\boldsymbol{u}(\boldsymbol{I} + \boldsymbol{v}^{\mathrm{T}}\boldsymbol{A}^{-1}\boldsymbol{u})^{-1}\boldsymbol{v}^{\mathrm{T}}\boldsymbol{A}^{-1}.$$

9. 设 BFGS 的 Hesse 矩阵校正公式为

$$\boldsymbol{B}_{k+1} = \boldsymbol{B}_k + \frac{\boldsymbol{y}_k\boldsymbol{y}_k^{\mathrm{T}}}{\boldsymbol{y}_k^{\mathrm{T}}\boldsymbol{s}_k} - \frac{\boldsymbol{B}_k\boldsymbol{s}_k\boldsymbol{s}_k^{\mathrm{T}}\boldsymbol{B}_k}{\boldsymbol{s}_k^{\mathrm{T}}\boldsymbol{B}_k\boldsymbol{s}_k}.$$

$\boldsymbol{H}_k = \boldsymbol{B}_k^{-1}$, $\boldsymbol{H}_{k+1} = \boldsymbol{B}_{k+1}^{-1}$ 且 $\boldsymbol{y}_k^{\mathrm{T}}\boldsymbol{s}_k > 0$, 试用本章第 8 题的求逆公式求 $\boldsymbol{H}_{k+1}$ 的表达式.

10. 设矩阵 $\boldsymbol{S} \in \mathbf{R}^{n\times n}$ 非奇异, $\boldsymbol{A} \in \mathbf{R}^{n\times n}$ 对称. 则

$$\|\boldsymbol{A}\|_F \leqslant \|\boldsymbol{S}\boldsymbol{A}\boldsymbol{S}^{-1} + (\boldsymbol{S}\boldsymbol{A}\boldsymbol{S}^{-1})^{\mathrm{T}}\|_F.$$

11. 设 $\boldsymbol{H}_k$ 为奇异的对称半定矩阵. 试证明矩阵 $\boldsymbol{H}_{k+1}^{\mathrm{DFP}}$ 奇异.

12. 设 $\boldsymbol{H}_k$ 为对称正定矩阵, 且 $\boldsymbol{y}_k^{\mathrm{T}}\boldsymbol{s}_s > 0$. 试证明使 $\boldsymbol{H}_{k+1}^{\mathrm{Broyden}}$ 为秩 1 校正公式的参数 ϕ 不在区间 $[0,1]$ 内.

13. 在 DFP 校正公式

$$\boldsymbol{H}_{k+1} = \boldsymbol{H}_k + \frac{\boldsymbol{s}_k\boldsymbol{s}_k^{\mathrm{T}}}{\boldsymbol{y}_k^{\mathrm{T}}\boldsymbol{s}_k} - \frac{\boldsymbol{H}_k\boldsymbol{y}_k\boldsymbol{y}_k^{\mathrm{T}}\boldsymbol{H}_k}{\boldsymbol{y}_k^{\mathrm{T}}\boldsymbol{H}_k\boldsymbol{y}_k}$$

中, 记

$$\boldsymbol{A}_k = \frac{\boldsymbol{s}_k\boldsymbol{s}_k^{\mathrm{T}}}{\boldsymbol{y}_k^{\mathrm{T}}\boldsymbol{s}_k}, \quad \boldsymbol{B}_k = -\frac{\boldsymbol{H}_k\boldsymbol{y}_k\boldsymbol{y}_k^{\mathrm{T}}\boldsymbol{H}_k}{\boldsymbol{y}_k^{\mathrm{T}}\boldsymbol{H}_k\boldsymbol{y}_k}.$$

假设 $\boldsymbol{H}_1$ 对称正定, $\nabla f(\boldsymbol{x}_k) \neq \boldsymbol{0}$ $(k = 1, 2, \cdots, n)$. 证明: 当 DFP 算法极小二次函数

$$f(\boldsymbol{x}) = \frac{1}{2}\boldsymbol{x}^{\mathrm{T}}\boldsymbol{A}\boldsymbol{x} - \boldsymbol{b}^{\mathrm{T}}\boldsymbol{x}$$

时, 有

$$\sum_{k=1}^{n}\boldsymbol{A}_k = \boldsymbol{A}^{-1}, \quad \sum_{k=1}^{n}\boldsymbol{B}_k = -\boldsymbol{H}_1,$$

式中: $\boldsymbol{A}$ 为对称正定阵.

第 6 章 信赖域方法

本章考虑求解无约束优化问题

$$\min_{\boldsymbol{x}\in\mathbf{R}^n} f(\boldsymbol{x}) \tag{6.1}$$

的信赖域方法. 与线搜索方法一样, 信赖域方法也是优化算法中的一种保证全局收敛的重要方法. 它们的功能都是在优化算法中求出每次迭代的位移, 从而确定新的迭代点. 所不同的是: 线搜索方法是先产生位移方向 (亦称为搜索方向), 然后确定位移的长度 (亦称为搜索步长); 而信赖域方法则是直接确定位移, 产生新的迭代点.

信赖域方法的基本思想是: 首先给定一个所谓的“信赖域半径”作为位移长度的上界, 并以当前迭代点为中心, 以此“上界”为半径“画地为牢”确定一个被称为“信赖域”的闭球区域. 然后, 通过求解这个区域内的“信赖域子问题”(目标函数的二次近似模型) 的最优点来确定“候选位移”. 若候选位移能使目标函数值有充分的下降量, 则接受该候选位移作为新的位移, 并保持或扩大信赖域半径, 继续新的迭代; 否则, 说明二次模型与目标函数的近似度不够理想, 需要缩小信赖域半径, 再通过求解新的信赖域内的子问题得到新的候选位移. 如此重复下去, 直到满足迭代终止条件.

6.1 信赖域方法的基本结构

先看信赖域模型的构成. 设 $\boldsymbol{x}_k$ 是第 k 次迭代点. 记 $f_k = f(\boldsymbol{x}_k)$, $\boldsymbol{g}_k = \nabla f(\boldsymbol{x}_k)$, $\boldsymbol{B}_k$ 是 Hesse 阵 $\nabla^2 f(\boldsymbol{x}_k)$ 的第 k 次近似. 信赖域模型的目标函数一般取为

$$q_k(\boldsymbol{d}) = f_k + \boldsymbol{g}_k^{\mathrm{T}}\boldsymbol{d} + \frac{1}{2}\boldsymbol{d}^{\mathrm{T}}\boldsymbol{B}_k\boldsymbol{d},$$

则显然有 $q_k(\boldsymbol{0}) = f_k$. 于是, 第 k 次迭代步的信赖域子问题具有如下形式:

$$\min\left\{q_k(\boldsymbol{d}) \,|\, \boldsymbol{d}\in\mathbf{R}^n,\ \|\boldsymbol{d}\| \leqslant \Delta_k\right\}, \tag{6.2}$$

式中: Δ_k 为信赖域半径; $\|\cdot\|$ 为任一种向量范数, 通常取 2-范数或 ∞-范数.

设子问题 (6.2) 的最优解为 $\boldsymbol{d}_k$, 定义 Δf_k 为 f 在第 k 步的实际下降量:

$$\Delta f_k = f_k - f(\boldsymbol{x}_k + \boldsymbol{d}_k),$$

Δq_k 为对应的预测下降量:

$$\Delta q_k = q_k(\boldsymbol{0}) - q_k(\boldsymbol{d}_k).$$

再定义它们的比值为

$$r_k = \frac{\Delta f_k}{\Delta q_k}. \tag{6.3}$$

一般地, 有 $\Delta q_k > 0$. 因此, 若 $r_k < 0$, 则 $\Delta f_k < 0$, $\boldsymbol{x}_k + \boldsymbol{d}_k$ 不能作为下一个迭代点, 需要缩小信赖域半径重新求解子问题. 若 r_k 比较接近 1, 说明二次模型与目标函数在信赖域范围内有很好的近似, 此时 $\boldsymbol{x}_{k+1} := \boldsymbol{x}_k + \boldsymbol{d}_k$ 可以作为新的迭代点, 同时下一次迭代时可以增大信赖域半径. 对于其他情况, 信赖域半径可以保持不变.

下面给出求解无约束优化问题信赖域方法的一般框架.

算法 6.1 (信赖域方法)

步骤 0, 选取初始参数 $0 \leqslant \eta_1 < \eta_2 < 1$, $0 < \tau_1 < 1 < \tau_2$, $0 \leqslant \varepsilon \ll 1$, 初始点 $\boldsymbol{x}_0 \in \mathbf{R}^n$. 取定 $\tilde{\Delta} > 0$ 为信赖域半径的上限, 初始信赖域半径 $\Delta_0 \in (0, \tilde{\Delta}]$. 令 $k := 0$.

步骤 1, 计算 $\boldsymbol{g}_k = \nabla f(\boldsymbol{x}_k)$. 若 $\|\boldsymbol{g}_k\| \leqslant \varepsilon$, 停算, 输出 x^* 作为近似极小点.

步骤 2, 求解子问题 (6.2) 的解 $\boldsymbol{d}_k$.

步骤 3, 按式 (6.3) 计算 r_k 的值.

步骤 4, 校正信赖域半径.

$$\Delta_{k+1} := \begin{cases} \tau_1 \Delta_k, & r_k \leqslant \eta_1, \\ \Delta_k, & \eta_1 < r_k < \eta_2, \\ \min\{\tau_2 \Delta_k, \tilde{\Delta}\}, & r_k \geqslant \eta_2,\ \|\boldsymbol{d}_k\| = \Delta_k. \end{cases} \tag{6.4}$$

步骤 5, 若 $r_k > \eta_1$, 则令 $\boldsymbol{x}_{k+1} := \boldsymbol{x}_k + \boldsymbol{d}_k$, 更新矩阵 $\boldsymbol{B}_k$ 到 $\boldsymbol{B}_{k+1}$, 令 $k := k+1$, 转步骤 1; 否则, $\boldsymbol{x}_{k+1} := \boldsymbol{x}_k$, 令 $k := k+1$, 转步骤 2.

注 在算法 6.1 中, 一组推荐的参数值为

$$\eta_1 = 0.05, \quad \eta_2 = 0.75, \quad \tau_1 = 0.5, \quad \tau_2 = 2.0, \quad \Delta_0 = 1 \text{ 或 } \Delta_0 = \frac{1}{10}\|\boldsymbol{g}(\boldsymbol{x}_0)\|.$$

在实际计算中, 可以对上述参数进行调整, 以达到最佳计算效果.

由于子问题 (6.2) 的可行域是有界闭集, 因此, 算法 6.1 中步骤 2 的 $\boldsymbol{d}_k$ 存在, 即子问题 (6.2) 是可解的. 下面的定理说明 $\boldsymbol{x}_k$ 不是问题 (6.1) 的稳定点, 则预估下降量 $\Delta q_k > 0$. 因此, 算法 6.1 是适定的.

定理 6.1 设 $\boldsymbol{d}_k$ 是子问题 (6.2) 的解. 若 $\boldsymbol{g}_k = \nabla f(\boldsymbol{x}_k) \neq \mathbf{0}$, 则

$$\Delta q_k = q_k(\mathbf{0}) - q_k(\boldsymbol{d}_k) > 0.$$

证明 易知 $\mathbf{0}$ 是子问题 (6.2) 的可行点, 因此, $q_k(\boldsymbol{d}_k) \leqslant q_k(\mathbf{0})$, 即 $\Delta q_k \geqslant 0$. 下面只需证明 $\Delta q_k \neq 0$. 如若不然, $\Delta q_k = q_k(\mathbf{0}) - q_k(\boldsymbol{d}_k) = 0$, 则 $q_k(\boldsymbol{d}_k) = q_k(\mathbf{0})$. 故 $\mathbf{0}$ 是子问题 (6.2) 的最优解. 但 $\mathbf{0}$ 是可行域的内点, 故有 $\nabla q_k(\mathbf{0}) = \mathbf{0}$, 即 $\nabla f(\boldsymbol{x}_k) = \mathbf{0}$, 这与定理的假设矛盾. 证毕. □

利用定理 6.1 可以证明由算法 6.1 产生的序列 $\{f(\boldsymbol{x}_k)\}$ 是单调非增的. 于是有如下推论.

推论 6.1 设 $\{\boldsymbol{x}_k\}$ 是由算法 6.1 产生的迭代序列, 则序列 $\{f(\boldsymbol{x}_k)\}$ 是单调非增的.

证明 由算法结构可知, 对任意 $k \geqslant 0$, 若 $r_k \leqslant \eta_1$, 则 $\boldsymbol{x}_{k+1} := \boldsymbol{x}_k$, 此时有 $f(\boldsymbol{x}_{k+1}) = f(\boldsymbol{x}_k)$. 若 $r_k > \eta_1$, 由定理 6.1 以及 r_k 的定义可知

$$f(\boldsymbol{x}_k) - f(\boldsymbol{x}_{k+1}) = f(\boldsymbol{x}_k) - f(\boldsymbol{x}_k + \boldsymbol{d}_k) = r_k \Delta q_k > 0,$$

即 $f(\boldsymbol{x}_{k+1}) < f(\boldsymbol{x}_k)$. 证毕. □

6.2 信赖域方法的收敛性

为了分析信赖域方法的收敛性, 首先在迭代点 $\boldsymbol{x}_k$ 处, 引入所谓的"柯西点"(Cauchy point) $\boldsymbol{d}_k^c$ 的定义:

$$\boldsymbol{d}_k^c = -\tau_k \frac{\Delta_k}{\|\boldsymbol{g}_k\|} \boldsymbol{g}_k, \tag{6.5}$$

式中

$$\tau_k = \begin{cases} 1, & \boldsymbol{g}_k^{\mathrm{T}} \boldsymbol{B}_k \boldsymbol{g}_k \leqslant 0, \\ \min\left\{\dfrac{\|\boldsymbol{g}_k\|^3}{\Delta_k \boldsymbol{g}_k^{\mathrm{T}} \boldsymbol{B}_k \boldsymbol{g}_k}, 1\right\}, & \boldsymbol{g}_k^{\mathrm{T}} \boldsymbol{B}_k \boldsymbol{g}_k > 0. \end{cases} \tag{6.6}$$

容易证明

$$\|\boldsymbol{d}_k^c\| = \tau_k \Delta_k \leqslant \Delta_k,$$

即柯西点是可行点, 且平行于 $f(\boldsymbol{x})$ 在 $\boldsymbol{x}_k$ 处的负梯度方向 (最速下降方向). 下面的引理说明柯西点 $\boldsymbol{d}_k^c$ 可以带来二次模型一定量的下降.

引理 6.1 由式 (6.5) 定义的柯西点 $\boldsymbol{d}_k^c$ 满足

$$q_k(\mathbf{0}) - q_k(\boldsymbol{d}_k^c) \geqslant \frac{1}{2}\|\boldsymbol{g}_k\| \min\left\{\Delta_k, \frac{\|\boldsymbol{g}_k\|}{\|\boldsymbol{B}_k\|}\right\}. \tag{6.7}$$

证明 (1) 若 $\boldsymbol{g}_k^{\mathrm{T}} \boldsymbol{B}_k \boldsymbol{g}_k \leqslant 0$, 则由式 (6.5) 和式 (6.6), 有 $\boldsymbol{d}_k^c = -\dfrac{\Delta_k}{\|\boldsymbol{g}_k\|}\boldsymbol{g}_k$. 此时有

$$\begin{aligned} q_k(\mathbf{0}) - q_k(\boldsymbol{d}_k^c) &= f_k - q_k\Big(-\frac{\Delta_k}{\|\boldsymbol{g}_k\|}\boldsymbol{g}_k\Big) \\ &= -\boldsymbol{g}_k^{\mathrm{T}}\Big(-\frac{\Delta_k}{\|\boldsymbol{g}_k\|}\boldsymbol{g}_k\Big) - \frac{1}{2}\Big(-\frac{\Delta_k}{\|\boldsymbol{g}_k\|}\boldsymbol{g}_k\Big)^{\mathrm{T}} \boldsymbol{B}_k \Big(-\frac{\Delta_k}{\|\boldsymbol{g}_k\|}\boldsymbol{g}_k\Big) \\ &= \frac{\Delta_k}{\|\boldsymbol{g}_k\|}\|\boldsymbol{g}_k\|^2 - \frac{1}{2}\frac{\Delta_k^2}{\|\boldsymbol{g}_k\|^2}\boldsymbol{g}_k^{\mathrm{T}}\boldsymbol{B}_k\boldsymbol{g}_k \\ &\geqslant \frac{\Delta_k}{\|\boldsymbol{g}_k\|}\|\boldsymbol{g}_k\|^2 = \Delta_k\|\boldsymbol{g}_k\| \quad (\text{注意到 } -\boldsymbol{g}_k^{\mathrm{T}}\boldsymbol{B}_k\boldsymbol{g}_k \geqslant 0) \end{aligned}$$

$$\geqslant \frac{1}{2}\|\boldsymbol{g}_k\|\min\left\{\Delta_k, \frac{\|\boldsymbol{g}_k\|}{\|\boldsymbol{B}_k\|}\right\}.$$

(2) 若 $\boldsymbol{g}_k^{\mathrm{T}}\boldsymbol{B}_k\boldsymbol{g}_k > 0$ 且 $\dfrac{\|\boldsymbol{g}_k\|^3}{\Delta_k\boldsymbol{g}_k^{\mathrm{T}}\boldsymbol{B}_k\boldsymbol{g}_k} \leqslant 1$, 则 $\boldsymbol{d}_k^c = -\dfrac{\|\boldsymbol{g}_k\|^2}{\boldsymbol{g}_k^{\mathrm{T}}\boldsymbol{B}_k\boldsymbol{g}_k}\boldsymbol{g}_k$, 从而有

$$\begin{aligned}
q_k(\mathbf{0}) - q_k(\boldsymbol{d}_k^c) &= f_k - q_k\Big(-\frac{\|\boldsymbol{g}_k\|^2}{\boldsymbol{g}_k^{\mathrm{T}}\boldsymbol{B}_k\boldsymbol{g}_k}\boldsymbol{g}_k\Big) \\
&= -\boldsymbol{g}_k^{\mathrm{T}}\Big(-\frac{\|\boldsymbol{g}_k\|^2}{\boldsymbol{g}_k^{\mathrm{T}}\boldsymbol{B}_k\boldsymbol{g}_k}\boldsymbol{g}_k\Big) - \frac{1}{2}\Big(-\frac{\|\boldsymbol{g}_k\|^2}{\boldsymbol{g}_k^{\mathrm{T}}\boldsymbol{B}_k\boldsymbol{g}_k}\boldsymbol{g}_k\Big)^{\mathrm{T}}\boldsymbol{B}_k\Big(-\frac{\|\boldsymbol{g}_k\|^2}{\boldsymbol{g}_k^{\mathrm{T}}\boldsymbol{B}_k\boldsymbol{g}_k}\boldsymbol{g}_k\Big) \\
&= \frac{1}{2}\frac{\|\boldsymbol{g}_k\|^4}{\boldsymbol{g}_k^{\mathrm{T}}\boldsymbol{B}_k\boldsymbol{g}_k} \geqslant \frac{1}{2}\frac{\|\boldsymbol{g}_k\|^2}{\|\boldsymbol{B}_k\|} \geqslant \frac{1}{2}\|\boldsymbol{g}_k\|\min\left\{\Delta_k, \frac{\|\boldsymbol{g}_k\|}{\|\boldsymbol{B}_k\|}\right\}.
\end{aligned}$$

若 $\boldsymbol{g}_k^{\mathrm{T}}\boldsymbol{B}_k\boldsymbol{g}_k > 0$ 且 $\dfrac{\|\boldsymbol{g}_k\|^3}{\Delta_k\boldsymbol{g}_k^{\mathrm{T}}\boldsymbol{B}_k\boldsymbol{g}_k} > 1$, 则 $\boldsymbol{d}_k^c = -\dfrac{\Delta_k}{\|\boldsymbol{g}_k\|}\boldsymbol{g}_k$ 及 $\|\boldsymbol{g}_k\|^3 > \Delta_k\boldsymbol{g}_k^{\mathrm{T}}\boldsymbol{B}_k\boldsymbol{g}_k$, 且有

$$\begin{aligned}
q_k(\mathbf{0}) - q_k(\boldsymbol{d}_k^c) &= f_k - q_k\Big(-\frac{\Delta_k}{\|\boldsymbol{g}_k\|}\boldsymbol{g}_k\Big) \\
&= -\boldsymbol{g}_k^{\mathrm{T}}\Big(-\frac{\Delta_k}{\|\boldsymbol{g}_k\|}\boldsymbol{g}_k\Big) - \frac{1}{2}\Big(-\frac{\Delta_k}{\|\boldsymbol{g}_k\|}\boldsymbol{g}_k\Big)^{\mathrm{T}}\boldsymbol{B}_k\Big(-\frac{\Delta_k}{\|\boldsymbol{g}_k\|}\boldsymbol{g}_k\Big) \\
&= \frac{\Delta_k}{\|\boldsymbol{g}_k\|}\|\boldsymbol{g}_k\|^2 - \frac{1}{2}\frac{\Delta_k^2}{\|\boldsymbol{g}_k\|^2}\boldsymbol{g}_k^{\mathrm{T}}\boldsymbol{B}_k\boldsymbol{g}_k \\
&> \frac{1}{2}\Delta_k\|\boldsymbol{g}_k\| \geqslant \frac{1}{2}\|\boldsymbol{g}_k\|\min\left\{\Delta_k, \frac{\|\boldsymbol{g}_k\|}{\|\boldsymbol{B}_k\|}\right\}.
\end{aligned}$$

这表明在各种情况下, 式 (6.7) 都成立. 证毕. □

推论 6.2 设 $\boldsymbol{d}_k$ 是信赖域子问题 (6.2) 的解, 则有

$$q_k(\mathbf{0}) - q_k(\boldsymbol{d}_k) \geqslant \frac{1}{2}\|\boldsymbol{g}_k\|\min\left\{\Delta_k, \frac{\|\boldsymbol{g}_k\|}{\|\boldsymbol{B}_k\|}\right\}. \tag{6.8}$$

证明 由于 $q_k(\boldsymbol{d}_k) \leqslant q_k(\boldsymbol{d}_k^c)$, 由引理 6.1 立即可得结论. 证毕. □

下面给出算法 6.1 的全局收敛性定理.

定理 6.2 假设在算法 6.1 中取 $\varepsilon = 0$, 函数 $f(\boldsymbol{x})$ 有下界, 且对任意的 $\boldsymbol{x}_0 \in \mathbf{R}^n$, f 在水平集 $\mathcal{L}(\boldsymbol{x}_0) = \{\boldsymbol{x} \in \mathbf{R}^n | f(\boldsymbol{x}) \leqslant f(\boldsymbol{x}_0)\}$ 上连续可微. 又设 $\boldsymbol{d}_k$ 是子问题 (6.2) 的解, 且矩阵序列 $\{\boldsymbol{B}_k\}$ 一致有界, 即存在常数 $M > 0$, 使对任意的 k 满足 $\|\boldsymbol{B}_k\| \leqslant M$. 那么若 $\boldsymbol{g}_k \neq \mathbf{0}$, 则必有

$$\liminf_{k\to\infty}\|\boldsymbol{g}_k\| = 0.$$

证明 不失一般性, 设 $\boldsymbol{g}_k \neq \boldsymbol{0}$, 则由 r_k 的定义, 有

$$\begin{aligned}|r_k - 1| &= \left|\frac{[f_k - f(\boldsymbol{x}_k + \boldsymbol{d}_k)] - [q_k(\boldsymbol{0}) - q_k(\boldsymbol{d}_k)]}{q_k(\boldsymbol{0}) - q_k(\boldsymbol{d}_k)}\right| \\ &= \left|\frac{f(\boldsymbol{x}_k + \boldsymbol{d}_k) - q_k(\boldsymbol{d}_k)}{q_k(\boldsymbol{0}) - q_k(\boldsymbol{d}_k)}\right|.\end{aligned} \tag{6.9}$$

注意到由泰勒公式, 有

$$f(\boldsymbol{x}_k + \boldsymbol{d}_k) = f_k + \boldsymbol{g}_k^{\mathrm{T}}\boldsymbol{d}_k + \int_0^1 \boldsymbol{d}_k^{\mathrm{T}}[\boldsymbol{g}(\boldsymbol{x}_k + t\boldsymbol{d}_k) - \boldsymbol{g}_k]\mathrm{d}t.$$

因此, 当 $\Delta_k > 0$ 充分小时, 得

$$\begin{aligned}|f(\boldsymbol{x}_k + \boldsymbol{d}_k) - q_k(\boldsymbol{d}_k)| &= \left|\frac{1}{2}\boldsymbol{d}_k^{\mathrm{T}}B_k\boldsymbol{d}_k - \int_0^1 \boldsymbol{d}_k^{\mathrm{T}}[\boldsymbol{g}(\boldsymbol{x}_k + t\boldsymbol{d}_k) - \boldsymbol{g}_k]\mathrm{d}t\right| \\ &\leqslant \frac{1}{2}M\|\boldsymbol{d}_k\|^2 + o(\|\boldsymbol{d}_k\|).\end{aligned} \tag{6.10}$$

以下用反证法证明定理的结论. 设存在 $\varepsilon_0 > 0$ 使得 $\|\boldsymbol{g}_k\| \geqslant \varepsilon_0$. 于是由式 (6.8) ~ 式 (6.10), 得

$$|r_k - 1| \leqslant \frac{\frac{1}{2}M\|\boldsymbol{d}_k\|^2 + o(\|\boldsymbol{d}_k\|)}{\frac{1}{2}\|\boldsymbol{g}_k\|\min\left\{\Delta_k,\ \frac{\|\boldsymbol{g}_k\|}{\|\boldsymbol{B}_k\|}\right\}} \leqslant \frac{M\Delta_k^2 + o(\Delta_k)}{\varepsilon_0\min\left\{\Delta_k,\ \frac{\varepsilon_0}{M}\right\}} = O(\Delta_k).$$

上式表明, 存在充分小的 $\bar{\Delta} > 0$, 使得对任意满足 $\Delta_k \leqslant \bar{\Delta}$ 的 k, 都有

$$|r_k - 1| \leqslant 1 - \eta_2,$$

即 $r_k \geqslant \eta_2$. 根据算法 6.1 有 $\Delta_{k+1} \geqslant \Delta_k$. 故存在正整数 k_0 和常数 $\gamma > 0$, 对任意满足 $\Delta_k \leqslant \bar{\Delta}$ 的 $k \geqslant k_0$, 有

$$\Delta_k \geqslant \gamma\bar{\Delta}. \tag{6.11}$$

另外, 假定存在无穷多个 k 满足 $r_k \geqslant \eta_1$, 则由 r_k 的定义和式 (6.8), 对任意的 $k \geqslant k_0$, 有

$$f_k - f_{k+1} \geqslant \eta_1[q_k(\boldsymbol{0}) - q_k(\boldsymbol{d}_k)] \geqslant \frac{\eta_1}{2}\varepsilon_0\min\left\{\Delta_k, \frac{\varepsilon_0}{M}\right\}.$$

因 $f(\boldsymbol{x})$ 有下界, 上式意味着 $\Delta_k \to 0\,(k \to \infty)$, 这与式 (6.11) 矛盾.

再假定对于充分大的 k, 都有 $r_k < \eta_1$ 成立. 此时 Δ_k 将以 $\tau_1(<1)$ 的比例收缩, 同样有 $\Delta_k \to 0\,(k \to \infty)$, 也与式 (6.11) 矛盾. 因此前面的假设 $\|\boldsymbol{g}_k\| \geqslant \varepsilon_0$ 不成立, 从而定理的结论成立. 证毕. □

6.3 信赖域子问题的求解

信赖域方法中子问题的求解是算法实现的关键. 信赖域子问题 (6.2) 是一个目标函数为二次函数的约束优化问题. 已经建立了求解该子问题的很多数值方法, 如折线法、截断共轭梯度法以及特征值分解法等 [2–4]. 本书介绍求解信赖域子问题的一种新方法.

首先引述下面的定理.

定理 6.3 $\boldsymbol{d}$ 是子问题

$$\begin{cases} \min\ \ q_k(\boldsymbol{d}) = f_k + \boldsymbol{g}_k^{\mathrm{T}}\boldsymbol{d} + \dfrac{1}{2}\boldsymbol{d}^{\mathrm{T}}\boldsymbol{B}_k\boldsymbol{d}, \\ \text{s.t.}\ \ \|\boldsymbol{d}\|_2 \leqslant \Delta_k \end{cases} \tag{6.12}$$

的解, 当且仅当

$$\begin{cases} (\boldsymbol{B}_k + \lambda\boldsymbol{I})\boldsymbol{d} + \boldsymbol{g}_k = \boldsymbol{0}, \\ \lambda \geqslant 0,\quad \Delta_k^2 - \|\boldsymbol{d}\|_2^2 \geqslant 0,\quad \lambda(\Delta_k^2 - \|\boldsymbol{d}\|_2^2) = 0, \end{cases} \tag{6.13}$$

而且 $\boldsymbol{B}_k + \lambda\boldsymbol{I}$ 是半定矩阵.

定义一个函数 $\varphi: \mathbf{R}_+ \times \mathbf{R}^2 \to \mathbf{R}$ 为

$$\varphi(\mu, a, b) := a + b - \sqrt{(a-b)^2 + 4\mu^2}. \tag{6.14}$$

不难推出该函数具有如下性质:

$$\varphi(0, a, b) = 0 \iff a \geqslant 0,\quad b \geqslant 0,\quad ab = 0.$$

令 $\boldsymbol{z} = (\mu, \lambda, \boldsymbol{d}) \in \mathbf{R}_+ \times \mathbf{R}_+ \times \mathbf{R}^n$. 于是, 问题 (6.13) 等价于

$$\boldsymbol{H}(\boldsymbol{z}) := \boldsymbol{H}(\mu, \lambda, \boldsymbol{d}) = \begin{pmatrix} \mu \\ \varphi\big(\mu, \lambda, \Delta_k^2 - \|\boldsymbol{d}\|_2^2\big) \\ (\boldsymbol{B}_k + \lambda\boldsymbol{I})\boldsymbol{d} + \boldsymbol{g}_k \end{pmatrix} = \boldsymbol{0}, \tag{6.15}$$

式中

$$\varphi(\mu, \lambda, \Delta_k^2 - \|\boldsymbol{d}\|_2^2) = \lambda - \|\boldsymbol{d}\|_2^2 + \Delta_k^2 - \sqrt{(\lambda + \|\boldsymbol{d}\|_2^2 - \Delta_k^2)^2 + 4\mu^2}. \tag{6.16}$$

不难证明, 当 $\mu > 0$ 时, 由式 (6.16) 定义的函数 φ 是连续可微的, 且有

$$\varphi_\mu'(\mu, \lambda, \Delta_k^2 - \|\boldsymbol{d}\|_2^2) \ = \ -\frac{4\mu}{\sqrt{(\lambda + \|\boldsymbol{d}\|_2^2 - \Delta_k^2)^2 + 4\mu^2}},$$

$$\varphi'_\lambda(\mu,\lambda,\Delta_k^2-\|\boldsymbol{d}\|_2^2) \;=\; 1-\frac{\lambda+\|\boldsymbol{d}\|_2^2-\Delta_k^2}{\sqrt{(\lambda+\|\boldsymbol{d}\|_2^2-\Delta_k^2)^2+4\mu^2}}:=1-\vartheta_k,$$

$$\varphi'_{\boldsymbol{d}}(\mu,\lambda,\Delta_k^2-\|\boldsymbol{d}\|_2^2) \;=\; -2\boldsymbol{d}^{\mathrm{T}}\Big(1+\frac{\lambda+\|\boldsymbol{d}\|_2^2-\Delta_k^2}{\sqrt{(\lambda+\|\boldsymbol{d}\|_2^2-\Delta_k^2)^2+4\mu^2}}\Big):=-2(1+\vartheta_k)\boldsymbol{d}^{\mathrm{T}}.$$

故当 $\mu>0$ 时, $\boldsymbol{H}(\cdot)$ 是连续可微的, 且其 Jacobi 矩阵为

$$\boldsymbol{H}'(\boldsymbol{z})=\begin{pmatrix} 1 & 0 & \boldsymbol{0} \\ \varphi'_\mu & \varphi'_\lambda & -2(1+\vartheta_k)\boldsymbol{d}^{\mathrm{T}} \\ \boldsymbol{0} & \boldsymbol{d} & \boldsymbol{B}_k+\lambda\boldsymbol{I} \end{pmatrix}. \tag{6.17}$$

不难证明, 若 $\boldsymbol{B}_k$ 对称正定, 则对任意的 $\boldsymbol{z}=(\mu,\lambda,\boldsymbol{d})\in\mathbf{R}_{++}\times\mathbf{R}_+\times\mathbf{R}^n$, Jacobi 矩阵 $\boldsymbol{H}'(\boldsymbol{z})$ 是非奇异的.

给定参数 $\gamma\in(0,1)$, 定义非负函数

$$\psi(\boldsymbol{z})=\gamma\|\boldsymbol{H}(\boldsymbol{z})\|\min\{1,\|\boldsymbol{H}(\boldsymbol{z})\|\}. \tag{6.18}$$

算法 6.2 (**求解子问题的光滑牛顿法**)

步骤 0, 选取参数 $\beta,\ \sigma\in(0,1)$, $\mu_0>0$, $\lambda_0\geqslant 0$, 初始方向 $\boldsymbol{d}_0\in\mathbf{R}^n$, 令 $\boldsymbol{z}_0:=(\mu_0,\lambda_0,\boldsymbol{d}_0)$, $\bar{\boldsymbol{z}}:=(\mu_0,0,\boldsymbol{0})$. 选取 $\gamma\in(0,1)$ 使 $\gamma\mu_0<1$ 及 $\gamma\|\boldsymbol{H}(\boldsymbol{z}_0)\|<1$. 令 $i:=0$.

步骤 1, 如果 $\|\boldsymbol{H}(\boldsymbol{z}_i)\|=0$, 算法终止; 否则, 计算 $\psi_i=\psi(\boldsymbol{z}_i)$.

步骤 2, 求解下列方程组

$$\boldsymbol{H}(\boldsymbol{z}_i)+\boldsymbol{H}'(\boldsymbol{z}_i)\Delta\boldsymbol{z}_i=\psi_i\bar{\boldsymbol{z}}, \tag{6.19}$$

得解 $\Delta\boldsymbol{z}_i=(\Delta\mu_i,\Delta\lambda_i,\Delta\boldsymbol{d}_i)$.

步骤 3, 设 m_i 为满足下面不等式的最小非负整数:

$$\|\boldsymbol{H}(\boldsymbol{z}_i+\beta^m\Delta\boldsymbol{z}_i)\|\leqslant[1-\sigma(1-\gamma\mu_0)\beta^m]\|\boldsymbol{H}(\boldsymbol{z}_i)\|. \tag{6.20}$$

令 $\alpha_i:=\beta^{m_i}$, $\boldsymbol{z}_{i+1}:=\boldsymbol{z}_i+\alpha_i\Delta\boldsymbol{z}_i$.

步骤 4, 令 $i:=i+1$, 转步骤 1.

算法 6.2 的适定性及收敛性定理的证明类似于文献 [1], 此处省略不证.

下面给出算法 6.2 的 MATLAB 程序.

程序 6.1 利用光滑牛顿法求解信赖域子问题, 一般适用于 (近似) Hesse 阵正定的情形.

```
function [d,val,lam,i]=trustq(fk,gk,Bk,deltak)
%功能：求解信赖域子问题：
%       min qk(d)=fk+gk'*d+0.5*d'*Bk*d, s.t.||d||<=delta
%输入：fk是xk处的目标函数值，gk是xk处的梯度，
%      Bk是第k次近似Hesse阵，delta是当前信赖域半径
%输出：d,val分别是子问题的最优点和最优值，lam是乘子值，i是迭代次数
n=length(gk);  beta=0.6;  sigma=0.2;
mu0=0.05;  lam0=0.05;  gamma=0.05;
d0=ones(n,1);  z0=[mu0,lam0,d0']';
zbar=[mu0,zeros(1,n+1)]';
i=0;   %i为迭代次数
z=z0; mu=mu0; lam=lam0; d=d0;
while (i<=150)
    H=dah(mu,lam,d,gk,Bk,deltak);
    if(norm(H)<=1.e-8)
        break;
    end
    J=JacobiH(mu,lam,d,Bk,deltak);
    b=psi(mu,lam,d,gk,Bk,deltak,gamma)*zbar-H;
    dz=J\b;
    dmu=dz(1); dlam=dz(2); dd=dz(3:n+2);
    m=0;  mi=0;
    while (m<20)
        t1=beta^m;
        Hnew=dah(mu+t1*dmu,lam+t1*dlam,d+t1*dd,gk,Bk,deltak);
        if(norm(Hnew)<=(1-sigma*(1-gamma*mu0)*beta^m)*norm(H))
            mi=m; break;
        end
        m=m+1;
    end
    alpha=beta^mi;
    mu=mu+alpha*dmu;
    lam=lam+alpha*dlam;
    d=d+alpha*dd;
```

```
    i=i+1;
end
val=fk+gk'*d+0.5*d'*Bk*d;
%==============式 (6.14)====================%
function p=phi(mu,a,b)
p=a+b-sqrt((a-b)^2+4*mu^2);
%==============式 (6.15)====================%
function H=dah(mu,lam,d,gk,Bk,deltak)
n=length(d);
H=zeros(n+2,1);
H(1)=mu;
H(2)=phi(mu,lam,deltak^2-norm(d)^2);
H(3:n+2)=(Bk+lam*eye(n))*d+gk;
%==============式 (6.17)====================%
function J=JacobiH(mu,lam,d,Bk,deltak)
n=length(d);
J=zeros(n+2,n+2);
t2=sqrt((lam+norm(d)^2-deltak^2)^2+4*mu^2);
pmu=-4*mu/t2;
thetak=(lam+norm(d)^2-deltak^2)/t2;
J=[1,              0,             zeros(1,n);
   pmu,         1-thetak,   -2*(1+thetak)*d';
   zeros(n,1),     d,          Bk+lam*eye(n)];
%==============式 (6.18)====================%
function si=psi(mu,lam,d,gk,Bk,deltak,gamma)
H=dah(mu,lam,d,gk,Bk,deltak);
si=gamma*norm(H)*min(1,norm(H));
```

下面利用程序 6.1 求解一个信赖域子问题.

例 6.1 求下面信赖域子问题的最优解

$$\min_{\|\boldsymbol{d}\|_2\leqslant\Delta_k} q_k(\boldsymbol{d})=-5+\boldsymbol{g}_k^{\mathrm{T}}\boldsymbol{d}+\frac{1}{2}\boldsymbol{d}^{\mathrm{T}}\boldsymbol{B}_k\boldsymbol{d},$$

式中

$$\boldsymbol{g}_k=\begin{pmatrix}400\\-200\end{pmatrix},\quad \boldsymbol{B}_k=\begin{pmatrix}1202 & -400\\-400 & 200\end{pmatrix},\quad \Delta_k=5.$$

解 在 MATLAB 命令窗口输入如下命令:

```
>> fk=-5; gk=[400 -200]';
>> Bk=[1202 -400; -400 200];
>> deltak=5;
>> [d,val,lam,i]=trustq(fk,gk,Bk,deltak)
```

得

```
d =
  -0.0000
   1.0000
val =
  -105
lam =
   5.9880e-016
i =
   5
```

即迭代 5 次得到子问题的最优解 $\boldsymbol{d}^* = (0,1)^{\mathrm{T}}$ 和最优值 $q_k(\boldsymbol{d}^*) = -105$.

6.4 信赖域方法的 MATLAB 实现

本节给出一个牛顿型信赖域方法的 MATLAB 程序, 在某种意义上该程序是通用的. 所谓牛顿型信赖域方法, 是指信赖域子问题中的矩阵 $\boldsymbol{B}_k$ 取为目标函数的 Hesse 阵 $\boldsymbol{G}_k = \nabla^2 f(\boldsymbol{x}_k)$.

程序 6.2 (**牛顿型信赖域方法的 MATLAB 程序**)

```
function [k,x,val]=trustm(x0,epsilon)
%功能: 牛顿型信赖域方法求解无约束优化问题: min f(x)
%输入: x0是初始迭代点, epsilon是容许误差
%输出: k是迭代次数, x, val分别是近似极小点和近似极小值
n=length(x0);  eta1=0.1;  eta2=0.75;
tau1=0.5;  tau2=2.0;
delta=1;  dtabar=2.0;
x=x0;  Bk=Hess(x);  k=0;
while(k<50)
```

```
    fk=fun(x);
    gk=gfun(x);
    if(norm(gk)<epsilon)
       break;
    end
    %调用子程序trustq
    [d,val,lam,i]=trustq(fk,gk,Bk,delta);
    deltaq=fk-val;
    deltaf=fun(x)-fun(x+d);
    rk=deltaf/deltaq;
    if(rk<=eta1)
       delta=tau1*delta;
    else if (rk>=eta2 & norm(d)==delta)
           delta=min(tau2*delta,dtabar);
       else
           delta=delta;
       end
    end
    if(rk>eta1)
      x=x+d;
      Bk=Hess(x);
    end
    k=k+1;
end
val=fun(x);
```

例 6.2 利用牛顿型信赖域方法 (程序 6.2) 求解无约束优化问题

$$\min_{\boldsymbol{x}\in\mathbf{R}^2} f(\boldsymbol{x}) = 100(x_1^2 - x_2)^2 + (x_1 - 1)^2. \tag{6.21}$$

该问题有精确解 $\boldsymbol{x}^* = (1,1)^{\mathrm{T}}$, $f(\boldsymbol{x}^*) = 0$.

解 首先, 编写好目标函数及其梯度和 Hesse 阵的三个 m 文件 fun.m 、gfun.m 和 Hess.m :

```
%目标函数
function f=fun(x)
```

```
f=100*(x(1)^2-x(2))^2+(x(1)-1)^2;
%梯度
function gf=gfun(x)
gf=[400*x(1)*(x(1)^2-x(2))+2*(x(1)-1); -200*(x(1)^2-x(2))];
%Hesse阵
function He=Hess(x)
He=[1200*x(1)^2-400*x(2)+2, -400*x(1);
    -400*x(1),              200     ];
```

然后, 利用程序 6.2, 终止准则取为 $\|\nabla f(\boldsymbol{x}_k)\| \leqslant 10^{-6}$. 取不同的初始点, 数值结果如表 6.1 所列.

表 6.1 信赖域方法的数值结果

初始点 ($\boldsymbol{x}_0$)	迭代次数 (k)	目标函数值 ($f(\boldsymbol{x}_k)$)
$(0.0, 0.0)^{\mathrm{T}}$	14	3.4655×10^{-17}
$(1.0, -1.0)^{\mathrm{T}}$	10	1.6610×10^{-16}
$(-1.0, 1.0)^{\mathrm{T}}$	24	2.1162×10^{-19}
$(-1.0, -1.0)^{\mathrm{T}}$	20	4.8411×10^{-15}
$(-8.0, -5.0)^{\mathrm{T}}$	25	1.9289×10^{-13}
$(11.0, 11.0)^{\mathrm{T}}$	18	5.7428×10^{-23}

说明 对于其他不同目标函数的无约束最优化问题的求解, 只需根据具体函数表达式修改目标函数、梯度和 Hesse 阵三个子函数程序 (fun, gfun, Hess) 即可.

习 题 6

1. 设矩阵 $\boldsymbol{B}_k \in \mathbf{R}^{n\times n}$ 对称正定. $\boldsymbol{d}_k$ 是子问题

$$\min q_k(\boldsymbol{d}) = \frac{1}{2}\boldsymbol{d}^{\mathrm{T}}\boldsymbol{B}_k\boldsymbol{d} + \nabla f(\boldsymbol{x}_k)^{\mathrm{T}}\boldsymbol{d} + f(\boldsymbol{x}_k)$$

的解. 证明: $\boldsymbol{d}_k$ 是函数 f 在 $\boldsymbol{x}_k$ 处的下降方向.

2. 设函数 $q_k(\boldsymbol{d}) = \dfrac{1}{2}\boldsymbol{d}^{\mathrm{T}}\boldsymbol{B}_k\boldsymbol{d} + \nabla f(\boldsymbol{x}_k)^{\mathrm{T}}\boldsymbol{d} + f(\boldsymbol{x}_k)$. 证明:

$$\tau_k = \begin{cases} 1, & \nabla f(\boldsymbol{x}_k)^{\mathrm{T}}\boldsymbol{B}_k\nabla f(\boldsymbol{x}_k) \leqslant 0, \\ \min\left\{1, \dfrac{\|\nabla f(\boldsymbol{x}_k)\|^3}{\Delta_k \nabla f(\boldsymbol{x}_k)^{\mathrm{T}}\boldsymbol{B}_k\nabla f(\boldsymbol{x}_k)}\right\}, & \text{其他} \end{cases}$$

是沿搜索方向

$$\frac{\Delta_k}{\|\nabla f(\boldsymbol{x}_k)\|}\nabla f(\boldsymbol{x}_k)$$

的 $q_k(\boldsymbol{d})$ 的极小点.

3. 用信赖域方法的 MATLAB 程序求最优化问题 $\min f(\boldsymbol{x}) = 10(x_2 - x_1)^2 + (1 - x_1)^2$ 的最优解, 取初始点 $\boldsymbol{x}_0 = (0, 0)^{\mathrm{T}}$, 终止准则 $\varepsilon = 10^{-6}$.

4. 若对称矩阵 $\boldsymbol{B} \in \mathbf{R}^{n\times n}$ 可分解为 $\boldsymbol{B} = \boldsymbol{Q}\boldsymbol{\Lambda}\boldsymbol{Q}^{\mathrm{T}}$, 其中 $\boldsymbol{Q} = (\boldsymbol{q}_1, \boldsymbol{q}_2, \cdots, \boldsymbol{q}_n)$ 为正交阵, $\boldsymbol{\Lambda} = \mathrm{diag}(\lambda_1, \lambda_2, \cdots, \lambda_n)$. 证明: 由

$$\begin{cases} (\boldsymbol{B} + \lambda\boldsymbol{I})\boldsymbol{d} = -\boldsymbol{g}, \\ \|\boldsymbol{d}\| = \Delta \end{cases}$$

所确定的解可表示为

$$\boldsymbol{d}(\lambda) = -\sum_{i=1}^{n} \frac{\boldsymbol{q}_i^{\mathrm{T}}\boldsymbol{g}}{\lambda_i + \lambda}\boldsymbol{q}_i.$$

进一步, 证明

$$\frac{\mathrm{d}}{\mathrm{d}\lambda}(\|\boldsymbol{d}(\lambda)\|^2) = -2\sum_{i=1}^{n} \frac{(\boldsymbol{q}_i^{\mathrm{T}}\boldsymbol{g})^2}{(\lambda_i + \lambda)^3}.$$

5. 设 $\boldsymbol{B}$ 是一个 n 阶对称矩阵. 证明: 存在 $\lambda \geqslant 0$, 使得 $\boldsymbol{B} + \lambda\boldsymbol{I}$ 是正定矩阵.

6. 设 $\tau \in [0, 1]$ 满足 $\|(1-\tau)\boldsymbol{d}_k^u + \tau\boldsymbol{d}_k^N\| = \Delta_k$. 证明: $q_k(\boldsymbol{d}_k) \leqslant q_k(\boldsymbol{d}_k^{\mathrm{c}})$, 其中

$$q_k(\boldsymbol{d}) = f(\boldsymbol{x}_k) + \nabla f(\boldsymbol{x}_k)^{\mathrm{T}}\boldsymbol{d} + \frac{1}{2}\boldsymbol{d}^{\mathrm{T}}\boldsymbol{B}_k\boldsymbol{d},$$

$$\boldsymbol{d}_k^{\mathrm{c}} = \begin{cases} -\dfrac{\Delta_k}{\|\boldsymbol{g}_k\|}\boldsymbol{g}_k, & \boldsymbol{g}_k^{\mathrm{T}}\boldsymbol{B}_k\boldsymbol{g}_k \leqslant 0, \\ -\min\left\{\dfrac{\Delta_k}{\|\boldsymbol{g}_k\|}, \dfrac{\|\boldsymbol{g}_k\|^2}{\boldsymbol{g}_k^{\mathrm{T}}\boldsymbol{B}_k\boldsymbol{g}_k}\right\}\boldsymbol{g}_k, & \text{其他}, \end{cases}$$

$$\boldsymbol{d}_k = \begin{cases} -\dfrac{\Delta_k}{\|\boldsymbol{g}_k\|}\boldsymbol{g}_k, & \|\boldsymbol{d}_k^u\| \geqslant \Delta_k, \\ -\boldsymbol{B}_k^{-1}\boldsymbol{g}_k, & \|\boldsymbol{d}_k^u\| < \Delta_k \text{ 且 } \|\boldsymbol{d}_k^N\| \leqslant \Delta_k, \\ \boldsymbol{d}_k^u + \tau(\boldsymbol{d}_k^N - \boldsymbol{d}_k^u), & \text{其他}. \end{cases}$$

7. 设 $\boldsymbol{d}_k = \arg\min\{q_k(\boldsymbol{d}) : \|\boldsymbol{d}\| \leqslant \Delta_k,\ \boldsymbol{d} \in \mathrm{span}\{\boldsymbol{g}_k, \boldsymbol{B}_k^{-1}\boldsymbol{g}_k\}\}$, 其中

$$q_k(\boldsymbol{d}) = f(\boldsymbol{x}_k) + \boldsymbol{g}_k^{\mathrm{T}}\boldsymbol{d} + \frac{1}{2}\boldsymbol{d}^{\mathrm{T}}\boldsymbol{B}_k\boldsymbol{d}.$$

若 $\boldsymbol{B}_k$ 是正定的, 试确定 $\boldsymbol{d}_k$ 的具体表达式.

8. 利用光滑牛顿法的 MATLAB 程序求解下列信赖域子问题, 分别取 $\Delta = 1,\ 2,\ 5$

(1) $\min \quad q(\boldsymbol{x}) = 2x_1^2 - 4x_1x_2 + 4x_2^2 - 6x_1 - 3x_2,$

$\text{s.t.} \quad \|\boldsymbol{x}\| \leqslant \Delta;$

(2) $\min \quad q(\boldsymbol{x}) = \frac{1}{2}\boldsymbol{x}^{\mathrm{T}}\boldsymbol{A}\boldsymbol{x} - \boldsymbol{b}^{\mathrm{T}}\boldsymbol{x},$

$\text{s.t.} \quad \|\boldsymbol{x}\| \leqslant \Delta,$

其中

$$\boldsymbol{A} = \begin{pmatrix} 3 & -1 & 2 \\ -1 & 2 & 0 \\ 2 & 0 & 4 \end{pmatrix}, \quad \boldsymbol{x} = \begin{pmatrix} x_1 \\ x_2 \\ x_3 \end{pmatrix}, \quad \boldsymbol{b} = \begin{pmatrix} 1 \\ -3 \\ -2 \end{pmatrix}.$$

第 7 章　最小二乘问题

最小二乘问题是一类特殊的无约束优化问题, 它在科学与工程计算中具有十分重要的应用. 这类问题在某种意义下可以看作一个超定方程组 (方程的个数远多于未知变量的个数) 的问题. 由于超定方程组一般是无解的, 这时期望得到的是其残量的最小范数解. 对于最小二乘问题, 人们在牛顿法的基础上建立了多种有效的算法.

7.1　线性最小二乘问题数值解法

最小二乘问题来源于数据拟合问题, 它是一种基于观测数据与模型数据之间的残差的平方和最小来估计数学模型中参数的方法. 例如, 设某系统中输入数据 t 与输出数据 y 服从函数关系

$$y = f(\boldsymbol{x}, t),$$

式中: $\boldsymbol{x} \in \mathbf{R}^n$ 为待定参数 (向量).

为估计参数 $\boldsymbol{x}$ 的值, 要经过多次试验取得观测数据

$$(t_1, y_1),\ (t_2, y_2), \cdots, (t_m, y_m),$$

然后基于模型输出值和实际观测值的误差平方和

$$S(\boldsymbol{x}) = \sum_{i=1}^{m} \left[y_i - f(\boldsymbol{x}, t_i)\right]^2$$

最小来求参数 $\boldsymbol{x}$ 的值, 这就是最小二乘问题. 一般地, 此时 $m \gg n$.

若引入残差函数 $r_i(\boldsymbol{x}) = y_i - f(\boldsymbol{x}, t_i)$, $i = 1, 2, \cdots, m$, 并记

$$\boldsymbol{r}(\boldsymbol{x}) = (r_1(\boldsymbol{x}), r_2(\boldsymbol{x}), \cdots, r_m(\boldsymbol{x}))^{\mathrm{T}},$$

则上述最小二乘问题可表示为

$$\min_{\boldsymbol{x} \in \mathbf{R}^n} \|\boldsymbol{r}(\boldsymbol{x})\|_2^2.$$

习惯上, 通常将上述模型等价地写成

$$\min_{\boldsymbol{x} \in \mathbf{R}^n} \frac{1}{2}\|\boldsymbol{r}(\boldsymbol{x})\|_2^2.$$

在最小二乘问题中, 如果残差函数 $\boldsymbol{r}(\boldsymbol{x})$ 关于 $\boldsymbol{x}$ 是线性的, 则称之为线性最小二乘问题, 也称为线性回归; 否则, 称该问题为非线性最小二乘问题, 又称为非线性回归.

显然, 对于线性最小二乘问题, 可以给出如下的定义.

定义 7.1 设 $\boldsymbol{A} \in \mathbf{R}^{m\times n}$, $\boldsymbol{b} \in \mathbf{R}^m$, 线性最小二乘问题就是

$$\min_{\boldsymbol{x}\in\mathbf{R}^n} \frac{1}{2}\|\boldsymbol{b}-\boldsymbol{A}\boldsymbol{x}\|_2^2. \tag{7.1}$$

容易发现, 最小二乘问题 (7.1) 等价于: 确定 $\boldsymbol{x}_{\mathrm{LS}} \in \mathbf{R}^n$ 使得

$$\|\boldsymbol{b}-\boldsymbol{A}\boldsymbol{x}_{\mathrm{LS}}\|_2 = \min_{\boldsymbol{x}\in\mathbf{R}^n} \|\boldsymbol{b}-\boldsymbol{A}\boldsymbol{x}\|_2.$$

称 $\boldsymbol{x}_{\mathrm{LS}}$ 为最小二乘解或极小解, 所有最小二乘解的集合记为 S_{LS}.

线性最小二乘问题 (7.1) 的解 $\boldsymbol{x}_{\mathrm{LS}}$ 又可称为线性方程组

$$\boldsymbol{A}\boldsymbol{x}=\boldsymbol{b}, \quad \boldsymbol{A}\in\mathbf{R}^{m\times n},\ \boldsymbol{b}\in\mathbf{R}^m \tag{7.2}$$

的最小二乘解, 即 $\boldsymbol{x}_{\mathrm{LS}}$ 在残量 $\boldsymbol{r}(\boldsymbol{x})=\boldsymbol{b}-\boldsymbol{A}\boldsymbol{x}$ 的 2- 范数最小的意义下满足方程组 (7.2). 当 $m>n$ 时, 式 (7.2) 称为超定方程组或矛盾方程组; 当 $m<n$ 时, 式 (7.2) 称为欠定方程组.

不难发现, 若将矩阵 $\boldsymbol{A}$ 写成 $\boldsymbol{A}=(\boldsymbol{a}_1,\boldsymbol{a}_2,\cdots,\boldsymbol{a}_n)$, $\boldsymbol{a}_i\in\mathbf{R}^m$, $i=1,2,\cdots,n$, 则求解最小二乘问题 (7.1) 等价于求 $\{\boldsymbol{a}_i\}_{i=1}^n$ 的线性组合使之与向量 $\boldsymbol{b}$ 之差的 2- 范数达到最小. 可分为两种情况: 第一种是 $\{\boldsymbol{a}_i\}_{i=1}^n$ 线性无关, 即 $\boldsymbol{A}$ 为列满秩; 第二种是 $\{\boldsymbol{a}_i\}_{i=1}^n$ 线性相关, 即 $\boldsymbol{A}$ 为亏秩的. 后面将分别对这两种情形讨论最小二乘问题 (7.1) 极小解的数值解法.

下面的定理给出了最小二乘问题极小解的一个刻画.

定理 7.1 $\boldsymbol{x}_{\mathrm{LS}}$ 是最小二乘问题 (7.1) 的极小解, 即 $\boldsymbol{x}_{\mathrm{LS}}\in S_{\mathrm{LS}}$ 的充分必要条件是 $\boldsymbol{x}_{\mathrm{LS}}$ 为方程组

$$\boldsymbol{A}^{\mathrm{T}}\boldsymbol{A}\boldsymbol{x}=\boldsymbol{A}^{\mathrm{T}}\boldsymbol{b} \tag{7.3}$$

的解, 其中方程组 (7.3) 称为最小二乘问题的法方程.

证明 注意到

$$\min f(\boldsymbol{x})=\frac{1}{2}\|\boldsymbol{A}\boldsymbol{x}-\boldsymbol{b}\|_2^2=\frac{1}{2}\boldsymbol{x}^{\mathrm{T}}(\boldsymbol{A}^{\mathrm{T}}\boldsymbol{A})\boldsymbol{x}-(\boldsymbol{b}^{\mathrm{T}}\boldsymbol{A})\boldsymbol{x}+\frac{1}{2}\|\boldsymbol{b}\|_2^2.$$

由于 $\boldsymbol{A}^{\mathrm{T}}\boldsymbol{A}\in\mathbf{R}^{n\times n}$ 是半正定矩阵, 因此 n 元实函数 $f(\boldsymbol{x})$ 是凸函数, 故 $\boldsymbol{x}_{\mathrm{LS}}$ 是最小二乘问题 (7.1) 的极小解等价于

$$\nabla f(\boldsymbol{x}_{\mathrm{LS}})=\boldsymbol{A}^{\mathrm{T}}(\boldsymbol{A}\boldsymbol{x}_{\mathrm{LS}}-\boldsymbol{b})=\boldsymbol{0}.$$

证毕. □

7.1.1 满秩线性最小二乘问题

本节假定 $\boldsymbol{A} \in \mathbf{R}^{m\times n}\,(m \geqslant n)$ 为列满秩矩阵, 故 $\boldsymbol{A}^{\mathrm{T}}\boldsymbol{A}$ 为对称正定矩阵, 此时最小二乘问题 (7.1) (或超定方程组 (7.2)) 的法方程 (7.3) 存在唯一解. 可以用 Cholesky 分解求解法方程 $\boldsymbol{A}^{\mathrm{T}}\boldsymbol{A}\boldsymbol{x} = \boldsymbol{A}^{\mathrm{T}}\boldsymbol{b}$, 这就是求解最小二乘问题 (7.1) 的法方程的 Cholesky 分解法.

算法 7.1 (**法方程** Cholesky **分解法**) $\boldsymbol{A} \in \mathbf{R}^{m\times n}\,(m \geqslant n)$ 为列满秩矩阵, $\boldsymbol{b} \in \mathbf{R}^{m}$. 本算法计算最小二乘问题 (7.1) 的极小解 $\boldsymbol{x}_{\mathrm{LS}}$.

步骤 0, 对 n 阶对称正定矩阵 $\boldsymbol{A}^{\mathrm{T}}\boldsymbol{A}$ 作 Cholesky 分解 $\boldsymbol{A}^{\mathrm{T}}\boldsymbol{A} = \boldsymbol{L}\boldsymbol{L}^{\mathrm{T}}$, 其中 $\boldsymbol{L}$ 为下三角矩阵.

步骤 1, 依次解 $\boldsymbol{L}\boldsymbol{y} = \boldsymbol{A}^{\mathrm{T}}\boldsymbol{b}$, $\boldsymbol{L}^{\mathrm{T}}\boldsymbol{x} = \boldsymbol{y}$ 得到最小二乘问题 (7.1) 的解 $\boldsymbol{x}_{\mathrm{LS}}$.

下面利用 MATLAB 系统自带的 Cholesky 分解函数 chol.m, 编制算法 7.1 的 MATLAB 程序, 在某种意义上该程序是通用的.

程序 7.1 (**算法** 7.1 **程序**)

```
function [x,res]=nels(A,b)
B=A'*A;  f=A'*b;
L=chol(B,'lower');
y=L\f;  x=L'\y;
res=norm(b-A*x);
```

例 7.1 利用程序 7.1 求解超定方程组 $\boldsymbol{A}\boldsymbol{x} = \boldsymbol{b}$, 其中

$$\boldsymbol{A} = \begin{pmatrix} 2 & 3 & 4 & 5 \\ 4 & 3 & 2 & 1 \\ 4 & 5 & 6 & 7 \\ 9 & 5 & 7 & 2 \\ 4 & 2 & 5 & 3 \end{pmatrix}, \quad \boldsymbol{x} = \begin{pmatrix} x_1 \\ x_2 \\ x_3 \\ x_4 \end{pmatrix}, \quad \boldsymbol{b} = \begin{pmatrix} 20 \\ 22 \\ 35 \\ 42 \\ 50 \end{pmatrix}.$$

解 在 MATLAB 命令窗口输入如下命令:

```
>> A=[2 3 4 5; 4 3 2 1; 4 5 6 7; 9 5 7 2; 4 2 5 3];
>> b=[20 22 35 42 50]';
>> [x,res]=nels(A,b)
```

得

```
x =

   45.4308

  -45.1654

  -30.9423

   37.7731

res =

    0.5883
```

求解最小二乘问题 (7.1) 更常用的方法是 QR 分解法. 利用 QR 分解, 可以确定超定方程组的最小二乘解. 事实上, 考虑线性方程组 $\boldsymbol{Ax}=\boldsymbol{b}$, 其中 $\boldsymbol{A}\in\mathbf{R}^{m\times n}\,(m>n)$ 列满秩, $\boldsymbol{b}\in\mathbf{R}^m$. 那么

$$\boldsymbol{Ax}=\boldsymbol{b}\Longleftrightarrow \boldsymbol{Q}\begin{pmatrix}\boldsymbol{R}\\ \boldsymbol{O}\end{pmatrix}\boldsymbol{x}=\boldsymbol{b}\Longleftrightarrow \begin{pmatrix}\boldsymbol{R}\\ \boldsymbol{O}\end{pmatrix}\boldsymbol{x}=\boldsymbol{Q}^{\mathrm{T}}\boldsymbol{b}.$$

记 $\boldsymbol{Q}^{\mathrm{T}}\boldsymbol{b}=(c_1,c_2,\cdots,c_n,c_{n+1},\cdots,c_m)^{\mathrm{T}}$, 则 $\boldsymbol{Rx}=(c_1,\cdots,c_n)^{\mathrm{T}}$ 有唯一解 $\boldsymbol{x}_{\mathrm{LS}}$. 对任意 $\boldsymbol{x}\in\mathbf{R}^n$, 当 $\boldsymbol{Q}$ 为正交矩阵时, 有

$$\begin{aligned}\|\boldsymbol{Ax}-\boldsymbol{b}\|_2^2 &= \left\|\boldsymbol{Q}\begin{pmatrix}\boldsymbol{R}\\ \boldsymbol{O}\end{pmatrix}\boldsymbol{x}-\boldsymbol{QQ}^{\mathrm{T}}\boldsymbol{b}\right\|_2^2=\left\|\begin{pmatrix}\boldsymbol{R}\\ \boldsymbol{O}\end{pmatrix}\boldsymbol{x}-\boldsymbol{Q}^{\mathrm{T}}\boldsymbol{b}\right\|_2^2\\ &= \left\|\boldsymbol{Rx}-\begin{pmatrix}c_1\\ \vdots\\ c_n\end{pmatrix}\right\|_2^2+\left\|-\begin{pmatrix}c_{n+1}\\ \vdots\\ c_m\end{pmatrix}\right\|_2^2\geqslant c_{n+1}^2+\cdots+c_m^2,\end{aligned}$$

$$\|\boldsymbol{Ax}_{\mathrm{LS}}-\boldsymbol{b}\|_2^2 = \left\|\boldsymbol{Rx}_{\mathrm{LS}}-\begin{pmatrix}c_1\\ \vdots\\ c_n\end{pmatrix}\right\|_2^2+\left\|-\begin{pmatrix}c_{n+1}\\ \vdots\\ c_m\end{pmatrix}\right\|_2^2=c_{n+1}^2+\cdots+c_m^2.$$

所以, $\boldsymbol{x}_{\mathrm{LS}}$ 是超定方程组 $\boldsymbol{Ax}=\boldsymbol{b}$ 的最小二乘解.

算法 7.2 (QR **分解法**) $\boldsymbol{A}\in\mathbf{R}^{m\times n}\,(m\geqslant n)$ 为列满秩矩阵, $\boldsymbol{b}\in\mathbf{R}^m$. 本算法计算最小二乘问题 (7.1) 的极小解 $\boldsymbol{x}_{\mathrm{LS}}$.

步骤 0, 利用 MATLAB 系统自带的函数 qr.m 计算系数矩阵 $\boldsymbol{A}$ 的 QR 分解 $[Q,R]=\mathrm{qr}(A)$.

步骤 1, 用回代法求解上三角形方程组

$$\begin{pmatrix}\boldsymbol{R}\\ \boldsymbol{O}\end{pmatrix}\boldsymbol{x}=\boldsymbol{Q}^{\mathrm{T}}\boldsymbol{b},$$

得最小二乘解 $\boldsymbol{x}_{\rm LS}$.

根据算法 7.2 可编制 MATLAB 程序如下.

程序 7.2 (**算法** 7.2 **程序**)

```
function [x,res]=qrls(A,b)
[Q,R]=qr(A);  f=Q'*b;
x=R\f;  res=norm(b-A*x);
```

例 7.2 利用程序 7.2 求解例 7.1 中的超定方程组.

解 在 MATLAB 命令窗口输入如下命令:

```
>> A=[2 3 4 5; 4 3 2 1; 4 5 6 7; 9 5 7 2; 4 2 5 3];
>> b=[20 22 35 42 50]';
>> [x,res]=qrls(A,b)
```

得

```
x =
   45.4308
  -45.1654
  -30.9423
   37.7731
res =
   0.5883
```

7.1.2 亏秩线性最小二乘问题

仅介绍用矩阵的奇异值分解来计算亏秩的线性最小二乘问题的极小解. MATLAB 系统自带了一个矩阵奇异值分解的函数 svd.m, 利用它可以求解亏秩最小二乘问题的极小范数最小二乘解.

矩阵的广义逆是研究超定方程组 (7.2) 最小二乘解的一个重要而有力的工具, 而利用奇异值分解计算矩阵的广义逆是十分方便的. 下面先给出矩阵广义逆的定义.

定义 7.2 设 $\boldsymbol{A}\in\mathbf{R}^{m\times n}$, 若有 $\boldsymbol{X}\in\mathbf{R}^{n\times m}$ 满足

(1) $\boldsymbol{AXA}=\boldsymbol{A}$;

(2) $\boldsymbol{XAX}=\boldsymbol{X}$;

(3) $(\boldsymbol{AX})^{\rm T}=\boldsymbol{AX}$;

(4) $(\boldsymbol{XA})^{\mathrm{T}} = \boldsymbol{XA}$.

则称 $\boldsymbol{X}$ 为矩阵 $\boldsymbol{A}$ 的广义逆, 记为 $\boldsymbol{A}^{\dagger}$.

下面的定理给出使用矩阵奇异值分解的方法来计算广义逆.

定理 7.2 设秩为 $r(r \geqslant 1)$ 的实 $m \times n$ 矩阵 $\boldsymbol{A}$ 的奇异值分解为

$$\boldsymbol{A} = \boldsymbol{U} \begin{pmatrix} \boldsymbol{\Sigma}_r & \boldsymbol{O} \\ \boldsymbol{O} & \boldsymbol{O} \end{pmatrix} \boldsymbol{V}^{\mathrm{T}},$$

式中: $\boldsymbol{U} \in \mathbf{R}^{m\times m}$ 和 $\boldsymbol{V} \in \mathbf{R}^{n\times n}$ 均为正交阵; $\boldsymbol{\Sigma}_r = \mathrm{diag}\{\sigma_1, \sigma_2, \cdots, \sigma_r\}$, $\sigma_i > 0\,(i = 1, 2, \cdots, r)$ 为矩阵 $\boldsymbol{A}$ 的正奇异值. 则

$$\boldsymbol{A}^{\dagger} = \boldsymbol{V} \begin{pmatrix} \boldsymbol{\Sigma}_r^{-1} & \boldsymbol{O} \\ \boldsymbol{O} & \boldsymbol{O} \end{pmatrix} \boldsymbol{U}^{\mathrm{T}}. \tag{7.4}$$

证明 根据 Moore - Penrose 广义逆的定义, 直接验证即可证明. □

下面讨论:

(1) 当方程组 (7.2) 有解时, 如何确定 $\boldsymbol{x}_{\mathrm{LS}} \in \mathbf{R}^n$, 使得

$$\|\boldsymbol{x}_{\mathrm{LS}}\|_2 = \min_{\boldsymbol{Ax}=\boldsymbol{b}} \|\boldsymbol{x}\|_2,$$

称这样的 $\boldsymbol{x}_{\mathrm{LS}}$ 为方程组 (7.2) 或最小二乘问题 (7.1) 的极小范数解;

(2) 当方程组 (7.2) 无解时, 如何确定 $\boldsymbol{x}_{\mathrm{LS}} \in \mathbf{R}^n$, 使得

$$\|\boldsymbol{x}_{\mathrm{LS}}\|_2 = \min_{\min \|\boldsymbol{Ax}-\boldsymbol{b}\|_2} \|\boldsymbol{x}\|_2,$$

称这样的 $\boldsymbol{x}_{\mathrm{LS}}$ 为方程组 (7.2) 或最小二乘问题 (7.1) 的极小范数最小二乘解.

下面不加证明地引述如下两个定理.

定理 7.3 如果线性方程组 (7.2) 有解, 则它的极小范数解 $\boldsymbol{x}_{\mathrm{LS}}$ 唯一, 并且 $\boldsymbol{x}_{\mathrm{LS}} = \boldsymbol{A}^{\dagger}\boldsymbol{b}$.

定理 7.4 如果线性方程组 (7.2) 无解, 则它的极小范数最小二乘解 $\boldsymbol{x}_{\mathrm{LS}}$ 唯一, 并且 $\boldsymbol{x}_{\mathrm{LS}} = \boldsymbol{A}^{\dagger}\boldsymbol{b}$.

设 $\boldsymbol{A} \in \mathbf{R}_r^{m\times n}\,(m > n)$ 的奇异值分解为

$$\boldsymbol{A} = \boldsymbol{U\Sigma V}^{\mathrm{T}}, \qquad \boldsymbol{\Sigma} = \begin{array}{c} \begin{pmatrix} \boldsymbol{\Sigma}_r & \boldsymbol{O} \\ \boldsymbol{O} & \boldsymbol{O} \end{pmatrix} \begin{array}{l} r \\ m-r \end{array} \\ \begin{array}{cc} r & n-r \end{array} \end{array}, \tag{7.5}$$

式中: $\boldsymbol{U}=(\boldsymbol{u}_1,\boldsymbol{u}_2,\cdots,\boldsymbol{u}_m)$ 和 $\boldsymbol{V}=(\boldsymbol{v}_1,\boldsymbol{v}_2,\cdots,\boldsymbol{v}_n)$ 为正交矩阵; $\boldsymbol{\Sigma}_r=\mathrm{diag}(\sigma_1,\sigma_2,\cdots,\sigma_r)$, $\sigma_1\geqslant\sigma_2\geqslant\cdots\geqslant\sigma_r>0$. 则由定理 7.2、定理 7.3 和定理 7.4 可知

$$\boldsymbol{x}_{\mathrm{LS}}=\boldsymbol{A}^{\dagger}\boldsymbol{b}=\boldsymbol{V}\begin{pmatrix}\boldsymbol{\Sigma}_r^{-1} & \boldsymbol{O}\\ \boldsymbol{O} & \boldsymbol{O}\end{pmatrix}\boldsymbol{U}^{\mathrm{T}}=\sum_{i=1}^{r}\frac{\boldsymbol{u}_i^{\mathrm{T}}\boldsymbol{b}}{\sigma_i}\boldsymbol{v}_i. \tag{7.6}$$

因此, 一旦求出分解式 (7.5), 就可由式 (7.6) 容易地求出最小二乘问题 (7.1) 的极小范数解 $\boldsymbol{x}_{\mathrm{LS}}$.

例 7.3 利用 MATLAB 系统自带的奇异值分解函数 svd.m 求解超定方程组 $\boldsymbol{Ax}=\boldsymbol{b}$, 其中

$$\boldsymbol{A}=\begin{pmatrix}1&2&3&4\\1&4&5&6\\1&5&6&7\\1&8&9&10\\1&11&12&13\end{pmatrix},\quad \boldsymbol{x}=\begin{pmatrix}x_1\\x_2\\x_3\\x_4\end{pmatrix},\quad \boldsymbol{b}=\begin{pmatrix}11\\13\\15\\18\\20\end{pmatrix}.$$

解 首先, 编制如下 MATLAB 程序, 并存成文件名 ex73.m:

```
%例7.3
A=[1 2 3 4; 1 4 5 6; 1 5 6 7; 1 8 9 10; 1 11 12 13];
b=[11 13 15 18 20]';
[m,n]=size(A); x=zeros(n,1);
[U,S,V]=svd(A);
r=rank(S);
for i=1:r
    x=x+(U(:,i)'*b/S(i,i))*V(:,i);
end
x
res=norm(b-A*x)
```

然后, 在命令窗口输入:

```
>> ex73
```

得

```
x =
    2.7533
```

```
   -2.4133
    0.3400
    3.0933
res =
    1.0863
```

7.2 非线性最小二乘问题数值解法

非线性最小二乘问题是科学与工程计算中十分常见的一类问题, 并在经济学等领域有广泛的应用背景. 不但如此, 约束优化问题还可以通过 KKT 条件与非线性方程组建立起重要的关系. 本节主要讨论非线性最小二乘问题的一些求解算法及其收敛性质.

7.2.1 Gauss-Newton 法

非线性最小二乘问题是求向量 $\boldsymbol{x} \in \mathbf{R}^n$, 使得 $\|\boldsymbol{F}(\boldsymbol{x})\|^2$ 最小, 其中, 映射 $\boldsymbol{F}: \mathbf{R}^n \to \mathbf{R}^m$ 是连续可微函数. 非线性最小二乘问题在工程设计、财政金融等方面的实际问题中有着广泛的应用.

记 $\boldsymbol{F}(\boldsymbol{x}) = \big(F_1(\boldsymbol{x}), F_2(\boldsymbol{x}), \cdots, F_m(\boldsymbol{x})\big)^{\mathrm{T}}$, 则非线性最小二乘问题可以表示为

$$\min_{\boldsymbol{x}\in\mathbf{R}^n} f(\boldsymbol{x}) = \frac{1}{2}\|\boldsymbol{F}(\boldsymbol{x})\|^2 = \frac{1}{2}\sum_{i=1}^{m} F_i^2(\boldsymbol{x}). \tag{7.7}$$

显然, 问题 (7.7) 本身就是一个无约束优化问题, 因此, 可以套用无约束优化问题的数值方法, 如牛顿法、拟牛顿法等方法求解. 基于问题 (7.7) 的特殊性, 下面在这些优化算法的基础上, 建立更适合本类问题的求解算法.

对于问题 (7.7), 目标函数 f 的梯度和 Hesse 阵分别为

$$\boldsymbol{g}(\boldsymbol{x}) := \nabla f(\boldsymbol{x}) = \nabla\Big(\frac{1}{2}\|\boldsymbol{F}(\boldsymbol{x})\|^2\Big) = \boldsymbol{J}(\boldsymbol{x})^{\mathrm{T}}\boldsymbol{F}(\boldsymbol{x}) = \sum_{i=1}^{m} F_i(\boldsymbol{x})\nabla F_i(\boldsymbol{x}),$$

$$\begin{aligned}\boldsymbol{G}(\boldsymbol{x}) := \nabla^2 f(\boldsymbol{x}) &= \sum_{i=1}^{m}\nabla F_i(\boldsymbol{x})(\nabla F_i(\boldsymbol{x}))^{\mathrm{T}} + \sum_{i=1}^{m} F_i(\boldsymbol{x})\nabla^2 F_i(\boldsymbol{x}) \\ &= \boldsymbol{J}(\boldsymbol{x})^{\mathrm{T}}\boldsymbol{J}(\boldsymbol{x}) + \sum_{i=1}^{m} F_i(\boldsymbol{x})\nabla^2 F_i(\boldsymbol{x}) \\ &:= \boldsymbol{J}(\boldsymbol{x})^{\mathrm{T}}\boldsymbol{J}(\boldsymbol{x}) + \boldsymbol{S}(\boldsymbol{x}),\end{aligned}$$

式中

$$\boldsymbol{J}(\boldsymbol{x}) = \boldsymbol{F}'(\boldsymbol{x}) = (\nabla F_1(\boldsymbol{x}), \nabla F_2(\boldsymbol{x}), \cdots, \nabla F_m(\boldsymbol{x}))^{\mathrm{T}}, \quad \boldsymbol{S}(\boldsymbol{x}) = \sum_{i=1}^{m} F_i(\boldsymbol{x})\nabla^2 F_i(\boldsymbol{x}).$$

利用牛顿型迭代算法, 可得到求解非线性最小二乘问题的迭代算法

$$\boldsymbol{x}_{k+1}=\boldsymbol{x}_k-\left(\boldsymbol{J}_k^{\mathrm{T}}\boldsymbol{J}_k+\boldsymbol{S}_k\right)^{-1}\boldsymbol{J}_k^{\mathrm{T}}\boldsymbol{F}_k,$$

式中: $\boldsymbol{S}_k=\boldsymbol{S}(\boldsymbol{x}_k)$; $\boldsymbol{J}_k=\boldsymbol{J}(\boldsymbol{x}_k)$; $\boldsymbol{F}_k=\boldsymbol{F}(\boldsymbol{x}_k)$.

在标准假设下, 容易得到该算法的收敛性质. 缺点是 $\boldsymbol{S}(\boldsymbol{x})$ 中 $\nabla^2 F_i(\boldsymbol{x})$ 的计算量较大. 如果忽略这一项, 便得到求解非线性最小二乘问题的 Gauss-Newton 迭代算法

$$\boldsymbol{x}_{k+1}=\boldsymbol{x}_k+\boldsymbol{d}_k^{\mathrm{GN}},$$

式中

$$\boldsymbol{d}_k^{\mathrm{GN}}=-\left[\boldsymbol{J}_k^{\mathrm{T}}\boldsymbol{J}_k\right]^{-1}\boldsymbol{J}_k^{\mathrm{T}}\boldsymbol{F}_k$$

称为 Gauss-Newton 方向. 容易验证 $\boldsymbol{d}_k^{\mathrm{GN}}$ 是优化问题

$$\min_{\boldsymbol{d}\in\mathbf{R}^n}\frac{1}{2}\|\boldsymbol{F}(\boldsymbol{x}_k)+\boldsymbol{J}_k\boldsymbol{d}\|^2$$

的最优解. 若向量函数 $\boldsymbol{F}(\boldsymbol{x})$ 的 Jacobi 矩阵是列满秩的, 则可以保证 Gauss-Newton 方向是下降方向. 如同牛顿法一样, 若采取单位步长, 算法的收敛性难以保证. 但如果在算法中引入线搜索步长规则, 则可以得到如下的收敛性定理.

定理 7.5 设水平集 $\mathcal{L}(\boldsymbol{x}_0)$ 有界, $\boldsymbol{J}(\boldsymbol{x})=\boldsymbol{F}'(\boldsymbol{x})$ 在 $\mathcal{L}(\boldsymbol{x}_0)$ 上 Lipschitz 连续且满足一致性条件

$$\|\boldsymbol{J}(\boldsymbol{x})\boldsymbol{y}\|\geqslant\alpha\|\boldsymbol{y}\|,\quad\forall\boldsymbol{y}\in\mathbf{R}^n,\tag{7.8}$$

式中: $\alpha>0$ 为一常数. 在 Wolfe 步长规则下, 即

$$\begin{cases}f(\boldsymbol{x}_k+\alpha_k\boldsymbol{d}_k)\leqslant f_k+\rho\alpha_k\boldsymbol{g}_k^{\mathrm{T}}\boldsymbol{d}_k,\\ \boldsymbol{g}(\boldsymbol{x}_k+\alpha_k\boldsymbol{d}_k)^{\mathrm{T}}\boldsymbol{d}_k\geqslant\sigma\boldsymbol{g}_k^{\mathrm{T}}\boldsymbol{d}_k,\end{cases}\tag{7.9}$$

式中: $0<\rho<\sigma<1$. 那么, Gauss-Newton 算法产生的迭代点列 $\{\boldsymbol{x}_k\}$ 收敛到式 (7.7) 的一个稳定点, 即

$$\lim_{k\to\infty}\boldsymbol{J}(\boldsymbol{x}_k)^{\mathrm{T}}\boldsymbol{F}(\boldsymbol{x}_k)=\boldsymbol{0}.$$

证明 由 $\boldsymbol{J}(\boldsymbol{x})$ 在 $\mathcal{L}(\boldsymbol{x}_0)$ 上 Lipschitz 连续可知 $\boldsymbol{J}(\boldsymbol{x})$ 连续. 由于水平集 $\mathcal{L}(\boldsymbol{x}_0)$ 有界, 故存在 $\beta>0$ 使得对任意 $\boldsymbol{x}\in\mathcal{L}(\boldsymbol{x}_0)$, $\|\boldsymbol{J}(\boldsymbol{x})\|\leqslant\beta$ 成立. 记 θ_k 为 Gauss-Newton 方向 $\boldsymbol{d}_k^{\mathrm{GN}}$ 与负梯度方向 $-\boldsymbol{g}_k$ 的夹角. 利用一致性条件 (7.8), 有

$$\cos\theta_k\ =\ -\frac{\boldsymbol{g}_k^{\mathrm{T}}\boldsymbol{d}_k^{\mathrm{GN}}}{\|\boldsymbol{g}_k\|\|\boldsymbol{d}_k^{\mathrm{GN}}\|}\ =\ -\frac{\boldsymbol{F}_k^{\mathrm{T}}\boldsymbol{J}_k\boldsymbol{d}_k^{\mathrm{GN}}}{\|\boldsymbol{d}_k^{\mathrm{GN}}\|\|\boldsymbol{J}_k^{\mathrm{T}}\boldsymbol{F}_k\|}$$

$$= \frac{\|\boldsymbol{J}_k\boldsymbol{d}_k^{\mathrm{GN}}\|^2}{\|\boldsymbol{d}_k^{\mathrm{GN}}\|\|\boldsymbol{J}_k^{\mathrm{T}}\boldsymbol{J}_k\boldsymbol{d}_k^{\mathrm{GN}}\|} \geqslant \frac{\alpha^2\|\boldsymbol{d}_k^{\mathrm{GN}}\|^2}{\beta^2\|\boldsymbol{d}_k^{\mathrm{GN}}\|^2} = \frac{\alpha^2}{\beta^2} > 0.$$

由于 $\boldsymbol{g}(\boldsymbol{x})$ 在 $\mathcal{L}(\boldsymbol{x}_0)$ 上 Lipschitz 连续, 则由式 (7.9) 的第二式, 得

$$(\sigma-1)\boldsymbol{g}_k^{\mathrm{T}}\boldsymbol{d}_k \leqslant [\boldsymbol{g}(\boldsymbol{x}_k+\alpha_k\boldsymbol{d}_k)-\boldsymbol{g}_k]^{\mathrm{T}}\boldsymbol{d}_k \leqslant \alpha_k L\|\boldsymbol{d}_k\|^2.$$

故

$$\alpha_k \geqslant \frac{\sigma-1}{L}\frac{\boldsymbol{g}_k^{\mathrm{T}}\boldsymbol{d}_k}{\|\boldsymbol{d}_k\|^2}.$$

将其代入式 (7.9) 的第一式, 得

$$\begin{aligned} f_k - f_{k+1} &\geqslant -\rho\alpha_k\boldsymbol{g}_k^{\mathrm{T}}\boldsymbol{d}_k \geqslant \rho\frac{1-\sigma}{L}\frac{(\boldsymbol{g}_k^{\mathrm{T}}\boldsymbol{d}_k)^2}{\|\boldsymbol{d}_k\|^2} \\ &= \rho\frac{1-\sigma}{L}\|\boldsymbol{g}_k\|^2\cos^2\theta_k. \end{aligned}$$

两边对 k 求级数, 利用 $\{f_k\}$ 单调不增有下界, 得

$$\sum_{k=1}^{\infty}\|\boldsymbol{g}_k\|^2\cos^2\theta_k < \infty.$$

由此, 得

$$\lim_{k\to\infty}\boldsymbol{g}_k = \lim_{k\to\infty}\boldsymbol{J}(\boldsymbol{x}_k)^{\mathrm{T}}\boldsymbol{F}(\boldsymbol{x}_k) = \boldsymbol{0}.$$

证毕. □

定理 7.6 设单位步长的 Gauss-Newton 算法产生的迭代点列 $\{\boldsymbol{x}_k\}$ 收敛到式 (7.7) 的局部极小点 $\boldsymbol{x}^*$, 并且 $\boldsymbol{J}(\boldsymbol{x}^*)^{\mathrm{T}}\boldsymbol{J}(\boldsymbol{x}^*)$ 正定, 则当 $\boldsymbol{J}(\boldsymbol{x})^{\mathrm{T}}\boldsymbol{J}(\boldsymbol{x})$, $\boldsymbol{S}(\boldsymbol{x})$, $[\boldsymbol{J}(\boldsymbol{x})^{\mathrm{T}}\boldsymbol{J}(\boldsymbol{x})]^{-1}$ 在 $\boldsymbol{x}^*$ 的邻域内 Lipschitz 连续时, 对充分大的 k, 有

$$\|\boldsymbol{x}_{k+1}-\boldsymbol{x}^*\| \leqslant \|[\boldsymbol{J}(\boldsymbol{x}^*)^{\mathrm{T}}\boldsymbol{J}(\boldsymbol{x}^*)]^{-1}\|\|\boldsymbol{S}(\boldsymbol{x}^*)\|\|\boldsymbol{x}_k-\boldsymbol{x}^*\| + O(\|\boldsymbol{x}_k-\boldsymbol{x}^*\|^2).$$

证明 由于 $\boldsymbol{J}(\boldsymbol{x})^{\mathrm{T}}\boldsymbol{J}(\boldsymbol{x})$, $\boldsymbol{S}(\boldsymbol{x})$, $[\boldsymbol{J}(\boldsymbol{x})^{\mathrm{T}}\boldsymbol{J}(\boldsymbol{x})]^{-1}$ 在 $\boldsymbol{x}^*$ 的邻域内 Lipschitz 连续, 故存在 $\delta>0$ 及正数 α,β,γ 使得对任意 $\boldsymbol{x},\boldsymbol{y}\in N(\boldsymbol{x}^*,\delta)$, 有

$$\begin{cases} \|\boldsymbol{S}(\boldsymbol{x})-\boldsymbol{S}(\boldsymbol{y})\| \leqslant \alpha\|\boldsymbol{x}-\boldsymbol{y}\|, \\ \|\boldsymbol{J}(\boldsymbol{x})^{\mathrm{T}}\boldsymbol{J}(\boldsymbol{x})-\boldsymbol{J}(\boldsymbol{y})^{\mathrm{T}}\boldsymbol{J}(\boldsymbol{y})\| \leqslant \beta\|\boldsymbol{x}-\boldsymbol{y}\|, \\ \|[\boldsymbol{J}(\boldsymbol{x})^{\mathrm{T}}\boldsymbol{J}(\boldsymbol{x})]^{-1}-[\boldsymbol{J}(\boldsymbol{y})^{\mathrm{T}}\boldsymbol{J}(\boldsymbol{y})]^{-1}\| \leqslant \gamma\|\boldsymbol{x}-\boldsymbol{y}\|. \end{cases} \tag{7.10}$$

由于 $f(\boldsymbol{x})$ 二阶连续可微, $\boldsymbol{G}(\boldsymbol{x})=\boldsymbol{J}(\boldsymbol{x})^{\mathrm{T}}\boldsymbol{J}(\boldsymbol{x})+\boldsymbol{S}(\boldsymbol{x})$ 在 $N(\boldsymbol{x}^*,\delta)$ 上 Lipschitz 连续, 故对充分大的 k 和模充分小的 $\boldsymbol{h}\in\mathbf{R}^n$, 有 $\boldsymbol{x}_k+\boldsymbol{h}\in N(\boldsymbol{x}^*,\delta)$, 且

$$\boldsymbol{g}(\boldsymbol{x}_k+\boldsymbol{h}) = \boldsymbol{g}(\boldsymbol{x}_k)+\boldsymbol{G}(\boldsymbol{x}_k)\boldsymbol{h}+O(\|\boldsymbol{h}\|^2). \tag{7.11}$$

由于 $\boldsymbol{x}_k \to \boldsymbol{x}^*$, 则对充分大的 k , 有 $\boldsymbol{x}_k, \boldsymbol{x}_{k+1} \in N(\boldsymbol{x}^*, \delta)$. 令 $\boldsymbol{e}_k = \boldsymbol{x}_k - \boldsymbol{x}^*$, $\boldsymbol{h}_k = \boldsymbol{x}_{k+1} - \boldsymbol{x}_k$, 则

$$\boldsymbol{g}(\boldsymbol{x}^*) = \boldsymbol{g}(\boldsymbol{x}_k - \boldsymbol{e}_k) = \boldsymbol{0}.$$

利用式 (7.11), 有

$$\boldsymbol{g}(\boldsymbol{x}_k) - \boldsymbol{G}(\boldsymbol{x}_k)\boldsymbol{e}_k + O(\|\boldsymbol{e}_k\|^2) = \boldsymbol{0},$$

即

$$\boldsymbol{J}_k^{\mathrm{T}}\boldsymbol{F}_k - (\boldsymbol{J}_k^{\mathrm{T}}\boldsymbol{J}_k + \boldsymbol{S}_k)\boldsymbol{e}_k + O(\|\boldsymbol{e}_k\|^2) = \boldsymbol{0}.$$

注意到 $\boldsymbol{J}_k^{\mathrm{T}}\boldsymbol{F}_k = -(\boldsymbol{J}_k^{\mathrm{T}}\boldsymbol{J}_k)(\boldsymbol{x}_{k+1} - \boldsymbol{x}_k) = -\boldsymbol{J}_k^{\mathrm{T}}\boldsymbol{J}_k\boldsymbol{h}_k$. 两边同乘以 $(\boldsymbol{J}_k^{\mathrm{T}}\boldsymbol{J}_k)^{-1}$, 有

$$-\boldsymbol{h}_k - \boldsymbol{e}_k - (\boldsymbol{J}_k^{\mathrm{T}}\boldsymbol{J}_k)^{-1}\boldsymbol{S}_k\boldsymbol{e}_k + (\boldsymbol{J}_k^{\mathrm{T}}\boldsymbol{J}_k)^{-1}O(\|\boldsymbol{e}_k\|^2) = \boldsymbol{0},$$

所以

$$\boldsymbol{x}_{k+1} - \boldsymbol{x}^* = \boldsymbol{h}_k + \boldsymbol{e}_k = -(\boldsymbol{J}_k^{\mathrm{T}}\boldsymbol{J}_k)^{-1}\boldsymbol{S}_k\boldsymbol{e}_k + (\boldsymbol{J}_k^{\mathrm{T}}\boldsymbol{J}_k)^{-1}O(\|\boldsymbol{e}_k\|^2).$$

两边取 2-范数, 有

$$\|\boldsymbol{x}_{k+1} - \boldsymbol{x}^*\| \leqslant \|(\boldsymbol{J}_k^{\mathrm{T}}\boldsymbol{J}_k)^{-1}\boldsymbol{S}_k\|\|\boldsymbol{e}_k\| + \|(\boldsymbol{J}_k^{\mathrm{T}}\boldsymbol{J}_k)^{-1}\| \cdot O(\|\boldsymbol{e}_k\|^2).$$

由于 $[\boldsymbol{J}(\boldsymbol{x})^{\mathrm{T}}\boldsymbol{J}(\boldsymbol{x})]^{-1}$ 在 $\boldsymbol{x}^*$ 处连续, 故在 k 充分大时, 有

$$\|(\boldsymbol{J}_k^{\mathrm{T}}\boldsymbol{J}_k)^{-1}\| \leqslant 2\|[\boldsymbol{J}(\boldsymbol{x}^*)^{\mathrm{T}}\boldsymbol{J}(\boldsymbol{x}^*)]^{-1}\|, \tag{7.12}$$

从而

$$\|\boldsymbol{x}_{k+1} - \boldsymbol{x}^*\| \leqslant \|(\boldsymbol{J}_k^{\mathrm{T}}\boldsymbol{J}_k)^{-1}\boldsymbol{S}_k\|\|\boldsymbol{x}_k - \boldsymbol{x}^*\| + O(\|\boldsymbol{x}_k - \boldsymbol{x}^*\|^2). \tag{7.13}$$

由式 (7.10) 和式 (7.12), 得

$$\begin{aligned}
&\|(\boldsymbol{J}_k^{\mathrm{T}}\boldsymbol{J}_k)^{-1}\boldsymbol{S}_k - [\boldsymbol{J}(\boldsymbol{x}^*)^{\mathrm{T}}\boldsymbol{J}(\boldsymbol{x}^*)]^{-1}\boldsymbol{S}(\boldsymbol{x}^*)\| \\
&\leqslant \|(\boldsymbol{J}_k^{\mathrm{T}}\boldsymbol{J}_k)^{-1}\|\|\boldsymbol{S}_k - \boldsymbol{S}(\boldsymbol{x}^*)\| \\
&\quad + \|(\boldsymbol{J}_k^{\mathrm{T}}\boldsymbol{J}_k)^{-1} - [\boldsymbol{J}(\boldsymbol{x}^*)^{\mathrm{T}}\boldsymbol{J}(\boldsymbol{x}^*)]^{-1}\|\|\boldsymbol{S}(\boldsymbol{x}^*)\| \\
&\leqslant 2\alpha\|[\boldsymbol{J}(\boldsymbol{x}^*)^{\mathrm{T}}\boldsymbol{J}(\boldsymbol{x}^*)]^{-1}\|\|\boldsymbol{x}_k - \boldsymbol{x}^*\| + \gamma\|\boldsymbol{S}(\boldsymbol{x}^*)\|\|\boldsymbol{x}_k - \boldsymbol{x}^*\| \\
&= O(\|\boldsymbol{x}_k - \boldsymbol{x}^*)\|,
\end{aligned}$$

即

$$\begin{aligned}
\|(\boldsymbol{J}_k^{\mathrm{T}}\boldsymbol{J}_k)^{-1}\boldsymbol{S}_k\| &\leqslant \|[\boldsymbol{J}(\boldsymbol{x}^*)^{\mathrm{T}}\boldsymbol{J}(\boldsymbol{x}^*)]^{-1}\boldsymbol{S}(\boldsymbol{x}^*)\| \\
&\quad + \|(\boldsymbol{J}_k^{\mathrm{T}}\boldsymbol{J}_k)^{-1}\boldsymbol{S}_k - [\boldsymbol{J}(\boldsymbol{x}^*)^{\mathrm{T}}\boldsymbol{J}(\boldsymbol{x}^*)]^{-1}\boldsymbol{S}(\boldsymbol{x}^*)\| \\
&= \|[\boldsymbol{J}(\boldsymbol{x}^*)^{\mathrm{T}}\boldsymbol{J}(\boldsymbol{x}^*)]^{-1}\boldsymbol{S}(\boldsymbol{x}^*)\| + O(\|\boldsymbol{x}_k - \boldsymbol{x}^*)\|.
\end{aligned} \tag{7.14}$$

将式 (7.14) 代入式 (7.13) 即得本定理的结论. 证毕. □

注 若问题 (7.7) 满足定理 7.6 的条件且最优解 $\boldsymbol{x}^*$ 使得目标函数值取零, 则 $\boldsymbol{S}(\boldsymbol{x}^*) = \boldsymbol{0}$, 上面的结论表明迭代点列二阶收敛到 $\boldsymbol{x}^*$. 但当 $\boldsymbol{F}(\boldsymbol{x})$ 在最优解点的函数值不为 0 时, 由于 $\nabla^2 f(\boldsymbol{x})$ 略去了不容忽视的项 $\boldsymbol{S}(\boldsymbol{x})$, 因而难于期待 Gauss-Newton 算法会有好的数值效果.

7.2.2 L-M 方法及其 MATLAB 实现

Gauss-Newton 算法在迭代过程中要求矩阵 $\boldsymbol{J}(\boldsymbol{x}_k)$ 列满秩, 而这一条件限制了它的应用. 为克服这个困难, Levenberg-Marquardt 方法 (简称 L-M 方法) 通过求解下述优化模型来获取搜索方向

$$\boldsymbol{d}_k = \arg\min_{d\in\mathbf{R}^n} \quad \|\boldsymbol{J}_k\boldsymbol{d} + \boldsymbol{F}_k\|^2 + \mu_k\|\boldsymbol{d}\|^2,$$

式中: $\mu_k > 0$.

由最优性条件, 知 $\boldsymbol{d}_k$ 满足

$$\nabla(\|\boldsymbol{J}_k\boldsymbol{d} + \boldsymbol{F}_k\|^2 + \mu_k\|\boldsymbol{d}\|^2) = 2[(\boldsymbol{J}_k^{\mathrm{T}}\boldsymbol{J}_k + \mu_k\boldsymbol{I})\boldsymbol{d} + \boldsymbol{J}_k^{\mathrm{T}}\boldsymbol{F}_k] = \boldsymbol{0},$$

求得

$$\boldsymbol{d}_k = -(\boldsymbol{J}_k^{\mathrm{T}}\boldsymbol{J}_k + \mu_k\boldsymbol{I})^{-1}\boldsymbol{J}_k^{\mathrm{T}}\boldsymbol{F}_k. \tag{7.15}$$

若 $\boldsymbol{g}_k = \boldsymbol{J}_k^{\mathrm{T}}\boldsymbol{F}_k \neq \boldsymbol{0}$, 则对任意 $\mu_k > 0$, 有

$$\boldsymbol{g}_k^{\mathrm{T}}\boldsymbol{d}_k = -(\boldsymbol{J}_k^{\mathrm{T}}\boldsymbol{F}_k)^{\mathrm{T}}(\boldsymbol{J}_k^{\mathrm{T}}\boldsymbol{J}_k + \mu_k\boldsymbol{I})^{-1}(\boldsymbol{J}_k^{\mathrm{T}}\boldsymbol{F}_k) < 0,$$

所以 $\boldsymbol{d}_k$ 是 $f(\boldsymbol{x})$ 在 $\boldsymbol{x}_k$ 处的下降方向. 这样, 便可得到求解非线性最小二乘问题的 L-M 方法.

算法 7.3 (**全局收敛的** L-M **方法**)

步骤 0, 选取参数 β, $\sigma \in (0,1)$, $\mu_0 > 0$, 初始点 $\boldsymbol{x}_0 \in \mathbf{R}^n$, 容许误差 $0 \leqslant \varepsilon \ll 1$. 令 $k := 0$.

步骤 1, 计算 $\boldsymbol{g}(\boldsymbol{x}_k) = \nabla f(\boldsymbol{x})$. 若 $\|\boldsymbol{g}(\boldsymbol{x}_k)\| \leqslant \varepsilon$, 停算, 输出 $\boldsymbol{x}_k$ 作为近似极小点.

步骤 2, 求解方程组

$$(\boldsymbol{J}_k^{\mathrm{T}}\boldsymbol{J}_k + \mu_k\boldsymbol{I})\boldsymbol{d} = -\boldsymbol{J}_k^{\mathrm{T}}\boldsymbol{F}_k, \tag{7.16}$$

得解 $\boldsymbol{d}_k$.

步骤 3, 令 m_k 是满足下面不等式的最小非负整数 m:

$$f(\boldsymbol{x}_k + \beta^m\boldsymbol{d}_k) \leqslant f(\boldsymbol{x}_k) + \sigma\beta^m\boldsymbol{g}_k^{\mathrm{T}}\boldsymbol{d}_k. \tag{7.17}$$

令 $\alpha_k := \beta^{m_k}$, $\boldsymbol{x}_{k+1} := \boldsymbol{x}_k + \alpha_k \boldsymbol{d}_k$.

步骤 4, 按某种方式更新 μ_k 的值, 令 $k := k+1$, 转步骤 1.

下面讨论 L-M 算法的收敛性. 注意到算法 7.3 中搜索方向 $\boldsymbol{d}_k$ 的取值其实是与 μ_k 有关的, 严格意义上讲, $\boldsymbol{d}_k$ 应记为 $\boldsymbol{d}_k(\mu_k)$. 因此, L-M 方法的关键是在迭代过程中如何调整参数 μ_k. 为此先给出如下结论.

引理 7.1 $\|\boldsymbol{d}_k(\mu)\|$ 关于 $\mu > 0$ 单调不增, 且当 $\mu \to \infty$ 时, $\|\boldsymbol{d}_k(\mu)\| \to 0$.

证明 注意到

$$\frac{\partial \|\boldsymbol{d}_k(\mu)\|^2}{\partial \mu} = 2\boldsymbol{d}_k(\mu)^{\mathrm{T}} \frac{\partial \boldsymbol{d}_k(\mu)}{\partial \mu}.$$

由式 (7.16) 知

$$(\boldsymbol{J}_k^{\mathrm{T}} \boldsymbol{J}_k + \mu \boldsymbol{I})\boldsymbol{d}_k(\mu) = -\boldsymbol{J}_k^{\mathrm{T}} \boldsymbol{F}_k.$$

对上式两边关于 μ 求导, 有

$$\boldsymbol{d}_k(\mu) + (\boldsymbol{J}_k^{\mathrm{T}} \boldsymbol{J}_k + \mu \boldsymbol{I}) \frac{\partial \boldsymbol{d}_k(\mu)}{\partial \mu} = \boldsymbol{0},$$

故

$$\frac{\partial \boldsymbol{d}_k(\mu)}{\partial \mu} = -(\boldsymbol{J}_k^{\mathrm{T}} \boldsymbol{J}_k + \mu \boldsymbol{I})^{-1} \boldsymbol{d}_k(\mu). \tag{7.18}$$

于是, 有

$$\frac{\partial \|\boldsymbol{d}_k(\mu)\|^2}{\partial \mu} = -2\boldsymbol{d}_k(\mu)^{\mathrm{T}} (\boldsymbol{J}_k^{\mathrm{T}} \boldsymbol{J}_k + \mu \boldsymbol{I})^{-1} \boldsymbol{d}_k(\mu) \leqslant 0. \tag{7.19}$$

从而 $\|\boldsymbol{d}_k(\mu)\|^2$ 关于 μ 单调不增. 由式 (7.15) 可以得到命题的第二个结论. 证毕. □

从几何直观来看, 当矩阵 $\boldsymbol{J}_k^{\mathrm{T}} \boldsymbol{J}_k$ 接近奇异时, 由 Gauss-Newton 算法得到的搜索方向的模 $\|\boldsymbol{d}_k^{\mathrm{GN}}\|$ 相当地大, 而在 L-M 方法中, 通过引入正参数 μ 就避免了这种情形出现. 下面讨论参数 μ 对搜索方向角度的影响.

引理 7.2 $\boldsymbol{d}_k(\mu)$ 与 $-\boldsymbol{g}_k$ 的夹角 θ 关于 $\mu > 0$ 单调不增.

证明 由

$$\cos\theta = \frac{-\boldsymbol{g}_k^{\mathrm{T}} \boldsymbol{d}_k(\mu)}{\|\boldsymbol{g}_k\| \|\boldsymbol{d}_k(\mu)\|}$$

知

$$\begin{aligned} \frac{\partial \cos\theta}{\partial \mu} &= \frac{\partial}{\partial \mu}\left(\frac{-\boldsymbol{g}_k^{\mathrm{T}} \boldsymbol{d}_k(\mu)}{\|\boldsymbol{g}_k\| \|\boldsymbol{d}_k(\mu)\|} \right) \\ &= \frac{-\boldsymbol{g}_k^{\mathrm{T}} \dfrac{\partial \boldsymbol{d}_k(\mu)}{\partial \mu} \|\boldsymbol{g}_k\| \|\boldsymbol{d}_k(\mu)\| + \boldsymbol{g}_k^{\mathrm{T}} \boldsymbol{d}_k(\mu) \|\boldsymbol{g}_k\| \dfrac{\partial \|\boldsymbol{d}_k(\mu)\|}{\partial \mu}}{\|\boldsymbol{g}_k\|^2 \|\boldsymbol{d}_k(\mu)\|^2}. \end{aligned} \tag{7.20}$$

利用式 (7.18) 和式 (7.19), 将式 (7.20) 中的分子展开

$$
\begin{aligned}
&-\boldsymbol{g}_k^{\mathrm{T}}\frac{\partial \boldsymbol{d}_k(\mu)}{\partial\mu}\|\boldsymbol{g}_k\|\|\boldsymbol{d}_k(\mu)\|+\boldsymbol{g}_k^{\mathrm{T}}\boldsymbol{d}_k(\mu)\|\boldsymbol{g}_k\|\frac{\partial\|\boldsymbol{d}_k(\mu)\|}{\partial\mu}\\
&=\|\boldsymbol{d}_k(\mu)\|\|\boldsymbol{g}_k\|\boldsymbol{g}_k^{\mathrm{T}}(\boldsymbol{J}_k^{\mathrm{T}}\boldsymbol{J}_k+\mu\boldsymbol{I})^{-1}\boldsymbol{d}_k(\mu)\\
&\quad-\boldsymbol{g}_k^{\mathrm{T}}\boldsymbol{d}_k(\mu)\|\boldsymbol{g}_k\|\boldsymbol{d}_k(\mu)^{\mathrm{T}}(\boldsymbol{J}_k^{\mathrm{T}}\boldsymbol{J}_k+\mu\boldsymbol{I})^{-1}\boldsymbol{d}_k(\mu)/\|\boldsymbol{d}_k(\mu)\|\\
&=\|\boldsymbol{g}_k\|\boldsymbol{g}_k^{\mathrm{T}}\Big[\|\boldsymbol{d}_k(\mu)\|(\boldsymbol{J}_k^{\mathrm{T}}\boldsymbol{J}_k+\mu\boldsymbol{I})^{-1}\boldsymbol{d}_k(\mu)\\
&\quad-\boldsymbol{d}_k(\mu)\boldsymbol{d}_k(\mu)^{\mathrm{T}}(\boldsymbol{J}_k^{\mathrm{T}}\boldsymbol{J}_k+\mu\boldsymbol{I})^{-1}\boldsymbol{d}_k(\mu)/\|\boldsymbol{d}_k(\mu)\|\Big]\\
&=\frac{\|\boldsymbol{g}_k\|}{\|\boldsymbol{d}_k(\mu)\|}\boldsymbol{g}_k^{\mathrm{T}}\Big[\|\boldsymbol{d}_k(\mu)\|^2\boldsymbol{I}-\boldsymbol{d}_k(\mu)\boldsymbol{d}_k(\mu)^{\mathrm{T}}\Big](\boldsymbol{J}_k^{\mathrm{T}}\boldsymbol{J}_k+\mu\boldsymbol{I})^{-1}\boldsymbol{d}_k(\mu)\\
&=-\frac{\|\boldsymbol{g}_k\|}{\|\boldsymbol{d}_k(\mu)\|}\boldsymbol{g}_k^{\mathrm{T}}\Big[\|\boldsymbol{d}_k(\mu)\|^2\boldsymbol{I}-\boldsymbol{d}_k(\mu)\boldsymbol{d}_k(\mu)^{\mathrm{T}}\Big](\boldsymbol{J}_k^{\mathrm{T}}\boldsymbol{J}_k+\mu\boldsymbol{I})^{-2}\boldsymbol{g}_k\\
&=-\|\boldsymbol{g}_k\|\|\boldsymbol{d}_k(\mu)\|\boldsymbol{g}_k^{\mathrm{T}}(\boldsymbol{J}_k^{\mathrm{T}}\boldsymbol{J}_k+\mu\boldsymbol{I})^{-2}\boldsymbol{g}_k\\
&\quad+\|\boldsymbol{g}_k\|\boldsymbol{g}_k^{\mathrm{T}}(\boldsymbol{J}_k^{\mathrm{T}}\boldsymbol{J}_k+\mu\boldsymbol{I})^{-1}\boldsymbol{g}_k\boldsymbol{g}_k^{\mathrm{T}}(\boldsymbol{J}_k^{\mathrm{T}}\boldsymbol{J}_k+\mu\boldsymbol{I})^{-3}\boldsymbol{g}_k/\|\boldsymbol{d}_k(\mu)\|\\
&=\frac{\|\boldsymbol{g}_k\|}{\|\boldsymbol{d}_k(\mu)\|}\Big\{\Big[-\boldsymbol{g}_k^{\mathrm{T}}(\boldsymbol{J}_k^{\mathrm{T}}\boldsymbol{J}_k+\mu\boldsymbol{I})^{-2}\boldsymbol{g}_k\boldsymbol{g}_k^{\mathrm{T}}(\boldsymbol{J}_k^{\mathrm{T}}\boldsymbol{J}_k+\mu\boldsymbol{I})^{-2}\boldsymbol{g}_k\Big]\\
&\quad+\boldsymbol{g}_k^{\mathrm{T}}(\boldsymbol{J}_k^{\mathrm{T}}\boldsymbol{J}_k+\mu\boldsymbol{I})^{-1}\boldsymbol{g}_k\boldsymbol{g}_k^{\mathrm{T}}(\boldsymbol{J}_k^{\mathrm{T}}\boldsymbol{J}_k+\mu\boldsymbol{I})^{-3}\boldsymbol{g}_k\Big\}.
\end{aligned}
$$

因为 $\boldsymbol{J}_k^{\mathrm{T}}\boldsymbol{J}_k$ 半正定, 故存在正交阵 $\boldsymbol{Q}$ 使得

$$\boldsymbol{Q}^{\mathrm{T}}\boldsymbol{J}_k^{\mathrm{T}}\boldsymbol{J}_k\boldsymbol{Q}=\mathrm{diag}\{\lambda_1,\lambda_2,\cdots,\lambda_n\}.$$

记 $v_i:=(\boldsymbol{Q}^{\mathrm{T}}\boldsymbol{g}_k)_i$, 则有

$$\boldsymbol{Q}^{\mathrm{T}}(\boldsymbol{J}_k^{\mathrm{T}}\boldsymbol{J}_k+\mu\boldsymbol{I})^{-1}\boldsymbol{Q}=\mathrm{diag}\Big\{\frac{1}{\lambda_1+\mu},\frac{1}{\lambda_2+\mu},\cdots,\frac{1}{\lambda_n+\mu}\Big\},$$

$$
\begin{aligned}
\boldsymbol{g}_k^{\mathrm{T}}(\boldsymbol{J}_k^{\mathrm{T}}\boldsymbol{J}_k+\mu\boldsymbol{I})^{-1}\boldsymbol{g}_k &= (\boldsymbol{Q}^{\mathrm{T}}\boldsymbol{g}_k)^{\mathrm{T}}\mathrm{diag}\Big\{\frac{1}{\lambda_1+\mu},\frac{1}{\lambda_2+\mu},\cdots,\frac{1}{\lambda_n+\mu}\Big\}(\boldsymbol{Q}^{\mathrm{T}}\boldsymbol{g}_k)\\
&= \sum_{i=1}^{n}\frac{1}{\lambda_i+\mu}v_i^2.
\end{aligned}
$$

所以

$$
\begin{aligned}
\boldsymbol{g}_k^{\mathrm{T}}(\boldsymbol{J}_k^{\mathrm{T}}\boldsymbol{J}_k+\mu\boldsymbol{I})^{-2}\boldsymbol{g}_k&=\sum_{i=1}^{n}\frac{1}{(\lambda_i+\mu)^2}v_i^2,\\
\boldsymbol{g}_k^{\mathrm{T}}(\boldsymbol{J}_k^{\mathrm{T}}\boldsymbol{J}_k+\mu\boldsymbol{I})^{-3}\boldsymbol{g}_k&=\sum_{i=1}^{n}\frac{1}{(\lambda_i+\mu)^3}v_i^2.
\end{aligned}
$$

这样式 (7.20) 的分子等于

$$
\begin{aligned}
&\frac{\|\boldsymbol{g}_k\|}{\|\boldsymbol{d}_k(\mu)\|}\left[-\Big(\sum_{i=1}^{n}\frac{v_i^2}{(\lambda_i+\mu)^2}\Big)^2+\Big(\sum_{i=1}^{n}\frac{v_i^2}{\lambda_i+\mu}\Big)\Big(\sum_{i=1}^{n}\frac{v_i^2}{(\lambda_i+\mu)^3}\Big)\right]\\
&=\frac{\|\boldsymbol{g}_k\|}{\|\boldsymbol{d}_k(\mu)\|}\sum_{i=1}^{n}\sum_{j=1}^{n}\Big[\frac{-v_i^2v_j^2}{(\lambda_i+\mu)^2(\lambda_j+\mu)^2}+\frac{v_i^2v_j^2}{(\lambda_i+\mu)(\lambda_j+\mu)^3}\Big]\\
&=\frac{\|\boldsymbol{g}_k\|}{\|\boldsymbol{d}_k(\mu)\|}\frac{1}{2}\sum_{i=1}^{n}\sum_{j=1}^{n}\frac{v_i^2v_j^2}{(\lambda_i+\mu)^3(\lambda_j+\mu)^3}\Big[-2(\lambda_i+\mu)(\lambda_j+\mu)\\
&\quad+(\lambda_i+\mu)^2+(\lambda_j+\mu)^2\Big]\ \geqslant\ 0.
\end{aligned}
$$

从而 $\boldsymbol{d}_k$ 与 $-\boldsymbol{g}_k$ 的夹角 θ 关于 $\mu>0$ 单调不增. 证毕. □

可以设想, 当参数 $\mu>0$ 充分大时, $\boldsymbol{d}_k(\mu)$的方向与目标函数的负梯度方向一致.

引理 7.3 $(\boldsymbol{J}_k^{\mathrm{T}}\boldsymbol{J}_k+\mu\boldsymbol{I})$ 的条件数关于 $\mu>0$ 单调不增.

证明 由 $\boldsymbol{J}_k^{\mathrm{T}}\boldsymbol{J}_k$ 为对称半正定矩阵可知, 存在正交阵 $\boldsymbol{Q}$, 使得

$$
\boldsymbol{Q}^{\mathrm{T}}\boldsymbol{J}_k^{\mathrm{T}}\boldsymbol{J}_k\boldsymbol{Q}=\mathrm{diag}\{\lambda_1,\lambda_2,\cdots,\lambda_n\},\qquad \lambda_1\geqslant\lambda_2\geqslant\cdots\geqslant\lambda_n\geqslant0,
$$

所以 $(\boldsymbol{J}_k^{\mathrm{T}}\boldsymbol{J}_k+\mu\boldsymbol{I})$ 的条件数为

$$
\|(\boldsymbol{J}_k^{\mathrm{T}}\boldsymbol{J}_k+\mu\boldsymbol{I})\|\|(\boldsymbol{J}_k^{\mathrm{T}}\boldsymbol{J}_k+\mu\boldsymbol{I})^{-1}\|=\frac{\lambda_1+\mu}{\lambda_n+\mu}.
$$

而

$$
\frac{\partial}{\partial\mu}\Big(\frac{\lambda_1+\mu}{\lambda_n+\mu}\Big)=\frac{\lambda_n-\lambda_1}{(\lambda_n+\mu)^2}\leqslant0,
$$

从而 $(\boldsymbol{J}_k^{\mathrm{T}}\boldsymbol{J}_k+\mu\boldsymbol{I})$ 的条件数关于 $\mu>0$ 单调不增. 证毕. □

在具体的 L-M 算法中, 用类似于调整信赖域半径的策略来调整参数 μ. 首先, 在当前迭代点定义一个二次函数

$$
q_k(\boldsymbol{d})=f_k+(\boldsymbol{J}_k^{\mathrm{T}}\boldsymbol{F}_k)^{\mathrm{T}}\boldsymbol{d}+\frac{1}{2}\boldsymbol{d}^{\mathrm{T}}(\boldsymbol{J}_k^{\mathrm{T}}\boldsymbol{J}_k)\boldsymbol{d}.
$$

基于当前给出的 μ, 根据式 (7.15) 计算 $\boldsymbol{d}_k$, 然后考虑 $q_k(\boldsymbol{d})$ 和目标函数的增量

$$
\begin{aligned}
\Delta q_k &= q_k(\boldsymbol{d}_k)-q_k(\boldsymbol{0}) = (\boldsymbol{J}_k^{\mathrm{T}}\boldsymbol{F}_k)^{\mathrm{T}}\boldsymbol{d}_k+\frac{1}{2}\boldsymbol{d}_k^{\mathrm{T}}(\boldsymbol{J}_k^{\mathrm{T}}\boldsymbol{J}_k)\boldsymbol{d}_k,\\
\Delta f_k &= f(\boldsymbol{x}_k+\boldsymbol{d}_k)-f(\boldsymbol{x}_k) = f(\boldsymbol{x}_{k+1})-f(\boldsymbol{x}_k).
\end{aligned}
$$

用 r_k 表示两增量之比, 即

$$
r_k=\frac{\Delta f_k}{\Delta q_k}=\frac{f(\boldsymbol{x}_{k+1})-f(\boldsymbol{x}_k)}{(\boldsymbol{J}_k^{\mathrm{T}}\boldsymbol{F}_k)^{\mathrm{T}}\boldsymbol{d}_k+\frac{1}{2}\boldsymbol{d}_k^{\mathrm{T}}(\boldsymbol{J}_k^{\mathrm{T}}\boldsymbol{J}_k)\boldsymbol{d}_k}.
$$

在 L-M 算法的每一步, 先给 μ_k 一个初始值, 如取上一次迭代步的值, 计算 $\boldsymbol{d}_k$. 然后根据 r_k 的值调整 μ_k, 最后根据调整后的 μ_k 计算 $\boldsymbol{d}_k$, 并进行线搜索, 进而完成 L-M 算法的一个迭代步. 显然, 当 r_k 接近 1 时, 二次函数 $q_k(d)$ 在 $\boldsymbol{x}_k$ 处拟合目标函数比较好, 用 L-M 方法求解非线性最小二乘问题时, 参数 μ 应取得小一些. 换言之, 此时用 Gauss-Newton 法求解更为有效. 反过来, 当 r_k 接近 0 时, 二次函数 $q_k(\boldsymbol{d})$ 在 $\boldsymbol{x}_k$ 处拟合目标函数比较差, 需要减小 $\boldsymbol{d}_k$ 的模长. 根据引理 7.1, 应增大参数 μ 的取值来限制 $\boldsymbol{d}_k$ 的模长. 而当比值 r_k 既不接近于 0 也不接近于 1, 则认为参数 μ_k 选取得当, 不作调整. 通常 r 的临界值为 0.25 和 0.75. 据此, 得到算法 7.3 中参数 μ_k 的一个更新规则如下:

$$\mu_{k+1} := \begin{cases} 0.1\mu_k, & r_k > 0.75, \\ \mu_k, & 0.25 \leqslant r_k \leqslant 0.75, \\ 10\mu_k, & r_k < 0.25. \end{cases} \tag{7.21}$$

下面是 L-M 方法的收敛性定理.

定理 7.7 设 $\{\boldsymbol{x}_k\}$ 是由算法 7.3 产生的无穷迭代序列, 若 $\{\boldsymbol{x}_k, \mu_k\}$ 的某一聚点 $(\boldsymbol{x}^*, \mu^*)$ 满足 $\boldsymbol{J}(\boldsymbol{x}^*)^{\mathrm{T}}\boldsymbol{J}(\boldsymbol{x}^*) + \mu^*\boldsymbol{I}$ 正定, 则 $\nabla f(\boldsymbol{x}^*) = \boldsymbol{J}(\boldsymbol{x}^*)^{\mathrm{T}}\boldsymbol{F}(\boldsymbol{x}^*) = \boldsymbol{0}$.

证明 由于 $\mu_k > 0$, $\boldsymbol{d}_k$ 为下降方向, 存在收敛于 $\boldsymbol{x}^*$ 的子列 $\boldsymbol{x}_{k_j}$, 满足

$$\boldsymbol{J}_{k_j}^{\mathrm{T}}\boldsymbol{J}_{k_j} \to \boldsymbol{J}(\boldsymbol{x}^*)^{\mathrm{T}}\boldsymbol{J}(\boldsymbol{x}^*), \quad \mu_{k_j} \to \mu^*.$$

由于 $\boldsymbol{J}(\boldsymbol{x}^*)^{\mathrm{T}}\boldsymbol{J}(\boldsymbol{x}^*) + \mu^* I$ 是正定矩阵, 若 $\nabla f(\boldsymbol{x}^*) \neq \boldsymbol{0}$, 则

$$\boldsymbol{d}_{k_j} \to \boldsymbol{d}^* = -[\boldsymbol{J}(\boldsymbol{x}^*)^{\mathrm{T}}\boldsymbol{J}(\boldsymbol{x}^*) + \mu^*\boldsymbol{I}]^{-1}\boldsymbol{J}(\boldsymbol{x}^*)^{\mathrm{T}}\boldsymbol{F}(\boldsymbol{x}^*),$$

而且 $\boldsymbol{d}^*$ 是 $\boldsymbol{x}^*$ 点的下降方向. 所以对 $\beta \in (0,1)$, 存在非负整数 m^* 使得

$$f(\boldsymbol{x}^* + \beta^{m^*}\boldsymbol{d}^*) < f(\boldsymbol{x}^*) + \sigma\beta^{m^*}\nabla f(\boldsymbol{x}^*)^{\mathrm{T}}\boldsymbol{d}^*.$$

注意到 $\boldsymbol{x}_{k_j} \to \boldsymbol{x}^*$, 当 j 充分大时, 由连续性知

$$f(\boldsymbol{x}_{k_j} + \beta^{m^*}\boldsymbol{d}_{k_j}) < f(\boldsymbol{x}_{k_j}) + \sigma\beta^{m^*}\nabla f(\boldsymbol{x}_{k_j})^{\mathrm{T}}\boldsymbol{d}_{k_j}.$$

由 Armijo 步长规则知 $m^* \geqslant m_{k_j}$, 所以

$$\begin{aligned} f(\boldsymbol{x}_{k_j+1}) &= f(\boldsymbol{x}_{k_j} + \beta^{m_{k_j}}\boldsymbol{d}_{k_j}) \\ &\leqslant f(\boldsymbol{x}_{k_j}) + \sigma\beta^{m_{k_j}}\nabla f(\boldsymbol{x}_{k_j})^{\mathrm{T}}\boldsymbol{d}_{k_j} \\ &\leqslant f(\boldsymbol{x}_{k_j}) + \sigma\beta^{m^*}\nabla f(\boldsymbol{x}_{k_j})^{\mathrm{T}}\boldsymbol{d}_{k_j}, \end{aligned}$$

即对充分大的 j, 有

$$f(\boldsymbol{x}_{k_j+1}) \leqslant f(\boldsymbol{x}_{k_j}) + \sigma\beta^{m^*}\nabla f(\boldsymbol{x}_{k_j})^{\mathrm{T}}\boldsymbol{d}_{k_j}. \tag{7.22}$$

又

$$\lim_{j\to\infty} f(\boldsymbol{x}_{k_j+1}) = \lim_{j\to\infty} f(\boldsymbol{x}_{k_j}) = f(\boldsymbol{x}^*).$$

从而对式 (7.22) 两边求极限, 得

$$f(\boldsymbol{x}^*) \leqslant f(\boldsymbol{x}^*) + \sigma\beta^{m^*}\nabla f(\boldsymbol{x}^*)^{\mathrm{T}}\boldsymbol{d}^*.$$

这与 $\nabla f(\boldsymbol{x}^*)^{\mathrm{T}}\boldsymbol{d}^* < 0$ 矛盾. 所以 $\nabla f(\boldsymbol{x}^*) = \boldsymbol{0}$. 证毕. □

下面分析算法 7.3 的收敛速度.

定理 7.8 设由算法 7.3 产生的迭代序列 $\{\boldsymbol{x}_k\}$ 收敛到式 (7.7) 的一个局部最优解 $\boldsymbol{x}^*$. 若 $\boldsymbol{J}(\boldsymbol{x}^*)^{\mathrm{T}}\boldsymbol{J}(\boldsymbol{x}^*)$ 非奇异, $\left(\dfrac{1}{2}-\sigma\right)\boldsymbol{J}(\boldsymbol{x}^*)^{\mathrm{T}}\boldsymbol{J}(\boldsymbol{x}^*) - \dfrac{1}{2}\boldsymbol{S}(\boldsymbol{x}^*)$ 正定, 且 $\boldsymbol{G}(\boldsymbol{x}) = \boldsymbol{J}(\boldsymbol{x})^{\mathrm{T}}\boldsymbol{J}(\boldsymbol{x}) + \boldsymbol{S}(\boldsymbol{x})$ 在 $\boldsymbol{x}^*$ 附近一致连续, $\mu_k \to 0$. 则当 k 充分大时, $\alpha_k = 1$, 且

$$\limsup_{k\to\infty}\frac{\|\boldsymbol{x}_{k+1}-\boldsymbol{x}^*\|}{\|\boldsymbol{x}_k-\boldsymbol{x}^*\|} \leqslant \|[\boldsymbol{J}(\boldsymbol{x}^*)^{\mathrm{T}}\boldsymbol{J}(\boldsymbol{x}^*)]^{-1}\|\|\boldsymbol{S}(\boldsymbol{x}^*)\|. \tag{7.23}$$

证明 要证 $\alpha_k = 1$, 只需证对充分大的 k, 有

$$f(\boldsymbol{x}_k+\boldsymbol{d}_k) - f(\boldsymbol{x}_k) \leqslant \sigma\boldsymbol{g}_k^{\mathrm{T}}\boldsymbol{d}_k.$$

对任意 $k>0$, 由中值定理知存在 $\zeta_k \in (0,1)$, 使得

$$f(\boldsymbol{x}_k+\boldsymbol{d}_k) - f(\boldsymbol{x}_k) = \boldsymbol{g}_k^{\mathrm{T}}\boldsymbol{d}_k + \frac{1}{2}\boldsymbol{d}_k^{\mathrm{T}}\boldsymbol{G}(\boldsymbol{x}_k+\zeta_k\boldsymbol{d}_k)\boldsymbol{d}_k.$$

由式 (7.15), 得

$$\begin{aligned}
&-(1-\sigma)\boldsymbol{g}_k^{\mathrm{T}}\boldsymbol{d}_k - \frac{1}{2}\boldsymbol{d}_k^{\mathrm{T}}\boldsymbol{G}(\boldsymbol{x}_k+\zeta_k\boldsymbol{d}_k)\boldsymbol{d}_k\\
=\;&(1-\sigma)\boldsymbol{d}_k^{\mathrm{T}}(\boldsymbol{J}_k^{\mathrm{T}}\boldsymbol{J}_k+\mu_k\boldsymbol{I})\boldsymbol{d}_k - \frac{1}{2}\boldsymbol{d}_k^{\mathrm{T}}\boldsymbol{G}(\boldsymbol{x}_k+\zeta_k\boldsymbol{d}_k)\boldsymbol{d}_k\\
=\;&(1-\sigma)\boldsymbol{d}_k^{\mathrm{T}}\boldsymbol{J}_k^{\mathrm{T}}\boldsymbol{J}_k\boldsymbol{d}_k + (1-\sigma)\mu_k\|\boldsymbol{d}_k\|^2 - \frac{1}{2}\boldsymbol{d}_k^{\mathrm{T}}(\boldsymbol{J}_k^{\mathrm{T}}\boldsymbol{J}_k+\boldsymbol{S}_k)\boldsymbol{d}_k\\
&+\frac{1}{2}\boldsymbol{d}_k^{\mathrm{T}}[\boldsymbol{G}(\boldsymbol{x}_k)-\boldsymbol{G}(\boldsymbol{x}_k+\zeta_k\boldsymbol{d}_k)]\boldsymbol{d}_k\\
=\;&\left(\frac{1}{2}-\sigma\right)\boldsymbol{d}_k^{\mathrm{T}}\boldsymbol{J}_k^{\mathrm{T}}\boldsymbol{J}_k\boldsymbol{d}_k + (1-\sigma)\mu_k\|\boldsymbol{d}_k\|^2 - \frac{1}{2}\boldsymbol{d}_k^{\mathrm{T}}\boldsymbol{S}_k\boldsymbol{d}_k\\
&+\frac{1}{2}\boldsymbol{d}_k^{\mathrm{T}}[\boldsymbol{G}(\boldsymbol{x}_k)-\boldsymbol{G}(\boldsymbol{x}_k+\zeta_k\boldsymbol{d}_k)]\boldsymbol{d}_k.
\end{aligned}$$

由 $\boldsymbol{x}_k \to \boldsymbol{x}^*$ 知 $\boldsymbol{g}_k \to \boldsymbol{0}$, 从而 $\boldsymbol{d}_k \to \boldsymbol{0}$. 又 $\mu_k \to 0$, 所以利用 $\boldsymbol{G}(\boldsymbol{x})$ 的一致连续性知

$$\boldsymbol{V}_k := (1-\sigma)\mu_k\boldsymbol{I} + \frac{1}{2}[\boldsymbol{G}(\boldsymbol{x}_k)-\boldsymbol{G}(\boldsymbol{x}_k+\zeta_k\boldsymbol{d}_k)] \to \boldsymbol{0}.$$

由题设, 当 k 充分大时, 有

$$\begin{aligned}&-(1-\sigma)\boldsymbol{g}_k^{\mathrm{T}}\boldsymbol{d}_k-\frac{1}{2}\boldsymbol{d}_k^{\mathrm{T}}\boldsymbol{G}(\boldsymbol{x}_k+\zeta_k\boldsymbol{d}_k)\boldsymbol{d}_k\\&=\boldsymbol{d}_k^{\mathrm{T}}\Big[\Big(\frac{1}{2}-\sigma\Big)\boldsymbol{J}_k^{\mathrm{T}}\boldsymbol{J}_k-\frac{1}{2}\boldsymbol{S}_k\Big]\boldsymbol{d}_k+\boldsymbol{d}_k^{\mathrm{T}}V_k\boldsymbol{d}_k>0.\end{aligned}$$

从而 $\alpha_k=1$ 成立. 这样, 有

$$\begin{aligned}\boldsymbol{x}_{k+1}-\boldsymbol{x}^* &= \boldsymbol{x}_k-\boldsymbol{x}^*-(\boldsymbol{J}_k^{\mathrm{T}}\boldsymbol{J}_k+\mu_k\boldsymbol{I})^{-1}\boldsymbol{g}_k\\&= -(\boldsymbol{J}_k^{\mathrm{T}}\boldsymbol{J}_k+\mu_k\boldsymbol{I})^{-1}\big\{[\boldsymbol{g}_k-\boldsymbol{G}_k(\boldsymbol{x}_k-\boldsymbol{x}^*)]\\&\quad -[(\boldsymbol{J}_k^{\mathrm{T}}\boldsymbol{J}_k+\mu_k\boldsymbol{I})(\boldsymbol{x}_k-\boldsymbol{x}^*)-\boldsymbol{G}_k(\boldsymbol{x}_k-\boldsymbol{x}^*)]\big\}\\&= -(\boldsymbol{J}_k^{\mathrm{T}}\boldsymbol{J}_k+\mu_k\boldsymbol{I})^{-1}[\boldsymbol{g}_k-\boldsymbol{g}(\boldsymbol{x}^*)-\boldsymbol{G}_k(\boldsymbol{x}_k-\boldsymbol{x}^*)]\\&\quad +(\boldsymbol{J}_k^{\mathrm{T}}\boldsymbol{J}_k+\mu_k\boldsymbol{I})^{-1}(\mu_k\boldsymbol{I}-\boldsymbol{S}_k)(\boldsymbol{x}_k-\boldsymbol{x}^*)\\&= -(\boldsymbol{J}_k^{\mathrm{T}}\boldsymbol{J}_k+\mu_k\boldsymbol{I})^{-1}\int_0^1\big[\boldsymbol{G}(\boldsymbol{x}^*+t(\boldsymbol{x}_k-\boldsymbol{x}^*)-\boldsymbol{G}(\boldsymbol{x}_k)\big](\boldsymbol{x}_k-\boldsymbol{x}^*)\mathrm{d}t\\&\quad +(\boldsymbol{J}_k^{\mathrm{T}}\boldsymbol{J}_k+\mu_k\boldsymbol{I})^{-1}(\mu_kI-\boldsymbol{S}_k)(\boldsymbol{x}_k-\boldsymbol{x}^*),\end{aligned}$$

故

$$\begin{aligned}\|\boldsymbol{x}_{k+1}-\boldsymbol{x}^*\| &\leqslant \|(\boldsymbol{J}_k^{\mathrm{T}}\boldsymbol{J}_k+\mu_k\boldsymbol{I})^{-1}\|\Big[\int_0^1\big\|\boldsymbol{G}(\boldsymbol{x}^*+t(\boldsymbol{x}_k-\boldsymbol{x}^*))-\boldsymbol{G}(\boldsymbol{x}_k)\big\|\mathrm{d}t\\&\quad +\|\mu_k\boldsymbol{I}-\boldsymbol{S}_k\|\Big]\|\boldsymbol{x}_k-\boldsymbol{x}^*\|.\end{aligned}$$

由 $\mu_k\to 0$, $\boldsymbol{x}_k\to\boldsymbol{x}^*$ 和 $\boldsymbol{G}(\boldsymbol{x})$ 的一致连续性, 有

$$\limsup_{k\to\infty}\frac{\|\boldsymbol{x}_{k+1}-\boldsymbol{x}^*\|}{\|\boldsymbol{x}_k-\boldsymbol{x}^*\|}\leqslant\|[\boldsymbol{J}(\boldsymbol{x}^*)^{\mathrm{T}}\boldsymbol{J}(\boldsymbol{x}^*)]^{-1}\|\|\boldsymbol{S}(\boldsymbol{x}^*)\|.$$

证毕. □

注 若式(7.7) 的目标函数的最优值为 0 时, 若取

$$\mu_k=\|\boldsymbol{F}(\boldsymbol{x}_k)\|^{1+\tau},\quad \tau\in[0,1],$$

或

$$\mu_k=\tau\|\boldsymbol{F}_k\|+(1-\tau)\|\boldsymbol{J}_k^{\mathrm{T}}\boldsymbol{F}_k\|,\quad \tau\in[0,1],$$

则可以建立 L-M 算法的二阶收敛性质.

下面给出 L-M 算法 7.3 的 MATLAB 程序, 在某种意义上该程序是通用的.

程序 7.3 利用 L-M 方法求解非线性方程组 $\boldsymbol{F}(\boldsymbol{x})=\boldsymbol{0}$, 可适用于未知数的个数与方程的个数不相等的情形.

```
function [k,x,val]=lmm(Fk,JFk,x0,epsilon,N)
%功能: 用L-M方法求解非线性最小二乘问题: min 0.5*||F(x)||^2
%输入: Fk, JFk分别是求F(xk)及F'(xk)的函数, x0是初始点,
%       epsilon是容许误差, N是最大迭代次数
%输出: k是迭代次数, x, val分别是近似解及0.5*||F(xk)||^2的值
if nargin<5, N=1000; end
if nargin<4, epsilon=1.e-5; end
beta=0.55;  sigma=0.4;
n=length(x0);
muk=norm(feval(Fk,x0));
k=0;
while(k<N)
    fk=feval(Fk,x0);  %计算函数值
    jfk=feval(JFk,x0);  %计算Jacobi阵
    gk=jfk'*fk;
    dk=-(jfk'*jfk+muk*eye(n))\gk;   %解方程组Gk*dk=-gk, 计算搜索方向
    if(norm(gk)<epsilon), break; end  %检验终止准则
    m=0; mk=0;
    while(m<20)   % 用Armijo搜索求步长
        fnew=0.5*norm(feval(Fk,x0+beta^m*dk))^2;
        fold=0.5*norm(feval(Fk,x0))^2;
        if(fnew<fold+sigma*beta^m*gk'*dk)
            mk=m; break;
        end
        m=m+1;
    end
    x0=x0+beta^mk*dk;
    muk=norm(feval(Fk,x0));
    k=k+1;
end
x=x0;
val=0.5*muk^2;
```

下面利用程序 7.3 求解一个非线性方程组问题.

例 7.4 利用 L-M 方法求解非线性方程组

$$\boldsymbol{F}(\boldsymbol{x}) = (F_1(\boldsymbol{x}), F_2(\boldsymbol{x}), \cdots, F_n(\boldsymbol{x}))^{\mathrm{T}} = \boldsymbol{0},$$

式中

$$F_i(\boldsymbol{x}) = x_i x_{i+1} - 1, \quad i = 1, 2, \cdots, n-1;$$

$$F_n(\boldsymbol{x}) = x_1 x_n - 1, \quad \boldsymbol{x} = (x_1, x_2, \cdots, x_n)^{\mathrm{T}}.$$

该方程组有两个解 $\boldsymbol{x}^* = (1, 1, \cdots, 1)^{\mathrm{T}}$ 和 $\boldsymbol{x}^{**} = (-1, -1, \cdots, -1)^{\mathrm{T}}$.

解 首先, 编制两个分别计算 $\boldsymbol{F}(\boldsymbol{x})$ 及其 Jacobi 矩阵 $\boldsymbol{J}(\boldsymbol{x})$ 的 m 文件:

```
%非线性方程组F(x)
function F=Fk(x)
n=length(x); F=zeros(n,1);
for i=1:n-1
    F(i)=x(i)*x(i+1)-1;
end
F(n)=x(1)*x(n)-1;
%F(x)的Jacobi矩阵
function JF=JFk(x)
n=length(x); JF=zeros(n,n);
for i=1:n-1
    for j=1:n
        if j==i
            JF(i,j)=x(j+1);
        else if j==i+1
                JF(i,j)=x(j-1);
            else
                JF(i,j)=0;
            end
        end
    end
end
JF(n,1)=x(n); JF(n,n)=x(1);
```

取 $n = 100$, 利用程序 7.3, 终止准则取为 $\|\nabla f(\boldsymbol{x}_k)\| \leqslant 10^{-6}$. 取不同的初始点, 数值结果如表 7.1 所列.

表 7.1 L-M 方法的数值结果 (取 $n = 100$)

初始点 ($\boldsymbol{x}_0$)	迭代次数 (k)	目标函数值 ($\frac{1}{2}\|\boldsymbol{F}(\boldsymbol{x}_k)\|^2$)
$(3, 3, \cdots, 3)^{\mathrm{T}}$	12^*	6.6075×10^{-15}
$(-5, -5, \cdots, -5)^{\mathrm{T}}$	16^{**}	5.6467×10^{-23}

说明 表 7.1 中的 12^* 表示迭代 12 次收敛到 $\boldsymbol{x}^*$, 而 16^{**} 表示迭代 16 次收敛到 $\boldsymbol{x}^{**}$.

习 题 7

1. 设有非线性方程组

$$f_1(\boldsymbol{x}) = x_1^3 - 2x_2^2 - 1 = 0,$$

$$f_2(\boldsymbol{x}) = 2x_1 + x_2 - 2.$$

(1) 列出求解这个方程组的非线性最小二乘问题的数学模型;

(2) 写出求解该问题的 Gauss-Newton 法迭代公式的具体形式;

(3) 初始点取为 $\boldsymbol{x}_0 = (2, 2)^{\mathrm{T}}$, 迭代三次.

2. 已知某物理量 y 与另外两个物理量 t_1, t_2 的关系为

$$y = \frac{x_1 x_3 t_1}{1 + x_1 t_1 + x_2 t_2},$$

式中: x_1, x_2, x_3 为待定参数.

为确定这三个参数, 测得 t_1, t_2 和 y 的一组数据如下:

t_1	1.0	2.0	1.0	2.0	0.1
t_2	1.0	1.0	2.0	2.0	0.0
y	0.13	0.22	0.08	0.13	0.19

(1) 用最小二乘法建立关于确定 x_1, x_2, x_3 的数学模型;

(2) 对列出的非线性最小二乘问题写出 Gauss-Newton 法迭代公式的具体形式.

3. 设

$$\boldsymbol{r}(x) = \begin{pmatrix} r_1(\boldsymbol{x}) \\ r_2(\boldsymbol{x}) \end{pmatrix} = \begin{pmatrix} x_2 - x_1^2 \\ 1 - x_2 \end{pmatrix},$$

$$f(\boldsymbol{x}) = \frac{1}{2}[r_1(\boldsymbol{x})^2 + r_2(\boldsymbol{x})^2] = \frac{1}{2}\boldsymbol{r}(\boldsymbol{x})^{\mathrm{T}}\boldsymbol{r}(\boldsymbol{x}),$$

已知该问题 $\min f(\boldsymbol{x})$ 的极小点为 $\boldsymbol{x}^* = (1, 1)^{\mathrm{T}}$.

(1) 对于任何初始点 $\boldsymbol{x}_0$, 写出按如下牛顿迭代公式求极小点的计算步骤:

$$\begin{cases} \boldsymbol{x}_{k+1} = \boldsymbol{x}_k + \alpha_k \boldsymbol{d}_k \\ \boldsymbol{d}_k = -[\nabla^2 f(\boldsymbol{x}_k)]^{-1} \nabla f(\boldsymbol{x}_k), \\ \alpha_k : f(\boldsymbol{x}_k + \alpha_k \boldsymbol{d}_k) = \min\limits_{\alpha > 0} f(\boldsymbol{x}_k + \alpha \boldsymbol{d}_k) \end{cases} \qquad k = 0, 1, \cdots;$$

(2) 试证明: 当 $\boldsymbol{x} \to \boldsymbol{x}^*$ 时, $\nabla^2 f(\boldsymbol{x}) \to \nabla \boldsymbol{r}(\boldsymbol{x}) \nabla \boldsymbol{r}(\boldsymbol{x})^{\mathrm{T}}$.

4. 考虑非线性方程组

$$\begin{cases} r_1(\boldsymbol{x}) = x_1^3 - x_2 - 1 = 0, \\ r_2(\boldsymbol{x}) = x_1^2 - x_2 = 0 \end{cases}$$

及平方和函数

$$f(\boldsymbol{x}) = \frac{1}{2}[r_1(\boldsymbol{x})^2 + r_2(\boldsymbol{x})^2].$$

证明:

(1) $\boldsymbol{x} = (1.46557, 2.14790)^{\mathrm{T}}$ 是 $f(\boldsymbol{x})$ 的全局极小点, 并且是非线性方程组的解;

(2) $\boldsymbol{x} = (0, -0.5)^{\mathrm{T}}$ 是 $f(\boldsymbol{x})$ 的局部极小点;

(3) $\boldsymbol{x} = (2/3, -7/54)^{\mathrm{T}}$ 是 $f(\boldsymbol{x})$ 的鞍点.

5. 设 $\boldsymbol{x}_1, \boldsymbol{x}_2$ 分别是方程组

$$(\boldsymbol{A}^{\mathrm{T}}\boldsymbol{A} + \mu_i \boldsymbol{I})\boldsymbol{x} = -\boldsymbol{A}^{\mathrm{T}}\boldsymbol{r}, \quad i = 1, 2,$$

对应于 μ_1, μ_2 的解, 其中 $\mu_1 > \mu_2 > 0$, $\boldsymbol{A} \in \mathbf{R}^{m\times n}$, $\boldsymbol{r} \in \mathbf{R}^m$. 试证明 $\|\boldsymbol{A}\boldsymbol{x}_2 + \boldsymbol{r}\|_2^2 < \|\boldsymbol{A}\boldsymbol{x}_1 + \boldsymbol{r}\|_2^2$.

6. 利用 L-M 方法的 MATLAB 程序求解

$$\min f(\boldsymbol{x}) = \frac{1}{2}\sum_{i=1}^{5} r_i(\boldsymbol{x})^2,$$

式中

$$\begin{aligned} r_1(\boldsymbol{x}) &= x_1^2 + x_2^2 + x_3^2 - 1, \\ r_2(\boldsymbol{x}) &= x_1 + x_2 + x_3 - 1, \\ r_3(\boldsymbol{x}) &= x_1^2 + x_2^2 + (x_3 - 2)^2 - 1, \\ r_4(\boldsymbol{x}) &= x_1 + x_2 - x_3 + 1, \\ r_5(\boldsymbol{x}) &= x_1^3 + 3x_2^2 + (5x_3 - x_1 + 1)^2 - 36t, \end{aligned}$$

t 是参数, 可取 $t = 0.5, 1, 5$ 等. 注意 $t = 1$ 时, $\boldsymbol{x}^* = (0, 0, 1)^{\mathrm{T}}$ 是全局极小点, 这时问题为零残量, 比较不同参数的计算效果.

7. 考虑非线性最小二乘问题

$$\min f(\boldsymbol{x}) = \frac{1}{2}\boldsymbol{r}(\boldsymbol{x})^{\mathrm{T}}\boldsymbol{r}(\boldsymbol{x}) = \frac{1}{2}\sum_{i=1}^{m} r_i^2(\boldsymbol{x}),$$

式中: $r_i : \mathbf{R}^n \to \mathbf{R}$ 连续可微, $i = 1, 2, \cdots, m$.

设对任意的 $\boldsymbol{x} \in \mathbf{R}^n$, 向量函数 $\boldsymbol{r}(\boldsymbol{x})$ 的 Jacobi 矩阵 $\boldsymbol{J}(\boldsymbol{x})$ 列满秩, 则

$$\lim_{\mu\to 0} \boldsymbol{d}^{\mathrm{LM}}(\mu) = \boldsymbol{d}^{\mathrm{GN}}, \quad \lim_{\mu\to\infty} \frac{\boldsymbol{d}^{\mathrm{LM}}(\mu)}{\|\boldsymbol{d}^{\mathrm{LM}}(\mu)\|} = \frac{\boldsymbol{d}^{\mathrm{GN}}}{\|\boldsymbol{d}^{\mathrm{GN}}\|}.$$

8. 设 $\boldsymbol{A} \in \mathbf{R}^{m_1\times n}$, $\boldsymbol{B} \in \mathbf{R}^{m_2\times n}$, $\boldsymbol{b} \in \mathbf{R}^{m_1}$, 试证明方程组

$$\begin{pmatrix} \boldsymbol{I}_{m_1} & \boldsymbol{A} \\ \boldsymbol{A}^{\mathrm{T}} & -\boldsymbol{B}^{\mathrm{T}}\boldsymbol{B} \end{pmatrix} \begin{pmatrix} \boldsymbol{y} \\ \boldsymbol{x} \end{pmatrix} = \begin{pmatrix} \boldsymbol{b} \\ \boldsymbol{0} \end{pmatrix}$$

关于 $\boldsymbol{x}$ 的解为如下线性最小二乘问题

$$\min_{\boldsymbol{x}\in\mathbf{R}^n}\left\|\begin{pmatrix}\boldsymbol{A}\\\boldsymbol{B}\end{pmatrix}\boldsymbol{x}-\begin{pmatrix}\boldsymbol{b}\\\mathbf{0}\end{pmatrix}\right\|^2$$

的最优解.

第 8 章 最优性条件

本章将建立约束优化问题的最优性条件, 并讨论这些最优性条件之间的关系. 此外, 还将讨论约束优化问题的一些对偶性质. 这些最优性条件和对偶性质是构造非线性约束最优化问题数值算法的基础.

8.1 等式约束问题的最优性条件

本节讨论的最优性条件适合于下面的等式约束问题

$$\begin{aligned} &\min\ f(\boldsymbol{x}), \qquad \boldsymbol{x}\in\mathbf{R}^n,\\ &\text{s.t.}\ \ h_i(\boldsymbol{x})=0, \quad i=1,2,\cdots,l. \end{aligned} \tag{8.1}$$

为了研究问题的方便起见, 作问题 (8.1) 的拉格朗日函数

$$L(\boldsymbol{x},\boldsymbol{\lambda})=f(\boldsymbol{x})-\sum_{i=1}^{l}\lambda_i h_i(\boldsymbol{x}), \tag{8.2}$$

式中: $\boldsymbol{\lambda}=(\lambda_1,\lambda_2,\cdots,\lambda_l)^{\mathrm{T}}$ 为乘子向量.

下面的拉格朗日定理描述了问题 (8.1) 取极小值的一阶必要条件, 也就是通常所说的 KKT 条件 (Karush - Kuhn - Tucker 条件).

定理 8.1 (**拉格朗日定理**) 假设 $\boldsymbol{x}^*$ 是问题 (8.1) 的局部极小点, $f(\boldsymbol{x})$ 和 $h_i(\boldsymbol{x})\,(i=1,2,\cdots,l)$ 在 $\boldsymbol{x}^*$ 的某邻域内连续可微. 若向量组 $\nabla h_i(\boldsymbol{x}^*)\,(i=1,2,\cdots,l)$ 线性无关, 则存在乘子向量 $\boldsymbol{\lambda}^*=(\lambda_1^*,\lambda_2^*,\cdots,\lambda_l^*)^{\mathrm{T}}$ 使得

$$\nabla_{\boldsymbol{x}}L(\boldsymbol{x}^*,\boldsymbol{\lambda}^*)=\mathbf{0},$$

即

$$\nabla f(\boldsymbol{x}^*)-\sum_{i=1}^{l}\lambda_i^*\nabla h_i(\boldsymbol{x}^*)=\mathbf{0}.$$

证明 记

$$\boldsymbol{H}=\big(\nabla h_1(\boldsymbol{x}^*),\nabla h_2(\boldsymbol{x}^*),\cdots,\nabla h_l(\boldsymbol{x}^*)\big).$$

由定理的假设知 $\boldsymbol{H}$ 列满秩. 因此, 若 $l=n$, 则 $\boldsymbol{H}$ 是可逆方阵, 从而矩阵 $\boldsymbol{H}$ 的列构成 $\mathbf{R}^n$ 中的一组基, 故存在 $\boldsymbol{\lambda}^*\in\mathbf{R}^l\,(l=n)$ 使得

$$\nabla f(\boldsymbol{x}^*)=\sum_{i=1}^{l}\lambda_i^*\nabla h_i(\boldsymbol{x}^*),$$

此时结论得证.

下面设 $l < n$. 不失一般性, 可设 $\boldsymbol{H}$ 的前 l 行构成的 l 阶子矩阵 $\boldsymbol{H}_1$ 是非奇异的. 据此, 将 $\boldsymbol{H}$ 分块为

$$\boldsymbol{H} = \begin{pmatrix} \boldsymbol{H}_1 \\ \boldsymbol{H}_2 \end{pmatrix}.$$

令 $\boldsymbol{y} = (x_1, x_2, \cdots, x_l)^{\mathrm{T}}$, $\boldsymbol{z} = (x_{l+1}, x_{l+2}, \cdots, x_n)^{\mathrm{T}}$, 并记

$$\boldsymbol{h}(\boldsymbol{x}) = \big(h_1(\boldsymbol{x}), h_2(\boldsymbol{x}), \cdots, h_l(\boldsymbol{x})\big)^{\mathrm{T}},$$

则有 $\boldsymbol{h}(\boldsymbol{y}^*, \boldsymbol{z}^*) = \boldsymbol{0}$, 且 $\boldsymbol{h}(\boldsymbol{y}, \boldsymbol{z})$ 在 $(\boldsymbol{y}^*, \boldsymbol{z}^*)$ 处关于 $\boldsymbol{y}$ 的 Jacobi 矩阵 $\boldsymbol{H}_1^{\mathrm{T}} = \nabla_{\boldsymbol{y}} \boldsymbol{h}(\boldsymbol{y}^*, \boldsymbol{z}^*)$ 可逆. 故由隐函数定理可知, 在 $\boldsymbol{z}^*$ 附近存在关于 $\boldsymbol{z}$ 的连续可微函数 $\boldsymbol{y} = \boldsymbol{u}(\boldsymbol{z})$ 使得

$$\boldsymbol{h}(\boldsymbol{u}(\boldsymbol{z}), \boldsymbol{z}) = \boldsymbol{0}.$$

对上式两边关于 $\boldsymbol{z}$ 求导, 得

$$\nabla_{\boldsymbol{y}} \boldsymbol{h}(\boldsymbol{u}(\boldsymbol{z}), \boldsymbol{z}) \nabla \boldsymbol{u}(\boldsymbol{z}) + \nabla_{\boldsymbol{z}} \boldsymbol{h}(\boldsymbol{u}(\boldsymbol{z}), \boldsymbol{z}) = \boldsymbol{0},$$

故

$$\nabla \boldsymbol{u}(\boldsymbol{z}^*) = -\boldsymbol{H}_1^{-T} \boldsymbol{H}_2^{\mathrm{T}}. \tag{8.3}$$

在 $\boldsymbol{z}^*$ 附近, 由 $\boldsymbol{h}(\boldsymbol{u}(\boldsymbol{z}), \boldsymbol{z}) = \boldsymbol{0}$ 知 $\boldsymbol{z}^*$ 是无约束优化问题

$$\min_{\boldsymbol{z} \in \mathbf{R}^{n-l}} f(\boldsymbol{u}(\boldsymbol{z}), \boldsymbol{z})$$

的局部极小点, 故有

$$\nabla_{\boldsymbol{z}} f(\boldsymbol{u}(\boldsymbol{z}^*), \boldsymbol{z}^*) = \boldsymbol{0},$$

即

$$\nabla \boldsymbol{u}(\boldsymbol{z}^*)^{\mathrm{T}} \nabla_{\boldsymbol{y}} f(\boldsymbol{y}^*, \boldsymbol{z}^*) + \nabla_{\boldsymbol{z}} f(\boldsymbol{y}^*, \boldsymbol{z}^*) = \boldsymbol{0}.$$

注意到 $\boldsymbol{x}^* = (\boldsymbol{y}^*, \boldsymbol{z}^*)$, 将式 (8.3) 代入上式, 得

$$-\boldsymbol{H}_2 \boldsymbol{H}_1^{-1} \nabla_{\boldsymbol{y}} f(\boldsymbol{x}^*) + \nabla_{\boldsymbol{z}} f(\boldsymbol{x}^*) = \boldsymbol{0}.$$

令 $\boldsymbol{\lambda}^* = \boldsymbol{H}_1^{-1} \nabla_{\boldsymbol{y}} f(\boldsymbol{x}^*)$, 则有

$$\nabla_{\boldsymbol{y}} f(\boldsymbol{x}^*) = \boldsymbol{H}_1 \boldsymbol{\lambda}^*, \quad \nabla_{\boldsymbol{z}} f(\boldsymbol{x}^*) = \boldsymbol{H}_2 \boldsymbol{\lambda}^*.$$

两式合起来即

$$\nabla f(\boldsymbol{x}^*) = \begin{pmatrix} \nabla_{\boldsymbol{y}} f(\boldsymbol{x}^*) \\ \nabla_{\boldsymbol{z}} f(\boldsymbol{x}^*) \end{pmatrix} = \begin{pmatrix} \boldsymbol{H}_1 \\ \boldsymbol{H}_2 \end{pmatrix} \boldsymbol{\lambda}^* = \sum_{i=1}^{l} \lambda_i \nabla h_i(\boldsymbol{x}^*).$$

证毕. □

为了讨论等式约束问题的二阶必要条件, 需要用到式 (8.2) 定义的拉格朗日函数 $L(\boldsymbol{x},\boldsymbol{\lambda})$ 的梯度和关于 $\boldsymbol{x}$ 的 Hesse 阵. 计算过程如下:

$$\nabla L(\boldsymbol{x},\boldsymbol{\lambda})=\begin{pmatrix}\nabla_{\boldsymbol{x}}L(\boldsymbol{x},\boldsymbol{\lambda})\\ \nabla_{\boldsymbol{\lambda}}L(\boldsymbol{x},\boldsymbol{\lambda})\end{pmatrix}=\begin{pmatrix}\nabla f(\boldsymbol{x})-\sum\limits_{i=1}^{l}\lambda_i\nabla h_i(\boldsymbol{x})\\ -\boldsymbol{h}(\boldsymbol{x})\end{pmatrix},$$

$$\nabla^2_{\boldsymbol{xx}}L(\boldsymbol{x},\boldsymbol{\lambda})=\nabla^2 f(\boldsymbol{x})-\sum_{i=1}^{l}\lambda_i\nabla^2 h_i(\boldsymbol{x}).$$

如果目标函数和约束函数都是二阶连续可微的, 则可考虑二阶充分性条件.

定理 8.2 对于等式约束问题 (8.1), 假设 $f(\boldsymbol{x})$ 和 $h_i(\boldsymbol{x})\,(i=1,2,\cdots,l)$ 都是二阶连续可微的, 并且存在 $(\boldsymbol{x}^*,\boldsymbol{\lambda}^*)\in\mathbf{R}^n\times\mathbf{R}^l$ 使得 $\nabla L(\boldsymbol{x}^*,\boldsymbol{\lambda}^*)=\mathbf{0}$. 若对任意的 $\mathbf{0}\neq\boldsymbol{d}\in\mathbf{R}^n$, $\nabla h_i(\boldsymbol{x}^*)^{\mathrm{T}}\boldsymbol{d}=0\,(i=1,2,\cdots,l)$, 均有 $\boldsymbol{d}^{\mathrm{T}}\nabla^2_{\boldsymbol{xx}}L(\boldsymbol{x}^*,\boldsymbol{\lambda}^*)\boldsymbol{d}>0$, 则 $\boldsymbol{x}^*$ 是问题 (8.1) 的一个严格局部极小点.

证明 用反证法. 若 $\boldsymbol{x}^*$ 不是严格局部极小点, 则必存在邻域 $N(\boldsymbol{x}^*,\delta)$ 及收敛于 $\boldsymbol{x}^*$ 的序列 $\{\boldsymbol{x}_k\}$, 使得 $\boldsymbol{x}_k\in N(\boldsymbol{x}^*,\delta)$, $\boldsymbol{x}_k\neq\boldsymbol{x}^*$, 且有

$$f(\boldsymbol{x}^*)\geqslant f(\boldsymbol{x}_k),\quad h_i(\boldsymbol{x}_k)=0,\ i=1,2,\cdots,l,\ k=1,2,\cdots.$$

令 $\boldsymbol{x}_k=\boldsymbol{x}^*+\alpha_k\boldsymbol{z}_k$, 其中 $\alpha_k>0$, $\|\boldsymbol{z}_k\|=1$, 序列 $\{(\alpha_k,\boldsymbol{z}_k)\}$ 有子列收敛于 $(0,\boldsymbol{z}^*)$ 且 $\|\boldsymbol{z}^*\|=1$.

由泰勒中值公式, 得

$$0=h_i(\boldsymbol{x}_k)-h_i(\boldsymbol{x}^*)=\alpha_k\boldsymbol{z}_k^{\mathrm{T}}\nabla h_i(\boldsymbol{x}^*+\theta_{ik}\alpha_k\boldsymbol{z}_k),\quad \theta_{ik}\in(0,1).$$

上式两边同除以 α_k, 并令 $k\to\infty$, 得

$$\nabla h_i(\boldsymbol{x}^*)^{\mathrm{T}}\boldsymbol{z}^*=0,\quad i=1,2,\cdots,l. \tag{8.4}$$

再由泰勒展开式, 得

$$L(\boldsymbol{x}_k,\boldsymbol{\lambda}^*)=L(\boldsymbol{x}^*,\boldsymbol{\lambda}^*)+\alpha_k\nabla_{\boldsymbol{x}}L(\boldsymbol{x}^*,\boldsymbol{\lambda}^*)^{\mathrm{T}}\boldsymbol{z}_k+\frac{1}{2}\alpha_k^2\boldsymbol{z}_k^{\mathrm{T}}\nabla^2_{\boldsymbol{xx}}L(\boldsymbol{x}^*,\boldsymbol{\lambda}^*)\boldsymbol{z}_k+o(\alpha_k^2).$$

由于 $\boldsymbol{x}_k$ 都满足等式约束, 故有

$$\begin{aligned}0\ \geqslant\ f(\boldsymbol{x}_k)-f(\boldsymbol{x}^*)\ &=\ L(\boldsymbol{x}_k,\boldsymbol{\lambda}^*)-L(\boldsymbol{x}^*,\boldsymbol{\lambda}^*)\\ &=\ \frac{1}{2}\alpha_k^2\boldsymbol{z}_k^{\mathrm{T}}\nabla^2_{\boldsymbol{xx}}L(\boldsymbol{x}^*,\boldsymbol{\lambda}^*)\boldsymbol{z}_k+o(\alpha_k^2).\end{aligned}$$

上式两边同除 $\alpha_k/2$, 得

$$z_k^{\mathrm{T}}\nabla_{\boldsymbol{x}\boldsymbol{x}}^2 L(\boldsymbol{x}^*,\boldsymbol{\lambda}^*)\boldsymbol{z}_k+\frac{o(2\alpha_k^2)}{\alpha_k^2}\leqslant 0.$$

对上式取极限 $(k\to\infty)$, 得

$$(\boldsymbol{z}^*)^{\mathrm{T}}\nabla_{\boldsymbol{x}\boldsymbol{x}}^2 L(\boldsymbol{x}^*,\boldsymbol{\lambda}^*)\boldsymbol{z}^*\leqslant 0.$$

由于 $\boldsymbol{z}^*$ 满足式 (8.4), 故矛盾. 因此, $\boldsymbol{x}^*$ 是严格局部极小点. 证毕. □

8.2 不等式约束问题的最优性条件

本节考虑下面的不等式约束优化问题的最优性条件:

$$\begin{aligned}&\min\ f(\boldsymbol{x}), \qquad \boldsymbol{x}\in\mathbf{R}^n,\\ &\text{s.t.}\ \ g_i(\boldsymbol{x})\geqslant 0,\quad i=1,2,\cdots,m.\end{aligned}\tag{8.5}$$

记可行域为 $\mathcal{D}=\{\boldsymbol{x}\in\mathbf{R}^n|\,g_i(\boldsymbol{x})\geqslant 0, i=1,2,\cdots,m\}$, 指标集 $\mathcal{I}=\{1,2,\cdots,m\}$.

不等式约束问题的最优性条件需要用到所谓的有效约束和非有效约束的概念. 对于一个可行点 $\bar{\boldsymbol{x}}$, 即 $\bar{\boldsymbol{x}}\in\mathcal{D}$. 此时可能会出现两种情形, 即有些约束函数满足 $g_i(\bar{\boldsymbol{x}})=0$, 而另一些约束函数则满足 $g_i(\bar{\boldsymbol{x}})>0$. 对于后一种情形, 在 $\bar{\boldsymbol{x}}$ 的某个邻域内仍然保持 $g_i(\bar{\boldsymbol{x}})>0$ 成立, 而前者则不具备这种性质. 因此, 有必要把这两种情形区分开来.

定义 8.1 若问题 (8.5) 的一个可行点 $\bar{\boldsymbol{x}}\in\mathcal{D}$ 使得 $g_i(\bar{\boldsymbol{x}})=0$, 则称不等式约束 $g_i(\boldsymbol{x})\geqslant 0$ 为 $\bar{\boldsymbol{x}}$ 的有效约束. 反之, 若有 $g_i(\bar{\boldsymbol{x}})>0$, 则称不等式约束 $g_i(\boldsymbol{x})\geqslant 0$ 为 $\bar{\boldsymbol{x}}$ 的非有效约束. 称集合

$$\mathcal{I}(\bar{\boldsymbol{x}})=\{i|g_i(\bar{\boldsymbol{x}})=0\}\tag{8.6}$$

为 $\bar{\boldsymbol{x}}$ 处的有效约束指标集, 简称为 $\boldsymbol{x}$ 处的有效集 (或积极集).

下面的两个引理是研究不等式约束问题最优性条件的基础.

引理 8.1 (**Farkas 引理**) 设 $\boldsymbol{a},\boldsymbol{b}_i\in\mathbf{R}^n\,(i=1,2,\cdots,r)$. 则线性不等式组

$$\boldsymbol{b}_i^{\mathrm{T}}\boldsymbol{d}\geqslant 0,\quad i=1,2,\cdots,r,\ \ \boldsymbol{d}\in\mathbf{R}^n$$

与不等式

$$\boldsymbol{a}^{\mathrm{T}}\boldsymbol{d}\geqslant 0$$

相容的充要条件是存在非负实数 $\alpha_1,\alpha_2,\cdots,\alpha_r$, 使得 $\boldsymbol{a}=\sum\limits_{i=1}^{r}\alpha_i\boldsymbol{b}_i$.

证明 充分性. 即存在非负实数 $\alpha_1, \alpha_2, \cdots, \alpha_r$, 使得 $\boldsymbol{a} = \sum\limits_{i=1}^{r} \alpha_i \boldsymbol{b}_i$. 设 $\boldsymbol{d} \in \mathbf{R}^n$ 满足 $\boldsymbol{b}_i^{\mathrm{T}} \boldsymbol{d} \geqslant 0\,(i = 1, 2, \cdots, r)$, 那么有

$$\boldsymbol{a}^{\mathrm{T}} \boldsymbol{d} = \sum_{i=1}^{r} \alpha_i \boldsymbol{b}_i^{\mathrm{T}} \boldsymbol{d} \geqslant 0.$$

必要性. 设所有满足 $\boldsymbol{b}_i^{\mathrm{T}} \boldsymbol{d} \geqslant 0\,(i = 1, 2, \cdots, r)$ 的向量 $\boldsymbol{d}$ 同时也满足 $\boldsymbol{a}^{\mathrm{T}} \boldsymbol{d} \geqslant 0$. 用反证法. 设结论不成立, 即

$$\boldsymbol{a} \notin \mathcal{C} = \left\{\boldsymbol{x} \in \mathbf{R}^n \,\middle|\, \boldsymbol{x} = \sum_{i=1}^{r} \alpha_i \boldsymbol{b}_i,\ \alpha_i \geqslant 0,\ i = 1, 2, \cdots, r\right\}.$$

设 $\boldsymbol{a}_0 \in \mathcal{C}$ 是向量 $\boldsymbol{a}$ 在凸锥 $\mathcal{C}$ 上的投影, 即

$$\|\boldsymbol{a}_0 - \boldsymbol{a}\|_2 = \min_{\boldsymbol{x} \in \mathcal{C}} \|\boldsymbol{x} - \boldsymbol{a}\|_2,$$

则有 $\boldsymbol{a}_0^{\mathrm{T}}(\boldsymbol{a}_0 - \boldsymbol{a}) = 0$.

(1) 先证明对于任意的 $\boldsymbol{u} \in \mathcal{C}$, 必有 $\boldsymbol{u}^{\mathrm{T}}(\boldsymbol{a}_0 - \boldsymbol{a}) \geqslant 0$. 事实上, 若不然, 则存在一个 $\boldsymbol{u} \in \mathcal{C}$, 使 $\boldsymbol{u}^{\mathrm{T}}(\boldsymbol{a}_0 - \boldsymbol{a}) < 0$. 令 $\bar{\boldsymbol{u}} = \dfrac{\boldsymbol{u}}{\|\boldsymbol{u}\|}$, 则 $\bar{\boldsymbol{u}}^{\mathrm{T}}(\boldsymbol{a}_0 - \boldsymbol{a}) = -\tau,\ \tau > 0$. 注意到 $\mathcal{C}$ 是凸锥且 $\boldsymbol{a}_0, \bar{\boldsymbol{u}} \in \mathcal{C}$, 故 $\boldsymbol{a}_0 + \tau \bar{\boldsymbol{u}} \in \mathcal{C}$. 此时有

$$\|\boldsymbol{a}_0 + \tau \bar{\boldsymbol{u}} - \boldsymbol{a}\|^2 - \|\boldsymbol{a}_0 - \boldsymbol{a}\|^2 = -\tau^2 < 0,$$

这与 $\boldsymbol{a}_0$ 是投影的假设矛盾, 故必有 $\boldsymbol{u}^{\mathrm{T}}(\boldsymbol{a}_0 - \boldsymbol{a}) \geqslant 0\ (\forall\, \boldsymbol{u} \in \mathcal{C})$.

(2) 现取 $\boldsymbol{d} = \boldsymbol{a}_0 - \boldsymbol{a}$. 由于 $\boldsymbol{b}_i \in \mathcal{C}$, 那么由 (1) 的结论可得 $\boldsymbol{b}_i^{\mathrm{T}} \boldsymbol{d} \geqslant 0$, 故由必要性的假设应有 $\boldsymbol{a}^{\mathrm{T}} \boldsymbol{d} \geqslant 0$. 但另一方面, 有

$$\begin{aligned}\boldsymbol{a}^{\mathrm{T}} \boldsymbol{d} &= \boldsymbol{a}^{\mathrm{T}}(\boldsymbol{a}_0 - \boldsymbol{a}) = \boldsymbol{a}^{\mathrm{T}}(\boldsymbol{a}_0 - \boldsymbol{a}) - \boldsymbol{a}_0^{\mathrm{T}}(\boldsymbol{a}_0 - \boldsymbol{a}) \\ &= -(\boldsymbol{a}_0 - \boldsymbol{a})^{\mathrm{T}}(\boldsymbol{a}_0 - \boldsymbol{a}) = -\|\boldsymbol{a}_0 - \boldsymbol{a}\|^2 < 0,\end{aligned}$$

这与假设矛盾, 必要性得证. 证毕. □

下面的 Gordan 引理可以认为是 Farkas 引理的一个推论.

引理 8.2 (**Gordan 引理**) 设 $\boldsymbol{b}_i \in \mathbf{R}^n\,(i = 1, 2, \cdots, r)$. 线性不等式组

$$\boldsymbol{b}_i^{\mathrm{T}} \boldsymbol{d} < 0,\quad i = 1, 2, \cdots, r,\ \boldsymbol{d} \in \mathbf{R}^n \tag{8.7}$$

无解的充要条件是 $\boldsymbol{b}_i\,(i = 1, 2, \cdots, r)$ 线性相关, 即存在不全为 0 的非负实数 $\alpha_i\,(i = 1, 2, \cdots, r)$, 使得

$$\sum_{i=1}^{r} \alpha_i \boldsymbol{b}_i = \mathbf{0}. \tag{8.8}$$

证明 充分性. 用反证法. 设式 (8.7) 有解, 即存在某个 $\boldsymbol{d}_0$, 使得 $\boldsymbol{b}_i^{\mathrm{T}}\boldsymbol{d}_0 < 0,\ \ i = 1, 2, \cdots, r$. 于是对于任意不全为 0 的非负实数 $\alpha_i\,(i = 1, 2, \cdots, r)$, 有 $\sum\limits_{i=1}^{r}\alpha_i\boldsymbol{b}_i^{\mathrm{T}}\boldsymbol{d}_0 < 0$. 另一方面, 由充分性条件 (8.8) 有 $\big(\sum\limits_{i=1}^{r}\alpha_i\boldsymbol{b}_i\big)^{\mathrm{T}}\boldsymbol{d}_0 = 0$, 矛盾, 故充分性得证.

必要性. 设不等式组 (8.7) 无解, 故对于任意的 $\boldsymbol{d} \in \mathbf{R}^n$, 至少存在一个指标 i 满足 $\boldsymbol{b}_i^{\mathrm{T}}\boldsymbol{d} \geqslant 0$. 记 $\beta_0 = \max\limits_{1\leqslant i\leqslant r}\{\boldsymbol{b}_i^{\mathrm{T}}\boldsymbol{d}\}$, 则必有 $\beta_0 \geqslant 0$ 且

$$\beta_0 - \boldsymbol{b}_i^{\mathrm{T}}\boldsymbol{d} \geqslant 0,\ \ i = 1, 2, \cdots, r.$$

下面构造 $r+2$ 个 $n+1$ 维向量:

$$\bar{\boldsymbol{d}} = \begin{pmatrix} \beta \\ \boldsymbol{d} \end{pmatrix},\quad \bar{\boldsymbol{a}} = \begin{pmatrix} 1 \\ \boldsymbol{0} \end{pmatrix},\quad \bar{\boldsymbol{b}}_i = \begin{pmatrix} 1 \\ -\boldsymbol{b}_i \end{pmatrix},\quad i = 1, 2, \cdots, r,\quad \beta \geqslant \beta_0. \tag{8.9}$$

那么不难验证上述向量满足 Farkas 引理的条件, 即

$$\bar{\boldsymbol{b}}_i^{\mathrm{T}}\bar{\boldsymbol{d}} = \beta - \boldsymbol{b}_i^{\mathrm{T}}\boldsymbol{d} \geqslant \beta_0 - \boldsymbol{b}_i^{\mathrm{T}}\boldsymbol{d} \geqslant 0,\ \ i = 1, 2, \cdots, r,$$

且 $\bar{\boldsymbol{a}}^{\mathrm{T}}\bar{\boldsymbol{d}} = \beta \geqslant 0$. 故由 Farkas 引理, 存在非负实数 $\alpha_1, \alpha_2, \cdots, \alpha_r$, 使得

$$\bar{\boldsymbol{a}} = \sum_{i=1}^{r}\alpha_i\bar{\boldsymbol{b}}_i.$$

将式 (8.9) 代入上式, 得

$$\sum_{i=1}^{r}\alpha_i\boldsymbol{b}_i = \boldsymbol{0},\quad \sum_{i=1}^{r}\alpha_i = 1.$$

必要性得证. 证毕. □

下面的引理可认为是一个几何最优性条件.

引理 8.3 *设 $\boldsymbol{x}^*$ 是不等式约束问题 (8.5) 的一个局部极小点, $\mathcal{I}(\boldsymbol{x}^*) = \{i|\, g_i(\boldsymbol{x}^*) = 0,\ i = 1, 2, \cdots, m\}$. 假设 $f(\boldsymbol{x})$ 和 $g_i(\boldsymbol{x})\,(i \in \mathcal{I}(\boldsymbol{x}^*))$ 在 $\boldsymbol{x}^*$ 处可微, 且 $g_i(\boldsymbol{x})\,(i \in \mathcal{I}\backslash\mathcal{I}(\boldsymbol{x}^*))$ 在 $\boldsymbol{x}^*$ 处连续, 则问题 (8.5) 的可行方向集 $\mathcal{F}$ 与下降方向集 $\mathcal{S}$ 的交集是空集, 即 $\mathcal{F}\cap\mathcal{S} = \varnothing$, 其中*

$$\mathcal{F} = \{\boldsymbol{d} \in \mathbf{R}^n|\, \nabla g_i(\boldsymbol{x}^*)^{\mathrm{T}}\boldsymbol{d} > 0,\ i \in \mathcal{I}(\boldsymbol{x}^*)\},\quad \mathcal{S} = \{\boldsymbol{d} \in \mathbf{R}^n|\, \nabla f(\boldsymbol{x}^*)^{\mathrm{T}}\boldsymbol{d} < 0\}. \tag{8.10}$$

证明 用反证法. 设 $\mathcal{F}\cap\mathcal{S} \neq \varnothing$, 则存在 $\boldsymbol{d} \in \mathcal{F}\cap\mathcal{S}$. 显然 $\boldsymbol{d} \neq \boldsymbol{0}$. 由 $\mathcal{F}$, $\mathcal{S}$ 的定义及函数的连续性知, 存在充分小的正数 $\bar{\varepsilon}$, 使得对任意的 $0 < \varepsilon \ll \bar{\varepsilon}$, 有

$$f(\boldsymbol{x}^* + \varepsilon d) < f(\boldsymbol{x}^*),\quad g_i(\boldsymbol{x}^* + \varepsilon d) \geqslant 0,\ \ i = 1, 2, \cdots, m.$$

这与假设矛盾. 证毕. □

下面给出不等式约束问题 (8.5) 的一阶必要条件, 即著名的 KKT 条件.

定理 8.3 (**KKT 条件**) 设 $\boldsymbol{x}^*$ 是不等式约束问题 (8.5) 的局部极小点, 有效约束集 $\mathcal{I}(\boldsymbol{x}^*)=\{i|\,g_i(\boldsymbol{x}^*)=0,\ i=1,2,\cdots,m\}$. 并设 $f(\boldsymbol{x})$ 和 $g_i(\boldsymbol{x})\,(i=1,2,\cdots,m)$ 在 $\boldsymbol{x}^*$ 处可微. 若向量组 $\nabla g_i(\boldsymbol{x}^*)\,(i\in\mathcal{I}(\boldsymbol{x}^*))$ 线性无关, 则存在向量 $\boldsymbol{\lambda}^*=(\lambda_1^*,\lambda_2^*,\cdots,\lambda_m^*)^{\mathrm{T}}$ 使得

$$\begin{cases}\nabla f(\boldsymbol{x}^*)-\displaystyle\sum_{i=1}^{m}\lambda_i^*\nabla g_i(\boldsymbol{x}^*)=\boldsymbol{0},\\ g_i(\boldsymbol{x}^*)\geqslant 0,\quad \lambda_i^*\geqslant 0,\quad \lambda_i^*g_i(\boldsymbol{x}^*)=0,\ i=1,2,\cdots,m.\end{cases}$$

证明 因 $\boldsymbol{x}^*$ 是问题 (8.5) 的局部极小点, 故由引理 8.3 知, 不存在 $\boldsymbol{d}\in\mathbf{R}^n$ 使得

$$\nabla f(\boldsymbol{x}^*)^{\mathrm{T}}\boldsymbol{d}<0,\quad \nabla g_i(\boldsymbol{x}^*)^{\mathrm{T}}\boldsymbol{d}>0,\ i\in\mathcal{I}(\boldsymbol{x}^*),$$

即线性不等式组

$$\nabla f(\boldsymbol{x}^*)^{\mathrm{T}}\boldsymbol{d}<0,\quad -\nabla g_i(\boldsymbol{x}^*)^{\mathrm{T}}\boldsymbol{d}<0,\ i\in\mathcal{I}(\boldsymbol{x}^*)$$

无解. 于是由 Gordan 引理知, 存在不全为 0 的非负实数 $\mu_0\geqslant 0$ 及 $\mu_i\geqslant 0\,(i\in\mathcal{I}(\boldsymbol{x}^*))$, 使得

$$\mu_0\nabla f(\boldsymbol{x}^*)-\sum_{i\in\mathcal{I}(\boldsymbol{x}^*)}\mu_i\nabla g_i(\boldsymbol{x}^*)=\boldsymbol{0}.$$

不难证明 $\mu_0\neq 0$. 事实上, 若 $\mu_0=0$, 则有 $\sum\limits_{i\in\mathcal{I}(\boldsymbol{x}^*)}\mu_i\nabla g_i(\boldsymbol{x}^*)=\boldsymbol{0}$, 由此可知 $\nabla g_i(\boldsymbol{x}^*)\,(i\in\mathcal{I}(\boldsymbol{x}^*))$ 线性相关, 这与假设矛盾. 因此必有 $\mu_0>0$. 于是可令

$$\lambda_i^*=\frac{\mu_i}{\mu_0},\quad i\in\mathcal{I}(\boldsymbol{x}^*);\quad \lambda_i^*=0,\quad i\in\mathcal{I}\backslash\mathcal{I}(\boldsymbol{x}^*),$$

则得

$$\nabla f(\boldsymbol{x}^*)-\sum_{i=1}^{m}\lambda_i^*\nabla g_i(\boldsymbol{x}^*)=\boldsymbol{0},$$

及

$$g_i(\boldsymbol{x}^*)\geqslant 0,\quad \lambda_i^*\geqslant 0,\quad \lambda_i^*g_i(\boldsymbol{x}^*)=0,\ i=1,2,\cdots,m.$$

证毕. □

8.3 一般约束问题的最优性条件

现在考虑下面的一般约束优化问题的最优性条件:

$$\begin{aligned}&\min\ f(\boldsymbol{x}), && \boldsymbol{x}\in\mathbf{R}^n,\\ &\text{s.t.}\ \ h_i(\boldsymbol{x})=0, && i=1,2,\cdots,l,\\ &\qquad g_i(\boldsymbol{x})\geqslant 0, && i=1,2,\cdots,m.\end{aligned}\tag{8.11}$$

记可行域为 $\mathcal{D}=\{\boldsymbol{x}\in\mathbf{R}^n\,|\,h_i(\boldsymbol{x})=0,\ i\in\mathcal{E},\ g_i(\boldsymbol{x})\geqslant 0,\ i\in\mathcal{I}\}$, 指标集 $\mathcal{E}=\{1,2,\cdots,l\}$, $\mathcal{I}=\{1,2,\cdots,m\}$.

把定理 8.1 和定理 8.3 结合起来即得到一般约束问题 (8.11) 的 KKT 一阶必要条件.

定理 8.4 (**KKT 一阶必要条件**) 设 $\boldsymbol{x}^*$ 是一般约束问题 (8.11) 的局部极小点, 在 $\boldsymbol{x}^*$ 处的有效约束集为

$$S(\boldsymbol{x}^*)=\mathcal{E}\cup\mathcal{I}(\boldsymbol{x}^*)=\mathcal{E}\cup\{i\,|\,g_i(\boldsymbol{x}^*)=0,i\in\mathcal{I}\}. \tag{8.12}$$

并设 $f(\boldsymbol{x})$, $h_i(\boldsymbol{x})\,(i\in\mathcal{E})$ 和 $g_i(\boldsymbol{x})\,(i\in\mathcal{I})$ 在 $\boldsymbol{x}^*$ 处可微. 若向量组 $\nabla h_i(\boldsymbol{x}^*)\,(i\in\mathcal{E})$, $\nabla g_i(\boldsymbol{x}^*)\,(i\in\mathcal{I}(\boldsymbol{x}^*))$ 线性无关, 则存在向量 $(\boldsymbol{\mu}^*,\boldsymbol{\lambda}^*)\in\mathbf{R}^l\times\mathbf{R}^m$, 其中 $\boldsymbol{\mu}^*=(\mu_1^*,\mu_2^*,\cdots,\mu_l^*)^{\mathrm{T}}$, $\boldsymbol{\lambda}^*=(\lambda_1^*,\lambda_2^*,\cdots,\lambda_m^*)^{\mathrm{T}}$, 使得

$$\begin{cases}\nabla f(\boldsymbol{x}^*)-\displaystyle\sum_{i=1}^{l}\mu_i^*\nabla h_i(\boldsymbol{x}^*)-\sum_{i=1}^{m}\lambda_i^*\nabla g_i(\boldsymbol{x}^*)=\boldsymbol{0},\\ h_i(\boldsymbol{x}^*)=0,\ i\in\mathcal{E},\\ g_i(\boldsymbol{x}^*)\geqslant 0,\quad \lambda_i^*\geqslant 0,\quad \lambda_i^*g_i(\boldsymbol{x}^*)=0,\ i\in\mathcal{I}.\end{cases} \tag{8.13}$$

注 (1) 式 (8.13) 称为 KKT 条件, 满足这一条件的点 $\boldsymbol{x}^*$ 称为 KKT 点. $(\boldsymbol{x}^*,(\boldsymbol{\mu}^*,\boldsymbol{\lambda}^*))$ 称为 KKT 对, 其中 $(\boldsymbol{\mu}^*,\boldsymbol{\lambda}^*)$ 称为问题的拉格朗日乘子. 通常 KKT 点、KKT 对和 KKT 条件可以不加区别的使用.

(2) $\lambda_i^*g_i(\boldsymbol{x}^*)=0\,(i\in\mathcal{I}(\boldsymbol{x}^*))$ 称为互补性松弛条件. 这意味着 λ_i^* 和 $g_i(\boldsymbol{x}^*)$ 中至少有一个必为 0. 若二者中的一个为 0, 而另一个严格大于 0, 则称为满足严格互补性松弛条件.

与等式约束问题相仿, 可以定义问题 (8.11) 的拉格朗日函数

$$L(\boldsymbol{x},\boldsymbol{\mu},\boldsymbol{\lambda})=f(\boldsymbol{x})-\sum_{i=1}^{l}\mu_ih_i(\boldsymbol{x})-\sum_{i=1}^{m}\lambda_ig_i(\boldsymbol{x}). \tag{8.14}$$

不难求出它关于变量 $\boldsymbol{x}$ 的梯度和 Hesse 阵分别为

$$\nabla_{\boldsymbol{x}}L(\boldsymbol{x},\boldsymbol{\mu},\boldsymbol{\lambda})=\nabla f(\boldsymbol{x})-\sum_{i=1}^{l}\mu_i\nabla h_i(\boldsymbol{x})-\sum_{i=1}^{m}\lambda_i\nabla g_i(\boldsymbol{x}),$$

$$\nabla^2_{\boldsymbol{xx}}L(\boldsymbol{x},\boldsymbol{\mu},\boldsymbol{\lambda})=\nabla^2 f(\boldsymbol{x})-\sum_{i=1}^{l}\mu_i\nabla^2 h_i(\boldsymbol{x})-\sum_{i=1}^{m}\lambda_i\nabla^2 g_i(\boldsymbol{x}).$$

与定理 8.2 的证明相类似, 可以证明问题 (8.13) 的二阶充分条件如下.

定理 8.5 对于约束优化问题 (8.11), 假设 $f(\boldsymbol{x})$, $h_i(\boldsymbol{x})\,(i\in\mathcal{E})$ 和 $g_i(\boldsymbol{x})\,(i\in\mathcal{I})$ 都是二阶连续可微的, 有效约束集 $S(\boldsymbol{x}^*)$ 由式 (8.12) 所定义. 且 $(\boldsymbol{x}^*,(\boldsymbol{\mu}^*,\boldsymbol{\lambda}^*))$ 是问题 (8.11) 的 KKT 点. 若对任意的 $\boldsymbol{0}\neq\boldsymbol{d}\in\mathbf{R}^n$, $\nabla h_i(\boldsymbol{x}^*)^{\mathrm{T}}\boldsymbol{d}=0\,(i\in\mathcal{E})$, $\nabla g_i(\boldsymbol{x}^*)^{\mathrm{T}}\boldsymbol{d}=0\,(i\in\mathcal{I}(\boldsymbol{x}^*))$, 均有 $\boldsymbol{d}^{\mathrm{T}}\nabla^2_{\boldsymbol{xx}}L(\boldsymbol{x}^*,\boldsymbol{\mu}^*,\boldsymbol{\lambda}^*)\boldsymbol{d}>0$, 则 $\boldsymbol{x}^*$ 是问题 (8.11) 的一个严格局部极小点.

例 8.1 考虑优化问题

$$\begin{aligned}\min\ & f(\boldsymbol{x})=-2x_1^2-x_2^2,\\ \text{s.t.}\ & x_1^2+x_2^2-2=0,\\ & -x_1+x_2\geqslant 0,\\ & x_1,\ x_2\geqslant 0.\end{aligned}$$

试验证 $\boldsymbol{x}^*=(1,1)^{\mathrm{T}}$ 为 KKT 点, 并求出问题的 KKT 对.

解 计算

$$\nabla f(\boldsymbol{x}^*)=\begin{pmatrix}-4x_1\\-2x_2\end{pmatrix}\Bigg|_{\boldsymbol{x}=\boldsymbol{x}^*}=\begin{pmatrix}-4\\-2\end{pmatrix},\quad \nabla h(\boldsymbol{x}^*)=\begin{pmatrix}2\\2\end{pmatrix},\quad \nabla g_1(\boldsymbol{x}^*)=\begin{pmatrix}-1\\1\end{pmatrix}.$$

令

$$\nabla f(\boldsymbol{x}^*)-\mu^*\nabla h(\boldsymbol{x}^*)-\lambda_1^*\nabla g_1(\boldsymbol{x}^*)=\boldsymbol{0},$$

解得 $\mu^*=-1.5$, $\lambda_1^*=1$. 再令 $\lambda_2^*=\lambda_3^*=0$, 得

$$\begin{cases}\nabla f(\boldsymbol{x}^*)-\mu^*\nabla h(\boldsymbol{x}^*)-\sum\limits_{i=1}^{3}\lambda_i^*\nabla g_i(\boldsymbol{x}^*)=\boldsymbol{0},\\ \lambda_i^*g_i(\boldsymbol{x}^*)=0,\ \lambda_i\geqslant 0,\ i=1,2,3.\end{cases}$$

这表明 $\boldsymbol{x}^*$ 是 KKT 点, $(\boldsymbol{x}^*,(\mu^*,\boldsymbol{\lambda}^*))$ 是 KKT 对, 其中 $\mu^*=-1.5$, $\boldsymbol{\lambda}^*=(1,0,0)^{\mathrm{T}}$. □

一般而言, 问题 (8.11) 的 KKT 点不一定是局部极小点. 但如果问题是下面的所谓凸优化问题, 则 KKT 点、局部极小点、全局极小点三者是等价的.

下面首先给出约束凸优化问题的定义.

定义 8.2 对于约束最优化问题

$$\begin{aligned}\min\ & f(\boldsymbol{x}), && \boldsymbol{x}\in\mathbf{R}^n,\\ \text{s.t.}\ & h_i(\boldsymbol{x})=0, && i=1,2,\cdots,l,\\ & g_i(\boldsymbol{x})\geqslant 0, && i=1,2,\cdots,m.\end{aligned}\tag{8.15}$$

若 $f(\boldsymbol{x})$ 是凸函数, $h_i(\boldsymbol{x})\,(i=1,2,\cdots,l)$ 是线性函数, $g_i(\boldsymbol{x})\,(i=1,2,\cdots,m)$ 是凹函数 (即 $-g_i(\boldsymbol{x})$ 是凸函数), 那么上述约束优化问题称为凸优化问题.

定理 8.6 设 $(\boldsymbol{x}^*, \boldsymbol{\mu}^*, \boldsymbol{\lambda}^*)$ 是凸优化问题 (8.15) 的 KKT 点, 则 $\boldsymbol{x}^*$ 必为该问题的全局极小点.

证明 因对于凸优化问题, 其拉格朗日函数

$$L(\boldsymbol{x}, \boldsymbol{\mu}^*, \boldsymbol{\lambda}^*) = f(\boldsymbol{x}) - \sum_{i=1}^{l} \mu_i^* h_i(\boldsymbol{x}) - \sum_{i=1}^{m} \lambda_i^* g_i(\boldsymbol{x})$$

关于 $\boldsymbol{x}$ 是凸函数, 故对于每一个可行点 $\boldsymbol{x}$, 有

$$\begin{aligned} f(\boldsymbol{x}) &\geqslant f(\boldsymbol{x}) - \sum_{i=1}^{l} \mu_i^* h_i(\boldsymbol{x}) - \sum_{i=1}^{m} \lambda_i^* g_i(\boldsymbol{x}) \\ &= L(\boldsymbol{x}, \boldsymbol{\mu}^*, \boldsymbol{\lambda}^*) \\ &\geqslant L(\boldsymbol{x}^*, \boldsymbol{\mu}^*, \boldsymbol{\lambda}^*) + \nabla_{\boldsymbol{x}} L(\boldsymbol{x}^*, \boldsymbol{\mu}^*, \boldsymbol{\lambda}^*)^{\mathrm{T}}(\boldsymbol{x} - \boldsymbol{x}^*) \\ &= L(\boldsymbol{x}^*, \boldsymbol{\mu}^*, \boldsymbol{\lambda}^*) \ = \ f(\boldsymbol{x}^*). \end{aligned}$$

故 $\boldsymbol{x}^*$ 为问题的全局极小点. 证毕. □

8.4 鞍点和对偶问题

本节介绍约束优化问题的鞍点和对偶等有关概念. 首先给出鞍点的定义.

定义 8.3 对约束优化问题 (8.11), 若存在 $\boldsymbol{x}^*$ 和 $(\boldsymbol{\mu}^*, \boldsymbol{\lambda}^*)$, 其中 $\boldsymbol{\lambda}^* \geqslant \mathbf{0}$, 满足

$$L(\boldsymbol{x}^*, \boldsymbol{\mu}, \boldsymbol{\lambda}) \leqslant L(\boldsymbol{x}^*, \boldsymbol{\mu}^*, \boldsymbol{\lambda}^*) \leqslant L(\boldsymbol{x}, \boldsymbol{\mu}^*, \boldsymbol{\lambda}^*), \quad \forall\, (\boldsymbol{x}, \boldsymbol{\mu}, \boldsymbol{\lambda}) \in \mathbf{R}^n \times \mathbf{R}^l \times \mathbf{R}_+^m, \tag{8.16}$$

则称 $(\boldsymbol{x}^*, \boldsymbol{\mu}^*, \boldsymbol{\lambda}^*)$ 为约束优化问题 (8.11) 的拉格朗日函数的鞍点, 通常简称 $\boldsymbol{x}^*$ 为问题 (8.11) 的鞍点.

下面的定理表明, 鞍点 $\boldsymbol{x}^*$ 不仅是 KKT 点, 而且是全局极小点.

定理 8.7 设 $(\boldsymbol{x}^*, \boldsymbol{\mu}^*, \boldsymbol{\lambda}^*)$ 是约束优化问题 (8.11) 的鞍点. 则 $(\boldsymbol{x}^*, \boldsymbol{\mu}^*, \boldsymbol{\lambda}^*)$ 不仅是问题 (8.11) KKT 点, 而且是它的全局极小点.

证明 由鞍点的定义 8.3 可知 $\boldsymbol{x}^*$ 是

$$\min_{\boldsymbol{x} \in \mathbf{R}^n} L(\boldsymbol{x}, \boldsymbol{\mu}^*, \boldsymbol{\lambda}^*)$$

的全局极小点. 由无约束优化问题的最优性条件可得 $\nabla_{\boldsymbol{x}} L(\boldsymbol{x}^*, \boldsymbol{\mu}^*, \boldsymbol{\lambda}^*) = \mathbf{0}$, 这就证明了约束优化问题 (8.11) KKT 条件的第一个式子.

另一方面, 再由鞍点的定义可知 $(\boldsymbol{\mu}^*, \boldsymbol{\lambda}^*)$ 是

$$\max_{\lambda_i \geqslant 0\,(i\in\mathcal{I}),\ \boldsymbol{\mu}\in\mathbf{R}^l} L(\boldsymbol{x}^*, \boldsymbol{\mu}, \boldsymbol{\lambda})$$

的全局极大点, 等价地, $(\boldsymbol{\mu}^*, \boldsymbol{\lambda}^*)$ 是

$$\min_{\lambda_i \geqslant 0\,(i\in\mathcal{I}),\ \boldsymbol{\mu}\in\mathbf{R}^l} -L(\boldsymbol{x}^*, \boldsymbol{\mu}, \boldsymbol{\lambda})$$

的全局极小点. 那么由定理 8.4 可知, 存在乘子向量 $\boldsymbol{\omega}^* = (\omega_1^*, \omega_2^*, \cdots, \omega_m^*)^{\mathrm{T}}\,(\omega_i^* \geqslant 0, i = 1, 2, \cdots, m)$, 使得

$$\begin{cases} h_i(\boldsymbol{x}^*) = 0, & i \in \mathcal{E} \\ g_i(\boldsymbol{x}^*) = \omega_i^* \geqslant 0,\ \lambda_i^* \geqslant 0,\ \omega_i^*\lambda_i^* = 0, & i \in \mathcal{I}. \end{cases}$$

从而 $\boldsymbol{x}^*$ 是问题 (8.11) 的可行点, 且 $\lambda_i^* g_i(\boldsymbol{x}^*) = 0,\ i \in \mathcal{I}$, 故 $(\boldsymbol{x}^*, \boldsymbol{\mu}^*, \boldsymbol{\lambda}^*)$ 满足问题 (8.11) 的 KKT 条件, 即为 KKT 点.

进一步, 由鞍点的定义, 对于问题 (8.11) 的任意可行点 $\boldsymbol{x}$, 有

$$L(\boldsymbol{x}^*, \boldsymbol{\mu}^*, \boldsymbol{\lambda}^*) \leqslant L(\boldsymbol{x}, \boldsymbol{\mu}^*, \boldsymbol{\lambda}^*),$$

即

$$f(\boldsymbol{x}^*) \leqslant f(\boldsymbol{x}) - \sum_{i=1}^{l} \mu_i^* h_i(\boldsymbol{x}) - \sum_{i=1}^{m} \lambda_i^* g_i(\boldsymbol{x}) \leqslant f(\boldsymbol{x}),$$

从而 $\boldsymbol{x}^*$ 是问题 (8.11) 的全局极小点. □

定理 8.7 说明, 鞍点一定是 KKT 点, 但反之不一定成立. 然而, 对于凸优化问题, KKT 点、鞍点和全局极小点三者是等价的. 于是有如下定理.

定理 8.8 *设 $(\boldsymbol{x}^*, \boldsymbol{\mu}^*, \boldsymbol{\lambda}^*)$ 是凸优化问题的 KKT 点, 则 $(\boldsymbol{x}^*, \boldsymbol{\mu}^*, \boldsymbol{\lambda}^*)$ 为对应的拉格朗日函数的鞍点, 同时 $\boldsymbol{x}^*$ 也是该凸优化问题的全局极小点.*

证明 注意到对于凸优化问题, 拉格朗日函数

$$L(\boldsymbol{x}, \boldsymbol{\mu}^*, \boldsymbol{\lambda}^*) = f(\boldsymbol{x}) - \sum_{i=1}^{l} \mu_i^* h_i(\boldsymbol{x}) - \sum_{i=1}^{m} \lambda_i^* g_i(\boldsymbol{x})$$

关于 $\boldsymbol{x}$ 是凸函数, 故由凸函数的性质 (定理 1.4), 有

$$\begin{aligned} L(\boldsymbol{x}, \boldsymbol{\mu}^*, \boldsymbol{\lambda}^*) &\geqslant L(\boldsymbol{x}^*, \boldsymbol{\mu}^*, \boldsymbol{\lambda}^*) + \nabla_{\boldsymbol{x}} L(\boldsymbol{x}^*, \boldsymbol{\mu}^*, \boldsymbol{\lambda}^*)^{\mathrm{T}}(\boldsymbol{x} - \boldsymbol{x}^*) \\ &= L(\boldsymbol{x}^*, \boldsymbol{\mu}^*, \boldsymbol{\lambda}^*), \end{aligned}$$

即 $L(\boldsymbol{x}^*,\boldsymbol{\mu}^*,\boldsymbol{\lambda}^*)\leqslant L(\boldsymbol{x},\boldsymbol{\mu}^*,\boldsymbol{\lambda}^*)$. 另一方面, 对于任意的 $(\boldsymbol{\mu},\boldsymbol{\lambda})\in\mathbf{R}^l\times\mathbf{R}^m_+$, 有

$$\begin{aligned} L(\boldsymbol{x}^*,\boldsymbol{\mu},\boldsymbol{\lambda})-L(\boldsymbol{x}^*,\boldsymbol{\mu}^*,\boldsymbol{\lambda}^*) &= -\sum_{i=1}^{l}(\mu_i-\mu_i^*)h_i(\boldsymbol{x}^*)-\sum_{i=1}^{m}(\lambda_i-\lambda_i^*)g_i(\boldsymbol{x}^*)\\ &= -\sum_{i=1}^{m}\lambda_i g_i(\boldsymbol{x}^*)\ \leqslant\ 0, \end{aligned}$$

即 $L(\boldsymbol{x}^*,\boldsymbol{\mu},\boldsymbol{\lambda})\leqslant L(\boldsymbol{x}^*,\boldsymbol{\mu}^*,\boldsymbol{\lambda}^*)$, 故 $(\boldsymbol{x}^*,\boldsymbol{\mu}^*,\boldsymbol{\lambda}^*)$ 为鞍点, 同时 $\boldsymbol{x}^*$ 也是凸优化问题的全局极小点. 证毕. □

下面讨论约束优化问题的对偶问题. 对于约束优化问题 (8.11), 引入如下记号:

$$\boldsymbol{H}(\boldsymbol{x})=\big(h_1(\boldsymbol{x}),\cdots,h_l(\boldsymbol{x})\big)^{\mathrm{T}},\quad \boldsymbol{G}(\boldsymbol{x})=\big(g_1(\boldsymbol{x}),\cdots,g_m(\boldsymbol{x})\big)^{\mathrm{T}}.$$

令 $\boldsymbol{y}\in\mathbf{R}^l$, $\boldsymbol{z}\in\mathbf{R}^m$, 定义函数

$$L(\boldsymbol{x},\boldsymbol{y},\boldsymbol{z})=f(\boldsymbol{x})-\boldsymbol{H}(\boldsymbol{x})^{\mathrm{T}}\boldsymbol{y}-\boldsymbol{G}(\boldsymbol{x})^{\mathrm{T}}\boldsymbol{z}$$

及

$$\psi(\boldsymbol{y},\boldsymbol{z})=\inf_{\boldsymbol{x}\in\mathbf{R}^n}L(\boldsymbol{x},\boldsymbol{y},\boldsymbol{z}).$$

易知 $\psi(\boldsymbol{y},\boldsymbol{z})$ 关于 $(\boldsymbol{y},\boldsymbol{z})$ 是凹函数.

约束问题 (8.11) 的拉格朗日对偶定义为

$$\begin{aligned} &\max\ \psi(\boldsymbol{y},\boldsymbol{z}),\\ &\text{s.t.}\quad \boldsymbol{y}\in\mathbf{R}^l,\ \boldsymbol{z}\in\mathbf{R}^m_+. \end{aligned}\tag{8.17}$$

约束问题 (8.11) 的 Wolfe 对偶定义为

$$\begin{aligned} &\max\ L(\boldsymbol{x},\boldsymbol{y},\boldsymbol{z}),\\ &\text{s.t.}\quad \nabla_{\boldsymbol{x}}L(\boldsymbol{x},\boldsymbol{y},\boldsymbol{z})=\boldsymbol{0},\\ &\qquad\quad \boldsymbol{y}\in\mathbf{R}^l,\ \boldsymbol{z}\in\mathbf{R}^m_+. \end{aligned}\tag{8.18}$$

注 上面的两种对偶在某种意义上是一致的. 事实上, 对于拉格朗日对偶, 由于目标函数 $\psi(\boldsymbol{y},\boldsymbol{z})$ 本身就是拉格朗日函数关于 $\boldsymbol{x}$ 的极小值, 所以显然有 $\nabla_{\boldsymbol{x}}L(\boldsymbol{x},\boldsymbol{y},\boldsymbol{z})=\boldsymbol{0}$ 成立. 将其合并到拉格朗日对偶的约束当中, 就得到了所谓的 Wolfe 对偶.

对于线性规划问题和凸二次规划问题, 拉格朗日对偶 (8.17) 将会有更为明晰的形式. 下面给出两个例子.

例 8.2 设有线性规划问题

$$\begin{aligned} \min \ & \boldsymbol{c}^{\mathrm{T}}\boldsymbol{x}, \\ \text{s.t.} \ & \boldsymbol{A}\boldsymbol{x} = \boldsymbol{b}, \\ & \boldsymbol{x} \geqslant \boldsymbol{0}. \end{aligned} \tag{8.19}$$

试写出它的拉格朗日对偶.

解 其拉格朗日函数为

$$L(\boldsymbol{x}, \boldsymbol{y}, \boldsymbol{z}) = \boldsymbol{c}^{\mathrm{T}}\boldsymbol{x} - \boldsymbol{y}^{\mathrm{T}}(\boldsymbol{A}\boldsymbol{x} - \boldsymbol{b}) - \boldsymbol{z}^{\mathrm{T}}\boldsymbol{x}.$$

对上述函数关于 $\boldsymbol{x}$ 求极小. 令

$$\nabla_{\boldsymbol{x}} L(\boldsymbol{x}, \boldsymbol{y}, \boldsymbol{z}) = \boldsymbol{c} - \boldsymbol{A}^{\mathrm{T}}\boldsymbol{y} - \boldsymbol{z} = \boldsymbol{0}.$$

将其代入拉格朗日函数, 得

$$\begin{aligned} \psi(\boldsymbol{y}, \boldsymbol{z}) &= \inf_{\boldsymbol{x} \in \mathbf{R}^n} L(\boldsymbol{x}, \boldsymbol{y}, \boldsymbol{z}) \\ &= \inf_{\boldsymbol{x} \in \mathbf{R}^n} \{(\boldsymbol{c} - \boldsymbol{A}^{\mathrm{T}}\boldsymbol{y} - \boldsymbol{z})^{\mathrm{T}}\boldsymbol{x} + \boldsymbol{y}^{\mathrm{T}}\boldsymbol{b}\} \\ &= \boldsymbol{y}^{\mathrm{T}}\boldsymbol{b} \ = \ \boldsymbol{b}^{\mathrm{T}}\boldsymbol{y}. \end{aligned}$$

注意到 $\boldsymbol{z} = \boldsymbol{c} - \boldsymbol{A}^{\mathrm{T}}\boldsymbol{y} \geqslant \boldsymbol{0}$, 于是有

$$\begin{aligned} \max \ & \boldsymbol{b}^{\mathrm{T}}\boldsymbol{y}, \\ \text{s.t.} \ & \boldsymbol{A}^{\mathrm{T}}\boldsymbol{y} \leqslant \boldsymbol{c}. \end{aligned} \tag{8.20}$$

这就是线性规划问题 (8.19) 的对偶规划. □

例 8.3 设二次规划问题

$$\begin{aligned} \min \ & \frac{1}{2}\boldsymbol{x}^{\mathrm{T}}\boldsymbol{B}\boldsymbol{x} + \boldsymbol{c}^{\mathrm{T}}\boldsymbol{x}, \\ \text{s.t.} \ & \boldsymbol{A}\boldsymbol{x} \leqslant \boldsymbol{b}, \end{aligned} \tag{8.21}$$

式中: $\boldsymbol{B} \in \mathbf{R}^{n \times n}$ 对称正定; $\boldsymbol{A} \in \mathbf{R}^{m \times n}$. 试写出二次规划问题 (8.21) 的对偶规划.

解 首先写出该问题的拉格朗日函数为

$$L(\boldsymbol{x}, \boldsymbol{z}) = \frac{1}{2}\boldsymbol{x}^{\mathrm{T}}\boldsymbol{B}\boldsymbol{x} + \boldsymbol{c}^{\mathrm{T}}\boldsymbol{x} - \boldsymbol{z}^{\mathrm{T}}(\boldsymbol{b} - \boldsymbol{A}\boldsymbol{x}).$$

对上述函数关于 $\boldsymbol{x}$ 求极小. 由于 $\boldsymbol{B}$ 对称正定, 故函数 $L(\boldsymbol{x}, \boldsymbol{z})$ 关于 $\boldsymbol{x}$ 为凸函数. 令

$$\nabla_{\boldsymbol{x}} L(\boldsymbol{x}, \boldsymbol{z}) = \boldsymbol{B}\boldsymbol{x} + \boldsymbol{c} + \boldsymbol{A}^{\mathrm{T}}\boldsymbol{z} = \boldsymbol{0},$$

解得 $\boldsymbol{x}=-\boldsymbol{B}^{-1}(\boldsymbol{c}+\boldsymbol{A}^{\mathrm{T}}\boldsymbol{z})$. 将其代入拉格朗日函数, 得

$$
\begin{aligned}
\psi(\boldsymbol{z}) &= \inf_{\boldsymbol{x}\in\mathbf{R}^n} L(\boldsymbol{x},\boldsymbol{z}) \\
&= \inf_{\boldsymbol{x}\in\mathbf{R}^n} \{(\boldsymbol{B}\boldsymbol{x}+\boldsymbol{c}+\boldsymbol{A}^{\mathrm{T}}\boldsymbol{z})^{\mathrm{T}}\boldsymbol{x}-\boldsymbol{z}^{\mathrm{T}}\boldsymbol{b}-\frac{1}{2}\boldsymbol{x}^{\mathrm{T}}\boldsymbol{B}\boldsymbol{x}\} \\
&= -\boldsymbol{b}^{\mathrm{T}}\boldsymbol{z}-\frac{1}{2}[-\boldsymbol{B}^{-1}(\boldsymbol{c}+\boldsymbol{A}^{\mathrm{T}}\boldsymbol{z})]^{\mathrm{T}}\boldsymbol{B}[-\boldsymbol{B}^{-1}(\boldsymbol{c}+\boldsymbol{A}^{\mathrm{T}}\boldsymbol{z})] \\
&= -\boldsymbol{b}^{\mathrm{T}}\boldsymbol{z}-\frac{1}{2}(\boldsymbol{c}^{\mathrm{T}}+\boldsymbol{z}^{\mathrm{T}}\boldsymbol{A})\boldsymbol{B}^{-1}(\boldsymbol{c}+\boldsymbol{A}^{\mathrm{T}}\boldsymbol{z}) \\
&= (-\boldsymbol{b}-\boldsymbol{A}\boldsymbol{B}^{-1}\boldsymbol{c})^{\mathrm{T}}\boldsymbol{z}-\frac{1}{2}\boldsymbol{z}^{\mathrm{T}}(\boldsymbol{A}\boldsymbol{B}^{-1}\boldsymbol{A}^{\mathrm{T}})\boldsymbol{z}-\frac{1}{2}\boldsymbol{c}^{\mathrm{T}}\boldsymbol{B}^{-1}\boldsymbol{c}.
\end{aligned}
$$

令

$$
\boldsymbol{d}=-\boldsymbol{b}-\boldsymbol{A}\boldsymbol{B}^{-1}\boldsymbol{c}, \quad \boldsymbol{D}=-\boldsymbol{A}\boldsymbol{B}^{-1}\boldsymbol{A}^{\mathrm{T}},
$$

则有

$$
\psi(\boldsymbol{z})=\frac{1}{2}\boldsymbol{z}^{\mathrm{T}}\boldsymbol{D}\boldsymbol{z}+\boldsymbol{d}^{\mathrm{T}}\boldsymbol{z}-\frac{1}{2}\boldsymbol{c}^{\mathrm{T}}\boldsymbol{B}^{-1}\boldsymbol{c}.
$$

注意到乘子向量 $\boldsymbol{z}\geqslant\boldsymbol{0}$, 因此二次规划问题 (8.21) 的拉格朗日对偶为

$$
\begin{aligned}
\max\ & \frac{1}{2}\boldsymbol{z}^{\mathrm{T}}\boldsymbol{D}\boldsymbol{z}+\boldsymbol{d}^{\mathrm{T}}\boldsymbol{z}-\frac{1}{2}\boldsymbol{c}^{\mathrm{T}}\boldsymbol{B}^{-1}\boldsymbol{c}, \\
\text{s.t.}\ & \boldsymbol{z}\geqslant\boldsymbol{0}.
\end{aligned}
$$

□

下面讨论原问题与对偶问题的目标函数值之间的关系.

定理 8.9 (**弱对偶定理**) 设 $\bar{\boldsymbol{x}}$ 和 $(\bar{\boldsymbol{y}},\bar{\boldsymbol{z}})$ 分别是原问题 (8.11) 和对偶问题 (8.17) 的可行解, 则有 $\psi(\bar{\boldsymbol{y}},\bar{\boldsymbol{z}})\leqslant f(\bar{\boldsymbol{x}})$.

证明 因 $\bar{\boldsymbol{x}}$ 和 $(\bar{\boldsymbol{y}},\bar{\boldsymbol{z}})$ 分别是原问题 (8.11) 和对偶问题 (8.17) 的可行解, 故

$$
\begin{aligned}
\psi(\bar{\boldsymbol{y}},\bar{\boldsymbol{z}}) &= \inf_{\boldsymbol{x}\in\mathbf{R}^n}\left\{f(\boldsymbol{x})-\bar{\boldsymbol{y}}^{\mathrm{T}}\boldsymbol{H}(\boldsymbol{x})-\bar{\boldsymbol{z}}^{\mathrm{T}}\boldsymbol{G}(\boldsymbol{x})\right\} \\
&\leqslant f(\bar{\boldsymbol{x}})-\bar{\boldsymbol{y}}^{\mathrm{T}}\boldsymbol{H}(\bar{\boldsymbol{x}})-\bar{\boldsymbol{z}}^{\mathrm{T}}\boldsymbol{G}(\bar{\boldsymbol{x}}) = f(\bar{\boldsymbol{x}}).
\end{aligned}
$$

证毕. □

习 题 8

1. 验证 $\bar{\boldsymbol{x}}=(2,1)^{\mathrm{T}}$ 是否为下列最优化问题的 KKT 点:

$$
\begin{aligned}
\min\ & f(\boldsymbol{x})=(x_1-3)^2+(x_2-2)^2, \\
\text{s.t.}\ & x_1^2+x_2^2\leqslant 5, \\
& x_1+2x_2=4, \\
& x_1,\ x_2\geqslant 0.
\end{aligned}
$$

2. 对于最优化问题

$$\begin{aligned}\min \quad & f(\boldsymbol{x})=4x_1-3x_2,\\ \text{s.t.} \quad & -(x_1-3)^2+x_2+1\geqslant 0,\\ & 4-x_1-x_2\geqslant 0,\\ & x_2+7\geqslant 0.\end{aligned}$$

求满足 KKT 条件的点.

3. 写出下列优化问题的 KKT 条件, 其中 $\boldsymbol{x}\in\mathbf{R}^n$, $\boldsymbol{A}\in\mathbf{R}^{m\times n}$, $\boldsymbol{H}\in\mathbf{R}^{n\times n}$.

(1) $$\begin{aligned}\min \quad & f(\boldsymbol{x})=\boldsymbol{c}^{\mathrm{T}}\boldsymbol{x},\\ \text{s.t.} \quad & \boldsymbol{A}\boldsymbol{x}=\boldsymbol{b},\\ & \boldsymbol{x}\geqslant\boldsymbol{0};\end{aligned}$$

(2) $$\begin{aligned}\min \quad & f(\boldsymbol{x})=\frac{1}{2}\boldsymbol{x}^{\mathrm{T}}\boldsymbol{H}\boldsymbol{x}+\boldsymbol{d}^{\mathrm{T}}\boldsymbol{x},\\ \text{s.t.} \quad & \boldsymbol{A}\boldsymbol{x}\leqslant\boldsymbol{b};\end{aligned}$$

(3) $$\begin{aligned}\min \quad & f(\boldsymbol{x}),\\ \text{s.t.} \quad & h_j(\boldsymbol{x})=0,\ j=1,2,\cdots,l,\\ & g_i(\boldsymbol{x})\leqslant 0,\ i=1,2,\cdots,m_1,\\ & g_i(\boldsymbol{x})\geqslant 0,\ i=m_1+1,m_2+1,\cdots,m\end{aligned}$$

4. 考虑无约束优化问题 $\min f(\boldsymbol{x})$, 设 $\boldsymbol{x}_k$ 为当前迭代点, $\nabla f(\boldsymbol{x}_k)\neq\boldsymbol{0}$ 为确定 $f(\boldsymbol{x})$ 在 $\boldsymbol{x}_k$ 处的一个下降方向, 分别按以下两种方法构造子问题:

(1) $$\begin{aligned}\min \quad & \nabla f(\boldsymbol{x}_k)^{\mathrm{T}}\boldsymbol{d},\\ \text{s.t.} \quad & \boldsymbol{d}^{\mathrm{T}}\boldsymbol{d}=1;\end{aligned}$$

(2) $$\begin{aligned}\min \quad & \nabla f(\boldsymbol{x}_k)^{\mathrm{T}}\boldsymbol{d},\\ \text{s.t.} \quad & \boldsymbol{d}^{\mathrm{T}}\boldsymbol{H}_k\boldsymbol{d}=1,\end{aligned}$$

式中: $\boldsymbol{H}_k$ 对称正定. 试用 KKT 法求解 (1) 和 (2). 所谓 KKT 法是指: 先求问题的 KKT 点, 然后用最优性条件、凸分析或其他方法判别这些点是否为局部或全局最优点.

5. 利用 KKT 条件推出线性规划

$$\begin{aligned}\min \quad & f(\boldsymbol{x})=\boldsymbol{c}^{\mathrm{T}}\boldsymbol{x},\\ \text{s.t.} \quad & \boldsymbol{A}\boldsymbol{x}\leqslant\boldsymbol{b},\\ & \boldsymbol{x}\geqslant\boldsymbol{0}\end{aligned}$$

的最优性条件.

6. 设二次规划

$$\begin{aligned}\min \quad & f(\boldsymbol{x})=\frac{1}{2}\boldsymbol{x}^{\mathrm{T}}\boldsymbol{H}\boldsymbol{x}+\boldsymbol{c}^{\mathrm{T}}\boldsymbol{x},\\ \text{s.t.} \quad & \boldsymbol{A}\boldsymbol{x}=\boldsymbol{b},\end{aligned}$$

式中: $\boldsymbol{H}$ 为 n 阶对称正定阵; 矩阵 $\boldsymbol{A}$ 行满秩. 求其最优解并说明解的唯一性.

7. 设 $\boldsymbol{x}^*$ 是问题

$$\begin{aligned} \min \quad & f(\boldsymbol{x}) = \boldsymbol{c}^{\mathrm{T}}\boldsymbol{x}, \\ \text{s.t.} \quad & \boldsymbol{h}(\boldsymbol{x}) = \boldsymbol{0},\ \boldsymbol{x} \geqslant \boldsymbol{0} \end{aligned}$$

的可行点, 且存在 $\boldsymbol{u}^*$, 使得

$$\boldsymbol{c} + \nabla \boldsymbol{h}(\boldsymbol{x}^*)\boldsymbol{u}^* \geqslant \boldsymbol{0},\ (\boldsymbol{x}^*)^{\mathrm{T}}(\boldsymbol{c} + \nabla \boldsymbol{h}(\boldsymbol{x}^*)\boldsymbol{u}^*) = 0,$$

式中: $\boldsymbol{h}(\boldsymbol{x}) = \big(h_1(\boldsymbol{x}), h_2(\boldsymbol{x}), \cdots, h_l(\boldsymbol{x})\big)^{\mathrm{T}}$. 证明: $\boldsymbol{x}^*$ 是问题的 KKT 点.

8. 考虑 Wolfe 问题

$$\begin{aligned} \min \quad & f(\boldsymbol{x}) = \frac{4}{3}(x_1^2 - x_1x_2 + x_2^2)^{\frac{3}{4}} - x_3, \\ \text{s.t.} \quad & x_1, x_2, x_3 \geqslant 0,\ x_3 \leqslant 2. \end{aligned}$$

(1) 证明目标函数 $f(\boldsymbol{x})$ 是可行域 $\mathcal{D}$ 上的凸函数, 其中

$$\mathcal{D} = \{(x_1, x_2, x_3)^{\mathrm{T}} | x_1, x_2, x_3 \geqslant 0, x_3 \leqslant 2\};$$

(2) 试用 KKT 条件求此问题的全局极小点.

9. 给定线性约束优化问题

$$\begin{aligned} \min \quad & f(\boldsymbol{x}) = \sum_{i=1}^{n} \frac{c_i}{x_i}, \\ \text{s.t.} \quad & \sum_{i=1}^{n} a_i x_i = b, \end{aligned}$$

式中: $a_i, c_i (i = 1, 2, \cdots, n)$ 和 b 为正常数. 证明: 目标函数的全局极小值为

$$f(\boldsymbol{x}^*) = \frac{1}{b}\left[\sum_{i=1}^{n} \sqrt{a_i c_i}\right]^2.$$

10. 设 $\boldsymbol{A} = (a_{ij}) \in \mathbf{R}^{n\times n}$ 对称. 证明: 优化问题

$$\min_{\mu\in\mathbf{R},\ \boldsymbol{x}\in\mathbf{R}^n} f(\boldsymbol{x}) = \|\boldsymbol{A} - \mu\boldsymbol{x}\boldsymbol{x}^{\mathrm{T}}\|_F^2 = \sum_{i=1}^{n}\sum_{j=1}^{n}(a_{ij} - \mu x_i x_j)^2,\ \ \text{s.t. } \boldsymbol{x}^{\mathrm{T}}\boldsymbol{x} = 1$$

的最优解为 $\boldsymbol{A}$ 在绝对值意义下的最大特征值及其对应的特征向量.

11. 设 $\boldsymbol{A} \in \mathbf{R}^{n\times n}$. 给出下列二次规划问题的拉格朗日对偶:

$$\min\ f(\boldsymbol{x}) = \|\boldsymbol{x} - \boldsymbol{b}\|^2,\ \ \text{s.t. } \boldsymbol{A}\boldsymbol{x} = \boldsymbol{0}.$$

12. 建立下述优化问题的拉格朗日对偶规划:

$$\min\ f(\boldsymbol{x}) = x_1^2 + x_2^2,\ \ \text{s.t. } x_1 + x_2 \geqslant 4,\ \ x_1,\ x_2 \geqslant 0.$$

验证对偶规划问题的目标函数为 $\psi(u) = -u^2/2 - 4u$.

13. 设 $\boldsymbol{a}_1, \boldsymbol{a}_2, \cdots, \boldsymbol{a}_m \in \mathbf{R}^n$. 试用 KKT 条件给出下述优化问题的最优解:

$$\min\ f(\boldsymbol{x}) = \sum_{i=1}^{m}\|\boldsymbol{x} - \boldsymbol{a}_i\|^2,\ \ \text{s.t. } \boldsymbol{x}^{\mathrm{T}}\boldsymbol{x} = 1.$$

第 9 章 线性规划问题

线性规划是运筹学的一个重要分支, 早在 20 世纪 30 年代末, 苏联著名的数学家康托尔洛维奇就提出了线性规划的数学模型, 而后于 1947 年由美国人 G. B. Dantzig (丹捷格) 给出了一般线性规划问题的求解方法—单纯形法, 使得线性规划在实际中的应用日益广泛. 特别是随着计算机技术的飞速发展, 使得大规模线性规划的求解成为可能, 从而使线性规划的应用更加广泛. 例如, 在工业、农业、商业、交通运输、军事、政治、经济、社会和管理等领域的最优设计和决策问题, 很多都可归结为线性规划问题.

9.1 线性规划问题的基本理论

线性规划问题的数学模型有不同的形式, 目标函数有的要求极大化, 有的要求极小化, 约束条件可以是线性等式, 也可以是线性不等式. 约束变量通常是非负约束, 也可以在 $(-\infty,+\infty)$ 区间内取值. 但是无论是哪种形式的线性规划问题的数学模型都可以统一化为标准型.

线性规划问题的标准形式如下:

$$\begin{aligned} \min\quad & \sum_{i=1}^{n} c_i x_i, \\ \text{s.t.}\quad & \boldsymbol{a}_i^{\mathrm{T}}\boldsymbol{x} = b_i,\ i=1,2,\cdots,m, \\ & x_i \geqslant 0,\ i=1,2,\cdots,n. \end{aligned} \tag{9.1}$$

令 $\boldsymbol{x}=(x_1,x_2,\cdots,x_n)^{\mathrm{T}}\in\mathbf{R}^n$, $\boldsymbol{c}=(c_1,c_2,\cdots,c_n)^{\mathrm{T}}\in\mathbf{R}^n$, $\boldsymbol{A}=(\boldsymbol{a_1},\boldsymbol{a_2},\cdots,\boldsymbol{a_m})^{\mathrm{T}}\in\mathbf{R}^{m\times n}$, $\boldsymbol{b}=(b_1,b_2,\cdots,b_m)^{\mathrm{T}}\in\mathbf{R}^m$, 则线性规划问题的标准型可写为

$$\begin{aligned} \min\quad & \boldsymbol{c}^{\mathrm{T}}\boldsymbol{x}, \\ \text{s.t.}\quad & \boldsymbol{A}\boldsymbol{x}=\boldsymbol{b}, \\ & \boldsymbol{x}\geqslant \boldsymbol{0}, \end{aligned} \tag{9.2}$$

其中向量不等式 $\boldsymbol{x}\geqslant 0$ 按分量取.

任何一个线性规划问题都可以化成标准型. 事实上, 若问题的目标是求线性函数的极大值, 即 $\max\ \boldsymbol{c}^{\mathrm{T}}\boldsymbol{x}$, 可利用关系式 $\max\ \boldsymbol{c}^{\mathrm{T}}\boldsymbol{x}=-\min\ (-\boldsymbol{c}^{\mathrm{T}}\boldsymbol{x})$ 将其转化为求线性函数的极小值. 对不等式约束

$$\sum_{i=1}^{n}\alpha_i x_i \geqslant \beta,$$

可引入松弛变量 x_{n+1}, 将其等价地转化为等式约束

$$\sum_{i=1}^{n} \alpha_i x_i - x_{n+1} = \beta,$$

同时, 增加非负约束 $x_{n+1} \geqslant 0$. 同理, 对不等式约束

$$\sum_{i=1}^{n} \alpha_i x_i \leqslant \beta,$$

可引入松弛变量 x_{n+1}, 将其等价地转化为等式约束

$$\sum_{i=1}^{n} \alpha_i x_i + x_{n+1} = \beta,$$

同时, 增加非负约束 $x_{n+1} \geqslant 0$. 对于自由变量 (即没有非负性要求的变量) x_i, 可引入两个非负变量 u_{i1} 和 u_{i2}, 并令 $x_i = u_{i1} - u_{i2}$.

在线性规划的标准型 (9.2) 中, 约定系数矩阵 $\boldsymbol{A}$ 是行满秩的 (否则, 可通过消元法去掉多余的约束方程). 同时, 在一般情况下, 约定 $\boldsymbol{b}$ 是非负向量 (否则, 可在相应的等式约束两端同乘以 -1).

下面给出凸集的顶点 (极点) 和极方向的定义.

定义 9.1 设 $\mathcal{C} \subset \mathbf{R}^n$ 是闭凸集, $\boldsymbol{x} \in \mathcal{C}$. 若不存在两个不同的点 $\boldsymbol{x}^{(1)}, \boldsymbol{x}^{(2)} \in \mathcal{C}$ 以及数 $\alpha \in (0,1)$, 使得 $\boldsymbol{x} = \alpha \boldsymbol{x}^{(1)} + (1-\alpha)\boldsymbol{x}^{(2)}$, 则称 $\boldsymbol{x}$ 是凸集 $\mathcal{C}$ 的一个顶点或极点, 即 $\boldsymbol{x} \in \mathcal{C}$ 是顶点的充分必要条件是 $\boldsymbol{x}$ 不能表示为 $\mathcal{C}$ 中两个不同点的凸组合.

定义 9.2 设 $\mathcal{C} \subset \mathbf{R}^n$ 是闭凸集, $\boldsymbol{d} \in \mathbf{R}^n$ 为非零向量. 若对任意的 $\boldsymbol{x} \in \mathcal{C}$, 均有

$$\{\boldsymbol{x} + \alpha \boldsymbol{d} | \alpha \geqslant 0\} \subset \mathcal{C},$$

则称 $\boldsymbol{d}$ 是 $\mathcal{C}$ 的一个方向. 若 $\mathcal{C}$ 的方向 $\boldsymbol{d}$ 不能表示为 $\mathcal{C}$ 的其他两个不同方向的正线性组合, 则称它为 $\mathcal{C}$ 的一个极方向.

记

$$\mathcal{D} = \{\boldsymbol{x} | \boldsymbol{A}\boldsymbol{x} = \boldsymbol{b},\ \boldsymbol{x} \geqslant \boldsymbol{0}\}$$

为线性规划问题的可行域. 显然 $\mathcal{D}$ 是一个凸集. 事实上, $\mathcal{D}$ 是一个多面体区域. 由凸集的性质知 $\mathcal{D}$ 无界的充要条件是它有方向. 下面的定理对 $\mathcal{D}$ 的方向作进一步描述.

定理 9.1 $\boldsymbol{d} \in \mathbf{R}^n$ 是线性规划问题 (9.2) 的可行域 $\mathcal{D}$ 的一个方向的充要条件是它满足 $\boldsymbol{d} \geqslant 0$ 且 $\boldsymbol{A}\boldsymbol{d} = \boldsymbol{0}$.

证明 由定义 9.2, $\boldsymbol{d}\in\mathbf{R}^n$ 是 $\mathcal{D}$ 的方向的充要条件是: 对任何 $\boldsymbol{x}\in\mathcal{D}$, 有

$$\{\boldsymbol{x}+\alpha\boldsymbol{d}\,|\alpha\geqslant 0\}\subseteq\mathcal{D},$$

即

$$\boldsymbol{A}(\boldsymbol{x}+\alpha\boldsymbol{d})=\boldsymbol{b},\quad \boldsymbol{x}+\alpha\boldsymbol{d}\geqslant\boldsymbol{0},\quad \forall\,\boldsymbol{x}\in\mathcal{D},\ \alpha\geqslant 0,$$

或等价地,

$$\boldsymbol{Ad}=\boldsymbol{0},\qquad \boldsymbol{d}\geqslant\boldsymbol{0}.$$

证毕. □

下面的定理刻画了线性规划问题 (9.2) 的可行域的结构, 也因此称为线性规划可行域的表示定理.

定理 9.2 (**表示定理**) 设线性规划问题 (9.2) 的可行域 $\mathcal{D}$ 非空. 则

(1) $\mathcal{D}$ 有有限个顶点 $\boldsymbol{x}_1,\boldsymbol{x}_2,\cdots,\boldsymbol{x}_r$;

(2) $\mathcal{D}$ 有极方向的充要条件是 $\mathcal{D}$ 无界. 而且, 若 $\mathcal{D}$ 无界, 则存在有限个极方向 $\boldsymbol{d}_1,\boldsymbol{d}_2,\cdots,\boldsymbol{d}_t$;

(3) $\boldsymbol{x}\in\mathcal{D}$ 的充要条件是存在非负数 $\alpha_i\in\mathbf{R}$ $(i=1,2,\cdots,r)$ 和非负数 $\beta_i\in\mathbf{R}$ $(i=1,2,\cdots,t)$ 使得

$$\boldsymbol{x}=\sum_{i=1}^{r}\alpha_i\boldsymbol{x}_i+\sum_{i=1}^{t}\beta_i\boldsymbol{d}_i,$$

式中: $\sum\limits_{i=1}^{r}\alpha_i=1$.

线性规划问题的目标函数和约束函数都是线性函数. 该类问题具有许多特点. 下面从代数的角度来描述可行域 $\mathcal{D}$ 的性质. 首先引入下面概念.

定义 9.3 线性规划问题 (9.2) 的系数矩阵 $\boldsymbol{A}$ 的 $m\times m$ 阶非奇异子矩阵称为线性规划问题的一组基. 换言之, 线性规划问题的基是由矩阵 $\boldsymbol{A}$ 的 m 个线性无关列组成的子矩阵. 构成基的列向量称为基向量. 相应的变量称为基变量. 其他变量称为非基变量.

由上面的定义不难发现, 一个线性规划问题可以有多组基. 对应于不同的基有不同的基变量. 线性规划 (9.2) 最多可能有 C_n^m 组基.

例 9.1 线性规划问题

$$\min\quad 2x_1+x_2$$

$$
\begin{aligned}
\text{s.t.}\quad & 2x_1+x_2+x_3=2,\\
& -3x_1+2x_2+x_4=3,\\
& x_i \geqslant 0,\ i=1,2,3,4
\end{aligned}
$$

中有基

$$
\boldsymbol{B}_1=\begin{pmatrix} 2 & 1\\ -3 & 2\end{pmatrix},\quad \boldsymbol{B}_2=\begin{pmatrix} 2 & 1\\ -3 & 0\end{pmatrix},\quad \boldsymbol{B}_3=\begin{pmatrix} 1 & 0\\ 0 & 1\end{pmatrix}
$$

等. 相应的基变量分别为: $x_1,\ x_2;\ x_1, x_3;\ x_3, x_4$.

定义 9.4 线性规划问题 (9.2) 的可行点称为可行解. 令非基变量为 0 所得到的可行解称为线性规划问题的基可行解.

线性规划可以有多个基可行解, 线性规划问题 (9.2) 最多可以有 C_n^m 个基可行解. 例如, 在例 9.1 中, 有 $(1/7, 12/7, 0, 0)^{\mathrm{T}}$ 和 $(0,0,2,3)^{\mathrm{T}}$ 等基可行解. 相应的基分别为 $\boldsymbol{B}_1$ 和 $\boldsymbol{B}_3$ 等.

下面的定理可由基可行解的定义直接得到.

定理 9.3 线性规划问题 (9.2) 的可行解是基可行解当且仅当它的正分量所对应的系数构成的列向量组线性无关.

下面的定理揭示了基可行解的几何意义.

定理 9.4 线性规划问题 (9.2) 的基可行解对应于可行域的顶点.

证明 设 $\boldsymbol{x}=\left(\boldsymbol{x}_B^{\mathrm{T}}, \boldsymbol{x}_N^{\mathrm{T}}\right)^{\mathrm{T}}=(\boldsymbol{x}_B^{\mathrm{T}}, \boldsymbol{0})^{\mathrm{T}}$ 是问题 (9.2) 的一个基可行解. 并设 $\boldsymbol{A}=(\boldsymbol{B}\ \ \boldsymbol{N})$, 其中 $\boldsymbol{B}$ 是相应的基, 即 $\boldsymbol{x}$ 满足

$$
\boldsymbol{B}\boldsymbol{x}_B=(\boldsymbol{B}\ \ \boldsymbol{N})\begin{pmatrix}\boldsymbol{x}_B\\ \boldsymbol{0}\end{pmatrix}=\boldsymbol{b}.
$$

现假设 $\boldsymbol{x}$ 不是可行域 $\mathcal{D}$ 的顶点, 则存在 $\boldsymbol{x}^{(1)}, \boldsymbol{x}^{(2)} \in \mathcal{D}$ $(\boldsymbol{x}^{(1)} \neq \boldsymbol{x}^{(2)})$ 以及系数 $\alpha \in (0,1)$, 使得 $\boldsymbol{x}=\alpha\boldsymbol{x}^{(1)}+(1-\alpha)\boldsymbol{x}^{(2)}$. 由 $\boldsymbol{x}^{(1)}, \boldsymbol{x}^{(2)}$ 的可行性, 得

$$
\boldsymbol{B}\boldsymbol{x}_B^{(1)}+\boldsymbol{N}\boldsymbol{x}_N^{(1)}=\boldsymbol{b},\ \ \boldsymbol{B}\boldsymbol{x}_B^{(2)}+\boldsymbol{N}\boldsymbol{x}_N^{(2)}=\boldsymbol{b}.
$$

由于 $\boldsymbol{x}_N=\alpha\boldsymbol{x}_N^{(1)}+(1-\alpha)\boldsymbol{x}_N^{(2)}=\boldsymbol{0}$, 且 $\boldsymbol{x}_N^{(1)} \geqslant \boldsymbol{0}$, $\boldsymbol{x}_N^{(2)} \geqslant \boldsymbol{0}$, $\alpha \in (0,1)$, 故可得 $\boldsymbol{x}_N^{(1)}=\boldsymbol{x}_N^{(2)}=\boldsymbol{0}$. 由此可得, $\boldsymbol{B}\boldsymbol{x}_B^{(1)}=\boldsymbol{b}$, $\boldsymbol{B}\boldsymbol{x}_B^{(2)}=\boldsymbol{b}$, 但 $\boldsymbol{B}$ 非奇异, 因此有 $\boldsymbol{x}_B=\boldsymbol{x}_B^{(1)}=\boldsymbol{x}_B^{(2)}$, 即 $\boldsymbol{x}=\boldsymbol{x}^{(1)}=\boldsymbol{x}^{(2)}$, 矛盾. 从而 $\boldsymbol{x}$ 是可行域 $\mathcal{D}$ 的顶点.

现设 $\boldsymbol{x}$ 是 $\mathcal{D}$ 的一个顶点. 下面证明 $\boldsymbol{x}$ 必是问题 (9.2) 的基可行解. 不妨设 $\boldsymbol{x}=(x_1,\cdots,x_t,0,\cdots,0)^{\mathrm{T}}$ 且 $x_i>0\ (i=1,2,\cdots,t)$. 令 $\boldsymbol{A}=(\boldsymbol{\alpha}^{(1)},\boldsymbol{\alpha}^{(2)},\cdots,\boldsymbol{\alpha}^{(n)})$. 则

$$x_1\boldsymbol{\alpha}^{(1)}+x_2\boldsymbol{\alpha}^{(2)}+\cdots+x_t\boldsymbol{\alpha}^{(t)}=\boldsymbol{b}. \tag{9.3}$$

如果 $\boldsymbol{x}$ 不是问题 (9.2) 的基可行解, 则 $\boldsymbol{\alpha}^{(1)},\boldsymbol{\alpha}^{(2)},\cdots,\boldsymbol{\alpha}^{(t)}$ 线性相关, 即存在不全为零的数 $k_1,k_2,\cdots,k_t$ 使得

$$k_1\boldsymbol{\alpha}^{(1)}+k_2\boldsymbol{\alpha}^{(2)}+\cdots+k_t\boldsymbol{\alpha}^{(t)}=\boldsymbol{0}. \tag{9.4}$$

设数 ε 充分小, 使得 $x_i\pm\varepsilon k_i\geqslant 0\ (\forall i=1,2,\cdots,t)$. 方程 (9.4) 两端同乘以 $\pm\varepsilon$ 后再与方程 (9.3) 相加得

$$(x_1\pm\varepsilon k_2)\boldsymbol{\alpha}^{(1)}+(x_2\pm\varepsilon k_2)\boldsymbol{\alpha}^{(2)}+\cdots+(x_t\pm\varepsilon k_t)\boldsymbol{\alpha}^{(t)}=\boldsymbol{b}.$$

对 $i=1,2,\cdots,t$, 令 $y_i=x_i+\varepsilon k_i$, $z_i=x_i-\varepsilon k_i$, 并令 $y_j=z_j=0\ (j=t+1,\cdots,n)$. 易知 $\boldsymbol{y},\boldsymbol{z}\in\mathcal{D}\ (\boldsymbol{y}\neq\boldsymbol{z})$ 且 $\boldsymbol{x}=\dfrac{1}{2}(\boldsymbol{y}+\boldsymbol{z})$. 这与 $\boldsymbol{x}$ 是顶点矛盾. 从而 $\boldsymbol{x}$ 是基可行解. 证毕.□

下面的定理被称为线性规划理论的基本定理.

定理 9.5 (**线性规划基本定理**)

(1) *若线性规划问题有可行解, 则必有基可行解.*

(2) *若线性规划问题有最优解, 则必有最优基可行解.*

(3) *若线性规划问题的可行域有界, 则必有最优解.*

证明 (1) 设 $\boldsymbol{x}$ 是问题 (9.2) 的一个可行解, 不妨设 $\boldsymbol{x}=(x_1,\cdots,x_t,0,\cdots,0)^{\mathrm{T}}$, 其中, $x_i>0\ (i=1,2,\cdots,t)$. 显然,

$$x_1\boldsymbol{\alpha}^{(1)}+x_2\boldsymbol{\alpha}^{(2)}+\cdots+x_t\boldsymbol{\alpha}^{(t)}=\boldsymbol{b}. \tag{9.5}$$

若 $\boldsymbol{\alpha}^{(i)}\ (i=1,2,\cdots,t)$ 线性相关, 则存在不全为零的数 $k_i\ (i=1,2,\cdots,t)$ 使得

$$k_1\boldsymbol{\alpha}^{(1)}+k_2\boldsymbol{\alpha}^{(2)}+\cdots+k_t\boldsymbol{\alpha}^{(t)}=\boldsymbol{0}. \tag{9.6}$$

不妨设至少有一个 $k_i\ (i=1,2,\cdots,t)$ 为正. 否则, 可在上式两端同乘以 -1. 令 $\boldsymbol{\beta}=(k_1,\cdots,k_t,0,\cdots,0)^{\mathrm{T}}$,

$$\varepsilon:=\min_{1\leqslant i\leqslant t}\left\{\frac{x_i}{k_i}\;\middle|\;k_i>0\right\},$$

则 $\boldsymbol{y}(\varepsilon):=\boldsymbol{x}-\varepsilon\boldsymbol{\beta}$ 是问题 (9.2) 的一个可行解. 且其正分量数目比 $\boldsymbol{x}$ 的正分数目少. 若 $\boldsymbol{A}$ 的相应于 $\boldsymbol{y}(\varepsilon)$ 的正分量的列向量线性无关, 则 $\boldsymbol{y}(\varepsilon)$ 是一个基可行解. 否则, 重复上述步骤, 可得另一可行解, 其正分量的数目比 $\boldsymbol{y}(\varepsilon)$ 的正分量数目少. 如此进行下去, 最终可得问题 (9.2) 的一个基可行解.

(2) 设 $\boldsymbol{x}$ 是问题 (9.2) 的一个最优解. 若它不是基可行解, 则对任意充分小的数 ε, $\boldsymbol{y}(\varepsilon)$ 可行, 故 $\boldsymbol{c}^{\mathrm{T}}\boldsymbol{x} \leqslant \boldsymbol{c}^{\mathrm{T}}\boldsymbol{y}(\varepsilon) = \boldsymbol{c}^{\mathrm{T}}\boldsymbol{x} - \varepsilon\boldsymbol{c}^{\mathrm{T}}\boldsymbol{\beta}$. 由 ε 的任意性易知, $\boldsymbol{c}^{\mathrm{T}}\boldsymbol{\beta} = 0$. 从而, $\boldsymbol{c}^{\mathrm{T}}\boldsymbol{y}(\varepsilon) = \boldsymbol{c}^{\mathrm{T}}\boldsymbol{x}$, 即 $\boldsymbol{y}(\varepsilon)$ 也是问题 (9.2) 的最优解. 类似于 (1) 的证明, 可适当选取 $\varepsilon > 0$, 使 $\boldsymbol{y}(\varepsilon)$ 是最优可行解, 且其正分量的数目比 $\boldsymbol{x}$ 的正分量的数目少. 重复此过程, 可得一最优基可行解.

(3) 连续函数 $\boldsymbol{c}^{\mathrm{T}}\boldsymbol{x}$ 在有界闭集 $\mathcal{D}$ 上达到最小值. 故问题 (9.2) 存在最优解. □

由定理 9.4 和定理 9.5 易知, 线性规划问题若有最优解, 则必有可行域的顶点为最优解. 由于线性规划是凸规划, 其最优解集合是凸集. 因此, 若目标函数在多个顶点达到最优, 则在这些点的凸组合处也达到最优, 此时问题有无穷多个解.

下面的定理给出了线性规划问题有解的充要条件.

定理 9.6 设线性规划问题 (9.2) 的可行域非空, 则该问题有最优解的充要条件是对任何极方向 $\boldsymbol{d}_i$, 有 $\boldsymbol{c}^{\mathrm{T}}\boldsymbol{d}_i \geqslant 0$.

证明 设 $\boldsymbol{x}_i$ $(i = 1, 2, \cdots, r)$ 和 $\boldsymbol{d}_i$ $(i = 1, 2, \cdots, t)$ 分别是问题 (9.2) 的可行域的顶点和极方向. 由定理 9.2 知可行域 $\mathcal{D}$ 表示为

$$\mathcal{D} = \left\{\boldsymbol{x} = \sum_{i=1}^{r}\alpha_i\boldsymbol{x}_i + \sum_{i=1}^{t}\beta_i\boldsymbol{d}_i \middle| \alpha_i \geqslant 0\ (i = 1, 2, \cdots, r), \sum_{i=1}^{r}\alpha_i = 1; \beta_i \geqslant 0\ (i = 1, 2, \cdots, t)\right\}.$$

因此, 问题 (9.2) 可等价地写为

$$\begin{aligned} \min\quad & f(\boldsymbol{\alpha}, \boldsymbol{\beta}) = \sum_{i=1}^{r}\alpha_i\boldsymbol{c}^{\mathrm{T}}\boldsymbol{x}_i + \sum_{i=1}^{t}\beta_i\boldsymbol{c}^{\mathrm{T}}\boldsymbol{d}_i, \\ \text{s.t.}\quad & \sum_{i=1}^{r}\alpha_i = 1, \\ & \alpha_i \geqslant 0, \quad i = 1, 2, \cdots, r, \\ & \beta_i \geqslant 0, \quad i = 1, 2, \cdots, t. \end{aligned}$$

若问题 (9.2) 有解, 即上面的问题有解, 则对所有 $i = 1, 2, \cdots, t$, 必有 $\boldsymbol{c}^{\mathrm{T}}\boldsymbol{d}_i \geqslant 0$. 否则, 存在某个 i 使得 $\boldsymbol{c}^{\mathrm{T}}\boldsymbol{d}_i < 0$. 此时, 上面的问题无界, 矛盾. 故必要性成立.

反之, 设 $\boldsymbol{c}^{\mathrm{T}}\boldsymbol{d}_i \geqslant 0$ $(\forall i = 1, 2, \cdots, t)$. 则上面的问题等价于

$$\begin{aligned} \min\quad & f(\boldsymbol{\alpha}) = \sum_{i=1}^{r}\alpha_i\boldsymbol{c}^{\mathrm{T}}\boldsymbol{x}_i, \\ \text{s.t.}\quad & \sum_{i=1}^{r}\alpha_i = 1, \end{aligned}$$

$$\alpha_i \geqslant 0,\ i=1,2,\cdots,r.$$

记下标 p 满足

$$\boldsymbol{c}^{\mathrm{T}}\boldsymbol{x}_p = \min_{1\leqslant i\leqslant r} \boldsymbol{c}^{\mathrm{T}}\boldsymbol{x}_i,$$

则对任何 $\boldsymbol{x}\in\mathcal{D}$, 有

$$\boldsymbol{c}^{\mathrm{T}}\boldsymbol{x} = \sum_{i=1}^{r}\alpha_i\boldsymbol{c}^{\mathrm{T}}\boldsymbol{x}_i + \sum_{i=1}^{t}\beta_i\boldsymbol{c}^{\mathrm{T}}\boldsymbol{d}_i \geqslant \sum_{i=1}^{r}\alpha_i\boldsymbol{c}^{\mathrm{T}}\boldsymbol{x}_p = \boldsymbol{c}^{\mathrm{T}}\boldsymbol{x}_p.$$

即 $\boldsymbol{x}=\boldsymbol{x}_p$ 是问题 (9.2) 的最优解. 证毕. □

从上述定理的证明过程也可以得到, 线性规划的最优解必可在可行域的顶点达到.

9.2 单纯形法及初始基可行解的确定

本节介绍求解线性规划问题的一种常用算法—单纯形算法以及初始基可行解的确定. 由线性规划基本定理知, 线性规划问题 (9.2) 若有最优解, 则必有最优基可行解. 而线性规划问题 (9.2) 的基可行解只有有限个. 因而, 求解线性规划问题只需要求出基可行解中使目标函数值最小者. 单纯形法就是利用这个性质求解线性规划的一种有效算法. 单纯形法的基本思想是: 从一个基可行解出发, 若该基可行解不是问题的最优解, 则按某种法则寻找另一个基可行解, 如此下去, 直至求得问题的一个最优基可行解.

9.2.1 线性规划问题的单纯形法

下面先通过一个例子介绍单纯形法的基本步骤.

例 9.2 求解下列线性规划问题

$$\begin{aligned}
\min\quad & f(\boldsymbol{x}) = -2x_1 - 3x_2,\\
\text{s.t.}\quad & -x_1 + x_2 \leqslant 3,\\
& -2x_1 + x_2 \leqslant 2,\\
& 4x_1 + 2x_2 \leqslant 16,\\
& x_1,\ x_2 \geqslant 0.
\end{aligned}$$

解 首先, 引入三个松弛变量 x_3, x_4, x_5 将其转换成标准形的线性规划问题

$$\begin{aligned}
\min\quad & f(\boldsymbol{x}) = -2x_1 - 3x_2,\\
\text{s.t.}\quad & -x_1 + x_2 + x_3 = 3,\\
& -2x_1 + x_2 + x_4 = 2,
\end{aligned}$$

$$4x_1 + x_2 \qquad\qquad + x_5 = 16,$$
$$x_i \geqslant 0, \quad i = 1, 2, \cdots, 5.$$

不难看出, 该线性规划问题有一组基为单位矩阵, 相应的基变量为 x_3, x_4, x_5. 对问题的可行域变形, 使基变量位于方程组的左边, 非基变量位于方程组的右边, 得

$$\begin{aligned}
\min \quad & f(\boldsymbol{x}) = -2x_1 - 3x_2 \\
\text{s.t.} \quad & x_3 = 3 + x_1 - x_2, \\
& x_4 = 2 + 2x_1 - x_2, \\
& x_5 = 16 - 4x_1 - x_2, \\
& x_i \geqslant 0, \quad i = 1, 2, \cdots, 5.
\end{aligned}$$

令非基变量 $x_1 = 0$, $x_2 = 0$ 得基可行解 $\boldsymbol{x}_0 = (0, 0, 3, 2, 16)^{\mathrm{T}}$. 相应的目标函数值为 $f(\boldsymbol{x}_0) = 0$. $\boldsymbol{x}_0$ 显然不是问题的最优解, 因为当 x_1 或 x_2 取正值时, 目标函数的值可以减小. 利用线性规划基本定理, 下面寻找一个新的基可行解, 使 x_1 或 x_2 取正值. 注意到在基可行解中, 取正值的变量必为基变量. 因此, 在确定新的基可行解时, 应将非基变量 x_1 或 x_2 (称为换入变量) 取代原来的基变量 x_3, x_4 或 x_5 (称为换出变量) 中的一个.

取 x_2 作为换入变量. 下面介绍换出变量的确定. 确定换出变量的原则是使得新的基解可行, 即满足非负性条件. 由于在新的基可行解中, x_1 仍然是非基变量, 其取值为 0, 因此, 确定换出变量时只需保证

$$\begin{cases}
x_3 = 3 - x_2 \geqslant 0, \iff \quad x_2 \leqslant 3, \\
x_4 = 2 - x_2 \geqslant 0, \iff \quad x_2 \leqslant 2, \\
x_5 = 16 - x_2 \geqslant 0, \iff \quad x_2 \leqslant 16.
\end{cases}$$

由上式可以看出, 当 $x_4 = 0$ 时, 非负性条件得到保证. 因此, 可以确定换出变量为 x_4, 即得新的基变量 x_3, x_2 和 x_5.

将原线性规划问题化为如下等价的问题 (基变量位于方程组的左边, 非基变量位于方程组的右边):

$$\begin{aligned}
\min \quad & f(\boldsymbol{x}) = -2x_1 - 3x_2, \\
\text{s.t.} \quad & x_2 + x_3 \qquad = 3 + x_1, \\
& x_2 \qquad\qquad = 2 + 2x_1 - x_4, \\
& x_2 \qquad + x_5 = 16 - 4x_1, \\
& x_i \geqslant 0, \quad i = 1, 2, \cdots, 5,
\end{aligned}$$

等价地, 有

$$
\begin{aligned}
\min \quad & f(\boldsymbol{x}) = -6 - 8x_1 + 3x_4, \\
\text{s.t.} \quad & x_3 = 1 - x_1 + x_4, \\
& x_2 = 2 + 2x_1 - x_4, \\
& x_5 = 14 - 6x_1 + x_4, \\
& x_i \geqslant 0, \quad i = 1, 2, \cdots, 5.
\end{aligned}
$$

令非基变量 $x_1 = 0, x_4 = 0$ 得基可行解 $\boldsymbol{x}_1 = (0, 2, 1, 0, 14)^{\mathrm{T}}$. 相应的目标函数为 $f(\boldsymbol{x}_1) = -6 < f(\boldsymbol{x}_0)$. 由于 x_1 的系数 -8 为负数, 因此, 当它取正值时, 目标函数值还会减小, 即 $\boldsymbol{x}_1$ 不是问题的最优解. 为此, 下面再确定一个新的基可行解, 使得 x_1 成为换入变量, 取代原来的基变量 x_2, x_3 或 x_5 中的一个.

类似于上面的过程, 由下面的关系确定换出变量:

$$
\begin{cases}
x_3 = 1 - x_1 \geqslant 0, & \Longleftrightarrow x_1 \leqslant 1, \\
x_2 = 2 + 2x_1 \geqslant 0, & \Longleftrightarrow x_1 \geqslant -1, \\
x_5 = 14 - 6x_1 \geqslant 0, & \Longleftrightarrow x_1 \leqslant \dfrac{3}{7}.
\end{cases}
$$

因此, 换出变量为 x_3. 对约束条件作等价变换, 使基变量位于方程组的左边, 非基变量位于方程组的右边, 同时将目标函数写成非基变量的函数得等价线性规划问题:

$$
\begin{aligned}
\min \quad & f(\boldsymbol{x}) = -14 + 8x_3 - 5x_4, \\
\text{s.t.} \quad & x_1 = 1 - x_3 + x_4, \\
& x_2 = 4 - 2x_3 + x_4, \\
& x_5 = 8 + 6x_3 - 5x_4, \\
& x_i \geqslant 0, \quad i = 1, 2, \cdots, 5.
\end{aligned}
$$

令非基变量 $x_3 = 0, x_4 = 0$ 得基可行解 $\boldsymbol{x}_2 = (1, 4, 0, 0, 8)^{\mathrm{T}}$. 相应的目标函数为 $f(\boldsymbol{x}_2) = -14 < f(\boldsymbol{x}_1)$. 由于 x_4 的系数 -5 为负数, 因此, 当它取正值时, 目标函数值还会减小, 即 $\boldsymbol{x}_2$ 不是问题的最优解. 为此, 下面再确定一个新的基可行解, 使得 x_4 成为换入变量, 取代原来的基变量 x_1, x_2 或 x_5 中的一个.

类似于上面的过程, 由下面的关系确定换出变量:

$$
\begin{cases}
x_1 = 1 + x_4 \geqslant 0, & \Longleftrightarrow x_1 \leqslant 1, \\
x_2 = 4 + x_4 \geqslant 0, & \Longleftrightarrow x_1 \geqslant -1, \\
x_5 = 8 - 5x_4 \geqslant 0, & \Longleftrightarrow x_1 \leqslant \dfrac{3}{7}.
\end{cases}
$$

因此, 换出变量为 x_5. 对约束条件作等价变换, 使基变量位于方程组的左边, 非基变量位于方程组的右边, 同时将目标函数写成非基变量的函数得等价线性规划问题:

$$\begin{aligned}\min\quad & f(\boldsymbol{x}) = -22 + 2x_3 + x_5, \\ \text{s.t.}\quad & x_1 = 2.6 + 0.2x_3 - 0.2x_5, \\ & x_2 = 5.6 - 0.8x_3 - 0.2x_5, \\ & x_4 = 1.6 + 1.2x_3 - 0.2x_5, \\ & x_i \geqslant 0, \quad i = 1, 2, \cdots, 5.\end{aligned}$$

令非基变量 $x_3 = 0, x_5 = 0$ 得基可行解 $\boldsymbol{x}_3 = (2.6, 5.6, 0, 1.6, 0)^{\mathrm{T}}$. 相应的目标函数为 $f(\boldsymbol{x}_3) = -22 < f(\boldsymbol{x}_2)$. 由于, 目标函数中非基变量 x_3, x_5 的系数均为正数, 因此, 当 x_3 或 x_5 的值变大时, 目标函数值不会再减小, 即 $\boldsymbol{x}_3$ 是问题的最优解. □

例 9.2 介绍了求解线性规划的单纯形法的基本思想. 下面对单纯形法的步骤作一般性描述. 设线性规划问题 (9.2) 的约束方程组的系数矩阵 $\boldsymbol{A}$ 中有一个 m 阶单位矩阵, 不妨假设此单位矩阵由 $\boldsymbol{A}$ 的前 m 列组成, 即设 $\boldsymbol{A} = (\boldsymbol{I} \;\; \boldsymbol{N})$, 其中 $\boldsymbol{I}$ 是单位矩阵, 它构成一组基. 设 $\boldsymbol{x}_B$ 和 $\boldsymbol{x}_N$ 分别是相应于该基的基变量和非基变量. 易知, $\bar{\boldsymbol{x}} = (\boldsymbol{b}^{\mathrm{T}}, \boldsymbol{0}^{\mathrm{T}})^{\mathrm{T}}$ 是一个基可行解. 令 $\boldsymbol{c}^{\mathrm{T}} = (\boldsymbol{c}_B^{\mathrm{T}}, \boldsymbol{c}_N^{\mathrm{T}})$.

首先, 给出判断一个基可行解为最优解的条件. 线性规划问题 (9.2) 任何可行解 $\boldsymbol{x}$ 均满足

$$\boldsymbol{x}_B = \boldsymbol{b} - \boldsymbol{N}\boldsymbol{x}_N,$$

从而, 目标函数可表示为

$$f(\boldsymbol{x}) = \boldsymbol{c}^{\mathrm{T}}\boldsymbol{x} = \boldsymbol{c}_B^{\mathrm{T}}\boldsymbol{x}_B + \boldsymbol{c}_N^{\mathrm{T}}\boldsymbol{x}_N = \boldsymbol{c}_B^{\mathrm{T}}\boldsymbol{b} + (\boldsymbol{c}_N^{\mathrm{T}} - \boldsymbol{c}_B^{\mathrm{T}}\boldsymbol{N})\boldsymbol{x}_N, \tag{9.7}$$

由此可知, 若 $\boldsymbol{c}_N^{\mathrm{T}} - \boldsymbol{c}_B^{\mathrm{T}}\boldsymbol{N} \geqslant \boldsymbol{0}$, 则对任何可行解 $\boldsymbol{x}$ 均有 $f(\boldsymbol{x}) \geqslant f(\bar{\boldsymbol{x}}) = \boldsymbol{c}_B^{\mathrm{T}}\boldsymbol{b}$, 即 $\bar{\boldsymbol{x}}$ 是问题 (9.2) 的一个最优解. 因此, 有下面的定理.

定理 9.7 设 $\boldsymbol{x}$ 是线性规划问题 (9.2) 的一个基可行解, 相应的基是单位矩阵 $\boldsymbol{I}$. 则 $\boldsymbol{x}$ 是最优解的充要条件是

$$\boldsymbol{\sigma}_N := \boldsymbol{c}_N^{\mathrm{T}} - \boldsymbol{c}_B^{\mathrm{T}}\boldsymbol{N} \geqslant \boldsymbol{0}.$$

通常称定理 9.7 中定义的

$$\boldsymbol{\sigma}_N = \boldsymbol{c}_N^{\mathrm{T}} - \boldsymbol{c}_B^{\mathrm{T}}\boldsymbol{N}$$

为检验数 (或判别数).

下面给出确定换入、换出变量的方法. 设 $\boldsymbol{x} = \left(\boldsymbol{b}^{\mathrm{T}}, \boldsymbol{0}^{\mathrm{T}}\right)^{\mathrm{T}}$ 是线性规划问题的一个基可行解, 相应的基是单位矩阵 $\boldsymbol{I}$. 若存在某个 j 使得检验数 $(\boldsymbol{\sigma}_N)_j < 0$, 则 $\boldsymbol{x}$ 不是问题

的最优解. 此时, 需寻找一个新的基可行解 $\boldsymbol{x}^{(1)}$, 使得 $f(\boldsymbol{x}^{(1)}) < f(\boldsymbol{x})$. 单纯形法寻找新的基可行解的方法是将 $\boldsymbol{x}_B$ 中的一个变量 x_i (称之为换出变量) 与 $\boldsymbol{x}_N$ 中的某个变量 x_j (称之为换入变量) 对换. 确定换入变量的原则是使得新产生的基可行解的目标函数值较原基可行解处的目标函数值小. 由式 (9.7) 易知, $\boldsymbol{x}_N$ 中任何满足 $(\boldsymbol{\sigma}_N)_j < 0$ 的变量 x_j 均可作为换入变量. 确定换出变量的原则是使得新产生的解可行. 下面给出确定换出变量 x_i 的准则.

记 $\boldsymbol{\alpha}_j = (a_{1j}, a_{2j}, \cdots, a_{mj})^{\mathrm{T}}$ 为 $\boldsymbol{N}$ 的第 j 列. 当 x_i 与 x_j 对换后, 其他的非基变量仍为非基变量. 因此, 新的基可行解只需满足

$$\boldsymbol{x}_B = \boldsymbol{b} - x_j \boldsymbol{\alpha}_j \geqslant \boldsymbol{0},$$

即

$$x_j \leqslant \min\left\{ \frac{b_k}{\alpha_{kj}} \;\middle|\; \alpha_{kj} > 0,\ 1 \leqslant k \leqslant m \right\}.$$

取 i 为使上式右端达到最小的下标 k, 则得一新的基可行解 $\boldsymbol{x}^{(1)}$. 该基可行解的目标函数为

$$\begin{aligned} f(\boldsymbol{x}^{(1)}) &= \boldsymbol{c}^{\mathrm{T}} \boldsymbol{x}^{(1)} \\ &= \boldsymbol{c}_B^{\mathrm{T}} \boldsymbol{x}_B + (\boldsymbol{\sigma}_N)_j x_j^{(1)} \\ &= \boldsymbol{c}_B^{\mathrm{T}} \boldsymbol{x}_B + (\boldsymbol{\sigma}_N)_j \frac{b_i}{\alpha_{kj}} \\ &< \boldsymbol{c}_B^{\mathrm{T}} \boldsymbol{x}_B = f(\boldsymbol{x}). \end{aligned}$$

在上面的基础上, 给出单纯形法的具体计算步骤, 不妨设 $\boldsymbol{A} = (\boldsymbol{I} \ \ \boldsymbol{N})$.

算法 9.1 (单纯形法)

步骤 0, 取初始基可行解 $\boldsymbol{x} = (\boldsymbol{x}_B^{\mathrm{T}}, \boldsymbol{x}_N^{\mathrm{T}})^{\mathrm{T}} = (\boldsymbol{b}^{\mathrm{T}}, \boldsymbol{0}^{\mathrm{T}})^{\mathrm{T}}$.

步骤 1, 计算非基变量的检验数 $\boldsymbol{\sigma}_N = \boldsymbol{c}_N^{\mathrm{T}} - \boldsymbol{c}_B^{\mathrm{T}} \boldsymbol{N}$. 若 $\boldsymbol{\sigma}_N \geqslant \boldsymbol{0}$, 则停止计算, 得解 $\boldsymbol{x}$; 否则, 在非基变量中确定换入变量 x_j 使 $\sigma_j = \min\{\sigma_k, k \in N\}$.

步骤 2, 令 $\boldsymbol{\alpha}_j = (\alpha_{ij})_{i=1}^m$ 表示矩阵 $\boldsymbol{N}$ 的第 j 列. 若 $\boldsymbol{\alpha}_j \leqslant \boldsymbol{0}$, 则停止计算. 此时, 问题的解不存在; 否则, 转步骤 3.

步骤 3, 确定下标 i 使

$$\frac{b_i}{\alpha_{ij}} = \min\left\{ \frac{b_k}{\alpha_{kj}} \;\middle|\; \alpha_{kj} > 0 \right\}.$$

步骤 4, 以 α_{ij} 为元, 对方程组 $\boldsymbol{A}\boldsymbol{x} = \boldsymbol{b}$ 实施行初等变换, 将第 j 列变成 $\boldsymbol{e}_i$, 其中 e_i 为单位矩阵 $\boldsymbol{I}_m$ 的第 i 列, 转步骤 1.

注 算法 9.1 中步骤 4 的目的是为了使得新产生的基可行解的基变量对应的基仍然是单位矩阵.

上面的单纯形法可总结为表 9.1.

表 9.1 单纯形表

$c_j \to$			c_1	$\cdots$	c_m	c_{m+1}	$\cdots$	c_n	θ_i
$\boldsymbol{c}_B$	$\boldsymbol{x}_B$	$\boldsymbol{b}$	x_1	$\cdots$	x_m	x_{m+1}	$\cdots$	x_n	
c_1	x_1	b_1	1	$\cdots$	0	$\alpha_{1,m+1}$	$\cdots$	$\alpha_{1,n}$	θ_1
c_2	x_2	b_2	0	$\cdots$	0	$\alpha_{2,m+1}$	$\cdots$	$\alpha_{2,n}$	θ_2
$\vdots$	$\vdots$	$\vdots$	$\vdots$	$\ddots$	$\vdots$	$\vdots$	$\ddots$	$\vdots$	$\vdots$
c_m	x_m	b_m	0	$\cdots$	1	$\alpha_{m,m+1}$	$\cdots$	$\alpha_{m,n}$	θ_m
$f(\boldsymbol{x}) =$	$\sum\limits_{i=1}^{m} c_i b_i$	σ_j	0	$\cdots$	0	$c_{m+1} - \sum\limits_{i=1}^{m} c_i \alpha_{i,m+1}$	$\cdots$	$c_n - \sum\limits_{i=1}^{m} c_i \alpha_{i,n}$	

表 9.1 中的第一行为目标函数的系数向量, 最后一行分别是基可行解对应的目标函数值和检验数. 容易看出, 基变量的检验数全部为零. 表中的第一、二列分别表示基变量及其在目标函数中相应系数, 第三列表示右端向量. 接下来的各列分别表示基变量及其系数列向量 (构成单位矩阵) 和非基变量及其系数列向量. 单纯形表的最后一列给出了算法 9.1 的步骤 3 中确定换出变量的各比值, 即 $\theta_k = b_k/\alpha_{kj}$.

利用表 9.1 可以容易地做出如下判断:

(1) 确定基可行解, 即令表中的第二列中的基变量分别取第三列中的值, 非基变量取值为零.

(2) 解的最优性判断. 若最后一行中的检验数都非负, 则相应的基可行解为最优解.

(3) 换入、换出变量的确定. 换入变量为最后一行的最小检验数(负数)对应的非基变量, 换出变量为最后一列中最小的正数对应的基变量.

(4) 基可行解对应的目标函数值, 即最后一行的第二个数.

例 9.3 利用单纯形表来求解线性规划问题

$$
\begin{aligned}
\min \quad & f(\boldsymbol{x}) = -2x_1 - 3x_2, \\
\text{s.t.} \quad & x_1 + x_2 \leqslant 6, \\
& x_1 + 2x_2 \leqslant 8, \\
& 0 \leqslant x_1 \leqslant 4, \\
& 0 \leqslant x_2 \leqslant 3.
\end{aligned}
$$

解 首先, 引入四个松弛变量 x_3, x_4, x_5, x_6, 将其转换成标准形的线性规划问题

$$
\min \quad f(\boldsymbol{x}) = -2x_1 - 3x_2,
$$

$$
\begin{aligned}
\text{s.t.}\quad & x_1 + x_2 + x_3 \qquad\qquad\qquad = 6, \\
& x_1 + 2x_2 \qquad + x_4 \qquad\quad = 8, \\
& x_1 \qquad\qquad\qquad + x_5 \quad = 4, \\
& \qquad x_2 \qquad\qquad\qquad + x_6 = 3, \\
& x_i \geqslant 0, \quad i = 1, 2, \cdots, 6.
\end{aligned}
$$

用单纯形表求最优解, 计算过程详见表 9.2, 其中表中 $(\cdot)$ 元素为主元.

表 9.2 例 9.3 的单纯形表

$c_j \to$			-2	-3	0	0	0	0	θ_i
$\boldsymbol{c}_B$	$\boldsymbol{x}_B$	$\boldsymbol{b}$	x_1	x_2	x_3	x_4	x_5	x_6	
0	x_3	6	1	1	1	0	0	0	6
0	x_4	8	1	2	0	1	0	0	4
0	x_5	4	1	0	0	0	1	0	–
0	x_6	3	0	(1)	0	0	0	1	3
$f(\boldsymbol{x})$	$=0$	σ_j	-2	-3	0	0	0	0	
0	x_3	3	1	0	1	0	0	-1	3
0	x_4	2	(1)	0	0	1	0	-2	2
0	x_5	4	1	0	0	0	1	0	4
-3	x_6	3	0	1	0	0	0	1	–
$f(\boldsymbol{x})$	$=-9$	σ_j	-2	0	0	0	0	3	
0	x_3	1	0	0	1	-1	0	1	1
-2	x_1	2	1	0	0	1	0	-2	–
0	x_5	2	0	0	0	-1	1	(2)	1
-3	x_2	3	0	1	0	0	0	1	3
$f(\boldsymbol{x})$	$=-13$	σ_j	0	0	0	2	0	-1	
0	x_3	0	0	0	1	-0.5	-0.5	0	
-2	x_1	4	1	0	0	0	1	0	
0	x_6	1	0	0	0	-0.5	0.5	1	
-3	x_2	2	0	1	0	0.5	-0.5	0	
$f(\boldsymbol{x})$	$=-14$	σ_j	0	0	0	1.5	0.5	0	

由于单纯形最终表中的检验数均为非负数, 故得最优解为 $\boldsymbol{x}^* = (4, 2, 0, 0, 0, 1)^{\mathrm{T}}$. 从而, 原问题的最优解为 $\boldsymbol{x}^* = (4, 2)^{\mathrm{T}}$, 最优目标函数值为 $f(\boldsymbol{x}^*) = -14$.

9.2.2 初始基可行解的确定

单纯形法要求已知一个初始基可行解, 且其相应的基是单位矩阵. 然而, 在一般情况下, 这种初始基可行解不容易观察到. 接下来介绍一种求初始基可行解的算法.

在线性规划问题 (9.1) 中引入人工变量 x_i $(i=n+1,\cdots,n+m)$. 考察如下约束条件:

$$\begin{cases} a_{11}x_1+a_{12}x_2+\cdots+a_{1n}x_n+x_{n+1}=b_1, \\ \cdots\cdots\cdots\cdots\cdots\cdots\cdots\cdots\cdots\cdots\cdots\cdots \\ a_{m1}x_1+a_{m2}x_2+\cdots+a_{mn}x_n+x_{n+m}=b_m, \\ x_i\geqslant 0,\ i=1,2,\cdots,n+m. \end{cases} \tag{9.8}$$

易知, 若 $\boldsymbol{x}=(x_1,\cdots,x_n,\cdots,x_{n+m})^{\mathrm{T}}$ 是上面约束的一个基可行解且 $x_i=0$ $(i=n+1,n+2,\cdots,n+m)$, 则 $\boldsymbol{x}$ 是线性规划问题 (9.8) 的一个基可行解.

构造如下辅助线性规划问题:

$$\min f(\boldsymbol{x})=\sum_{i=n+1}^{n+m}x_i,\ \text{s.t. } \boldsymbol{x}\in\Omega, \tag{9.9}$$

式中: $\Omega\subseteq\mathbf{R}^{n+m}$ 为满足 (9.8) 的全体 $\boldsymbol{x}$ 构成的集合.

不难发现, 线性规划问题 (9.1) 有可行解当且仅当线性规划问题 (9.9) 的最优解存在, 且最优目标函数值为零. 在此基础上可得两阶段单纯形法的基本步骤, 即先求解问题 (9.9), 然后再求解原线性规划问题 (9.1). 下面用一个例子介绍该算法的实现过程.

例 9.4 用两阶段单纯形法求解线性规划问题

$$\begin{aligned} \min\quad & f(\boldsymbol{x})=-3x_1+x_2+x_3, \\ \text{s.t.}\quad & x_1-2x_2+x_3+x_4=11, \\ & -4x_1+x_2+2x_3-x_5=3, \\ & -2x_1+x_3=1, \\ & x_i\geqslant 0,\ i=1,2,\cdots,5. \end{aligned} \tag{9.10}$$

解 引入人工变量 x_6,x_7. 构造辅助线性规划问题:

$$\begin{aligned} \min\quad & f(\boldsymbol{x})=x_6+x_7, \\ \text{s.t.}\quad & x_1-2x_2+x_3+x_4=11, \\ & -4x_1+x_2+2x_3-x_5+x_6=3, \\ & -2x_1+x_3+x_7=1, \\ & x_i\geqslant 0,\ i=1,2,\cdots,5. \end{aligned}$$

显然, 上述线性规划问题有基 $\boldsymbol{B}=\boldsymbol{I}$, 相应的基变量为 x_4,x_6,x_7. 因而, 可利用单纯形法求解. 结果见表 9.3.

表 9.3 第一阶段单纯形表

	$c_j \to$		0	0	0	0	0	1	1	θ
$\boldsymbol{c}_B$	$\boldsymbol{x}_B$	$\boldsymbol{b}$	x_1	x_2	x_3	x_4	x_5	x_6	x_7	
0	x_4	11	1	-2	1	1	0	0	0	11
1	x_6	3	-4	1	2	0	-1	1	0	3/2
1	x_7	1	-2	0	1	0	0	0	1	1
	$f(\boldsymbol{x})$	4	6	-1	-3	0	1	0	0	
0	x_4	10	3	-2	0	1	0	0	-1	–
1	x_6	1	0	1	0	0	-1	1	-2	1
0	x_3	1	-2	0	1	0	0	0	1	–
	$f(\boldsymbol{x})$	1	0	-1	0	0	1	0	3	
0	x_4	12	3	0	0	1	-2	2	-5	
0	x_2	1	0	1	0	0	-1	1	-2	
0	x_3	1	-2	0	1	0	0	0	1	
	$f(\boldsymbol{x})$	0	0	0	0	0	0	1	1	

故得初始基可行解 $\boldsymbol{x}^{(0)} = (0,1,1,12,0)^{\mathrm{T}}$. 从而得第二阶段初始单纯形表, 即求解问题 (9.10) 的初始单纯形表.

进而, 可利用单纯形法求解原问题. 计算结果见表 9.4.

表 9.4 第二阶段单纯形表

	$c_j \to$		-3	1	1	0	0	θ
$\boldsymbol{c}_B$	$\boldsymbol{x}_B$	$\boldsymbol{b}$	x_1	x_2	x_3	x_4	x_5	
0	x_4	12	3	0	0	1	-2	4
1	x_2	1	0	1	0	0	-1	–
1	x_3	1	-2	0	1	0	0	–
	$f(\boldsymbol{x})$	2	-1	0	0	0	1	
-3	x_1	4	1	0	0	1/3	$-2/3$	
1	x_2	1	0	1	0	0	-1	
1	x_3	9	0	0	1	2/3	$-4/3$	
	$f(\boldsymbol{x})$	-2	0	0	0	1/3	1/3	

于是, 所求问题的最优解为 $\boldsymbol{x}^* = (4,1,9,0,0)^{\mathrm{T}}$. 相应的目标函数值为 $f(\boldsymbol{x}^*) = -2$.

9.3 线性规划问题的对偶理论

对于任何一个线性规划问题, 存在与之密切相关的另一个线性规划问题, 称为该问题的对偶问题. 本节介绍有关线性规划的对偶规划及相关基本理论.

定义 9.5 给定 $\mathbf{R}^n$ 中线性规划问题

$$\begin{aligned} \min \quad & f(\boldsymbol{x}) = \boldsymbol{c}^{\mathrm{T}}\boldsymbol{x}, \\ \text{s.t.} \quad & \boldsymbol{A}\boldsymbol{x} \geqslant \boldsymbol{b}, \\ & \boldsymbol{x} \geqslant \boldsymbol{0}, \end{aligned} \tag{9.11}$$

式中: $\boldsymbol{A} = (a_{ij}) \in \mathbf{R}^{m\times n}$; $\boldsymbol{b} = (b_1, b_2, \cdots, b_m)^{\mathrm{T}}$; $\boldsymbol{c} = (c_1, c_2, \cdots, c_n)^{\mathrm{T}}$.

称线性规划问题

$$\begin{aligned} \max \quad & g(\boldsymbol{y}) = \boldsymbol{b}^{\mathrm{T}}\boldsymbol{y}, \\ \text{s.t.} \quad & \boldsymbol{A}^{\mathrm{T}}\boldsymbol{y} \leqslant \boldsymbol{c}, \\ & \boldsymbol{y} \geqslant \boldsymbol{0} \end{aligned} \tag{9.12}$$

为问题 (9.11) 的对偶问题. 称问题 (9.11) 为原问题.

分别记 $\mathcal{D}_P$ 和 $\mathcal{D}_D$ 为原问题 (9.11) 和对偶问题 (9.12) 的可行域. 下面的定理给出线性规划原问题与其对偶问题之间的一种密切关系.

定理 9.8 设原问题 (9.11) 和对偶问题 (9.12) 都有可行点. 则

(1) 对任何 $\boldsymbol{x} \in \mathcal{D}_P$, 任何 $\boldsymbol{y} \in \mathcal{D}_D$ 均有

$$\boldsymbol{c}^{\mathrm{T}}\boldsymbol{x} \geqslant \boldsymbol{b}^{\mathrm{T}}\boldsymbol{y}; \tag{9.13}$$

(2) 若点 $\boldsymbol{x}^* \in \mathcal{D}_P$, $\boldsymbol{y}^* \in \mathcal{D}_D$ 满足 $\boldsymbol{c}^{\mathrm{T}}\boldsymbol{x}^* = \boldsymbol{b}^{\mathrm{T}}\boldsymbol{y}^*$, 则 $\boldsymbol{x}^*$ 和 $\boldsymbol{y}^*$ 分别是原问题 (9.11) 和对偶问题 (9.12) 的最优解.

证明 (1) 对任何 $\boldsymbol{x} \in \mathcal{D}_P$, $\boldsymbol{y} \in \mathcal{D}_D$, 有 $\boldsymbol{A}\boldsymbol{x} \geqslant \boldsymbol{b}$, 注意到 $\boldsymbol{y} \geqslant \boldsymbol{0}$, $\boldsymbol{x} \geqslant \boldsymbol{0}$, 故得

$$\boldsymbol{b}^{\mathrm{T}}\boldsymbol{y} \leqslant \boldsymbol{y}^{\mathrm{T}}\boldsymbol{A}\boldsymbol{x} = (\boldsymbol{A}^{\mathrm{T}}\boldsymbol{y})^{\mathrm{T}}\boldsymbol{x} \leqslant \boldsymbol{c}^{\mathrm{T}}\boldsymbol{x}.$$

(2) 由 (1) 知对任何 $\boldsymbol{x} \in \mathcal{D}_P$, $\boldsymbol{c}^{\mathrm{T}}\boldsymbol{x}$ 都是对偶问题 (9.12) 的一个上界. 若该上界在某个 $\boldsymbol{y} \in \mathcal{D}_D$ 达到, 则 $\boldsymbol{y}$ 是问题 (9.12) 的一个最优解. 反之亦然. 证毕. □

下面的定理称为线性规划问题的对偶定理.

定理 9.9 (线性规划对偶定理)

(1) 若线性规划问题 (9.11) 或其对偶问题 (9.12) 之一有最优解, 则两个问题都有最优解. 而且, 两问题的最优目标函数值相等.

(2) 若线性规划问题 (9.11) 或其对偶问题 (9.12) 之一的目标函数值无界, 则另一问题无可行解.

证明 (1) 假设问题 (9.11) 有最优解 $\boldsymbol{x}^*$. 由于线性规划是一个凸规划, 由凸规划问题的 KKT 条件知, $\boldsymbol{x}^*$ 是最优解的充要条件是存在拉格朗日乘子向量 $\boldsymbol{\lambda}^* \in \mathbf{R}^m, \boldsymbol{\mu}^* \in \mathbf{R}^n$ 使得

$$\begin{cases} \boldsymbol{c} - \boldsymbol{A}^{\mathrm{T}}\boldsymbol{\lambda}^* - \boldsymbol{\mu}^* = \boldsymbol{0}, \\ \boldsymbol{\lambda}^* \geqslant \boldsymbol{0},\ \boldsymbol{A}\boldsymbol{x}^* - \boldsymbol{b} \geqslant \boldsymbol{0},\ \boldsymbol{\lambda}^{\mathrm{T}}(\boldsymbol{A}\boldsymbol{x}^* - \boldsymbol{b}) = \boldsymbol{0}, \\ \boldsymbol{\mu}^* \geqslant \boldsymbol{0},\ \boldsymbol{x}^* \geqslant \boldsymbol{0},\ \boldsymbol{\mu}^{*\mathrm{T}}\boldsymbol{x}^* = \boldsymbol{0}. \end{cases}$$

不难看出, $\boldsymbol{\lambda}^* \in \mathcal{D}_D$, 而且

$$\boldsymbol{b}^{\mathrm{T}}\boldsymbol{\lambda}^* = \boldsymbol{\lambda}^{*\mathrm{T}}\boldsymbol{A}\boldsymbol{x}^* = \boldsymbol{c}^{\mathrm{T}}\boldsymbol{x}^*.$$

由定理 9.8 知 $\boldsymbol{\lambda}^*$ 是问题 (9.12) 的最优解. 类似地可以证明, 若问题 (9.12) 有最优解, 则相应的拉格朗日乘子是问题 (9.11) 的最优解.

(2) 由定理 9.8 (1) 可直接得之. 证毕. □

由定理 9.9 (1) 的证明可以看出, 原问题的最优解对应的拉格朗日乘子是其对偶问题的最优解. 反之亦然. 另一方面, 也可以从单纯形法的角度将原问题和对偶问题联系起来. 事实上, 若 $\boldsymbol{x}^*$ 是原问题的最优解, $\boldsymbol{B}$ 是相应的基, 则 $\boldsymbol{B}^{-\mathrm{T}}\boldsymbol{c}$ 是其对偶问题的最优解.

由上面的两个定理还可以得到下面的结论.

定理 9.10 线性规划问题 (9.11) 及其对偶问题 (9.12) 有最优解的充要条件是 $\mathcal{D}_P$ 和 $\mathcal{D}_D$ 都不是空集.

下面的定理表明, 对偶关系具有自反性.

定理 9.11 对偶问题的对偶问题是原问题.

利用对偶问题的定义, 可以证明线性规划问题 (9.1) 的对偶问题为如下线性规划问题:

$$\begin{aligned} \max \quad & g(\boldsymbol{z}) = \boldsymbol{b}^{\mathrm{T}}\boldsymbol{z}, \\ \text{s.t.} \quad & \boldsymbol{A}^{\mathrm{T}}\boldsymbol{z} \leqslant \boldsymbol{c}. \end{aligned} \tag{9.14}$$

一个线性规划问题可以描述成原问题的形式, 也可以描述为对偶问题的形式. 因此, 可以根据计算的效率, 选择合适的问题求解. 一般说来, 约束的个数太多会增加计算的复杂性, 因为约束的个数决定了为获取基本可行解而所需要的基向量的个数. 因此, 如果原问题含有大量的约束, 而自变量的个数相对少, 则通过求解对偶问题会给计算带来好处.

9.4 应用 MATLAB 求解线性规划问题

计算机技术的飞速发展, 促进了数学工具软件技术的发展, 特别是 MATLAB 软件包, 无论是从技术水平和应用性能方面都已达到非常高的境界和人性化水平. 用它们求解线性规划问题非常方便, 也可以避免大量繁琐的计算过程, 从而使得解决实际中和工程上的大规模规划问题成为现实. 它们现已成为广大工程技术人员和管理工作者的一种方便高效的工具.

应用 MATLAB 优化工具箱中的函数 linprog 来求解线性规划问题是十分简单快捷的, 也不需要把线性规划模型化为标准型, 但有统一的要求, 基本模型为

$$\begin{aligned}\min\quad & \boldsymbol{c}^{\mathrm{T}}\boldsymbol{x},\\ \text{s.t.}\quad & \boldsymbol{A}_1\boldsymbol{x}\leqslant\boldsymbol{b}_1,\\ & \boldsymbol{A}_2\boldsymbol{x}=\boldsymbol{b}_2,\\ & \boldsymbol{l}\leqslant\boldsymbol{x}\leqslant\boldsymbol{u},\end{aligned}$$

式中: $\boldsymbol{c},\boldsymbol{x},\boldsymbol{b}_1,\boldsymbol{b}_2,\boldsymbol{l},\boldsymbol{u}$ 均为列向量; $\boldsymbol{A}_1,\boldsymbol{A}_2$ 为常数矩阵. 即要求目标函数为最小化问题, 约束条件为小于等于或等于两种情形. 具体的函数调用格式如下:

```
[x]=linprog(c,A1,b1,A2,b2);                  %决策变量无上下界约束,默认为非负
[x]=linprog(c,A1,b1,A2,b2,l,u);              %决策变量有上下界约束
[x]=linprog(c,A1,b1,A2,b2,l,u,opt);          %设置可选参数值,而不是采用默认值
[x]=linprog(c,A1,b1,A2,b2,l,u,x0,opt); %x0为初始解,默认值为 0
[x,fv]=linprog(......);                       %要求在迭代中同时返回目标函数值
[x,fv,ef]=linprog(......);                    %要求返回程序结束标志
[x,fv,ef,out]=linprog(......);                %要求返回程序的优化信息
[x,fv,ef,out,lambda]=linprog(......);
```

参数说明: $\boldsymbol{c}$ 为目标函数的系数向量; $\boldsymbol{A}_1,\boldsymbol{A}_2$ 分别为不等式约束条件和等式约束条件的系数矩阵; $\boldsymbol{b}_1,\boldsymbol{b}_2$ 分别为不等式约束条件和等式约束条件的常数向量; $\boldsymbol{l},\boldsymbol{u}$ 分别为决策变量的下界和上界; $\boldsymbol{x}_0$ 为初始解, 可以是标量, 可以是向量, 或者是矩阵, 省略此项

默认为 0 值; opt (options) 是一个系统控制参数, 现由 30 多个元素组成, 每个元素都有确定的默认值, 实际中可以根据需要改变定义; fv (fval) 为要求返回函数值; ef (exitflag) 为要求返回程序结束标志; out (output) 为一个结构变量, 返回程序中的一些优化信息, 包括迭代次数、函数求值次数、使用的算法、最终的计算步数和优化尺度等; lambda 为结构变量, 包含四个字段, 分别对应于程序终止时相应约束的拉格朗日乘子, 即表明相应的约束是否为有效约束.

下面给出应用 MATLAB 软件求解线性规划问题的实例.

例 9.5 (下料问题) 某单位需要加工制作 100 套工架, 每套工架需用长为 2.9m、2.1m 和 1.5m 的圆钢各一根. 已知原材料长 7.4m, 现在的问题是如何下料使得所用的原材料最省?

解 通过简单分析可知, 在每一根原材料上各截取一根 2.9m、2.1m 和 1.5m 的圆钢做成一套工架, 每根原材料剩下料头 0.9m, 要完成 100 工架, 就需要用 100 根原材料, 共剩余 90m 料头. 若采取套截方案, 则可以节省原材料,下面给出了几种可能的套截方案, 如表 9.5 所列.

表 9.5 几种可能的方案 (单位: m)

长度 \ 方案	A	B	C	D	E
2.9	1	2	0	1	0
2.1	0	0	2	2	1
1.5	3	1	2	0	3
合计	7.4	7.3	7.2	7.1	6.6
料头	0	0.1	0.2	0.3	0.8

实际中为了保证完成这 100 套工架, 使所用材料最省, 可以混合使用各种下料方案. 设按方案 A, B, C, D, E 下料的原材料数分别为 x_1, x_2, x_3, x_4, x_5, 根据表 9.5 可以得到下面的线性规划模型

$$\begin{aligned}
\min\quad & z = 0x_1 + 0.1x_2 + 0.2x_3 + 0.3x_4 + 0.8x_5, \\
\text{s.t.}\quad & x_1 + 2x_2 + x_4 = 100, \\
& 2x_3 + 2x_4 + x_5 = 100, \\
& 3x_1 + x_2 + 2x_3 + 3x_5 = 100, \\
& x_1,\ x_2,\ x_3,\ x_4,\ x_5 \geqslant 0.
\end{aligned}$$

用 MATLAB 求解:

```
>> c=[0 0.1 0.2 0.3  0.8]';
>> A1=[-1,0,0,0,0;0,-1,0,0,0;0,0,-1,0,0;0,0,0,-1,0;0,0,0,0,-1];
>> b1=[0,0,0,0,0]';
>> A2=[1,2,0,1,0;0,0,2,2,1;3,1,2,0,3];
>> b2=[100,100,100]';
>> [x,fv]=linprog(c,A1,b1,A2,b2)
```

得

```
Optimization terminated.
x =
   12.8243
   27.1757
   17.1757
   32.8243
   0.0000
fv =
   16.0000
```

运行该程序之后, 立即可以得到最优解为 $\boldsymbol{x} = (12.8243, 27.1757, 17.1757, 32.8243, 0)^{\mathrm{T}}$, 按四舍五入的方法取整得 $\boldsymbol{x} = (13, 27, 17, 33, 0)^{\mathrm{T}}$, 最优值为 $z = 16$. 即按方案 A下料 13 根, 方案 B 下料 27 根, 方案 C 下料 17 根, 方案 D 下料 33 根, 共需原材料 90 根就可以制作完成 100 套工架, 剩余料头最少为 16 m.

习 题 9

1. 设 $\mathcal{D} \subset \mathbf{R}^n$是非空闭集. $f(\boldsymbol{x}) = \boldsymbol{c}^{\mathrm{T}}\boldsymbol{x}$ 是线性函数. 证明:

(1) 若 f 在 $\mathcal{D}$ 上有下界, 则必可达到其下确界, 即问题 $\min\limits_{\boldsymbol{x}\in\mathcal{D}} f(\boldsymbol{x})$ 有最优解;

(2) 若 f 在 $\mathcal{D}$ 上有上界, 则必可达到其上确界, 即问题 $\max\limits_{\boldsymbol{x}\in\mathcal{D}} f(\boldsymbol{x})$ 有最优解.

2. 设 $\boldsymbol{x}^*$ 是线性规划问题 (9.2) 的一个可行解, 证明它是最优解的充要条件是存在 $\boldsymbol{u} \in \mathbf{R}^m$ 使得

$$\boldsymbol{A}^{\mathrm{T}}\boldsymbol{u} \leqslant \boldsymbol{c}, \quad (\boldsymbol{c} - \boldsymbol{A}^{\mathrm{T}}\boldsymbol{u})^{\mathrm{T}}\boldsymbol{x}^* = \boldsymbol{0}.$$

3. 设线性规划问题 (9.2) 的可行域 $\mathcal{D}$ 非空. 证明:

(1) 若 $\mathcal{D}$ 存在极方向, 则每一个极方向的正分量相应的 $\boldsymbol{A}$ 的列向量线性无关;

(2) $\boldsymbol{d}\in\mathbf{R}^n$ 是 $\mathcal{D}$ 的一个极方向的充要条件是: $\boldsymbol{A}$ 可以分解为 $\boldsymbol{A}=(\boldsymbol{B}\ \ \boldsymbol{N})$, 使得对 $\boldsymbol{N}$ 的某个列向量 $\boldsymbol{a}^{(i)}$ 满足 $\boldsymbol{B}^{-1}\boldsymbol{a}^{(i)}\leqslant\mathbf{0}$, 且 $\boldsymbol{d}$ 与向量

$$\begin{pmatrix}\boldsymbol{B}^{-1}\boldsymbol{a}^{(i)}\\ \boldsymbol{e}^{(i)}\end{pmatrix}$$

同向, 其中, $\boldsymbol{e}^{(i)}$ 是第 i 个 $n-m$ 维坐标向量.

4. 证明: 若线性规划问题有最优解非基可行解, 则线性规划至少有两个最优基可行解或只有一个基可行解且解集合无界.

5. 设矩阵 $\boldsymbol{A}=(a_{ij})\in\mathbf{R}^{n\times n}$ 对称正定. 证明单位矩阵是下面的线性规划问题的解:

$$\begin{aligned}\max\quad & \sum_{i=1}^{n}\sum_{j=1}^{n}a_{ij}x_{ij},\\ \text{s.t.}\quad & \sum_{i=1}^{n}x_{ij}=1,\quad j=1,2,\cdots,n,\\ & \sum_{j=1}^{n}x_{ij}=1,\quad i=1,2,\cdots,n,\\ & x_{ij}\geqslant 0,\quad i,j=1,2,\cdots,n.\end{aligned}$$

6. 给定线性规划问题

$$\max f(\boldsymbol{x})=\boldsymbol{c}^{\mathrm{T}}\boldsymbol{x},\quad \text{s.t. } \boldsymbol{A}\boldsymbol{x}\leqslant\boldsymbol{b},$$

式中: $\boldsymbol{A}=(a_{ij})\in\mathbf{R}^{n\times n}$ 为 n 阶 Hilbert 矩阵, 即

$$a_{ij}=\frac{1}{i+j},\quad b_i=\sum_{j=1}^{n}\frac{1}{i+j},\quad c_j=\frac{2}{j+1}+\sum_{j=2}^{n}\frac{1}{j+i},\quad i,j=1,2,\cdots,n;$$

$\boldsymbol{b}=(b_1,b_2,\cdots,b_n)^{\mathrm{T}}$, $\boldsymbol{c}=(c_1,c_2,\cdots,c_n)^{\mathrm{T}}\in\mathbf{R}^n$. 证明该问题有唯一解 $\boldsymbol{x}^*=(1,1,\cdots,1)^{\mathrm{T}}$.

7. 考虑线性约束

$$\begin{cases}x_1+2x_2+10x_3+4x_4-2x_5=5,\\ x_1+x_2+3x_3-x_4+x_5=8,\\ x_1,x_2,x_3,x_4,x_5\geqslant 0.\end{cases}$$

(1) 试求出以 x_1, x_2 为基变量的基解并判断它是否为可行解;

(2) 基可行解最多可能有多少个?

8. 求下面线性规划问题的所有基和基可行解, 并通过计算目标函数在这些基可行解的函数值, 确定线性规划问题的最优解:

$$\begin{aligned}\max\quad & f(\boldsymbol{x})=2x_1+3x_2+4x_3+7x_4,\\ \text{s.t.}\quad & 2x_1+3x_2-x_3-4x_4=8,\\ & x_1-2x_2+6x_3-7x_4=-3,\\ & x_1,\ x_2,\ x_3,\ x_4\geqslant 0.\end{aligned}$$

9. 用单纯形法求解下列线性规划问题:

(1)
$$\begin{aligned} \min\quad & f(\boldsymbol{x}) = -5x_1 - 3x_2 \\ \text{s.t.}\quad & 4x_1 + 2x_2 \leqslant 12, \\ & 4x_1 + x_2 \leqslant 10, \\ & x_1 + x_2 \leqslant 4, \\ & x_1, x_2 \geqslant 0; \end{aligned}$$

(2)
$$\begin{aligned} \min\quad & f(\boldsymbol{x}) = -3x_1 - x_2 + 3x_3 \\ \text{s.t.}\quad & x_1 - x_2 + x_3 \leqslant 4, \\ & x_1 + x_3 \leqslant 6, \\ & x_2 - x_3 \leqslant 5, \\ & x_1,\ x_2,\ x_3 \geqslant 0. \end{aligned}$$

10. 用两阶段法求解线性规划问题

$$\begin{aligned} \min\quad & f(\boldsymbol{x}) = 5x_1 - 6x_2 - 7x_3, \\ \text{s.t.}\quad & x_1 + 5x_2 - 3x_3 \geqslant 15, \\ & 5x_1 - 6x_2 + 10x_3 \leqslant 20, \\ & x_1 + x_2 + x_3 = 5, \\ & x_1, x_2, x_3 \geqslant 0. \end{aligned}$$

11. 用两阶段法证明下面线性规划问题不可行:

$$\begin{aligned} \min\quad & f(\boldsymbol{x}) = 2x_1 + 4x_2, \\ \text{s.t.}\quad & 2x_1 - 3x_2 \geqslant 2, \\ & -x_1 + x_2 \geqslant 3, \\ & x_1, x_2 \geqslant 0. \end{aligned}$$

12. 已知线性规划问题

$$\begin{aligned} \max\quad & f(\boldsymbol{x}) = -3x_1 - 4x_2 - 2x_3 - 5x_4 - 9x_5, \\ \text{s.t.}\quad & x_1 + x_3 - 5x_4 + 3x_5 \geqslant 2, \\ & x_1 + x_2 - x_3 + x_4 + 2x_5 \geqslant 3, \\ & x_1, x_2, x_3, x_4, x_5 \geqslant 0. \end{aligned}$$

试求原问题及对偶问题的最优解.

13. 给出线性规划问题

$$\begin{aligned} \min\quad & f(\boldsymbol{x}) = 2x_1 + 3x_2 + 5x_3 + 2x_4 + 3x_5, \\ \text{s.t.}\quad & x_1 + x_2 + 2x_3 + x_4 + 3x_5 \geqslant 4, \\ & 2x_1 - x_2 + 3x_3 + x_4 + x_5 \geqslant 3, \\ & x_1, x_2, x_3, x_4, x_5 \geqslant 0. \end{aligned}$$

已知其对偶问题的最优解为 $\boldsymbol{y}^*=(4/5,3/5)^{\mathrm{T}}$, 相应的目标函数值为 $g(\boldsymbol{y}^*)=5$. 试用对偶理论找出原问题的最优解.

14. 证明: 若 $\boldsymbol{x}^*$ 是原问题 (9.1) 的最优基可行解, $\boldsymbol{B}$ 是相应的基, 则 $\boldsymbol{B}^{-\mathrm{T}}\boldsymbol{c}_B$ 是其对偶问题 (9.14) 的最优解.

15. 证明: 对偶问题的对偶问题是原问题.

16. 设线性规划 (9.11) 及其对偶问题 (9.12) 的最优解存在. 设 $\bar{\boldsymbol{x}}$ 和 $\bar{\boldsymbol{y}}$ 分别是问题 (9.11) 和问题 (9.12) 的任意最优解. 证明:

(1) 若对某个 $1\leqslant j\leqslant n$, 有 $\bar{x}_j>0$, 则必有 $(\boldsymbol{A}^{\mathrm{T}}\bar{\boldsymbol{y}}-\boldsymbol{c})_j=0$;

(2) 若对某个 $1\leqslant i\leqslant m$, 有 $(\boldsymbol{A}\bar{\boldsymbol{x}}-\boldsymbol{b})_i>0$, 则必有 $\bar{y}_i=0$;

(3) 若对某个 $1\leqslant i\leqslant m$, 有 $\bar{y}_i=0$, 则必有 $(\boldsymbol{A}\bar{\boldsymbol{x}}-\boldsymbol{b})_i=0$;

(4) 若对某个 $1\leqslant j\leqslant n$, 有 $(\boldsymbol{A}^{\mathrm{T}}\bar{\boldsymbol{y}}-\boldsymbol{c})_j<0$, 则必有 $\bar{x}_j=0$.

第 10 章　二次规划问题

二次规划是非线性优化中的一种特殊情形, 它的目标函数是二次实函数, 约束函数都是线性函数. 由于二次规划比较简单, 便于求解 (仅次于线性规划), 并且一些非线性优化问题可以转化为求解一系列的二次规划问题 (即第 13 章所介绍的“序列二次规划法”), 因此, 二次规划的求解方法较早地引起人们的重视, 成为求解非线性优化的一个重要途径. 二次规划的算法较多, 本章仅介绍求解等式约束凸二次规划的零空间方法和拉格朗日乘子法以及求解一般约束凸二次规划的有效集方法.

10.1　等式约束凸二次规划的解法

考虑如下的二次规划问题

$$\begin{aligned} \min\ & \frac{1}{2}\boldsymbol{x}^{\mathrm{T}}\boldsymbol{H}\boldsymbol{x}+\boldsymbol{c}^{\mathrm{T}}\boldsymbol{x}, \\ \text{s.t.}\ & \boldsymbol{A}\boldsymbol{x}=\boldsymbol{b}, \end{aligned} \tag{10.1}$$

式中: $\boldsymbol{H}\in\mathbf{R}^{n\times n}$ 对称正定; $\boldsymbol{A}\in\mathbf{R}^{m\times n}$ 行满秩; $\boldsymbol{c},\boldsymbol{x}\in\mathbf{R}^n$; $\boldsymbol{b}\in\mathbf{R}^m$.

本节介绍两种求解问题 (10.1) 的数值方法, 即零空间方法和值空间方法 (通常称为拉格朗日乘子法).

10.1.1　零空间方法

设 $\boldsymbol{x}_0$ 满足 $\boldsymbol{A}\boldsymbol{x}_0=\boldsymbol{b}$. 记 $\boldsymbol{A}$ 的零空间为

$$\mathcal{N}(\boldsymbol{A})=\big\{\boldsymbol{z}\in\mathbf{R}^n\,|\,\boldsymbol{A}\boldsymbol{z}=\boldsymbol{0}\big\},$$

则问题 (10.1) 的任一可行点 $\boldsymbol{x}$ 可表示成 $\boldsymbol{x}=\boldsymbol{x}_0+\boldsymbol{z}\,(\boldsymbol{z}\in\mathcal{N}(\boldsymbol{A}))$. 这样, 问题 (10.1) 可等价变形为

$$\begin{aligned} \min\ & \frac{1}{2}\boldsymbol{z}^{\mathrm{T}}\boldsymbol{H}\boldsymbol{z}+\boldsymbol{z}^{\mathrm{T}}(\boldsymbol{c}+\boldsymbol{H}\boldsymbol{x}_0), \\ \text{s.t.}\ & \boldsymbol{A}\boldsymbol{z}=\boldsymbol{0}. \end{aligned} \tag{10.2}$$

令 $\boldsymbol{Z}\in\mathbf{R}^{n\times(n-m)}$ 是 $\mathcal{N}(\boldsymbol{A})$ 的一组基组成的矩阵, 则对任意的 $\boldsymbol{d}\in\mathbf{R}^{n-m}$ 有 $\boldsymbol{z}=\boldsymbol{Z}\boldsymbol{d}\in\mathcal{N}(\boldsymbol{A})$. 于是问题 (10.2) 变为无约束优化问题

$$\min\ \frac{1}{2}\boldsymbol{d}^{\mathrm{T}}(\boldsymbol{Z}^{\mathrm{T}}\boldsymbol{H}\boldsymbol{Z})\boldsymbol{d}+\boldsymbol{d}^{\mathrm{T}}[\boldsymbol{Z}^{\mathrm{T}}(\boldsymbol{c}+\boldsymbol{H}\boldsymbol{x}_0)]. \tag{10.3}$$

容易发现, 当 $\boldsymbol{H}$ 是半正定时, $\boldsymbol{Z}^{\mathrm{T}}\boldsymbol{H}\boldsymbol{Z}$ 也是半正定的. 此时, 若 $\boldsymbol{d}^*$ 是问题 (10.3) 的稳定点, 则 $\boldsymbol{d}^*$ 也是问题 (10.3) 的全局极小点, 同时 $\boldsymbol{x}^*=\boldsymbol{x}_0+\boldsymbol{Z}\boldsymbol{d}^*$ 是问题 (10.1) 的

全局极小点, $\boldsymbol{\lambda}^* = \boldsymbol{A}^\dagger(\boldsymbol{Hx}^* + \boldsymbol{c})$ 是相应的拉格朗日乘子, 其中 $\boldsymbol{A}^\dagger$ 是矩阵 $\boldsymbol{A}$ 的广义逆. 由于这种方法是基于约束函数的系数矩阵的零空间, 因此, 称为零空间方法.

余下的问题就是如何确定可行点 $\boldsymbol{x}_0$ 和零空间 $\mathcal{N}(\boldsymbol{A})$ 的基矩阵 $\boldsymbol{Z}$. 有多种方法来确定这样的 $\boldsymbol{x}_0$ 和 $\boldsymbol{Z}$. 在此介绍 1974 年 Gill 和 Murry 所提出的一种方法, 即先对 $\boldsymbol{A}^\mathrm{T}$ 作 QR 分解

$$\boldsymbol{A}^\mathrm{T} = \boldsymbol{Q}\begin{pmatrix}\boldsymbol{R}\\ \boldsymbol{0}\end{pmatrix} = \begin{pmatrix}\boldsymbol{Q}_1 & \boldsymbol{Q}_2\end{pmatrix}\begin{pmatrix}\boldsymbol{R}\\ \boldsymbol{0}\end{pmatrix}, \tag{10.4}$$

式中: $\boldsymbol{Q}$ 为一个 n 阶正交阵; $\boldsymbol{R}$ 为一个 m 阶上三角阵; $\boldsymbol{Q}_1 \in \mathbf{R}^{n\times m}$; $\boldsymbol{Q}_2 \in \mathbf{R}^{n\times(n-m)}$. 那么确立 $\boldsymbol{x}_0$ 和 $\boldsymbol{Z}$ 为

$$\boldsymbol{x}_0 = \boldsymbol{Q}_1\boldsymbol{R}^{-\mathrm{T}}\boldsymbol{b}, \quad \boldsymbol{Z} = \boldsymbol{Q}_2, \tag{10.5}$$

同时有

$$\boldsymbol{A}^\dagger = \boldsymbol{Q}_1\boldsymbol{R}^{-\mathrm{T}}. \tag{10.6}$$

下面写出零空间方法的算法步骤.

算法 10.1 (零空间方法)

步骤 0, 输入矩阵 $\boldsymbol{H}, \boldsymbol{A}$ 和向量 $\boldsymbol{c}, \boldsymbol{b}$.

步骤 1, 由式 (10.4) 对 $\boldsymbol{A}^\mathrm{T}$ 进行 QR 分解得矩阵 $\boldsymbol{Q}_1, \boldsymbol{Q}_2$ 和 $\boldsymbol{R}$.

步骤 2, 按式 (10.5) 计算可行点 $\boldsymbol{x}_0$ 和零空间 $\mathcal{N}(\boldsymbol{A})$ 的基矩阵 $\boldsymbol{Z}$.

步骤 3, 求解无约束优化子问题 (10.3) 得解 $\boldsymbol{d}^*$.

步骤 4, 计算全局极小点 $\boldsymbol{x}^* = \boldsymbol{x}_0 + \boldsymbol{Zd}^*$ 和相应的拉格朗日乘子 $\boldsymbol{\lambda}^* = \boldsymbol{A}^\dagger(\boldsymbol{Hx}^* + \boldsymbol{c})$, 其中 $\boldsymbol{A}^\dagger$ 由式 (10.6) 确定.

10.1.2 拉格朗日乘子法及其 MATLAB 实现

下面推导用拉格朗日乘子法解问题 (10.1) 的求解公式.

首先, 问题 (10.1) 的拉格朗日函数为

$$L(\boldsymbol{x}, \boldsymbol{\lambda}) = \frac{1}{2}\boldsymbol{x}^\mathrm{T}\boldsymbol{Hx} + \boldsymbol{c}^\mathrm{T}\boldsymbol{x} - \boldsymbol{\lambda}^\mathrm{T}(\boldsymbol{Ax} - \boldsymbol{b}). \tag{10.7}$$

令

$$\nabla_{\boldsymbol{x}} L(\boldsymbol{x}, \boldsymbol{\lambda}) = \boldsymbol{0}, \quad \nabla_{\boldsymbol{\lambda}} L(\boldsymbol{x}, \boldsymbol{\lambda}) = \boldsymbol{0},$$

得到方程组

$$\begin{aligned} \boldsymbol{Hx} - \boldsymbol{A}^\mathrm{T}\boldsymbol{\lambda} &= -\boldsymbol{c}, \\ -\boldsymbol{Ax} &= -\boldsymbol{b}. \end{aligned}$$

将上述方程组写成分块矩阵形式

$$\begin{pmatrix} \boldsymbol{H} & -\boldsymbol{A}^{\mathrm{T}} \\ -\boldsymbol{A} & \boldsymbol{0} \end{pmatrix} \begin{pmatrix} \boldsymbol{x} \\ \boldsymbol{\lambda} \end{pmatrix} = \begin{pmatrix} -\boldsymbol{c} \\ -\boldsymbol{b} \end{pmatrix}. \tag{10.8}$$

称上述方程组的系数矩阵

$$\begin{pmatrix} \boldsymbol{H} & -\boldsymbol{A}^{\mathrm{T}} \\ -\boldsymbol{A} & \boldsymbol{0} \end{pmatrix}$$

为拉格朗日矩阵.

下面的定理给出了线性方程组 (10.8) 有唯一解的充分条件.

定理 10.1 设 $\boldsymbol{H} \in \mathbf{R}^{n\times n}$ 对称正定, $\boldsymbol{A} \in \mathbf{R}^{m\times n}$ 行满秩. 若在问题 (10.1) 的解 $\boldsymbol{x}^*$ 处满足二阶充分条件, 即

$$\boldsymbol{d}^{\mathrm{T}}\boldsymbol{H}\boldsymbol{d} > 0, \ \ \forall\, \boldsymbol{d} \in \mathbf{R}^n, \ \boldsymbol{d} \neq \boldsymbol{0}, \ \boldsymbol{A}\boldsymbol{d} = \boldsymbol{0}.$$

则线性方程组 (10.8) 的系数矩阵非奇异, 即方程组 (10.8) 有唯一解.

证明 设 $\left(\boldsymbol{d}^{\mathrm{T}}, \boldsymbol{\nu}^{\mathrm{T}}\right)^{\mathrm{T}}$ 是下面的齐次线性方程组的解:

$$\begin{pmatrix} \boldsymbol{H} & -\boldsymbol{A}^{\mathrm{T}} \\ -\boldsymbol{A} & \boldsymbol{0} \end{pmatrix} \begin{pmatrix} \boldsymbol{d} \\ \boldsymbol{\nu} \end{pmatrix} = \boldsymbol{0}, \tag{10.9}$$

即

$$\boldsymbol{H}\boldsymbol{d} - \boldsymbol{A}^{\mathrm{T}}\boldsymbol{\nu} = \boldsymbol{0}, \quad \boldsymbol{A}\boldsymbol{d} = \boldsymbol{0}.$$

故

$$\boldsymbol{d}^{\mathrm{T}}\boldsymbol{H}\boldsymbol{d} = \boldsymbol{d}^{\mathrm{T}}\boldsymbol{A}^{\mathrm{T}}\boldsymbol{\nu} = \boldsymbol{0}, \quad \boldsymbol{A}\boldsymbol{d} = \boldsymbol{0}.$$

于是由二阶充分性条件必有 $\boldsymbol{d} = \boldsymbol{0}$, 从而

$$\boldsymbol{A}^{\mathrm{T}}\boldsymbol{\nu} = \boldsymbol{H}\boldsymbol{d} = \boldsymbol{0}.$$

注意到 $\boldsymbol{A}$ 行满秩, 故必有 $\boldsymbol{\nu} = \boldsymbol{0}$. 由此可知, 齐次线性方程组 (10.9) 只有零解, 因此, 其系数矩阵必然非奇异. 证毕. □

下面来导出方程 (10.8) 的求解公式. 根据定理 10.1, 拉格朗日矩阵必然是非奇异的, 故可设其逆为

$$\begin{pmatrix} \boldsymbol{H} & -\boldsymbol{A}^{\mathrm{T}} \\ -\boldsymbol{A} & \boldsymbol{0} \end{pmatrix}^{-1} = \begin{pmatrix} \boldsymbol{G} & -\boldsymbol{B}^{\mathrm{T}} \\ -\boldsymbol{B} & \boldsymbol{C} \end{pmatrix}.$$

由恒等式

$$\begin{pmatrix} \boldsymbol{H} & -\boldsymbol{A}^{\mathrm{T}} \\ -\boldsymbol{A} & \boldsymbol{0} \end{pmatrix} \begin{pmatrix} \boldsymbol{G} & -\boldsymbol{B}^{\mathrm{T}} \\ -\boldsymbol{B} & \boldsymbol{C} \end{pmatrix} = \begin{pmatrix} \boldsymbol{I}_n & \boldsymbol{0}_{n\times m} \\ \boldsymbol{0}_{m\times n} & \boldsymbol{I}_m \end{pmatrix},$$

得

$$\boldsymbol{HG} + \boldsymbol{A}^{\mathrm{T}}\boldsymbol{B} = \boldsymbol{I}_n, \quad -\boldsymbol{HB}^{\mathrm{T}} - \boldsymbol{A}^{\mathrm{T}}\boldsymbol{C} = \boldsymbol{0}_{n\times m},$$

$$-\boldsymbol{AG} = \boldsymbol{0}_{m\times n}, \qquad \boldsymbol{AB}^{\mathrm{T}} = \boldsymbol{I}_m.$$

于是由上述 4 个等式得到矩阵 $\boldsymbol{G}, \boldsymbol{B}, \boldsymbol{C}$ 的表达式为

$$\boldsymbol{G} = \boldsymbol{H}^{-1} - \boldsymbol{H}^{-1}\boldsymbol{A}^{\mathrm{T}}(\boldsymbol{AH}^{-1}\boldsymbol{A}^{\mathrm{T}})^{-1}\boldsymbol{AH}^{-1}, \tag{10.10}$$

$$\boldsymbol{B} = (\boldsymbol{AH}^{-1}\boldsymbol{A}^{\mathrm{T}})^{-1}\boldsymbol{AH}^{-1}, \tag{10.11}$$

$$\boldsymbol{C} = -(\boldsymbol{AH}^{-1}\boldsymbol{A}^{\mathrm{T}})^{-1}. \tag{10.12}$$

因此, 由式 (10.8) 可得解的表达式为

$$\begin{pmatrix} \bar{\boldsymbol{x}} \\ \bar{\boldsymbol{\lambda}} \end{pmatrix} = \begin{pmatrix} \boldsymbol{G} & -\boldsymbol{B}^{\mathrm{T}} \\ -\boldsymbol{B} & \boldsymbol{C} \end{pmatrix} \begin{pmatrix} -\boldsymbol{c} \\ -\boldsymbol{b} \end{pmatrix} = \begin{pmatrix} -\boldsymbol{Gc} + \boldsymbol{B}^{\mathrm{T}}\boldsymbol{b} \\ \boldsymbol{Bc} - \boldsymbol{Cb} \end{pmatrix}, \tag{10.13}$$

其中 $\boldsymbol{G}, \boldsymbol{B}, \boldsymbol{C}$ 分别由式 (10.10) $\sim$ 式 (10.12) 给出.

下面给出 $\bar{\boldsymbol{x}}$ 和 $\bar{\boldsymbol{\lambda}}$ 的另一种等价表达式. 设 $\boldsymbol{x}_k$ 是问题 (10.1) 的任一可行点, 即 $\boldsymbol{x}_k$ 满足 $\boldsymbol{Ax}_k = \boldsymbol{b}$. 而在此点处目标函数的梯度为 $\boldsymbol{g}_k = \nabla f(\boldsymbol{x}_k) = \boldsymbol{Hx}_k + \boldsymbol{c}$. 利用 $\boldsymbol{x}_k$ 和 $\boldsymbol{g}_k$, 可将式 (10.13) 改写为

$$\begin{pmatrix} \bar{\boldsymbol{x}} \\ \bar{\boldsymbol{\lambda}} \end{pmatrix} = \begin{pmatrix} \boldsymbol{x}_k - \boldsymbol{Gg}_k \\ \boldsymbol{Bg}_k \end{pmatrix}. \tag{10.14}$$

下面给出求解等式约束凸二次规划拉格朗日乘子法的 MATLAB 程序.

程序 10.1 本程序用拉格朗日乘子法求解等式约束凸二次规划问题.

```
function [x,lambda,val]=qlag(H,c,A,b)
%功能: 拉格朗日乘子法求解等式约束凸二次规划:
%         min f(x)=0.5*x'Hx+c'x, s.t. Ax=b
%输入: H,c分别是目标函数的矩阵和向量,
%       A,b分别是约束条件中的矩阵和向量
%输出: (x,lambda)是KT点, val是最优值
IH=inv(H);
```

```
AHA=A*IH*A';
IAHA=inv(AHA);
AIH=A*IH;
G=IH-AIH'*IAHA*AIH;
B=IAHA*AIH;
C=-IAHA;
x=B'*b-G*c;
lambda=B*c-C*b;
val=0.5*x'*H*x+c'*x;
```

例 10.1 利用程序 10.1 求解下列二次规划问题

$$\begin{aligned}&\min \quad f(\boldsymbol{x})=\frac{3}{2}x_1^2+x_2^2+\frac{1}{2}x_3^2-x_1x_2-x_2x_3+x_1+x_2+x_3,\\&\text{s.t.} \quad x_1+2x_2+x_3=4.\end{aligned}$$

解 容易写出

$$\boldsymbol{H}=\begin{pmatrix}3&-1&0\\-1&2&-1\\0&-1&1\end{pmatrix},\quad \boldsymbol{c}=\begin{pmatrix}1\\1\\1\end{pmatrix},\quad \boldsymbol{A}=\begin{pmatrix}1&2&1\end{pmatrix},\quad b=4.$$

在 MATLAB 命令窗口输入如下命令:

```
>> H=[3 -1 0; -1 2 -1; 0 -1 1];
>> c=[1;1;1];
>> A=[1 2 1];
>> b=4;
>> [x,lambda,val]=qlag(H,c,A,b)
```

得

```
x =
      0.3889
      1.2222
      1.1667
lambda =
      0.9444
val =
      3.2778
```

10.2 一般凸二次规划的有效集方法

考虑一般二次规划

$$
\begin{aligned}
&\min\ \frac{1}{2}\boldsymbol{x}^{\mathrm{T}}\boldsymbol{H}\boldsymbol{x}+\boldsymbol{c}^{\mathrm{T}}\boldsymbol{x},\\
&\text{s.t.}\ \ \boldsymbol{a}_i^{\mathrm{T}}\boldsymbol{x}-b_i=0,\quad i\in\mathcal{E}=\{1,2,\cdots,l\},\\
&\qquad \boldsymbol{a}_i^{\mathrm{T}}\boldsymbol{x}-b_i\geqslant 0,\quad i\in\mathcal{I}=\{l+1,l+2,\cdots,m\},
\end{aligned}
\tag{10.15}
$$

式中: $\boldsymbol{H}$ 为 n 阶对称阵.

记 $\mathcal{I}(\boldsymbol{x}^*)=\{i\,|\,\boldsymbol{a}_i^{\mathrm{T}}\boldsymbol{x}^*-b_i=0,\ i\in\mathcal{I}\}$, 下面的定理给出了问题 (10.15) 的一个最优性充要条件, 其证明参见文献 [1].

定理 10.2 $\boldsymbol{x}^*$ 是二次规划问题 (10.15) 的局部极小点当且仅当

(1) 存在 $\boldsymbol{\lambda}^*\in\mathbf{R}^m$, 使得

$$
\begin{cases}
\boldsymbol{H}\boldsymbol{x}^*+\boldsymbol{c}-\sum\limits_{i\in\mathcal{E}}\lambda_i^*\boldsymbol{a}_i-\sum\limits_{i\in\mathcal{I}}\lambda_i^*\boldsymbol{a}_i=\boldsymbol{0},\\
\boldsymbol{a}_i^{\mathrm{T}}\boldsymbol{x}^*-b_i=0,\ i\in\mathcal{E},\\
\boldsymbol{a}_i^{\mathrm{T}}\boldsymbol{x}^*-b_i\geqslant 0,\ i\in\mathcal{I},\\
\lambda_i^*\geqslant 0,\ i\in\mathcal{I};\ \lambda_i^*=0,\ i\in\mathcal{I}\backslash\mathcal{I}(\boldsymbol{x}^*);
\end{cases}
$$

(2) 记

$$
\begin{aligned}
\mathcal{S}\ =\ &\{\boldsymbol{d}\in\mathbf{R}^n\backslash\{\boldsymbol{0}\}\,|\,\boldsymbol{d}^{\mathrm{T}}\boldsymbol{a}_i=0,i\in\mathcal{E};\boldsymbol{d}^{\mathrm{T}}\boldsymbol{a}_i\geqslant 0,i\in\mathcal{I}(\boldsymbol{x}^*);\\
&\boldsymbol{d}^{\mathrm{T}}\boldsymbol{a}_i=0,i\in\mathcal{I}(\boldsymbol{x}^*)\ \text{且}\ \lambda_i^*>0\},
\end{aligned}
$$

则对于任意的 $\boldsymbol{d}\in\mathcal{S}$, 均有 $\boldsymbol{d}^{\mathrm{T}}\boldsymbol{H}\boldsymbol{d}\geqslant 0$.

容易发现, 问题 (10.15) 是凸二次规划的充要条件是 $\boldsymbol{H}$ 半正定. 此时, 定理 10.2 (2) 自然满足. 注意到凸优化问题的局部极小点也是全局极小点的性质, 于是有下面的定理.

定理 10.3 $\boldsymbol{x}^*$ 是凸二次规划的全局极小点的充要条件是 $\boldsymbol{x}^*$ 满足 KKT 条件, 即存在 $\boldsymbol{\lambda}^*\in\mathbf{R}^m$, 使得

$$
\begin{cases}
\boldsymbol{H}\boldsymbol{x}^*+\boldsymbol{c}-\sum\limits_{i\in\mathcal{E}}\lambda_i^*\boldsymbol{a}_i-\sum\limits_{i\in\mathcal{I}}\lambda_i^*\boldsymbol{a}_i=\boldsymbol{0},\\
\boldsymbol{a}_i^{\mathrm{T}}\boldsymbol{x}^*-b_i=0,\ i\in\mathcal{E},\\
\boldsymbol{a}_i^{\mathrm{T}}\boldsymbol{x}^*-b_i\geqslant 0,\ i\in\mathcal{I},\\
\lambda_i^*\geqslant 0,\ i\in\mathcal{I};\ \lambda_i^*=0,\ i\in\mathcal{I}\backslash\mathcal{I}(\boldsymbol{x}^*).
\end{cases}
$$

下面介绍求解一般凸二次规划问题的有效集方法及其 MATLAB 实现.

10.2.1 有效集方法的理论推导

首先引入下面的定理, 它是有效集方法理论基础, 其证明参见文献 [3].

定理 10.4 设 $\boldsymbol{x}^*$ 是一般凸二次规划问题 (10.15) 的全局极小点, 且在 $\boldsymbol{x}^*$ 处的有效集为 $S(\boldsymbol{x}^*)=\mathcal{E}\cup\mathcal{I}(\boldsymbol{x}^*)$, 则 $\boldsymbol{x}^*$ 也是等式约束凸二次规划

$$\begin{aligned}&\min\ \frac{1}{2}\boldsymbol{x}^{\mathrm{T}}\boldsymbol{H}\boldsymbol{x}+\boldsymbol{c}^{\mathrm{T}}\boldsymbol{x},\\&\text{s.t.}\ \ \boldsymbol{a}_i^{\mathrm{T}}\boldsymbol{x}-b_i=0,\quad i\in S(\boldsymbol{x}^*)\end{aligned}\tag{10.16}$$

的全局极小点.

从定理 10.4 可以发现, 有效集方法的最大难点是事先一般不知道有效集 $S(\boldsymbol{x}^*)$, 因此, 只有想办法构造一个集合序列去逼近它, 即从初始点 $\boldsymbol{x}_0$ 出发, 计算有效集 $S(\boldsymbol{x}_0)$, 解对应的等式约束子问题. 重复这一做法, 得到有效集序列 $\{S(\boldsymbol{x}_k)\}$ $(k=0,1,\cdots)$, 使得 $S(\boldsymbol{x}_k)\to S(\boldsymbol{x}^*)$, 以获得原问题的最优解.

基于定理 10.4, 下面分 4 步介绍有效集方法的算法原理和实施步骤.

第 1 步: 形成子问题并求出搜索方向 $\boldsymbol{d}_k$. 设 $\boldsymbol{x}_k$ 是问题 (10.15) 的一个可行点, 据此确定相应的有效集 $S_k=\mathcal{E}\cup\mathcal{I}(\boldsymbol{x}_k)$, 其中 $\mathcal{I}(\boldsymbol{x}_k)=\{i|\boldsymbol{a}_i^{\mathrm{T}}\boldsymbol{x}_k-b_i=0,i\in\mathcal{I}\}$. 求解相应的子问题

$$\begin{aligned}&\min\ \frac{1}{2}\boldsymbol{x}^{\mathrm{T}}\boldsymbol{H}\boldsymbol{x}+\boldsymbol{c}^{\mathrm{T}}\boldsymbol{x},\\&\text{s.t.}\ \ \boldsymbol{a}_i^{\mathrm{T}}\boldsymbol{x}-b_i=0,\quad i\in S_k.\end{aligned}\tag{10.17}$$

问题 (10.17) 等价于

$$\begin{aligned}&\min\ q_k(\boldsymbol{d})=\frac{1}{2}\boldsymbol{d}^{\mathrm{T}}\boldsymbol{H}\boldsymbol{d}+\boldsymbol{g}_k^{\mathrm{T}}\boldsymbol{d},\\&\text{s.t.}\ \ \boldsymbol{a}_i^{\mathrm{T}}\boldsymbol{d}=0,\quad i\in S_k,\end{aligned}\tag{10.18}$$

式中: $\boldsymbol{x}=\boldsymbol{x}_k+\boldsymbol{d}$; $\boldsymbol{g}_k=\boldsymbol{H}\boldsymbol{x}_k+\boldsymbol{c}$. 设求出问题 (10.18) 的全局极小点为 $\boldsymbol{d}_k$, $\boldsymbol{\lambda}_k$ 为对应的拉格朗日乘子.

第 2 步: 进行线搜索确定步长 α_k. 假设 $\boldsymbol{d}_k\neq\boldsymbol{0}$, 分两种情形讨论.

(1) 若 $\boldsymbol{x}_k+\boldsymbol{d}_k$ 是问题 (10.15) 的可行点, 即

$$\boldsymbol{a}_i^{\mathrm{T}}(\boldsymbol{x}_k+\boldsymbol{d}_k)-b_i=0,\ i\in\mathcal{E}\ 及\ \boldsymbol{a}_i^{\mathrm{T}}(\boldsymbol{x}_k+\boldsymbol{d}_k)-b_i\geqslant 0,\ i\in\mathcal{I}.$$

则令 $\alpha_k=1$, $\boldsymbol{x}_{k+1}=\boldsymbol{x}_k+\boldsymbol{d}_k$.

(2) 若 $\boldsymbol{x}_k+\boldsymbol{d}_k$ 不是问题 (10.15) 的可行点, 则通过线搜索求出下降最好的可行点. 注意到目标函数是凸二次函数, 那么这一点应该在可行域的边界上达到. 因此, 只要求出满足可行条件的最大步长 α_k 即可.

当 $i \in S_k$ 时, 对于任意的 $\alpha_k \geqslant 0$, 都有 $\boldsymbol{a}_i^{\mathrm{T}}\boldsymbol{d}_k = 0$ 和 $\boldsymbol{a}_i^{\mathrm{T}}(\boldsymbol{x}_k + \alpha_k\boldsymbol{d}_k) = \boldsymbol{a}_i^{\mathrm{T}}\boldsymbol{x}_k = b_i$, 此时, $\alpha_k \geqslant 0$ 不受限制. 当 $i \notin S_k$ 时, 即第 i 个约束是严格的不等式约束, 此时要求 α_k 满足 $\boldsymbol{a}_i^{\mathrm{T}}(\boldsymbol{x}_k + \alpha_k\boldsymbol{d}_k) \geqslant b_i$, 即

$$\alpha_k\boldsymbol{a}_i^{\mathrm{T}}\boldsymbol{d}_k \geqslant b_i - \boldsymbol{a}_i^{\mathrm{T}}\boldsymbol{x}_k, \quad i \notin S_k.$$

注意到上式右端非正, 故当 $\boldsymbol{a}_i^{\mathrm{T}}\boldsymbol{d}_k \geqslant 0$ 时, 上式恒成立. 而当 $\boldsymbol{a}_i^{\mathrm{T}}\boldsymbol{d}_k < 0$ 时, 由上式可解得

$$\alpha_k \leqslant \frac{b_i - \boldsymbol{a}_i^{\mathrm{T}}\boldsymbol{x}_k}{\boldsymbol{a}_i^{\mathrm{T}}\boldsymbol{d}_k}.$$

故有

$$\alpha_k = \bar{\alpha}_k = \min\left\{\frac{b_i - \boldsymbol{a}_i^{\mathrm{T}}\boldsymbol{x}_k}{\boldsymbol{a}_i^{\mathrm{T}}\boldsymbol{d}_k} \,\middle|\, \boldsymbol{a}_i^{\mathrm{T}}\boldsymbol{d}_k < 0\right\}.$$

合并 (1) 和 (2), 得

$$\alpha_k = \min\{1, \bar{\alpha}_k\}. \tag{10.19}$$

第 3 步: 修正 S_k. 当 $\alpha_k = 1$, 有效集不变, 即 $S_{k+1} := S_k$. 而当 $\alpha_k < 1$ 时,

$$\alpha_k = \bar{\alpha}_k = \frac{b_{i_k} - \boldsymbol{a}_{i_k}^{\mathrm{T}}\boldsymbol{x}_k}{\boldsymbol{a}_{i_k}^{\mathrm{T}}\boldsymbol{d}_k},$$

故 $\boldsymbol{a}_{i_k}^{\mathrm{T}}(\boldsymbol{x}_k + \alpha_k\boldsymbol{d}_k) = b_{i_k}$, 因此在 $\boldsymbol{x}_{k+1}$ 处增加了一个有效约束, 即 $S_{k+1} := S_k \cup \{i_k\}$.

第 4 步: 考虑 $\boldsymbol{d}_k = \boldsymbol{0}$ 的情形. 此时 $\boldsymbol{x}_k$ 是问题 (10.17) 的全局极小点. 若这时对应的不等式约束的拉格朗日乘子均为非负, 则 $\boldsymbol{x}_k$ 也是问题 (10.15) 的全局极小点, 迭代终止; 否则, 如果对应的不等式约束的拉格朗日乘子有负的分量, 那么需要重新寻找一个下降可行方向.

设 $\lambda_{i_k} < 0$, $i_k \in \mathcal{I}(\boldsymbol{x}_k)$. 现在要求一个下降可行方向 $\boldsymbol{d}_k$, 满足 $\boldsymbol{g}_k^{\mathrm{T}}\boldsymbol{d}_k < 0$ 且 $\boldsymbol{a}_i^{\mathrm{T}}\boldsymbol{d}_k = 0\ (\forall i \in \mathcal{E})$, $\boldsymbol{a}_i^{\mathrm{T}}\boldsymbol{d}_k \geqslant 0\ (\forall i \in \mathcal{I}(x_k))$. 为简便起见, 按下述方式选取 $\boldsymbol{d}_k$:

$$\begin{aligned} &\boldsymbol{a}_{i_k}^{\mathrm{T}}(\boldsymbol{x}_k + \boldsymbol{d}_k) > b_{i_k}, \\ &\boldsymbol{a}_i^{\mathrm{T}}(\boldsymbol{x}_k + \boldsymbol{d}_k) = b_i,\ \forall i \in S_k, i \neq i_k, \end{aligned}$$

即

$$\begin{cases} \boldsymbol{a}_{i_k}^{\mathrm{T}}\boldsymbol{d}_k > 0, \\ \boldsymbol{a}_i^{\mathrm{T}}\boldsymbol{d}_k = 0,\ \forall i \in S_k, i \neq i_k. \end{cases} \tag{10.20}$$

另一方面, 注意到 $\boldsymbol{x}_k$ 是子问题 (10.17) 的全局极小点, 故有

$$\boldsymbol{H}\boldsymbol{x}_k + \boldsymbol{c} - \sum_{i \in S_k} \lambda_i^k \boldsymbol{a}_i = \boldsymbol{0},$$

即

$$\boldsymbol{g}_k = \boldsymbol{A}_k \boldsymbol{\lambda}_k,$$

式中

$$\boldsymbol{A}_k = (\boldsymbol{a}_i)_{i\in S_k}, \quad \boldsymbol{\lambda}_k = (\lambda_i^k)_{i\in S_k}.$$

从而, $\boldsymbol{g}_k^{\mathrm{T}}\boldsymbol{d}_k = \lambda_k^{\mathrm{T}}\boldsymbol{A}_k^{\mathrm{T}}\boldsymbol{d}_k$. 由式 (10.20) 知

$$\boldsymbol{A}_k^{\mathrm{T}}\boldsymbol{d}_k = \sum_{i\in S_k}(\boldsymbol{a}_i^{\mathrm{T}}\boldsymbol{d}_k)\,\boldsymbol{e}_i = (\boldsymbol{a}_{i_k}^{\mathrm{T}}\boldsymbol{d}_k)\,\boldsymbol{e}_{i_k},$$

于是有

$$\boldsymbol{g}_k^{\mathrm{T}}\boldsymbol{d}_k = \boldsymbol{\lambda}_k^{\mathrm{T}}(\boldsymbol{a}_{i_k}^{\mathrm{T}}\boldsymbol{d}_k)\,\boldsymbol{e}_{i_k} = \lambda_{i_k}^k(\boldsymbol{a}_{i_k}^{\mathrm{T}}\boldsymbol{d}_k) < 0.$$

上式表明, 由式 (10.20) 确定的 $\boldsymbol{d}_k$ 是一个下降可行方向. 因此, 令 $S_k' = S_k\backslash\{i_k\}$, 则修正后的子问题

$$\begin{aligned}&\min\ q_k(\boldsymbol{d}) = \frac{1}{2}\boldsymbol{d}^{\mathrm{T}}\boldsymbol{H}\boldsymbol{d} + \boldsymbol{g}_k^{\mathrm{T}}\boldsymbol{d},\\ &\text{s.t.}\ \ \boldsymbol{a}_i^{\mathrm{T}}\boldsymbol{d} = 0, \quad i\in S_k'\end{aligned}$$

的全局极小点必然是原问题的一个下降可行方向.

10.2.2 有效集方法的算法步骤

经过上面的分析和推导, 现在可以写出有效集方法的算法步骤.

算法 10.2 (**有效集方法**)

步骤 0, 选取初始值. 给定初始可行点 $\boldsymbol{x}_0 \in \mathbf{R}^n$, 令 $k := 0$.

步骤 1, 计算搜索方向. 确定相应的有效集 $S_k = \mathcal{E}\cup\mathcal{I}(\boldsymbol{x}_k)$. 求解子问题

$$\begin{aligned}&\min\ q_k(\boldsymbol{d}) = \frac{1}{2}\boldsymbol{d}^{\mathrm{T}}\boldsymbol{H}\boldsymbol{d} + \boldsymbol{g}_k^{\mathrm{T}}\boldsymbol{d},\\ &\text{s.t.}\ \ \boldsymbol{a}_i^{\mathrm{T}}\boldsymbol{d} = 0, \quad i\in S_k,\end{aligned}$$

式中: $\boldsymbol{g}_k = \boldsymbol{H}\boldsymbol{x}_k + \boldsymbol{c}$, 得极小点 $\boldsymbol{d}_k$. 若 $\boldsymbol{d}_k = \boldsymbol{0}$, 转步骤 2; 否则, 转步骤 3.

步骤 2, 检验终止准则. 计算拉格朗日乘子

$$\boldsymbol{\lambda}_k = \boldsymbol{B}_k\boldsymbol{g}_k,$$

式中:

$$\boldsymbol{B}_k = (\boldsymbol{A}_k\boldsymbol{H}^{-1}\boldsymbol{A}_k^{\mathrm{T}})^{-1}\boldsymbol{A}_k\boldsymbol{H}^{-1}, \quad \boldsymbol{A}_k = (\boldsymbol{a}_i)_{i\in S_k}.$$

令

$$(\boldsymbol{\lambda}_k)_t = \min_{i\in\mathcal{I}(\boldsymbol{x}_k)}\{(\boldsymbol{\lambda}_k)_i\}.$$

若 $(\boldsymbol{\lambda}_k)_t \geqslant 0$, 停算, 输出 $\boldsymbol{x}_k$ 作为原问题的全局极小点; 否则, 若 $(\boldsymbol{\lambda}_k)_t < 0$, 则令 $S_k := S_k \backslash \{t\}$, 转步骤 1.

步骤 3, 确定步长 α_k. 令 $\alpha_k = \min\{1, \bar{\alpha}_k\}$, 其中

$$\bar{\alpha}_k = \min_{i \notin S_k} \left\{ \frac{b_i - \boldsymbol{a}_i^{\mathrm{T}} \boldsymbol{x}_k}{\boldsymbol{a}_i^{\mathrm{T}} \boldsymbol{d}_k} \,\middle|\, \boldsymbol{a}_i^{\mathrm{T}} \boldsymbol{d}_k < 0 \right\}.$$

令 $\boldsymbol{x}_{k+1} := \boldsymbol{x}_k + \alpha_k \boldsymbol{d}_k$.

步骤 4, 若 $\alpha_k = 1$, 则令 $S_{k+1} := S_k$; 否则, 若 $\alpha_k < 1$, 则令 $S_{k+1} := S_k \cup \{i_k\}$, 其中 i_k 满足

$$\bar{\alpha}_k = \frac{b_{i_k} - \boldsymbol{a}_{i_k}^{\mathrm{T}} \boldsymbol{x}_k}{\boldsymbol{a}_{i_k}^{\mathrm{T}} \boldsymbol{d}_k}.$$

步骤 5, 令 $k := k + 1$, 转步骤 1.

下面给出算法 10.2 的收敛性定理.

定理 10.5 假设问题 (10.15) 中的矩阵 $\boldsymbol{H}$ 对称正定. 若在算法 10.2 每步迭代中的矩阵

$$\boldsymbol{A}_k = (\boldsymbol{a}_i)_{i \in S_k}$$

列满秩且 $\alpha_k \neq 0$, 则算法 10.2 在有限步之内得到问题 (10.15) 的全局极小点.

证明 注意到若 $\boldsymbol{d}_k = \boldsymbol{0}$, 则 $\boldsymbol{x}_k$ 是子问题 (10.17) 的 KKT 点和全局极小点. 若 $\boldsymbol{d}_k \neq \boldsymbol{0}$ 且 $\alpha_k = 1$, 则 $S_{k+1} = S_k$, 这时关于 $\boldsymbol{x}_{k+1}$ 的子问题仍为问题 (10.17), 所以 $\boldsymbol{x}_{k+1}$ 是问题 (10.17) 的全局极小点. 只有当 $\alpha_k < 1$ 时, $\boldsymbol{x}_{k+1}$ 才不是问题 (10.17) 的全局极小点, 但这时要加进一个约束, 形成新的子问题. 这样的过程最多连续 n 次, 因为这时子问题至少有 n 个等式约束, 从而 $\boldsymbol{x}_k$ 为唯一的可行点, 因而是对应的子问题 (10.17) 的全局极小点.

另一方面, 子问题 (10.17) 虽然约束条件在变化, 但其目标函数与原问题 (10.15) 是一致的. 由于 $\alpha_k \neq 0$, 故每次迭代目标函数值减少. 再注意到 $\boldsymbol{H}$ 正定, 因此, 子问题的全局极小点是唯一的, 从而不会出现子问题的全局极小点被两个不同的 $\boldsymbol{x}_k$ 达到的情形. 而约束个数的有限性保证了有效集 S_k 不同个数的有限性. 因此, 不失一般性, 设有效集 S_k 不同的个数为 N_0, 那么不同子问题的个数也为 N_0. 故迭代至多在 $N_0 n$ 步之后, $\boldsymbol{x}_k$ 遍历所有子问题的全局极小点. 由定理 10.4 知, 算法 10.2 在有限步之内达到问题 (10.15) 的全局极小点. □

例 10.2 用有效集方法求解下列二次规划问题

$$\begin{aligned} \min \ & f(\boldsymbol{x}) = x_1^2 + x_2^2 - 2x_1 - 4x_2, \\ \text{s.t.} \ & -x_1 - x_2 + 1 \geqslant 0, \\ & x_1,\ x_2 \geqslant 0. \end{aligned}$$

取初始可行点 $\boldsymbol{x}_0=(0,0)^{\mathrm{T}}$.

解 首先, 确定矩阵 $\boldsymbol{H}$ 和向量 $\boldsymbol{c}$ 为

$$\boldsymbol{H}=\begin{pmatrix}2&0\\0&2\end{pmatrix},\quad \boldsymbol{c}=\begin{pmatrix}-2\\-4\end{pmatrix}.$$

在 $\boldsymbol{x}_0$ 处, 有效集为 $S_0=\{2,3\}$, 则

$$\boldsymbol{A}_0=(\boldsymbol{a}_i)_{i\in S_0}=\begin{pmatrix}1&0\\0&1\end{pmatrix},\quad \boldsymbol{g}_0=\boldsymbol{H}\boldsymbol{x}_0+\boldsymbol{c}=\begin{pmatrix}-2\\-4\end{pmatrix}.$$

求解相应的子问题

$$\begin{aligned}&\min\ q_0(\boldsymbol{d})=d_1^2+d_2^2-2d_1-4d_2,\\&\text{s.t.}\ \ d_1=0,\quad d_2=0,\end{aligned}$$

得解 $\boldsymbol{d}_0=(0,0)^{\mathrm{T}}$. 因此, $\boldsymbol{x}_0$ 是相应的子问题 (10.17) 的最优解. 计算拉格朗日乘子

$$\boldsymbol{\lambda}_0=[(\boldsymbol{A}_0\boldsymbol{H}^{-1}\boldsymbol{A}_0^{\mathrm{T}})^{-1}\boldsymbol{A}_0\boldsymbol{H}^{-1}]\boldsymbol{g}_0=\begin{pmatrix}-2\\-4\end{pmatrix},$$

由此可知, $\boldsymbol{x}_0$ 不是所求问题的最优解.

将 $(\boldsymbol{\lambda}_0)_3=-4$ 对应的约束, 即原问题的第 3 个约束从有效集 S_0 中去掉, 置 $S_0=\{2\}$, 再解相应的子问题

$$\begin{aligned}&\min\ d_1^2+d_2^2-2d_1-4d_2,\\&\text{s.t.}\ \ d_1=0,\end{aligned}$$

得解 $\boldsymbol{d}_0=(0,2)^{\mathrm{T}}$.

由于 $\boldsymbol{d}_0\neq\boldsymbol{0}$, 需要计算步长 α_0. 注意到

$$\begin{aligned}\bar{\alpha}_0&=\min\left\{\frac{b_i-\boldsymbol{a}_i^{\mathrm{T}}\boldsymbol{x}_0}{\boldsymbol{a}_i^{\mathrm{T}}\boldsymbol{d}_0}\middle| i\notin S_0,\boldsymbol{a}_i^{\mathrm{T}}\boldsymbol{d}_0<0\right\}\\&=\frac{-1}{(-1,-1)\cdot(0,2)^{\mathrm{T}}}=\frac{-1}{-2}=\frac{1}{2},\end{aligned}$$

故 $\alpha_0=\min\{1,\bar{\alpha}_0\}=\dfrac{1}{2}$. 令

$$\boldsymbol{x}_1=\boldsymbol{x}_0+\alpha_0\boldsymbol{d}_0=(0,0)^{\mathrm{T}}+\frac{1}{2}\cdot(0,2)^{\mathrm{T}}=(0,1)^{\mathrm{T}}.$$

因 $\alpha_0=\dfrac{1}{2}<1$, 置 $S_1=\{1,2\}$, 从而在 $\boldsymbol{x}_1$ 处有

$$\boldsymbol{A}_1=(\boldsymbol{a}_i)_{i\in S_1}=\begin{pmatrix}-1&-1\\1&0\end{pmatrix},\quad \boldsymbol{g}_1=\boldsymbol{H}\boldsymbol{x}_1+\boldsymbol{c}=\begin{pmatrix}-2\\-2\end{pmatrix}.$$

求解相应的子问题

$$\min \ q_1(\boldsymbol{d})=d_1^2+d_2^2-2d_1-2d_2,$$
$$\text{s.t.} \ -d_1-d_2=0, \ \ d_1=0,$$

得解 $\boldsymbol{d}_0=(0,0)^{\mathrm{T}}$. 因此, $\boldsymbol{x}_1$ 是相应的子问题 (10.17) 的最优解. 计算拉格朗日乘子

$$\boldsymbol{\lambda}_1=[(\boldsymbol{A}_1\boldsymbol{H}^{-1}\boldsymbol{A}_1^{\mathrm{T}})^{-1}\boldsymbol{A}_1\boldsymbol{H}^{-1}]\boldsymbol{g}_1=\begin{pmatrix}2\\0\end{pmatrix},$$

由此可知, $\boldsymbol{x}_1=(0,1)^{\mathrm{T}}$ 是所求问题的最优解, $\boldsymbol{\lambda}=(2,0,0)^{\mathrm{T}}$ 是相应的拉格朗日乘子. □

10.2.3 有效集方法的 MATLAB 实现

由于有效集方法是求解凸二次规划问题的一种值得推荐的方法, 本节给出有效集方法的 MATLAB 程序. 在实际使用有效集方法求解凸二次规划时, 一般用渐进有效集约束指标集代替有效集约束指标集, 即取 $\{i\in\mathcal{I}\,|\,\boldsymbol{a}_i^{\mathrm{T}}\boldsymbol{x}^*-b_i\leqslant\varepsilon\}$ 近似代替 $\mathcal{I}(\boldsymbol{x}^*)$, 其中 $\varepsilon>0$ 是比较小的常数. 这样做的好处是使得迭代步长不至于太短. 此外, 算法 10.2 还需要确立一个初始可行点. 可采用下述方法: 给出一个初始估计点 $\bar{\boldsymbol{x}}\in\mathbf{R}^n$, 定义下列线性规划

$$\begin{aligned}&\min\ \boldsymbol{e}^{\mathrm{T}}\boldsymbol{z},\\ &\text{s.t.}\ \ \boldsymbol{a}_i^{\mathrm{T}}\boldsymbol{x}+\tau_iz_i-b_i=0, \quad i\in\mathcal{E}=\{1,2,\cdots,l\},\\ &\qquad \boldsymbol{a}_i^{\mathrm{T}}\boldsymbol{x}+z_i-b_i\geqslant0, \qquad i\in\mathcal{I}=\{l+1,l+2,\cdots,m\},\\ &\qquad z_1,z_2,\cdots,z_m\geqslant0,\end{aligned}\tag{10.21}$$

式中: $\boldsymbol{e}=(1,1,\cdots,1)^{\mathrm{T}}$; $\tau_i=-\mathrm{sgn}(\boldsymbol{a}_i^{\mathrm{T}}\bar{\boldsymbol{x}}-b_i)\,(i\in\mathcal{E})$.

问题 (10.21) 的一个初始可行点为

$$\boldsymbol{x}=\bar{\boldsymbol{x}},\ \ z_i=|\boldsymbol{a}_i^{\mathrm{T}}\bar{\boldsymbol{x}}-b_i|\,(i\in\mathcal{E}),\ \ z_i=\max\{b_i-\boldsymbol{a}_i^{\mathrm{T}}\bar{\boldsymbol{x}},0\}\,(i\in\mathcal{I}).$$

不难证明, 如果 $\tilde{\boldsymbol{x}}$ 是问题 (10.15) 的可行点, 那么 $(\tilde{\boldsymbol{x}},\boldsymbol{0})$ 是子问题 (10.21) 的最优解. 反之, 如果问题 (10.15) 有可行点, 则问题 (10.21)的最优值为 0, 从而子问题 (10.21) 的任何一个解产生问题 (10.15) 的一个可行点.

下面给出用有效集方法求解一般凸二次规划问题的 MATLAB 程序, 在某种意义下, 该程序是通用的.

程序 10.2 本程序主要适用于求解一般约束条件下的凸二次规划问题.

```
function [x,lambda,exitflag,output]=qpact(H,c,Ae,be,Ai,bi,x0)
%功能: 有效集方法解一般约束二次规划问题:
```

```
%           min  f(x)=0.5*x'*H*x+c'*x,
%           s.t. a_i'*x-b_i=0 (i=1,2,...,l),
%                a_i'*x-b_i>=0 (i=l+1,l+2,...,m)
%输入: H, c分别是目标函数二次型矩阵和向量,
%       Ae=(a_1,...,a_l)',  be=(b_1,...,b_l)',
%       Ai=(a_{l+1},...,a_m)', bi=(b_{l+1},...,b_m)',
%       x0是初始点
%输出: x是最优解, lambda是对应的乘子向量, exitflag是算法终止类型,
%       output是结构变量, 输出极小值f(x), 迭代次数k等信息
%===================主程序开始===================%
% 初始化
epsilon=1.0e-9; err=1.0e-6;
k=0; x=x0;  n=length(x);  maxk=1000;
ne=length(be); ni=length(bi);
index=ones(ni,1);
for (i=1:ni)
    if(Ai(i,:)*x>bi(i)+epsilon), index(i)=0; end
end
%算法主程序
while (k<=maxk)
    %求解子问题
    Aee=[];
    if(ne>0), Aee=Ae; end
    for(j=1:ni)
        if(index(j)>0), Aee=[Aee; Ai(j,:)]; end
    end
    gk=H*x+c;
    [m1,n1] = size(Aee);
    [dk,lamk]=qsubp(H,gk,Aee,zeros(m1,1));
    if(norm(dk)<=err)
        y=0.0;
        if(length(lamk)>ne)
            [y,jk]=min(lamk(ne+1:length(lamk)));
        end
```

```
        if(y>=0)
            exitflag=0;
        else
            exitflag=1;
            for(i=1:ni)
                if(index(i)&(ne+sum(index(1:i)))==jk)
                    index(i)=0; break;
                end
            end
        end
        k=k+1;
    else
        exitflag=1;
        %求步长
        alpha=1.0; tm=1.0;
        for(i=1:ni)
            if((index(i)==0)&(Ai(i,:)*dk<0))
                tm1=(bi(i)-Ai(i,:)*x)/(Ai(i,:)*dk);
                if(tm1<tm)
                    tm=tm1; ti=i;
                end
            end
        end
        alpha=min(alpha,tm);
        x=x+alpha*dk;
        %修正有效集
        if(tm<1), index(ti)=1; end
    end
    if(exitflag==0), break; end
    k=k+1;
end
lambda=[lamk(1:ne); zeros(ni,1)];
p=find(index>0);
s=size(p,1);
```

```
for i=1:s
    lambda(ne+p(i))=lamk(ne+i);
end
output.fval=0.5*x'*H*x+c'*x;
output.iter=k;
%========== 求解子问题==========%
function [x,lambda]=qsubp(H,c,Ae,be)
ginvH=pinv(H);
[m,n]=size(Ae);
if(m>0)
    rb=Ae*ginvH*c+be;
    lambda=pinv(Ae*ginvH*Ae')*rb;
    x=ginvH*(Ae'*lambda-c);
else
    x=-ginvH*c;
    lambda=0;
end
```

注 (1) 关于程序 10.2, 在子函数 qsubp 中, 使用的是广义逆 (pinv 是 MATLAB 软件内置的求广义逆的函数), 这样不仅可以计算 $\boldsymbol{H}$ 是奇异阵的情形, 同时保证了计算的数值稳定性. 另外, 该子函数还包含了子问题为无约束二次规划时的解.

(2) 使用程序 10.2 时, 需要用户提供所求问题的目标函数和约束函数的有关数据, 可通过编制一个 m 文件来解决.

例 10.3 利用程序 10.2 重新求解例 10.2, 即

$$
\begin{aligned}
&\min\ f(\boldsymbol{x}) = x_1^2 + x_2^2 - 2x_1 - 4x_2,\\
&\text{s.t.}\ -x_1 - x_2 + 1 \geqslant 0,\\
&\qquad x_1,\ x_2 \geqslant 0.
\end{aligned}
$$

取初始可行点 $\boldsymbol{x}_0 = (0,0)^{\mathrm{T}}$.

解 首先, 确定有关数据:

$$
\boldsymbol{H} = \begin{pmatrix} 2 & 0 \\ 0 & 2 \end{pmatrix},\ \boldsymbol{c} = \begin{pmatrix} -2 \\ -4 \end{pmatrix},\ \mathbf{Ae} = [\ ],\ \mathbf{be} = [\ ],
$$

$$\mathbf{Ai}=\begin{pmatrix}-1 & -1\\ 1 & 0\\ 0 & 1\end{pmatrix},\quad \mathbf{bi}=\begin{pmatrix}-1\\ 0\\ 0\end{pmatrix}.$$

编制一个利用上述数据调用程序 10.2 的函数文件 callqpact.m

```
function callqpact
H=[2 0; 0 2];
c=[-2 -4]';
Ae=[ ];  be=[ ];
Ai=[-1 -1; 1 0; 0 1];
bi=[-1 0 0]';
x0=[0 0]';
[x,lambda,exitflag,output]=qpact(H,c,Ae,be,Ai,bi,x0)
```

然后, 在 MATLAB 命令窗口输入 callqpact, 回车即得结果

```
x =
    0
    1
lambda =
    2.0000
    0
    0
exitflag =
    0
output =
    fval: -3
    iter: 4
```

可以看出, 上述结果跟例 10.2 用手算是一致的.

例 10.4 利用程序 10.2 求解下列二次规划问题

$$\begin{aligned}&\min\ f(\boldsymbol{x})=\frac{3}{2}x_1^2+x_2^2+2x_3^2-x_1x_2+2x_1x_3,\\ &\text{s.t.}\ -3x_1+2x_2-5x_3\geqslant -4,\\ &\qquad 2x_1-3x_2-2x_3\geqslant -3,\\ &\qquad x_1,\ x_2,\ x_3\geqslant 0.\end{aligned}$$

取初始可行点 $\boldsymbol{x}_0 = (0, 0, 0)^{\mathrm{T}}$.

解 在 MATLAB 命令窗口输入如下命令:

```
>> H=[3 -1 2;-1 2 0;2 0 4];
>> c=[1 -3 -2]';
>> Ai=[-3 2 -5;2 -3 -2;1 0 0;0 1 0;0 0 1];
>> bi=[-4 -3 0 0 0]';
>> x0=[0 0 0]';
>> [x,lambda,exitflag,output]=qpact(H,c,[],[],Ai,bi,x0)
```

得

```
x =
    0.0952
    0.9048
    0.2381
lambda =
    0
    0.4286
    0
    0
    0
exitflag =
    0
output =
    fval: -2.1905
    iter: 10
```

习 题 10

1. 设 $\boldsymbol{a}, \boldsymbol{x}_0 \in \mathbf{R}^n$. 试给出二次规划问题

$$\min \|\boldsymbol{x} - \boldsymbol{x}_0\|^2, \quad \text{s.t. } \boldsymbol{a}^{\mathrm{T}}\boldsymbol{x} = 0$$

的最优解.

2. 用拉格朗日乘子法求解下列二次规划问题:

$$\begin{aligned}(1)\quad &\min \quad f(\boldsymbol{x}) = 2x_1^2 + x_2^2 + x_1x_2 - x_1 - x_2,\\ &\text{s.t.} \quad x_1 + x_2 = 1;\end{aligned}$$

$$\begin{aligned}(2)\quad &\min \quad f(\boldsymbol{x}) = x_1^2 + 2x_2^2 + x_3^2 - 2x_1x_2 + x_3,\\ &\text{s.t.} \quad x_1 + x_2 + x_3 = 4,\\ &\qquad\ \ 2x_1 - x_2 + x_3 = 2.\end{aligned}$$

3. 用有效集方法求解下列二次规划问题:

$$\begin{aligned}(1)\quad &\min \quad f(\boldsymbol{x}) = 9x_1^2 + 9x_2^2 - 30x_1 - 72x_2,\\ &\text{s.t.} \quad -2x_1 - x_2 \geqslant -4,\\ &\qquad\ \ x_1,\ x_2 \geqslant 0;\end{aligned}$$

$$\begin{aligned}(2)\quad &\min \quad f(\boldsymbol{x}) = x_1^2 - x_1x_2 + x_2^2 - 3x_1,\\ &\text{s.t.} \quad -x_1 - x_2 \geqslant -2,\\ &\qquad\ \ x_1,\ x_2 \geqslant 2.\end{aligned}$$

4. 设 $\boldsymbol{a} \in \mathbf{R}^n$, $\sigma > 0$. 试求优化问题

$$\min\ \frac{1}{2}\|\boldsymbol{x} - \boldsymbol{a}\|^2 + \sigma \sum_{i=1}^{n} |x_i|$$

的最优解.

5. 证明: 若矩阵

$$\boldsymbol{M} = \begin{pmatrix} \boldsymbol{H} & \boldsymbol{A}^{\mathrm{T}} \\ \boldsymbol{A} & \boldsymbol{0} \end{pmatrix}$$

非奇异, 则 $\boldsymbol{A}$ 必是行满秩的.

6. 设矩阵 $\boldsymbol{W} \in \mathbf{R}^{n\times n}$ 对称, $\boldsymbol{Z} \in \mathbf{R}^{n\times l}$, $\boldsymbol{u} \in \mathbf{R}^n$, 记 $\bar{\boldsymbol{Z}} = (\boldsymbol{Z}, \boldsymbol{u})$. 试证明: 若矩阵 $\boldsymbol{Z}^{\mathrm{T}}\boldsymbol{W}\boldsymbol{Z}$ 正定, 则矩阵 $\bar{\boldsymbol{Z}}^{\mathrm{T}}\boldsymbol{W}\bar{\boldsymbol{Z}}$ 半正定.

7. 设 $\boldsymbol{A} \in \mathbf{R}^{m\times n}$ 行满秩, $\boldsymbol{a} \in \mathbf{R}^n$. 证明: 二次规划问题

$$\begin{aligned}&\min \quad \frac{1}{2}(\boldsymbol{x} - \boldsymbol{a})^{\mathrm{T}}(\boldsymbol{x} - \boldsymbol{a}),\\ &\text{s.t.} \quad \boldsymbol{A}\boldsymbol{x} = \boldsymbol{b}\end{aligned}$$

的解以及相应的拉格朗日乘子分别为

$$\boldsymbol{x}^* = \boldsymbol{a} + \boldsymbol{A}^{\mathrm{T}}(\boldsymbol{A}\boldsymbol{A}^{\mathrm{T}})^{-1}(\boldsymbol{b} - \boldsymbol{A}\boldsymbol{a}), \quad \boldsymbol{\lambda}^* = (\boldsymbol{A}\boldsymbol{A}^{\mathrm{T}})^{-1}(\boldsymbol{b} - \boldsymbol{A}\boldsymbol{a}).$$

8. 设 $\boldsymbol{H}$ 对称正定, $\boldsymbol{\lambda}^*$ 是问题

$$\begin{aligned}&\min \quad \frac{1}{2}\boldsymbol{\lambda}^{\mathrm{T}}(\boldsymbol{A}^{\mathrm{T}}\boldsymbol{H}^{-1}\boldsymbol{A})\boldsymbol{\lambda} - (\boldsymbol{b} + \boldsymbol{A}^{\mathrm{T}}\boldsymbol{H}^{-1}\boldsymbol{c})^{\mathrm{T}}\boldsymbol{\lambda},\\ &\text{s.t.} \quad \lambda_i \geqslant 0, \quad i \in \mathcal{I}\end{aligned}$$

的解. 证明: $\boldsymbol{x}^* = -\boldsymbol{H}^{-1}(\boldsymbol{c} - \boldsymbol{A}\boldsymbol{\lambda}^*)$ 是问题 (10.15) 的最优解.

9. 设 $\boldsymbol{d}_k \neq \boldsymbol{0}$ 是问题

$$\begin{aligned}\min \quad & \frac{1}{2}\boldsymbol{d}^{\mathrm{T}}\boldsymbol{H}\boldsymbol{d} + \nabla f(\boldsymbol{x}_k)^{\mathrm{T}}\boldsymbol{d}, \\ \text{s.t.} \quad & \boldsymbol{a}_i^{\mathrm{T}}\boldsymbol{d} = 0,\ i \in S(\boldsymbol{x}_k)\end{aligned}$$

的最优解, 且二阶充分条件成立, 其中 $S(\boldsymbol{x}_k) = \{i \in \mathcal{I} \cup \mathcal{E} |\ \boldsymbol{a}_i^{\mathrm{T}}\boldsymbol{x}_k = b_i\}$. 证明:

$$f(\boldsymbol{x}_k + \alpha\boldsymbol{d}_k) < f(\boldsymbol{x}_k), \qquad \forall \alpha \in (0, 1].$$

10. 设 $\boldsymbol{H} \in \mathbf{R}^{n\times n}$ 对称正定, $\boldsymbol{A} \in \mathbf{R}^{m\times n}$ 行满秩.

(1) 证明: 矩阵

$$\boldsymbol{M} = \begin{pmatrix} \boldsymbol{H} & \boldsymbol{A}^{\mathrm{T}} \\ \boldsymbol{A} & \boldsymbol{0} \end{pmatrix}$$

非奇异, 且

$$\boldsymbol{M}^{-1} = \begin{pmatrix} \boldsymbol{C} & \boldsymbol{E} \\ \boldsymbol{E}^{\mathrm{T}} & \boldsymbol{F} \end{pmatrix},$$

式中

$$\begin{aligned}&\boldsymbol{C} = \boldsymbol{H}^{-1} - \boldsymbol{H}^{-1}\boldsymbol{A}^{\mathrm{T}}(\boldsymbol{A}\boldsymbol{H}^{-1}\boldsymbol{A}^{\mathrm{T}})^{-1}\boldsymbol{A}\boldsymbol{H}^{-1}, \\ &\boldsymbol{E} = \boldsymbol{H}^{-1}\boldsymbol{A}^{\mathrm{T}}(\boldsymbol{A}\boldsymbol{H}^{-1}\boldsymbol{A}^{\mathrm{T}})^{-1}, \quad \boldsymbol{F} = -(\boldsymbol{A}\boldsymbol{H}^{-1}\boldsymbol{A}^{\mathrm{T}})^{-1};\end{aligned}$$

(2) 证明: 矩阵 $\boldsymbol{M}$ 有 n 个正特征值, m 个负特征值, 没有 0 特征值;

(3) 证明: 线性方程组

$$\boldsymbol{M}\begin{pmatrix} -\boldsymbol{p} \\ \boldsymbol{\lambda} \end{pmatrix} = \begin{pmatrix} \boldsymbol{g} \\ \boldsymbol{b} \end{pmatrix}$$

等价于线性方程组

$$(\boldsymbol{A}\boldsymbol{H}^{-1}\boldsymbol{A}^{\mathrm{T}})\boldsymbol{\lambda} = \boldsymbol{A}\boldsymbol{H}^{-1}\boldsymbol{g} - \boldsymbol{b},\ \boldsymbol{H}\boldsymbol{p} = \boldsymbol{A}^{\mathrm{T}}\boldsymbol{\lambda} - \boldsymbol{g}.$$

11. 设 $\sigma_1 > \sigma_2 > \cdots > \sigma_r > 0$, $s < r$. 试求下述二次规划问题的最优解:

$$\begin{aligned}\min \quad & \sum_{i=1}^{r}\sum_{j=1}^{s}\sigma_i x_{ij}^2, \\ \text{s.t.} \quad & \sum_{j=1}^{s} x_{ij} \leqslant 1,\ i = 1, 2, \cdots, r, \\ & \sum_{i=1}^{r} x_{ij} \leqslant 1,\ j = 1, 2, \cdots, s, \\ & x_{ij} \geqslant 0,\ \ i = 1, 2, \cdots, r;\ j = 1, 2, \cdots, s.\end{aligned}$$

第 11 章　约束优化的可行方向法

第 10 章讨论了二次规划问题的解法. 从本章开始, 讨论其他约束非线性优化问题的求解方法. 首先介绍求解约束优化问题的经典算法——可行方向法. 可行方向法是一类直接处理约束优化问题的方法, 其基本思想是: 要求每一步迭代产生的搜索方向不仅对目标函数而言是下降方向, 而且对约束函数来说是可行方向, 即迭代点总是满足所有的约束条件. 各种不同的可行方向法的主要区别在于选取可行方向 $\boldsymbol{d}_k$ 的策略不同, 这里主要介绍 Zoutendijk 可行方向法、投影梯度法和简约梯度法三种可行方向法.

11.1　Zoutendijk 可行方向法

Zoutendijk 可行方向法是用一个线性规划来确定搜索方向—下降可行方向的方法, 它最早是由 Zoutendijk 在 1960 年提出来的. 本节分线性约束和非线性约束两种情形来讨论其算法原理.

11.1.1　线性约束下的可行方向法

1. 基本原理

考虑下面的线性优化问题

$$\begin{aligned} &\min\ f(\boldsymbol{x}), \quad \boldsymbol{x} \in \mathbf{R}^n, \\ &\text{s.t.}\ \ \boldsymbol{A}\boldsymbol{x} \geqslant \boldsymbol{b}, \\ &\qquad \boldsymbol{E}\boldsymbol{x} = \boldsymbol{e}, \end{aligned} \tag{11.1}$$

式中: $f(\boldsymbol{x})$ 连续可微; $\boldsymbol{A}$ 为 $m \times n$ 矩阵; $\boldsymbol{E}$ 为 $l \times n$ 矩阵; $\boldsymbol{b} \in \mathbf{R}^m$; $\boldsymbol{e} \in \mathbf{R}^l$. 即问题 (11.1) 中有 m 个线性不等式约束和 l 个线性等式约束.

下面的引理指出了问题 (11.1) 的下降可行方向 $\boldsymbol{d}$ 应满足的条件.

引理 11.1　设 $\bar{\boldsymbol{x}}$ 是问题 (11.1) 的一个可行点, 且在 $\bar{\boldsymbol{x}}$ 处有 $\boldsymbol{A}_1\bar{\boldsymbol{x}} = \boldsymbol{b}_1$, $\boldsymbol{A}_2\bar{\boldsymbol{x}} > \boldsymbol{b}_2$, 其中

$$\boldsymbol{A} = \begin{pmatrix} \boldsymbol{A}_1 \\ \boldsymbol{A}_2 \end{pmatrix}, \quad \boldsymbol{b} = \begin{pmatrix} \boldsymbol{b}_1 \\ \boldsymbol{b}_2 \end{pmatrix}.$$

则 $\boldsymbol{d} \in \mathbf{R}^n$ 是点 $\bar{\boldsymbol{x}}$ 处的下降可行方向的充要条件是

$$\boldsymbol{A}_1\boldsymbol{d} \geqslant \boldsymbol{0}, \quad \boldsymbol{E}\boldsymbol{d} = \boldsymbol{0}, \quad \nabla f(\bar{\boldsymbol{x}})^{\mathrm{T}}\boldsymbol{d} < 0.$$

证明 不难发现, $\boldsymbol{d}$ 是 $f(\boldsymbol{x})$ 在 $\bar{\boldsymbol{x}}$ 处的下降方向的充要条件是 $\nabla f(\bar{\boldsymbol{x}})^{\mathrm{T}}\boldsymbol{d} < 0$. 另外, 注意到条件 $\boldsymbol{A}_1\bar{\boldsymbol{x}} = \boldsymbol{b}_1$ 表明约束条件 $\boldsymbol{A}_1\boldsymbol{x} \geqslant \boldsymbol{b}_1$ 是点 $\bar{\boldsymbol{x}}$ 处的有效约束, 而条件 $\boldsymbol{A}_2\bar{\boldsymbol{x}} > \boldsymbol{b}_2$ 表明约束条件 $\boldsymbol{A}_2\boldsymbol{x} \geqslant \boldsymbol{b}_2$ 是点 $\bar{\boldsymbol{x}}$ 处的非有效约束. 因此, 在可行点 $\bar{\boldsymbol{x}}$ 处将约束矩阵 $\boldsymbol{A}$ 分裂为相应的 $\boldsymbol{A}_1$ 和 $\boldsymbol{A}_2$ 两部分.

充分性. 设 $\boldsymbol{A}_1\boldsymbol{d} \geqslant \boldsymbol{0}$, $\boldsymbol{E}\boldsymbol{d} = \boldsymbol{0}$. 因 $\bar{\boldsymbol{x}}$ 是可行点且 $\boldsymbol{A}_1\bar{\boldsymbol{x}} = \boldsymbol{b}_1$, $\boldsymbol{E}\bar{\boldsymbol{x}} = \boldsymbol{e}$, 故对任意的 $\alpha > 0$ 都有

$$\boldsymbol{A}_1(\bar{\boldsymbol{x}} + \alpha\boldsymbol{d}) = \boldsymbol{A}_1\bar{\boldsymbol{x}} + \alpha(\boldsymbol{A}_1\boldsymbol{d}) \geqslant \boldsymbol{A}_1\bar{\boldsymbol{x}} = \boldsymbol{b}_1,$$

$$\boldsymbol{E}(\bar{\boldsymbol{x}} + \alpha\boldsymbol{d}) = \boldsymbol{E}\bar{\boldsymbol{x}} + \alpha(\boldsymbol{E}\boldsymbol{d}) = \boldsymbol{E}\bar{\boldsymbol{x}} = \boldsymbol{e}.$$

又由 $\boldsymbol{A}_2\bar{\boldsymbol{x}} > \boldsymbol{b}_2$, 故必存在一个 $\bar{\alpha} > 0$, 使得对于任意的 $\alpha \in (0, \bar{\alpha}]$, 都有

$$\boldsymbol{A}_2(\bar{\boldsymbol{x}} + \alpha\boldsymbol{d}) = \boldsymbol{A}_2\bar{\boldsymbol{x}} + \alpha\boldsymbol{A}_2\boldsymbol{d} \geqslant \boldsymbol{b}_2.$$

以上三式表明, 存在 $\bar{\alpha}$, 使得对于任意的 $\alpha \in (0, \bar{\alpha}]$, 有

$$\boldsymbol{A}(\bar{\boldsymbol{x}} + \alpha\boldsymbol{d}) \geqslant \boldsymbol{b}, \quad \boldsymbol{E}(\bar{\boldsymbol{x}} + \alpha\boldsymbol{d}) = \boldsymbol{e},$$

即 $\bar{\boldsymbol{x}} + \alpha\boldsymbol{d}$ 是可行点, 从而 $\boldsymbol{d}$ 是点 $\bar{\boldsymbol{x}}$ 处的可行方向.

必要性. 设 $\bar{\boldsymbol{x}}$ 是可行点, $\boldsymbol{d}$ 是点 $\bar{\boldsymbol{x}}$ 处的一个可行方向. 由可行方向的定义, 存在 $\bar{\alpha}$, 使得对于任意的 $\alpha \in (0, \bar{\alpha}]$, 有

$$\boldsymbol{A}(\bar{\boldsymbol{x}} + \alpha\boldsymbol{d}) \geqslant \boldsymbol{b}, \quad \boldsymbol{E}(\bar{\boldsymbol{x}} + \alpha\boldsymbol{d}) = \boldsymbol{e}$$

或

$$\boldsymbol{A}_1(\bar{\boldsymbol{x}} + \alpha\boldsymbol{d}) \geqslant \boldsymbol{b}_1, \quad \boldsymbol{A}_2(\bar{\boldsymbol{x}} + \alpha\boldsymbol{d}) \geqslant \boldsymbol{b}_2, \quad \boldsymbol{E}(\bar{\boldsymbol{x}} + \alpha\boldsymbol{d}) = \boldsymbol{e}.$$

于是由

$$\boldsymbol{A}_1(\bar{\boldsymbol{x}} + \alpha\boldsymbol{d}) = \boldsymbol{A}_1\bar{\boldsymbol{x}} + \alpha(\boldsymbol{A}_1\boldsymbol{d}) \geqslant \boldsymbol{b}_1, \quad \boldsymbol{A}_1\bar{\boldsymbol{x}} = \boldsymbol{b}_1, \quad \alpha > 0$$

可推出 $\boldsymbol{A}_1\boldsymbol{d} \geqslant \boldsymbol{0}$. 又由

$$\boldsymbol{E}(\bar{\boldsymbol{x}} + \alpha\boldsymbol{d}) = \boldsymbol{E}\bar{\boldsymbol{x}} + \alpha(\boldsymbol{E}\boldsymbol{d}) = \boldsymbol{e}, \quad \boldsymbol{E}\bar{\boldsymbol{x}} = \boldsymbol{e}, \quad \alpha > 0$$

可推出 $\boldsymbol{E}\boldsymbol{d} = \boldsymbol{0}$. 证毕. □

从引理 11.1 可知, 要寻找问题 (11.1) 的可行点 $\bar{\boldsymbol{x}}$ 处的一个下降可行方向 $\boldsymbol{d}$, 可以通过求解下述线性规划问题得到:

$$\begin{aligned} &\min\ \nabla f(\bar{\boldsymbol{x}})^{\mathrm{T}}\boldsymbol{d}, \\ &\text{s.t.}\ \ \boldsymbol{A}_1\boldsymbol{d} \geqslant \boldsymbol{0}, \\ &\qquad \boldsymbol{E}\boldsymbol{d} = \boldsymbol{0}, \\ &\qquad -1 \leqslant d_i \leqslant 1, \quad i = 1, 2, \cdots, n, \end{aligned} \tag{11.2}$$

式中: $\boldsymbol{d}=(d_1,d_2,\cdots,d_n)^{\mathrm{T}}$.

增加约束条件 $-1\leqslant d_i\leqslant 1\ (i=1,2,\cdots,n)$ 是为了防止 $\|\boldsymbol{d}\|\to\infty$.

注意到 $\boldsymbol{d}=\boldsymbol{0}$ 显然是子问题 (11.2) 的一个可行解, 故目标函数 $\nabla f(\bar{\boldsymbol{x}})^{\mathrm{T}}\boldsymbol{d}$ 的最优值必然小于或等于 0. 若目标函数的最优值 $\bar{z}=\nabla f(\bar{\boldsymbol{x}})^{\mathrm{T}}\bar{\boldsymbol{d}}<0$, 则由引理 11.1 可知, $\bar{\boldsymbol{d}}$ 即为 $\bar{\boldsymbol{x}}$ 处的下降可行方向; 否则, 若标函数的最优值 $\bar{z}=\nabla f(\bar{\boldsymbol{x}})^{\mathrm{T}}\bar{\boldsymbol{d}}=0$, 则可以证明 $\bar{\boldsymbol{x}}$ 是问题 (11.1) 的 KKT 点.

定理 11.1 设 $\bar{\boldsymbol{x}}$ 是问题 (11.1) 的一个可行点, 且在 $\bar{\boldsymbol{x}}$ 处有 $\boldsymbol{A}_1\bar{\boldsymbol{x}}=\boldsymbol{b}_1$, $\boldsymbol{A}_2\bar{\boldsymbol{x}}>\boldsymbol{b}_2$, 其中

$$\boldsymbol{A}=\begin{pmatrix}\boldsymbol{A}_1\\ \boldsymbol{A}_2\end{pmatrix},\quad \boldsymbol{b}=\begin{pmatrix}\boldsymbol{b}_1\\ \boldsymbol{b}_2\end{pmatrix}.$$

则 $\bar{\boldsymbol{x}}$ 是问题 (11.1) 的 KKT 点的充要条件是子问题 (11.2) 的最优值为 0.

由于定理 11.1 的证明需要用到 Farkas 引理 (引理 8.1), 为了使用方便起见, 下面给出 Farkas 引理的一个等价描述方式.

引理 11.2 (Farkas 引理) 设 $\boldsymbol{A}$ 为 $m\times n$ 矩阵, $\boldsymbol{c}$ 为 n 维向量, 则 $\boldsymbol{A}^{\mathrm{T}}\boldsymbol{y}=\boldsymbol{c}(\boldsymbol{y}\geqslant\boldsymbol{0})$ 有解的充分必要条件是 $\boldsymbol{A}\boldsymbol{x}\leqslant\boldsymbol{0}$, $\boldsymbol{c}^{\mathrm{T}}\boldsymbol{x}>0$ 无解, 其中 $\boldsymbol{x}$, $\boldsymbol{y}$ 分别是为 n, m 维向量.

定理 11.1 的证明 注意到 $\bar{\boldsymbol{x}}$ 是 KKT 点的充要条件是存在 $\boldsymbol{\lambda}\geqslant\boldsymbol{0}$ 和 $\boldsymbol{\mu}$, 使得

$$\nabla f(\bar{\boldsymbol{x}})-\boldsymbol{A}_1^{\mathrm{T}}\boldsymbol{\lambda}-\boldsymbol{E}^{\mathrm{T}}\boldsymbol{\mu}=\boldsymbol{0}. \tag{11.3}$$

令 $\boldsymbol{\mu}=\boldsymbol{\nu}_1-\boldsymbol{\nu}_2\,(\boldsymbol{\nu}_1,\boldsymbol{\nu}_2\geqslant\boldsymbol{0})$, 把式 (11.3) 写成

$$\begin{pmatrix}-\boldsymbol{A}_1^{\mathrm{T}} & -\boldsymbol{E}^{\mathrm{T}} & \boldsymbol{E}^{\mathrm{T}}\end{pmatrix}\begin{pmatrix}\boldsymbol{\lambda}\\ \boldsymbol{\nu}_1\\ \boldsymbol{\nu}_2\end{pmatrix}=-\nabla f(\bar{\boldsymbol{x}}),\qquad \begin{pmatrix}\boldsymbol{\lambda}\\ \boldsymbol{\nu}_1\\ \boldsymbol{\nu}_2\end{pmatrix}\geqslant\boldsymbol{0}. \tag{11.4}$$

根据 Farkas 引理 (引理 11.2), 式 (11.4) 有解的充要条件是

$$\begin{pmatrix}-\boldsymbol{A}_1\\ -\boldsymbol{E}\\ \boldsymbol{E}\end{pmatrix}\boldsymbol{d}\leqslant\boldsymbol{0},\quad -\nabla f(\bar{\boldsymbol{x}})^{\mathrm{T}}\boldsymbol{d}>0 \tag{11.5}$$

无解, 即

$$\boldsymbol{A}_1\boldsymbol{d}\geqslant\boldsymbol{0},\quad \boldsymbol{E}\boldsymbol{d}=\boldsymbol{0},\quad \nabla f(\bar{\boldsymbol{x}})^{\mathrm{T}}\boldsymbol{d}<0$$

无解. 故 $\bar{\boldsymbol{x}}$ 是问题 (11.1) 的 KKT 点的充要条件是问题 (11.2) 的最优值为 0. 证毕. □

由定理 11.1 可知, 求解子问题 (11.2) 的结果, 或者得到下降可行方向, 或者得到原问题的一个 KKT 点.

2. 计算步骤

下面讨论可行方向法的具体计算步骤. 首先分析如何确定搜索步长 α_k. 设问题的可行域为 $\mathcal{D}$. 第 k 次迭代的出发点 $\boldsymbol{x}_k \in \mathcal{D}$ 是可行点, $\boldsymbol{d}_k$ 是其下降可行方向, 则后继点 $\boldsymbol{x}_{k+1}$ 为

$$\boldsymbol{x}_{k+1} = \boldsymbol{x}_k + \alpha_k \boldsymbol{d}_k. \tag{11.6}$$

为了使得 $\boldsymbol{x}_{k+1} \in \mathcal{D}$ 且使 $f(\boldsymbol{x}_{k+1})$ 的值尽可能小, 可以通过求解下面的一维搜索问题来解决:

$$\min_{0\leqslant\alpha\leqslant\bar{\alpha}} f(\boldsymbol{x}_k + \alpha\boldsymbol{d}_k), \tag{11.7}$$

式中: $\bar{\alpha} = \max\{\alpha | \boldsymbol{x}_k + \alpha\boldsymbol{d}_k \in \mathcal{D}\}$.

在求解问题 (11.7) 时, 考虑到线性约束情形时的问题 (11.1) , 先求解

$$\begin{aligned} \min_{\alpha\geqslant 0} \quad & f(\boldsymbol{x}_k + \alpha\boldsymbol{d}_k), \\ \text{s.t.} \quad & \boldsymbol{A}(\boldsymbol{x}_k + \alpha\boldsymbol{d}_k) \geqslant \boldsymbol{b}, \\ & \boldsymbol{E}(\boldsymbol{x}_k + \alpha\boldsymbol{d}_k) = \boldsymbol{e}. \end{aligned} \tag{11.8}$$

而问题 (11.8) 可作进一步的简化: 因为 $\boldsymbol{d}_k$ 是可行方向, 所以有 $\boldsymbol{E}\boldsymbol{d}_k = \boldsymbol{0}$; 而 $\boldsymbol{x}_k$ 是可行点, 于是有 $\boldsymbol{E}\boldsymbol{x}_k = \boldsymbol{e}$. 因此, 问题 (11.8) 中的等式约束条件自然成立, 可不必再考虑它. 此外, 在 $\boldsymbol{x}_k$ 处, 将不等式约束分为有效约束和非有效约束, 设

$$\boldsymbol{A}_1\boldsymbol{x}_k = \boldsymbol{b}_1, \quad \boldsymbol{A}_2\boldsymbol{x}_k > \boldsymbol{b}_2, \tag{11.9}$$

式中

$$\boldsymbol{A} = \begin{pmatrix} \boldsymbol{A}_1 \\ \boldsymbol{A}_2 \end{pmatrix}, \quad \boldsymbol{b} = \begin{pmatrix} \boldsymbol{b}_1 \\ \boldsymbol{b}_2 \end{pmatrix}.$$

则问题 (11.8) 中的不等式约束条件可分裂成

$$\boldsymbol{A}_1\boldsymbol{x}_k + \alpha\boldsymbol{A}_1\boldsymbol{d}_k \geqslant \boldsymbol{b}_1, \tag{11.10}$$

$$\boldsymbol{A}_2\boldsymbol{x}_k + \alpha\boldsymbol{A}_2\boldsymbol{d}_k \geqslant \boldsymbol{b}_2. \tag{11.11}$$

又因 $\boldsymbol{d}_k$ 是可行方向, 由引理 11.1 知 $\boldsymbol{A}_1\boldsymbol{d}_k \geqslant \boldsymbol{0}$. 注意到 $\boldsymbol{A}_1\boldsymbol{x}_k = \boldsymbol{b}_1$ 及 $\alpha \geqslant 0$, 因此, 条件 (11.10) 也自然成立. 于是, 问题 (11.8) 中的约束条件只剩下式 (11.11), 故问题 (11.8) 可简化为

$$\begin{aligned} \min_{\alpha\geqslant 0} \quad & f(\boldsymbol{x}_k + \alpha\boldsymbol{d}_k), \\ \text{s.t.} \quad & \boldsymbol{A}_2(\boldsymbol{x}_k + \alpha\boldsymbol{d}_k) \geqslant \boldsymbol{b}_2. \end{aligned} \tag{11.12}$$

以下讨论问题 (11.12) 中求 α 上限的公式. 将问题 (11.12) 中的第一个约束条件改写成

$$\alpha \boldsymbol{A}_2\boldsymbol{d}_k \geqslant \boldsymbol{b}_2 - \boldsymbol{A}_2\boldsymbol{x}_k.$$

若记

$$\bar{\boldsymbol{b}} = \boldsymbol{b}_2 - \boldsymbol{A}_2\boldsymbol{x}_k, \quad \bar{\boldsymbol{d}} = \boldsymbol{A}_2\boldsymbol{d}_k, \tag{11.13}$$

则有

$$\alpha\bar{\boldsymbol{d}} \geqslant \bar{\boldsymbol{b}}, \quad \alpha \geqslant 0.$$

注意到式 (11.9), 于是有 $\bar{\boldsymbol{b}} < \boldsymbol{0}$. 由此可得 α 的上界计算公式为

$$\bar{\alpha} = \begin{cases} \min\left\{\dfrac{\bar{\boldsymbol{b}}_i}{\bar{\boldsymbol{d}}_i} = \dfrac{(\boldsymbol{b}_2 - \boldsymbol{A}_2\boldsymbol{x}_k)_i}{(\boldsymbol{A}_2\boldsymbol{d}_k)_i} \,\middle|\, \bar{\boldsymbol{d}}_i < 0\right\}, & \bar{\boldsymbol{d}} \ngeqslant \boldsymbol{0}, \\ +\infty, & \bar{\boldsymbol{d}} \geqslant \boldsymbol{0}, \end{cases} \tag{11.14}$$

式中: $\bar{\boldsymbol{b}}_i$, $\bar{\boldsymbol{d}}_i$ 分别为向量 $\bar{\boldsymbol{b}}$, $\bar{\boldsymbol{d}}$ 的第 i 个分量. 因此, 求解问题 (11.12) 等价于求解

$$\begin{aligned} &\min \quad f(\boldsymbol{x}_k + \alpha\boldsymbol{d}_k), \\ &\text{s.t.} \quad 0 \leqslant \alpha \leqslant \bar{\alpha}, \end{aligned} \tag{11.15}$$

其中 $\bar{\alpha}$ 由式 (11.14) 计算.

至此, 可以写出求解问题 (11.1) 的可行方向法的详细计算步骤.

算法 11.1 (线性约束的可行方向法)

步骤 0, 给定初始可行点 $\boldsymbol{x}_0 \in \mathbf{R}^n$, 终止误差 $0 < \varepsilon_1, \varepsilon_2 \ll 1$. 令 $k := 0$.

步骤 1, 在 $\boldsymbol{x}_k$ 处, 将不等式约束分为有效约束和非有效约束:

$$\boldsymbol{A}_1\boldsymbol{x}_k = \boldsymbol{b}_1, \quad \boldsymbol{A}_2\boldsymbol{x}_k > \boldsymbol{b}_2,$$

其中

$$\boldsymbol{A} = \begin{pmatrix} \boldsymbol{A}_1 \\ \boldsymbol{A}_2 \end{pmatrix}, \quad \boldsymbol{b} = \begin{pmatrix} \boldsymbol{b}_1 \\ \boldsymbol{b}_2 \end{pmatrix}.$$

步骤 2, 若 $\boldsymbol{x}_k$ 是可行域的一个内点 (此时问题 (11.1) 中没有等式约束, 即 $\boldsymbol{E} = \boldsymbol{0}$ 且 $\boldsymbol{A}_1 = \boldsymbol{0}$) 且 $\|\nabla f(\boldsymbol{x}^k)\| < \varepsilon_1$, 停算, 输出 $\boldsymbol{x}_k$ 作为原问题的近似极小点; 否则, 若 $\boldsymbol{x}_k$ 是可行域的一个内点但 $\|\nabla f(\boldsymbol{x}^k)\| \geqslant \varepsilon_1$, 则取搜索方向 $\boldsymbol{d}_k = -\nabla f(\boldsymbol{x}_k)$, 转步骤 5 (即用目标函数的负梯度方向作为搜索方向再求步长, 此时类似于无约束优化问题). 若 $\boldsymbol{x}_k$ 不是可行域的一个内点, 则转步骤 3.

步骤 3, 求解线性规划问题

$$
\begin{aligned}
\min\ & z=\nabla f(\boldsymbol{x}_k)^{\mathrm{T}}\boldsymbol{d}, \\
\text{s.t.}\ & \boldsymbol{A}_1\boldsymbol{d}\geqslant \mathbf{0}, \\
& \boldsymbol{E}\boldsymbol{d}=\mathbf{0}, \\
& -1\leqslant d_i\leqslant 1, \qquad i=1,2,\cdots,n,
\end{aligned}
\tag{11.16}
$$

式中: $\boldsymbol{d}=(d_1,d_2,\cdots,d_n)^{\mathrm{T}}$, 得最优解和最优值分别为 $\boldsymbol{d}_k$ 和 z_k.

步骤 4, 若 $|z_k|<\varepsilon_2$, 停算, 输出 $\boldsymbol{x}_k$ 作为原问题的近似极小点; 否则, 以 $\boldsymbol{d}_k$ 作为搜索方向, 转步骤 5.

步骤 5, 首先由式 (11.13) 和式 (11.14) 计算 $\bar{\alpha}$, 然后求解一维线搜索问题 (11.15), 得最优解 α_k.

步骤 6, 令 $\boldsymbol{x}_{k+1}:=\boldsymbol{x}_k+\alpha_k\boldsymbol{d}_k$, $k:=k+1$, 转步骤 1.

11.1.2 非线性约束下的可行方向法

1. 基本原理

考虑下面带有非线性不等式约束的优化问题

$$
\begin{aligned}
\min\ & f(\boldsymbol{x}), \qquad \boldsymbol{x}\in\mathbf{R}^n, \\
\text{s.t.}\ & g_i(\boldsymbol{x})\geqslant 0, \quad i=1,2,\cdots,m,
\end{aligned}
\tag{11.17}
$$

式中: $f(\boldsymbol{x})$ 和 $g_i(\boldsymbol{x})\,(i=1,2,\cdots,m)$ 都是连续可微的函数.

下面的引理指出了问题 (11.17) 的一个下降可行方向 $\boldsymbol{d}$ 所应满足的条件.

引理 11.3 设 $\bar{\boldsymbol{x}}$ 是问题 (11.17) 的一个可行点, 指标集 $\mathcal{I}(\bar{\boldsymbol{x}})=\{i\,|\,g_i(\bar{\boldsymbol{x}})=0\}$, $f(\boldsymbol{x})$ 和 $g_i(\boldsymbol{x})\,(i\in\mathcal{I}(\bar{\boldsymbol{x}}))$ 在 $\bar{\boldsymbol{x}}$ 处可微, $g_i(\boldsymbol{x})\,(i\notin\mathcal{I}(\bar{\boldsymbol{x}}))$ 在 $\bar{\boldsymbol{x}}$ 处连续. 若

$$
\nabla f(\bar{\boldsymbol{x}})^{\mathrm{T}}\boldsymbol{d}<0, \quad \nabla g_i(\bar{\boldsymbol{x}})^{\mathrm{T}}\boldsymbol{d}>0, \quad i\in\mathcal{I}(\bar{x}),
$$

那么 $\boldsymbol{d}$ 是问题 (11.17) 在 $\bar{\boldsymbol{x}}$ 处的下降可行方向.

证明 由引理 8.3 中的下降可行方向的代数条件 (8.10) 可知, $\boldsymbol{d}$ 必是问题 (11.17) 在 $\bar{\boldsymbol{x}}$ 处的一个下降可行方向. 证毕. □

由引理 11.3 可知, 问题 (11.17) 在可行点 $\bar{\boldsymbol{x}}$ 处的下降可行方向 $\boldsymbol{d}$ 应满足

$$
\begin{cases}
\nabla f(\bar{\boldsymbol{x}})^{\mathrm{T}}\boldsymbol{d}<0, \\
\nabla g_i(\bar{\boldsymbol{x}})^{\mathrm{T}}\boldsymbol{d}>0, \quad i\in\mathcal{I}(\bar{\boldsymbol{x}}).
\end{cases}
\tag{11.18}
$$

而在式 (11.18) 中引进辅助变量 z 后, 等价于下面的线性不等式组求 $\boldsymbol{d}$ 和 z:

$$\begin{cases} \nabla f(\bar{\boldsymbol{x}})^{\mathrm{T}}\boldsymbol{d} \leqslant z, \\ -\nabla g_i(\bar{\boldsymbol{x}})^{\mathrm{T}}\boldsymbol{d} \leqslant z, \quad i \in \mathcal{I}(\bar{\boldsymbol{x}}), \\ z \leqslant 0. \end{cases} \tag{11.19}$$

注意到满足式 (11.19) 的下降可行方向 $\boldsymbol{d}$ 及数 z 一般有很多个, 自然希望求出能使目标函数下降最多的方向 $\boldsymbol{d}$, 故可将式 (11.19) 转化为以 z 为目标函数的线性规划问题

$$\begin{aligned} &\min\ z, \\ &\text{s.t.}\ \ \nabla f(\bar{\boldsymbol{x}})^{\mathrm{T}}\boldsymbol{d} \leqslant z, \\ &\qquad -\nabla g_i(\bar{\boldsymbol{x}})^{\mathrm{T}}\boldsymbol{d} \leqslant z, \quad i \in \mathcal{I}(\bar{x}), \\ &\qquad -1 \leqslant d_i \leqslant 1, \qquad i = 1, 2, \cdots, n, \end{aligned} \tag{11.20}$$

式中: $\boldsymbol{d} = (d_1, d_2, \cdots, d_n)^{\mathrm{T}}$.

设问题 (11.20) 的最优解为 $\bar{\boldsymbol{d}}$, 最优值为 $\bar{z}$. 那么, 若 $\bar{z} < 0$, 则 $\bar{\boldsymbol{d}}$ 是问题 (11.17) 在 $\bar{\boldsymbol{x}}$ 处的下降可行方向; 否则, 若 $\bar{z} = 0$, 则下面的定理将证明: 相应的 $\bar{\boldsymbol{x}}$ 必为问题 (11.17) 的 Fritz-John 点.

定理 11.2 设 $\bar{\boldsymbol{x}}$ 是问题 (11.17) 的可行点, 指标集 $\mathcal{I}(\bar{\boldsymbol{x}}) = \{i \mid g_i(\bar{\boldsymbol{x}}) = 0\}$, 则 $\bar{\boldsymbol{x}}$ 是问题 (11.17) 的 Fritz-John 点的充要条件是子问题 (11.20) 的最优值为 0.

证明 对于子问题 (11.20), 其最优值为 0 的充要条件是不等式组

$$\begin{cases} \nabla f(\bar{\boldsymbol{x}})^{\mathrm{T}}\boldsymbol{d} < 0, \\ \nabla g_i(\bar{\boldsymbol{x}})^{\mathrm{T}}\boldsymbol{d} > 0, \quad i \in \mathcal{I}(\bar{\boldsymbol{x}}), \end{cases}$$

即

$$\begin{cases} \nabla f(\bar{\boldsymbol{x}})^{\mathrm{T}}\boldsymbol{d} < 0, \\ -\nabla g_i(\bar{\boldsymbol{x}})^{\mathrm{T}}\boldsymbol{d} < 0, \quad i \in \mathcal{I}(\bar{\boldsymbol{x}}), \end{cases} \tag{11.21}$$

无解. 根据 Gordan 引理 (引理 8.2), 不等式组 (11.21) 无解的充要条件是存在不全为 0 的非负实数 λ_0 和 $\lambda_i\ (i \in \mathcal{I}(\bar{\boldsymbol{x}}))$, 使得

$$\lambda_0 \nabla f(\bar{\boldsymbol{x}}) - \sum_{i \in \mathcal{I}(\bar{\boldsymbol{x}})} \lambda_i \nabla g_i(\bar{\boldsymbol{x}}) = \boldsymbol{0},$$

即 $\bar{\boldsymbol{x}}$ 是问题 (11.17) 的 Fritz-John 点. 证毕. □

2. 计算步骤

与线性约束情形一样, 为了确定搜索步长 α_k, 仍然需要求解一个一维线搜索问题

$$\begin{aligned} &\min\ f(\boldsymbol{x}_k+\alpha\boldsymbol{d}_k),\\ &\text{s.t.}\ \ 0\leqslant\alpha\leqslant\bar{\alpha}, \end{aligned} \tag{11.22}$$

式中

$$\bar{\alpha}=\sup\{\alpha\,|\,g_i(\boldsymbol{x}_k+\alpha\boldsymbol{d}_k)\geqslant 0,\ i=1,2,\cdots,m\}. \tag{11.23}$$

下面给出求解问题 (11.17) 的可行方向法的详细计算步骤.

算法 11.2 (**非线性约束的可行方向法**)

步骤 0, 给定初始可行点 $\boldsymbol{x}_0\in\mathbf{R}^n$, 终止误差 $0<\varepsilon_1,\varepsilon_2\ll 1$. 令 $k:=0$.

步骤 1, 确定 $\boldsymbol{x}_k$ 处的有效约束指标集 $\mathcal{I}(\boldsymbol{x}_k)$, 即

$$\mathcal{I}(\boldsymbol{x}_k)=\{i\,|\,g_i(\boldsymbol{x}_k)=0\}.$$

若 $\mathcal{I}(\boldsymbol{x}_k)=\varnothing$ 且 $\|\nabla f(\boldsymbol{x}_k)\|<\varepsilon_1$, 停算, 输出 $\boldsymbol{x}_k$ 作为原问题的近似极小点; 否则, 若 $\mathcal{I}(\boldsymbol{x}_k)=\varnothing$ 但 $\|\nabla f(\boldsymbol{x}_k)\|\geqslant\varepsilon_1$, 则取搜索方向 $\boldsymbol{d}_k=-\nabla f(\boldsymbol{x}_k)$, 转步骤 4. 反之, 若 $\mathcal{I}(\boldsymbol{x}_k)\neq\varnothing$, 转步骤 2.

步骤 2, 求解线性规划问题

$$\begin{aligned} &\min\ z,\\ &\text{s.t.}\ \ \nabla f(\boldsymbol{x}_k)^{\mathrm{T}}\boldsymbol{d}\leqslant z,\\ &\qquad -\nabla g_i(\boldsymbol{x}_k)^{\mathrm{T}}\boldsymbol{d}\leqslant z,\quad i\in\mathcal{I}(\boldsymbol{x}_k),\\ &\qquad -1\leqslant d_i\leqslant 1,\qquad\quad i=1,2,\cdots,n, \end{aligned}$$

式中: $\boldsymbol{d}=(d_1,d_2,\cdots,d_n)^{\mathrm{T}}$, 得最优解和最优值分别为 $\boldsymbol{d}_k$ 和 z_k.

步骤 3, 若 $|z_k|<\varepsilon_2$, 停算, 输出 $\boldsymbol{x}_k$ 作为原问题的近似极小点; 否则, 以 $\boldsymbol{d}_k$ 作为搜索方向, 转步骤 4.

步骤 4, 首先由式 (11.23) 计算 $\bar{\alpha}$, 然后求解一维线搜索问题 (11.22), 得最优解 α_k.

步骤 5, 令 $\boldsymbol{x}_{k+1}:=\boldsymbol{x}_k+\alpha_k\boldsymbol{d}_k$, $k:=k+1$, 转步骤 1.

注 (1) 步骤 1 中的 $\mathcal{I}(\boldsymbol{x}_k)=\varnothing$, 表明 $\boldsymbol{x}_k$ 是可行域 $\mathcal{D}$ 的内点, 因此, 任意方向都是可行方向. 此时, 若不满足终止条件, 类似于无约束优化问题, 可用梯度法寻求下一个迭代点, 但毕竟不是真正的无约束问题, 步长要受到可行域边界的限制.

(2) 步骤 3 中若 $z_k \approx 0$, 说明在 $\boldsymbol{x}_k$ 处找不到下降可行方向, 可以认为 $\boldsymbol{x}_k$ 是原问题的一个 Fritz-John 点.

(3) 算法 11.2 若推广到包含非线性等式约束的优化问题, 迭代过程会出现一些困难. 因为对于等式约束和当前可行迭代点 $\boldsymbol{x}_k$, 一般难于找到一个可行方向. 这与罚函数类算法刚好相反, 罚函数类算法容易处理等式约束.

例 11.1 用 Zoutendijk 可行方向法求解下列问题

$$\begin{aligned}
\min\ & f(\boldsymbol{x}) = x_1^2 + x_2^2 - x_1x_2 - 2x_1 + 3x_2, \\
\text{s.t.}\ & -x_1 - x_2 + 3 \geqslant 0, \\
& -x_1 - 5x_2 + 6 \geqslant 0, \\
& x_1,\ x_2 \geqslant 0,
\end{aligned}$$

取初始可行点 $\boldsymbol{x}_0 = (0,0)^{\mathrm{T}}$.

解 目标函数的梯度为 $\nabla f(\boldsymbol{x}) = \begin{pmatrix} 2x_1 - x_2 - 2 \\ -x_1 + 2x_2 + 3 \end{pmatrix}$.

第 1 次迭代. 在 $\boldsymbol{x}_0$ 处的梯度为 $\nabla f(\boldsymbol{x}_0) = (-2,3)^{\mathrm{T}}$, 有效约束和非有效约束的系数矩阵和右端向量分别为

$$\boldsymbol{A}_1 = \begin{pmatrix} 1 & 0 \\ 0 & 1 \end{pmatrix}, \quad \boldsymbol{A}_2 = \begin{pmatrix} -1 & -1 \\ -1 & -5 \end{pmatrix}, \quad \boldsymbol{b}_1 = \begin{pmatrix} 0 \\ 0 \end{pmatrix}, \quad \boldsymbol{b}_2 = \begin{pmatrix} -3 \\ -6 \end{pmatrix}.$$

先求在 $\boldsymbol{x}_0$ 处的下降可行方向 $\boldsymbol{d}_0$. 解线性规划问题

$$\begin{aligned}
\min\ & \nabla f(\boldsymbol{x}_0)^{\mathrm{T}}\boldsymbol{d}, \\
\text{s.t.}\ & \boldsymbol{A}_1\boldsymbol{d} \geqslant 0, \\
& -1 \leqslant d_i \leqslant 1, \quad i = 1,2,
\end{aligned}$$

即

$$\begin{aligned}
\min\ & -2d_1 + 3d_2, \\
\text{s.t.}\ & d_1 \geqslant 0,\ d_2 \geqslant 0, \\
& -1 \leqslant d_1 \leqslant 1, \\
& -1 \leqslant d_2 \leqslant 1.
\end{aligned}$$

由单纯形方法求得最优解为 $\boldsymbol{d}_0 = (1,0)^{\mathrm{T}}$, 此时目标函数的最优值为 $-2(<0)$.

再求步长 α_0. 依次计算 $\bar{\boldsymbol{b}}$, $\bar{\boldsymbol{d}}$ 和 $\bar{\alpha}$:

$$\bar{\boldsymbol{b}} = \boldsymbol{b}_2 - \boldsymbol{A}_2\boldsymbol{x}_0 = \begin{pmatrix} -3 \\ -6 \end{pmatrix} - \begin{pmatrix} -1 & -1 \\ -1 & -5 \end{pmatrix}\begin{pmatrix} 0 \\ 0 \end{pmatrix} = \begin{pmatrix} -3 \\ -6 \end{pmatrix},$$

$$\bar{\boldsymbol{d}} = \boldsymbol{A}_2\boldsymbol{d}_0 = \begin{pmatrix} -1 & -1 \\ -1 & -5 \end{pmatrix}\begin{pmatrix} 1 \\ 0 \end{pmatrix} = \begin{pmatrix} -1 \\ -1 \end{pmatrix},$$

$$\bar{\alpha} = \min\left\{\frac{-3}{-1}, \frac{-6}{-1}\right\} = 3.$$

于是解下面的一维搜索问题求 α_0:

$$\begin{aligned} &\min\ f(\boldsymbol{x}_0 + \alpha\boldsymbol{d}_0) = \alpha^2 - 2\alpha, \\ &\text{s.t.}\ \ 0 \leqslant \alpha \leqslant 3. \end{aligned}$$

求得 $\alpha_0 = 1$. 令 $\boldsymbol{x}_1 = \boldsymbol{x}_0 + \alpha_0\boldsymbol{d}_0 = (1,0)^{\mathrm{T}}$. 至此, 第 1 次迭代完成.

第 2 次迭代. 在 $\boldsymbol{x}_1$ 处的梯度为 $\nabla f(\boldsymbol{x}_1) = (0,2)^{\mathrm{T}}$, 有效约束和非有效约束的系数矩阵和右端向量分别为

$$\boldsymbol{A}_1 = \begin{pmatrix} 0 & 1 \end{pmatrix}, \quad \boldsymbol{A}_2 = \begin{pmatrix} -1 & -1 \\ -1 & -5 \\ 1 & 0 \end{pmatrix}, \quad b_1 = 0, \quad \boldsymbol{b}_2 = \begin{pmatrix} -3 \\ -6 \\ 0 \end{pmatrix}.$$

解线性规划问题

$$\begin{aligned} &\min\ 2d_2, \\ &\text{s.t.}\ d_2 \geqslant 0, \\ &\qquad -1 \leqslant d_1 \leqslant 1, \\ &\qquad -1 \leqslant d_2 \leqslant 1. \end{aligned}$$

由单纯形方法求得最优解为 $\boldsymbol{d}_1 = (d_1, 0)^{\mathrm{T}}$, 其中 d_1 为任意的实数. 此时, 目标函数的最优值为 0. 由定理 11.1 可知, $\boldsymbol{x}_1 = (1,0)^{\mathrm{T}}$ 是原问题的 KKT 点. □

11.2 梯度投影法

对于无约束优化问题, 任取一点，若其梯度不为 0, 则沿负梯度方向前进, 总可以找到一个新的使目标函数值下降的点, 这就是梯度法. 对于约束优化问题, 如果再沿负梯度方向前进, 可能是不可行的, 因此需将负梯度方向投影到可行方向上去. 也就是说, 当迭代点 $\boldsymbol{x}_k$ 是可行域 $\mathcal{D}$ 的内点时, 取 $\boldsymbol{d} = -\nabla f(\boldsymbol{x}_k)$ 作为搜索方向; 否则, 当 $\boldsymbol{x}_k$ 是可行域 $\mathcal{D}$ 的边界点时, 取 $-\nabla f(\boldsymbol{x}_k)$ 在这些边界面交集上的投影作为搜索方向. 这就是梯度投影法的基本思想, 也是“梯度投影法”名称的由来.

梯度投影法是 Rosen 于 1961 年针对线性约束的优化问题首先提出来的一种优化算法. 次年, Rosen 又将他的这一算法推广到处理非线性约束的情形. 后来这一方法又得到了进一步的发展, 成为求解非线性规划问题的一类重要的方法.

11.2.1 梯度投影法的理论基础

考虑线性约束的优化问题

$$\begin{aligned} &\min f(\boldsymbol{x}), \quad \boldsymbol{x}\in\mathbf{R}^n,\\ &\text{s.t.}\ \ \boldsymbol{A}\boldsymbol{x}\geqslant\boldsymbol{b},\\ &\qquad \boldsymbol{E}\boldsymbol{x}=\boldsymbol{e}, \end{aligned} \tag{11.24}$$

式中: f 为连续可微的 n 元实函数; $\boldsymbol{A}\in\mathbf{R}^{m\times n}$; $\boldsymbol{E}\in\mathbf{R}^{l\times n}$; $\boldsymbol{b}\in\mathbf{R}^m$; $\boldsymbol{e}\in\mathbf{R}^l$. 其可行域为 $\mathcal{D}=\{\boldsymbol{x}\in\mathbf{R}^n \mid \boldsymbol{A}\boldsymbol{x}\geqslant\boldsymbol{b},\ \boldsymbol{E}\boldsymbol{x}=\boldsymbol{e}\}$.

在具体介绍梯度投影法之前, 先引入投影矩阵的概念及其有关性质.

定义 11.1 称矩阵 $\boldsymbol{P}\in\mathbf{R}^{n\times n}$ 为投影矩阵, 是指 $\boldsymbol{P}$ 满足

$$\boldsymbol{P}=\boldsymbol{P}^{\mathrm{T}}, \quad \boldsymbol{P}^2=\boldsymbol{P}.$$

由定义 11.1 可知, 一个对称幂等矩阵就是投影矩阵. 投影矩阵具有如下一些基本性质, 其证明参见文献 [12].

引理 11.4 设矩阵 $\boldsymbol{P}\in\mathbf{R}^{n\times n}$.

(1) 若 $\boldsymbol{P}$ 为投影矩阵, 则 $\boldsymbol{P}$ 是半正定的;

(2) $\boldsymbol{P}$ 是投影矩阵当且仅当 $\boldsymbol{I}-\boldsymbol{P}$ 也是投影矩阵, 其中 $\boldsymbol{I}$ 是 n 阶单位阵;

(3) 设 $\boldsymbol{P}$ 是投影矩阵, $\boldsymbol{Q}=\boldsymbol{I}-\boldsymbol{P}$, 则

$$\mathcal{L}=\{\boldsymbol{y}=\boldsymbol{P}\boldsymbol{x}|\boldsymbol{x}\in\mathbf{R}^n\}, \quad \mathcal{L}^{\perp}=\{\boldsymbol{z}=\boldsymbol{Q}\boldsymbol{x}|\boldsymbol{x}\in\mathbf{R}^n\}$$

是互相正交的线性子空间, 并且对于任意的 $\boldsymbol{x}\in\mathbf{R}^n$ 可唯一地表示为

$$\boldsymbol{x}=\boldsymbol{y}+\boldsymbol{z}, \ \ \boldsymbol{y}\in\mathcal{L}, \ \ \boldsymbol{z}\in\mathcal{L}^{\perp}.$$

定理 11.3 设 $\bar{\boldsymbol{x}}$ 是问题 (11.24) 的一个可行点, 且满足 $\boldsymbol{A}_1\bar{\boldsymbol{x}}=\boldsymbol{b}_1$, $\boldsymbol{A}_2\bar{\boldsymbol{x}}>\boldsymbol{b}_2$, 其中

$$\boldsymbol{A}=\begin{pmatrix}\boldsymbol{A}_1\\ \boldsymbol{A}_2\end{pmatrix}, \quad \boldsymbol{b}=\begin{pmatrix}\boldsymbol{b}_1\\ \boldsymbol{b}_2\end{pmatrix}.$$

又设

$$\boldsymbol{M}=\begin{pmatrix}\boldsymbol{A}_1\\ \boldsymbol{E}\end{pmatrix}$$

是行满秩矩阵, $\boldsymbol{P}=\boldsymbol{I}-\boldsymbol{M}^{\mathrm{T}}(\boldsymbol{M}\boldsymbol{M}^{\mathrm{T}})^{-1}\boldsymbol{M}$, $\boldsymbol{P}\nabla f(\bar{\boldsymbol{x}})\neq\boldsymbol{0}$. 若取 $\boldsymbol{d}=-\boldsymbol{P}\nabla f(\bar{\boldsymbol{x}})$, 则 $\boldsymbol{d}$ 是点 $\bar{\boldsymbol{x}}$ 处的一个下降可行方向.

证明 不难验证, $\boldsymbol{P}=\boldsymbol{I}-\boldsymbol{M}^{\mathrm{T}}(\boldsymbol{M}\boldsymbol{M}^{\mathrm{T}})^{-1}\boldsymbol{M}$ 是投影矩阵, 故由 $\boldsymbol{P}\nabla f(\bar{\boldsymbol{x}})\neq\boldsymbol{0}$, 得

$$\nabla f(\bar{\boldsymbol{x}})^{\mathrm{T}}\boldsymbol{d}=-\nabla f(\bar{\boldsymbol{x}})^{\mathrm{T}}\boldsymbol{P}\nabla f(\bar{\boldsymbol{x}}) = -\|\boldsymbol{P}\nabla f(\bar{\boldsymbol{x}})\|^2<0,$$

即 $\boldsymbol{d}$ 为下降方向. 又因为

$$\begin{aligned}\boldsymbol{M}\boldsymbol{d} &= -\boldsymbol{M}\boldsymbol{P}\nabla f(\bar{\boldsymbol{x}})\\ &= -\boldsymbol{M}[\boldsymbol{I}-\boldsymbol{M}^{\mathrm{T}}(\boldsymbol{M}\boldsymbol{M}^{\mathrm{T}})^{-1}\boldsymbol{M}]\nabla f(\bar{\boldsymbol{x}})\\ &= (-\boldsymbol{M}+\boldsymbol{M})\nabla f(\bar{\boldsymbol{x}})=\boldsymbol{0},\end{aligned}$$

即

$$\boldsymbol{M}\boldsymbol{d}=\begin{pmatrix}\boldsymbol{A}_1\\ \boldsymbol{E}\end{pmatrix}\boldsymbol{d}=\begin{pmatrix}\boldsymbol{A}_1\boldsymbol{d}\\ \boldsymbol{E}\boldsymbol{d}\end{pmatrix}=\boldsymbol{0},$$

从而 $\boldsymbol{A}_1\boldsymbol{d}=\boldsymbol{0}$, $\boldsymbol{E}\boldsymbol{d}=\boldsymbol{0}$. 根据引理 11.1, $\boldsymbol{d}$ 是点 $\bar{x}$ 处的可行方向. 证毕. □

定理 11.3 在 $\boldsymbol{P}\nabla f(\bar{\boldsymbol{x}})\neq\boldsymbol{0}$ 的假设下, 给出了用投影来求下降可行方向的一种方法, 但是当 $\boldsymbol{P}\nabla f(\bar{\boldsymbol{x}})=\boldsymbol{0}$ 时, 情况又该如何呢? 下面的定理指出此时有两种可能: 要么 $\bar{\boldsymbol{x}}$ 已是 KKT 点, 要么构造新的投影矩阵, 以便求得下降可行方向.

定理 11.4 设 $\bar{\boldsymbol{x}}$ 是问题 (11.24) 的一个可行点, 且满足 $\boldsymbol{A}_1\bar{\boldsymbol{x}}=\boldsymbol{b}_1$, $\boldsymbol{A}_2\bar{\boldsymbol{x}}>\boldsymbol{b}_2$, 其中

$$\boldsymbol{A}=\begin{pmatrix}\boldsymbol{A}_1\\ \boldsymbol{A}_2\end{pmatrix},\quad \boldsymbol{b}=\begin{pmatrix}\boldsymbol{b}_1\\ \boldsymbol{b}_2\end{pmatrix}.$$

又设

$$\boldsymbol{M}=\begin{pmatrix}\boldsymbol{A}_1\\ \boldsymbol{E}\end{pmatrix}$$

是行满秩矩阵, 令

$$\boldsymbol{P}=\boldsymbol{I}-\boldsymbol{M}^{\mathrm{T}}(\boldsymbol{M}\boldsymbol{M}^{\mathrm{T}})^{-1}\boldsymbol{M},$$

$$\boldsymbol{\omega}=(\boldsymbol{M}\boldsymbol{M}^{\mathrm{T}})^{-1}\boldsymbol{M}\nabla f(\bar{\boldsymbol{x}})=\begin{pmatrix}\boldsymbol{\lambda}\\ \boldsymbol{\mu}\end{pmatrix},$$

其中 $\boldsymbol{\lambda}$ 和 $\boldsymbol{\mu}$ 分别对应于 $\boldsymbol{A}_1$ 和 $\boldsymbol{E}$. 若 $\boldsymbol{P}\nabla f(\bar{\boldsymbol{x}})=\boldsymbol{0}$, 则

(1) 如果 $\boldsymbol{\lambda}\geqslant\boldsymbol{0}$, 则 $\bar{x}$ 是问题 (11.24) 的 KKT 点;

(2) 如果 $\boldsymbol{\lambda}\not\geqslant\boldsymbol{0}$, 不妨设 $\lambda_j<0$, 那么先从 $\boldsymbol{A}_1$ 中去掉 λ_j 所对应的行, 得到新矩阵 $\tilde{\boldsymbol{A}}_1$, 然后令

$$\tilde{\boldsymbol{M}}=\begin{pmatrix}\tilde{\boldsymbol{A}}_1\\ \boldsymbol{E}\end{pmatrix},\quad \tilde{\boldsymbol{P}}=\boldsymbol{I}-\tilde{\boldsymbol{M}}^{\mathrm{T}}(\tilde{\boldsymbol{M}}\tilde{\boldsymbol{M}}^{\mathrm{T}})^{-1}\tilde{\boldsymbol{M}},\quad \boldsymbol{d}=-\tilde{\boldsymbol{P}}\nabla f(\bar{\boldsymbol{x}}),$$

则 $\boldsymbol{d}$ 是点 $\bar{\boldsymbol{x}}$ 处一个下降可行方向.

证明 (1) 设 $\boldsymbol{\lambda} \geqslant \mathbf{0}$. 注意到 $\boldsymbol{P}\nabla f(\bar{\boldsymbol{x}}) = \mathbf{0}$, 于是有

$$\begin{aligned}
\mathbf{0} &= \boldsymbol{P}\nabla f(\bar{\boldsymbol{x}}) = [\boldsymbol{I} - \boldsymbol{M}^{\mathrm{T}}(\boldsymbol{M}\boldsymbol{M}^{\mathrm{T}})^{-1}\boldsymbol{M}]\nabla f(\bar{\boldsymbol{x}}) \\
&= \nabla f(\bar{\boldsymbol{x}}) - \boldsymbol{M}^{\mathrm{T}}(\boldsymbol{M}\boldsymbol{M}^{\mathrm{T}})^{-1}\boldsymbol{M}\nabla f(\bar{\boldsymbol{x}}) \\
&= \nabla f(\bar{\boldsymbol{x}}) - \boldsymbol{M}^{\mathrm{T}}\boldsymbol{\omega} = \nabla f(\bar{\boldsymbol{x}}) - (\boldsymbol{A}_1^{\mathrm{T}}, \boldsymbol{E}^{\mathrm{T}})\begin{pmatrix}\boldsymbol{\lambda} \\ \boldsymbol{\mu}\end{pmatrix} \\
&= \nabla f(\bar{\boldsymbol{x}}) - \boldsymbol{A}_1^{\mathrm{T}}\boldsymbol{\lambda} - \boldsymbol{E}^{\mathrm{T}}\boldsymbol{\mu}.
\end{aligned} \tag{11.25}$$

式 (11.25) 恰为 KKT 条件. 因此, $\bar{x}$ 是 KKT 点.

(2) 设 $\lambda_j < 0$. 先证明 $\tilde{\boldsymbol{P}}\nabla f(\bar{\boldsymbol{x}}) \neq \mathbf{0}$. 用反证法. 若 $\tilde{\boldsymbol{P}}\nabla f(\bar{\boldsymbol{x}}) = \mathbf{0}$, 则由 $\tilde{\boldsymbol{P}}$ 的定义, 得

$$\mathbf{0} = \tilde{\boldsymbol{P}}\nabla f(\bar{\boldsymbol{x}}) = [\boldsymbol{I} - \tilde{\boldsymbol{M}}^{\mathrm{T}}(\tilde{\boldsymbol{M}}\tilde{\boldsymbol{M}}^{\mathrm{T}})^{-1}\tilde{\boldsymbol{M}}]\nabla f(\bar{\boldsymbol{x}}) = \nabla f(\bar{\boldsymbol{x}}) - \tilde{\boldsymbol{M}}^{\mathrm{T}}\tilde{\boldsymbol{\omega}}, \tag{11.26}$$

式中: $\tilde{\boldsymbol{\omega}} = (\tilde{\boldsymbol{M}}\tilde{\boldsymbol{M}}^{\mathrm{T}})^{-1}\tilde{\boldsymbol{M}}\nabla f(\bar{\boldsymbol{x}})$.

设 $\boldsymbol{A}_1$ 中对应于 λ_j 的行是 $\boldsymbol{r}_j$ (第 j 行). 由于

$$\boldsymbol{A}_1^{\mathrm{T}}\boldsymbol{\lambda} + \boldsymbol{E}^{\mathrm{T}}\boldsymbol{\mu} = \tilde{\boldsymbol{A}}_1^{\mathrm{T}}\tilde{\boldsymbol{\lambda}} + \lambda_j\boldsymbol{r}_j^{\mathrm{T}} + \boldsymbol{E}^{\mathrm{T}}\boldsymbol{\mu} = \tilde{\boldsymbol{M}}^{\mathrm{T}}\bar{\boldsymbol{\omega}} + \lambda_j\boldsymbol{r}_j^{\mathrm{T}}, \tag{11.27}$$

式中: $\bar{\boldsymbol{\omega}}$ 为 $\boldsymbol{\omega}$ 去掉 λ_j 得到的向量.

将式 (11.27) 代入式 (11.25), 得

$$\mathbf{0} = \nabla f(\bar{\boldsymbol{x}}) - \tilde{\boldsymbol{M}}^{\mathrm{T}}\bar{\boldsymbol{\omega}} - \lambda_j\boldsymbol{r}_j^{\mathrm{T}}. \tag{11.28}$$

将式 (11.26) 减去式 (11.28), 得

$$\tilde{\boldsymbol{M}}^{\mathrm{T}}(\bar{\boldsymbol{\omega}} - \tilde{\boldsymbol{\omega}}) + \lambda_j\boldsymbol{r}_j^{\mathrm{T}} = \mathbf{0}. \tag{11.29}$$

式 (11.29) 左端是矩阵 $\boldsymbol{M}$ 的行向量的一个线性组合, 且至少有一个系数 $\lambda_j \neq 0$. 由此可得 $\boldsymbol{M}$ 的行向量线性相关, 这与 $\boldsymbol{M}$ 是行满秩矛盾. 因此, 必有 $\tilde{\boldsymbol{P}}\nabla f(\bar{\boldsymbol{x}}) \neq \mathbf{0}$.

由于 $\tilde{\boldsymbol{P}}$ 亦为投影矩阵且 $\tilde{\boldsymbol{P}}\nabla f(\bar{\boldsymbol{x}}) \neq \mathbf{0}$, 故

$$\nabla f(\bar{\boldsymbol{x}})^{\mathrm{T}}\boldsymbol{d} = -\nabla f(\bar{\boldsymbol{x}})^{\mathrm{T}}\tilde{\boldsymbol{P}}\nabla f(\bar{\boldsymbol{x}}) = -\|\tilde{\boldsymbol{P}}\nabla f(\bar{\boldsymbol{x}})\|^2 < 0,$$

即 $\boldsymbol{d}$ 是下降方向. 下面只需证明 $\boldsymbol{d}$ 是可行方向即可. 事实上, 因为

$$\begin{aligned}
\tilde{\boldsymbol{M}}\boldsymbol{d} &= -\tilde{\boldsymbol{M}}\tilde{\boldsymbol{P}}\nabla f(\bar{\boldsymbol{x}}) \\
&= -\tilde{\boldsymbol{M}}[\boldsymbol{I} - \tilde{\boldsymbol{M}}^{\mathrm{T}}(\tilde{\boldsymbol{M}}\tilde{\boldsymbol{M}}^{\mathrm{T}})^{-1}\tilde{\boldsymbol{M}}]\nabla f(\bar{\boldsymbol{x}})
\end{aligned}$$

$$= -(\tilde{\boldsymbol{M}} - \tilde{\boldsymbol{M}})\nabla f(\bar{\boldsymbol{x}}) = \boldsymbol{0},$$

即

$$\tilde{\boldsymbol{A}}_1\boldsymbol{d} = \boldsymbol{0}, \quad \boldsymbol{E}\boldsymbol{d} = \boldsymbol{0}. \tag{11.30}$$

将式 (11.28) 两边左乘 $\boldsymbol{r}_j\tilde{\boldsymbol{P}}$, 得

$$\boldsymbol{r}_j\tilde{\boldsymbol{P}}\nabla f(\bar{\boldsymbol{x}}) - \boldsymbol{r}_j\tilde{\boldsymbol{P}}\tilde{\boldsymbol{M}}^{\mathrm{T}}\bar{\boldsymbol{\omega}} - \lambda_j\boldsymbol{r}_j\tilde{\boldsymbol{P}}\boldsymbol{r}_j^{\mathrm{T}} = 0.$$

注意到 $\tilde{\boldsymbol{P}}\tilde{\boldsymbol{M}}^{\mathrm{T}} = \boldsymbol{0}$ 及 $\boldsymbol{d} = -\tilde{\boldsymbol{P}}\nabla f(\bar{\boldsymbol{x}})$, 上式即

$$\boldsymbol{r}_j\boldsymbol{d} + \lambda_j\boldsymbol{r}_j\tilde{\boldsymbol{P}}\boldsymbol{r}_j^{\mathrm{T}} = 0. \tag{11.31}$$

因 $\tilde{\boldsymbol{P}}$ 半正定 ($\boldsymbol{r}_j\tilde{\boldsymbol{P}}\boldsymbol{r}_j^{\mathrm{T}} \geqslant 0$) 及 $\lambda_j < 0$, 故有

$$\boldsymbol{r}_j\boldsymbol{d} = -\lambda_j\boldsymbol{r}_j\tilde{\boldsymbol{P}}\boldsymbol{r}_j^{\mathrm{T}} \geqslant 0. \tag{11.32}$$

由式 (11.30) 和式 (11.32), 得

$$\boldsymbol{A}_1\boldsymbol{d} \geqslant \boldsymbol{0}, \quad \boldsymbol{E}\boldsymbol{d} = \boldsymbol{0}.$$

最后, 根据引理 11.1, $\boldsymbol{d}$ 是点 $\bar{\boldsymbol{x}}$ 处的可行方向. 证毕. □

11.2.2 梯度投影法的计算步骤

基于上述分析与讨论, 下面给出 Rosen 梯度投影法的详细计算步骤.

算法 11.3 (Rosen **梯度投影法**)

步骤 0, 给定初始可行点 $\boldsymbol{x}_0 \in \mathbf{R}^n$. 令 $k := 0$.

步骤 1, 在 $\boldsymbol{x}_k$ 处确定有效约束 $\boldsymbol{A}_1\boldsymbol{x}_k = \boldsymbol{b}_1$ 和非有效约束 $\boldsymbol{A}_2\boldsymbol{x}_k > \boldsymbol{b}_2$, 其中

$$\boldsymbol{A} = \begin{pmatrix} \boldsymbol{A}_1 \\ \boldsymbol{A}_2 \end{pmatrix}, \quad \boldsymbol{b} = \begin{pmatrix} \boldsymbol{b}_1 \\ \boldsymbol{b}_2 \end{pmatrix}.$$

步骤 2, 令

$$\boldsymbol{M} = \begin{pmatrix} \boldsymbol{A}_1 \\ \boldsymbol{E} \end{pmatrix}.$$

若 $\boldsymbol{M}$ 是空的, 则令 $\boldsymbol{P} = \boldsymbol{I}$ (单位矩阵); 否则, 令 $\boldsymbol{P} = \boldsymbol{I} - \boldsymbol{M}^{\mathrm{T}}(\boldsymbol{M}\boldsymbol{M}^{\mathrm{T}})^{-1}\boldsymbol{M}$.

步骤 3, 计算 $\boldsymbol{d}_k = -\boldsymbol{P}\nabla f(\boldsymbol{x}_k)$. 若 $\|\boldsymbol{d}_k\| \neq 0$, 转步骤 5; 否则, 转步骤 4.

步骤 4, 计算

$$\boldsymbol{\omega} = (\boldsymbol{M}\boldsymbol{M}^{\mathrm{T}})^{-1}\boldsymbol{M}\nabla f(\boldsymbol{x}_k) = \begin{pmatrix} \boldsymbol{\lambda} \\ \boldsymbol{\mu} \end{pmatrix}.$$

若 $\boldsymbol{\lambda} \geqslant \mathbf{0}$, 停算, 输出 $\boldsymbol{x}_k$ 为 KKT 点; 否则, 选取 $\boldsymbol{\lambda}$ 的某个负分量, 如 $\lambda_j < 0$, 修正矩阵 $\boldsymbol{A}_1$, 即去掉 $\boldsymbol{A}_1$ 中对应于 λ_j 的行, 转步骤 2.

步骤 5, 求解下面一维线搜索问题, 确定步长因子 α_k:

$$\begin{aligned}&\min f(\boldsymbol{x}_k + \alpha \boldsymbol{d}_k),\\ &\text{s.t.}\ \ 0 \leqslant \alpha \leqslant \bar{\alpha},\end{aligned}$$

其中 $\bar{\alpha}$ 由下式确定:

$$\bar{\alpha} = \begin{cases} \min\left\{\dfrac{(\boldsymbol{b}_2 - \boldsymbol{A}_2\boldsymbol{x}_k)_i}{(\boldsymbol{A}_2\boldsymbol{d}_k)_i}\,\middle|\,(\boldsymbol{A}_2\boldsymbol{d}_k)_i < 0\right\}, & \boldsymbol{A}_2\boldsymbol{d}_k \ngeqslant \mathbf{0},\\ +\infty, & \boldsymbol{A}_2\boldsymbol{d}_k \geqslant \mathbf{0}.\end{cases}$$

步骤 6, 令 $\boldsymbol{x}_{k+1} := \boldsymbol{x}_k + \alpha_k \boldsymbol{d}_k$, $k := k+1$, 转步骤 1.

例 11.2 用 Rosen 梯度投影法求解下面的优化问题

$$\begin{aligned}&\min\ \ f(\boldsymbol{x}) = x_1^2 + x_2^2 + 6x_1 + 9,\\ &\text{s.t.}\ \ 2x_1 + x_2 \geqslant 4,\\ &\qquad\ x_1,\ x_2 \geqslant 0,\end{aligned}$$

取初始可行点为 $\boldsymbol{x}_0 = (2,0)^{\mathrm{T}}$.

解 目标函数的梯度为 $\nabla f(\boldsymbol{x}) = \begin{pmatrix} 2x_1+6 \\ 2x_2 \end{pmatrix}$.

第 1 次迭代. 在 $\boldsymbol{x}_0$ 处的梯度为 $\nabla f(\boldsymbol{x}_0) = (10,0)^{\mathrm{T}}$, 有效约束和非有效约束的系数矩阵和右端向量分别为

$$\boldsymbol{A}_1 = \begin{pmatrix} 2 & 1 \\ 0 & 1 \end{pmatrix},\quad \boldsymbol{b}_1 = \begin{pmatrix} 4 \\ 0 \end{pmatrix},\quad \boldsymbol{A}_2 = \begin{pmatrix} 1 & 0 \end{pmatrix},\quad b_2 = 0.$$

因为 $\boldsymbol{E} = \varnothing$, 故 $\boldsymbol{M} = \boldsymbol{A}_1$. 注意到 $\boldsymbol{A}_1$ 是可逆方阵, 从而投影矩阵为

$$\boldsymbol{P} = \boldsymbol{I} - \boldsymbol{A}_1^{\mathrm{T}}(\boldsymbol{A}_1\boldsymbol{A}_1^{\mathrm{T}})^{-1}\boldsymbol{A}_1 = \boldsymbol{I} - \boldsymbol{A}_1^{\mathrm{T}}\boldsymbol{A}_1^{-\mathrm{T}}\boldsymbol{A}_1^{-1}\boldsymbol{A}_1 = \mathbf{0}.$$

令

$$\boldsymbol{d}_0 = -\boldsymbol{P}\nabla f(\boldsymbol{x}_0) = \begin{pmatrix} 0 \\ 0 \end{pmatrix}.$$

计算

$$\boldsymbol{\lambda}\ \ =\ \ (\boldsymbol{M}\boldsymbol{M}^{\mathrm{T}})^{-1}\boldsymbol{M}\nabla f(\boldsymbol{x}_0)$$

$$
\begin{aligned}
&= \boldsymbol{M}^{-\mathrm{T}}\nabla f(\boldsymbol{x}_0)\\
&= \begin{pmatrix} \frac{1}{2} & 0 \\ -\frac{1}{2} & 1 \end{pmatrix}\begin{pmatrix} 10 \\ 0 \end{pmatrix} = \begin{pmatrix} 5 \\ -5 \end{pmatrix} = \begin{pmatrix} \lambda_1 \\ \lambda_2 \end{pmatrix}.
\end{aligned}
$$

修正矩阵 $\boldsymbol{A}_1$. 去掉 $\boldsymbol{A}_1$ 中对应 $\lambda_2 = -5$ 的行, 得

$$\tilde{\boldsymbol{A}}_1 = \begin{pmatrix} 2 & 1 \end{pmatrix}.$$

又因为 $\tilde{\boldsymbol{M}} = \tilde{\boldsymbol{A}}_1$, 所以投影矩阵为

$$
\begin{aligned}
\tilde{\boldsymbol{P}} &= \boldsymbol{I} - \tilde{\boldsymbol{A}}_1{}^{\mathrm{T}}(\tilde{\boldsymbol{A}}_1\tilde{\boldsymbol{A}}_1{}^{\mathrm{T}})^{-1}\tilde{\boldsymbol{A}}_1\\
&= \begin{pmatrix} 1 & 0 \\ 0 & 1 \end{pmatrix} - \begin{pmatrix} 2 \\ 1 \end{pmatrix}\left(\begin{pmatrix} 2 & 1 \end{pmatrix}\begin{pmatrix} 2 \\ 1 \end{pmatrix}\right)^{-1}\begin{pmatrix} 2 & 1 \end{pmatrix}\\
&= \frac{1}{5}\begin{pmatrix} 1 & -2 \\ -2 & 4 \end{pmatrix}.
\end{aligned}
$$

令

$$\tilde{\boldsymbol{d}}_0 = -\tilde{\boldsymbol{P}}\nabla f(\boldsymbol{x}_0) = -\frac{1}{5}\begin{pmatrix} 1 & -2 \\ -2 & 4 \end{pmatrix}\begin{pmatrix} 10 \\ 0 \end{pmatrix} = \begin{pmatrix} -2 \\ 4 \end{pmatrix}.$$

求步长 α_0. 由于

$$
\begin{aligned}
\bar{\boldsymbol{b}} &= \boldsymbol{b}_2 - \boldsymbol{A}_2\boldsymbol{x}_0 = 0 - \begin{pmatrix} 1 & 0 \end{pmatrix}\begin{pmatrix} 2 \\ 0 \end{pmatrix} = -2.\\
\bar{\boldsymbol{d}} &= \boldsymbol{A}_2\tilde{\boldsymbol{d}}_0 = \begin{pmatrix} 1 & 0 \end{pmatrix}\begin{pmatrix} -2 \\ 4 \end{pmatrix} = -2.
\end{aligned}
$$

故

$$\bar{\alpha} = \frac{-2}{-2} = 1.$$

于是解下面的一维线搜索问题求 α_0:

$$
\begin{aligned}
&\min \quad 20\alpha^2 - 20\alpha + 25,\\
&\text{s.t.} \quad 0 \leqslant \alpha \leqslant 1.
\end{aligned}
$$

解得 $\alpha_0 = \frac{1}{2}$. 从而

$$\boldsymbol{x}_1 = \boldsymbol{x}_0 + \alpha_0\boldsymbol{d}_0 = \begin{pmatrix} 2 \\ 0 \end{pmatrix} + \frac{1}{2}\begin{pmatrix} -2 \\ 4 \end{pmatrix} = \begin{pmatrix} 1 \\ 2 \end{pmatrix}.$$

第 2 次迭代. 在 $\boldsymbol{x}_1$ 处的梯度为 $\nabla f(\boldsymbol{x}_1)=(8,4)^{\mathrm{T}}$, 有效约束和非有效约束的系数矩阵和右端向量分别为

$$\boldsymbol{A}_1=\begin{pmatrix}2 & 1\end{pmatrix},\quad \boldsymbol{b}_1=\begin{pmatrix}4\end{pmatrix},\quad \boldsymbol{A}_2=\begin{pmatrix}1 & 0\\ 0 & 1\end{pmatrix},\quad \boldsymbol{b}_2=\begin{pmatrix}0\\ 0\end{pmatrix}.$$

因为 $\boldsymbol{E}=\varnothing$, 故 $\boldsymbol{M}=\boldsymbol{A}_1$. 计算投影矩阵

$$\boldsymbol{P}=\boldsymbol{I}-\boldsymbol{A}_1^{\mathrm{T}}(\boldsymbol{A}_1\boldsymbol{A}_1^{\mathrm{T}})^{-1}\boldsymbol{A}_1=\frac{1}{5}\begin{pmatrix}1 & -2\\ -2 & 4\end{pmatrix}.$$

令

$$\boldsymbol{d}_2=-\boldsymbol{P}\nabla f(\boldsymbol{x}_1)=-\frac{1}{5}\begin{pmatrix}1 & -2\\ -2 & 4\end{pmatrix}\begin{pmatrix}8\\ 4\end{pmatrix}=\begin{pmatrix}0\\ 0\end{pmatrix}.$$

计算

$$\boldsymbol{\lambda}=(\boldsymbol{A}_1\boldsymbol{A}_1^{\mathrm{T}})^{-1}\boldsymbol{A}_1\nabla f(\boldsymbol{x}_1)=\frac{1}{5}\begin{pmatrix}2 & 1\end{pmatrix}\begin{pmatrix}8\\ 4\end{pmatrix}=4>0,$$

由定理 11.4 知, $\boldsymbol{x}_1=(1,2)^{\mathrm{T}}$ 是原问题的 KKT 点.

11.3 简约梯度法

11.3.1 Wolfe 简约梯度法

Wolfe 于 1963 年针对线性等式约束的非线性优化问题提出了一种新的可行方向法, 称为简约梯度法. 下面介绍这种方法.

考虑具有线性约束的非线性优化问题

$$\begin{aligned}&\min f(\boldsymbol{x}),\quad \boldsymbol{x}\in\mathbf{R}^n,\\ &\text{s.t. } \boldsymbol{A}\boldsymbol{x}=\boldsymbol{b},\\ &\qquad \boldsymbol{x}\geqslant\boldsymbol{0},\end{aligned}\tag{11.33}$$

式中: $\boldsymbol{A}\in\mathbf{R}^{m\times n}(m<n)$, 秩为 m; $\boldsymbol{b}\in\mathbf{R}^m$; $f:\mathbf{R}^n\to\mathbf{R}$ 连续可微.

设矩阵 $\boldsymbol{A}$ 的任意 m 个列都线性无关, 并且约束条件的每个基本可行点都有 m 个正分量. 那么在此假设下, 每个可行解至少有 m 个正分量, 至多有 $n-m$ 个零分量. 简约梯度法的基本思想是: 把求解线性规划的单纯形法推广到解线性约束的非线性优化问题 (11.33). 先利用等式约束条件消去一些变量, 然后利用降维所形成的简约梯度来构造下降方向, 接着作线搜索求步长, 重复此过程逐步逼近极小点. 下面依次介绍如何确立简约梯度、如何构造下降方向和计算线搜索的步长上界等.

先介绍简约梯度的确立. 将 $\boldsymbol{A}$ 和 $\boldsymbol{x}$ 进行分解. 不失一般性, 可令

$$\boldsymbol{A}=\begin{pmatrix} \boldsymbol{B} & \boldsymbol{N} \end{pmatrix}, \quad \boldsymbol{x}=\begin{pmatrix} \boldsymbol{x}_B \\ \boldsymbol{x}_N \end{pmatrix},$$

式中: $\boldsymbol{B}$ 为 $m\times m$ 可逆矩阵; $\boldsymbol{x}_B,\boldsymbol{x}_N$ 分别为由基变量和非基变量构成的向量. 那么线性约束 $\boldsymbol{Ax}=\boldsymbol{b}$ 就可以表示为

$$\boldsymbol{B}\boldsymbol{x}_B+\boldsymbol{N}\boldsymbol{x}_N=\boldsymbol{b},$$

而 $\boldsymbol{x}\geqslant\boldsymbol{0}$ 则变成

$$\boldsymbol{x}_B=\boldsymbol{B}^{-1}\boldsymbol{b}-\boldsymbol{B}^{-1}\boldsymbol{N}\boldsymbol{x}_N\geqslant\boldsymbol{0}, \quad \boldsymbol{x}_N\geqslant\boldsymbol{0}.$$

现假设 $\boldsymbol{x}$ 是非退化的可行解, 即 $\boldsymbol{x}_B>\boldsymbol{0}$. 由于 $\boldsymbol{x}_B$ 可以用 $\boldsymbol{x}_N$ 来表示, 因此, $f(\boldsymbol{x})$ 可以化成关于 $\boldsymbol{x}_N$ 的函数, 即

$$f(\boldsymbol{x})=f(\boldsymbol{x}_B,\boldsymbol{x}_N)=f(\boldsymbol{B}^{-1}\boldsymbol{b}-\boldsymbol{B}^{-1}\boldsymbol{N}\boldsymbol{x}_N,\boldsymbol{x}_N):=F(\boldsymbol{x}_N).$$

称 $n-m$ 维向量 $\boldsymbol{x}_N$ 的函数 $F(\boldsymbol{x}_N)$ 的梯度为 $f(\boldsymbol{x})$ 的简约梯度, 记为 $\boldsymbol{r}(\boldsymbol{x}_N)$, 即

$$\begin{aligned}\boldsymbol{r}(\boldsymbol{x}_N) &= \nabla_{\boldsymbol{x}_N}F(\boldsymbol{x}_N) = \nabla_{\boldsymbol{x}_N}f(\boldsymbol{B}^{-1}\boldsymbol{b}-\boldsymbol{B}^{-1}\boldsymbol{N}\boldsymbol{x}_N,\ \boldsymbol{x}_N) \\ &= \nabla_N f(\boldsymbol{x}_B,\boldsymbol{x}_N)-(\boldsymbol{B}^{-1}\boldsymbol{N})^{\mathrm{T}}\nabla_B f(\boldsymbol{x}_B,\boldsymbol{x}_N),\end{aligned} \tag{11.34}$$

式中: $\nabla_N=\nabla_{\boldsymbol{x}_N}$; $\nabla_B=\nabla_{\boldsymbol{x}_B}$.

再确定搜索方向, 即确定在 $\boldsymbol{x}_k$ 处的下降可行方向 $\boldsymbol{d}_k$, 使得后继点 $\boldsymbol{x}_{k+1}=\boldsymbol{x}_k+\alpha_k\boldsymbol{d}_k$ 是可行点且目标函数值下降. 令

$$\boldsymbol{d}_k=\begin{pmatrix} \boldsymbol{d}_k^B \\ \boldsymbol{d}_k^N \end{pmatrix}.$$

欲使 $\boldsymbol{d}_k$ 为下降可行方向, 需满足

$$\begin{cases} \nabla f(\boldsymbol{x}_k)^{\mathrm{T}}\boldsymbol{d}_k<0, \\ \boldsymbol{A}\boldsymbol{d}_k=\boldsymbol{0}, \\ (\boldsymbol{d}_k)_j\geqslant 0, \quad 若\ (\boldsymbol{x}_k)_j=0. \end{cases}$$

由等式 $\boldsymbol{A}\boldsymbol{d}_k=\boldsymbol{0}$, 得

$$\boldsymbol{B}\boldsymbol{d}_k^B+\boldsymbol{N}\boldsymbol{d}_k^N=\boldsymbol{0},$$

即

$$\boldsymbol{d}_k^B=-\boldsymbol{B}^{-1}\boldsymbol{N}\boldsymbol{d}_k^N, \tag{11.35}$$

这表明 $\boldsymbol{d}_k^B$ 是由 $\boldsymbol{d}_k^N$ 确定的. 再由下降性条件 $\nabla f(\boldsymbol{x}_k)^{\mathrm{T}}\boldsymbol{d}_k < 0$, 得

$$\begin{aligned}\nabla f(\boldsymbol{x}_k)^{\mathrm{T}}\boldsymbol{d}_k &= \nabla_B f(\boldsymbol{x}_k)^{\mathrm{T}}\boldsymbol{d}_k^B + \nabla_N f(\boldsymbol{x}_k)^{\mathrm{T}}\boldsymbol{d}_k^N \\ &= -\nabla_B f(\boldsymbol{x}_k)^{\mathrm{T}}\boldsymbol{B}^{-1}\boldsymbol{N}\boldsymbol{d}_k^N + \nabla_N f(\boldsymbol{x}_k)^{\mathrm{T}}\boldsymbol{d}_k^N \\ &= \boldsymbol{r}(\boldsymbol{x}_k^N)^{\mathrm{T}}\boldsymbol{d}_k^N < 0. \end{aligned} \tag{11.36}$$

由非负性条件可知

$$\text{当 } (\boldsymbol{x}_k^N)_j = 0 \text{ 时，} (\boldsymbol{d}_k^N)_j \geqslant 0. \tag{11.37}$$

不难发现, 满足式 (11.35) ~ 式 (11.37) 的 $\boldsymbol{d}_k$ 有许多种选取方法, 其中一种简单的取法为

$$(\boldsymbol{d}_k^N)_j = \begin{cases} -(\boldsymbol{x}_k^N)_j\, r_j(\boldsymbol{x}_k^N), & r_j(\boldsymbol{x}_k^N) \geqslant 0 \\ -r_j(\boldsymbol{x}_k^N), & \text{其他}. \end{cases} \tag{11.38}$$

$$\boldsymbol{d}_k = \begin{pmatrix} -\boldsymbol{B}^{-1}\boldsymbol{N}\boldsymbol{d}_k^N \\ \boldsymbol{d}_k^N \end{pmatrix} = \begin{pmatrix} -\boldsymbol{B}^{-1}\boldsymbol{N} \\ \boldsymbol{I}_{n-m} \end{pmatrix} \boldsymbol{d}_k^N. \tag{11.39}$$

.

余下的问题就是确定步长 α_k. 为保持

$$\boldsymbol{x}_{k+1} \geqslant \boldsymbol{0},$$

即

$$(\boldsymbol{x}_{k+1})_j = (\boldsymbol{x}_k)_j + \alpha(\boldsymbol{d}_k)_j \geqslant 0, \quad j = 1, 2, \cdots, n, \tag{11.40}$$

需确定 α 的取值范围. 注意到当 $(\boldsymbol{d}_k)_j \geqslant 0$ 时, 对任意的 $\alpha \geqslant 0$, 式 (11.40) 恒成立. 而当 $(\boldsymbol{d}_k)_j < 0$ 时, 应取

$$\alpha \leqslant \frac{(\boldsymbol{x}_k)_j}{-(\boldsymbol{d}_k)_j}.$$

因此, 令

$$\bar{\alpha} = \begin{cases} \min\left\{ -\dfrac{(\boldsymbol{x}_k)_j}{(\boldsymbol{d}_k)_j} \,\middle|\, (\boldsymbol{d}_k)_j < 0 \right\}, & \boldsymbol{d}_k \ngeqslant \boldsymbol{0}, \\ +\infty, & \boldsymbol{d}_k \geqslant \boldsymbol{0}. \end{cases} \tag{11.41}$$

可以证明, 按照上述方式构造的搜索方向 $\boldsymbol{d}_k$, 若 $\boldsymbol{d}_k \neq \boldsymbol{0}$, 则它必为下降可行方向, 否则, 相应的 $\boldsymbol{x}_k$ 必为 KKT 点.

定理 11.5 设 $\boldsymbol{A} = (\boldsymbol{B}\ \ \boldsymbol{N})$ 是 $m \times n$ 矩阵, $\boldsymbol{B}$ 是 m 阶非奇异矩阵, $\boldsymbol{x}_k = \begin{pmatrix} \boldsymbol{x}_k^B \\ \boldsymbol{x}_k^N \end{pmatrix}$ 是问题 (11.33) 的可行点, 其中 $\boldsymbol{x}_k^B > 0$ 是相应于 $\boldsymbol{B}$ 的 m 维向量. 又假定函数 f 在点 $\boldsymbol{x}_k$ 处连续可微, $\boldsymbol{d}_k$ 是由式 (11.38) 和式 (11.39) 定义的方向向量. 则

(1) 若 $\boldsymbol{d}_k \neq \boldsymbol{0}$, 则 $\boldsymbol{d}_k$ 是下降可行方向;

(2) $\boldsymbol{d}_k = \boldsymbol{0}$ 的充要条件是 $\boldsymbol{x}_k$ 为 KKT 点.

证明 (1) 由 $\boldsymbol{d}_k$ 的定义, 有

$$\boldsymbol{A}\boldsymbol{d}_k = \boldsymbol{B}\boldsymbol{d}_k^B + \boldsymbol{N}\boldsymbol{d}_k^N = \boldsymbol{B}(-\boldsymbol{B}^{-1}\boldsymbol{N}\boldsymbol{d}_k^N) + \boldsymbol{N}\boldsymbol{d}_k^N = \boldsymbol{0}.$$

又由式 (11.37) 知, 当 $(\boldsymbol{x}_k^N)_j = 0$ 时, $(\boldsymbol{d}_k^N)_j \geqslant 0$. 注意到 $\boldsymbol{x}_k^B > 0$, 因此, 根据引理 11.1, $\boldsymbol{d}_k$ 是可行方向. 此外有

$$\begin{aligned}
\nabla f(\boldsymbol{x}_k)^{\mathrm{T}}\boldsymbol{d}_k &= \nabla_B f(\boldsymbol{x}_k)^{\mathrm{T}}\boldsymbol{d}_k^B + \nabla_N f(\boldsymbol{x}_k)^{\mathrm{T}}\boldsymbol{d}_k^N \\
&= \nabla_B f(\boldsymbol{x}_k)^{\mathrm{T}}(-\boldsymbol{B}^{-1}\boldsymbol{N}\boldsymbol{d}_k^N) + \nabla_N f(\boldsymbol{x}_k)^{\mathrm{T}}\boldsymbol{d}_k^N \\
&= \boldsymbol{r}(\boldsymbol{x}_k^N)^{\mathrm{T}}\boldsymbol{d}_k^N.
\end{aligned}$$

注意到当 $\boldsymbol{d}_k^N \neq \boldsymbol{0}$ 时, 根据式 (11.38) 知 $\boldsymbol{r}(x_k^N)^{\mathrm{T}}\boldsymbol{d}_k^N < 0$. 因此, $\boldsymbol{d}_k$ 是下降可行方向.

(2) 现在证明 $\boldsymbol{d}_k = \boldsymbol{0}$ 当且仅当 $\boldsymbol{x}_k$ 是 KKT 点. 事实上, 已经知道, $\boldsymbol{x}_k$ 是问题 (11.33) 的 KKT 点的充要条件是存在乘子向量 $\boldsymbol{\lambda} = \left(\boldsymbol{\lambda}_B^{\mathrm{T}}, \boldsymbol{\lambda}_N^{\mathrm{T}}\right)^{\mathrm{T}} \geqslant \boldsymbol{0}$ 及 $\boldsymbol{\mu}$, 使得

$$\begin{aligned}
&\nabla f(\boldsymbol{x}_k) - \boldsymbol{A}^{\mathrm{T}}\boldsymbol{\mu} - \boldsymbol{\lambda} = \boldsymbol{0}, \\
&\boldsymbol{\lambda} \geqslant \boldsymbol{0}, \quad \boldsymbol{x}_k \geqslant \boldsymbol{0}, \quad \boldsymbol{\lambda}^{\mathrm{T}}\boldsymbol{x}_k = 0,
\end{aligned}$$

即

$$\begin{pmatrix} \nabla_B f(\boldsymbol{x}_k) \\ \nabla_N f(\boldsymbol{x}_k) \end{pmatrix} - \begin{pmatrix} \boldsymbol{B}^{\mathrm{T}} \\ \boldsymbol{N}^{\mathrm{T}} \end{pmatrix}\boldsymbol{\mu} - \begin{pmatrix} \boldsymbol{\lambda}_B \\ \boldsymbol{\lambda}_N \end{pmatrix} = \begin{pmatrix} \boldsymbol{0} \\ \boldsymbol{0} \end{pmatrix}, \tag{11.42}$$

$$\boldsymbol{\lambda}_B^{\mathrm{T}}\boldsymbol{x}_k^B = 0, \quad \boldsymbol{\lambda}_N^{\mathrm{T}}\boldsymbol{x}_k^N = 0. \tag{11.43}$$

若 $\boldsymbol{x}_k$ 是 KKT 点, 则上述条件成立. 由于 $\boldsymbol{x}_k^B > \boldsymbol{0}$ 且 $\boldsymbol{\lambda}_B \geqslant \boldsymbol{0}$, 则由式 (11.43) 的第一个式子可推出 $\boldsymbol{\lambda}_B = \boldsymbol{0}$, 从而由式 (11.42) 的第一个方程, 得

$$\boldsymbol{\mu} = (\boldsymbol{B}^{\mathrm{T}})^{-1}\nabla_B f(\boldsymbol{x}_k). \tag{11.44}$$

将式 (11.44) 代入式 (11.42) 的第二个方程, 得

$$\boldsymbol{\lambda}_N = \nabla_N f(\boldsymbol{x}_k) - (\boldsymbol{B}^{-1}\boldsymbol{N})^{\mathrm{T}}\nabla_B f(\boldsymbol{x}_k) = \boldsymbol{r}(\boldsymbol{x}_k^N) \geqslant \boldsymbol{0}. \tag{11.45}$$

由式 (11.45) 及式 (11.43) 的第二个公式, 得

$$\boldsymbol{r}(\boldsymbol{x}_k^N)^{\mathrm{T}}\boldsymbol{x}_k^N = 0. \tag{11.46}$$

注意到 $\boldsymbol{x}_k^N \geqslant \mathbf{0}$, 故由上式可推出

$$r_j(\boldsymbol{x}_k^N)(\boldsymbol{x}_k^N)_j = 0, \quad j = 1, 2, \cdots, n. \tag{11.47}$$

因此, 根据式 (11.45)、式 (11.47)、式 (11.35) 和式 (11.38) 可推得 $\boldsymbol{d}_k = \mathbf{0}$.

反之, 若 $\boldsymbol{d}_k = \mathbf{0}$, 则 $\boldsymbol{r}(x_k^N)$ 均非负. 令

$$\boldsymbol{\lambda}_N = \boldsymbol{r}(\boldsymbol{x}_k^N) = \nabla_N f(\boldsymbol{x}_k) - (\boldsymbol{B}^{-1}\boldsymbol{N})^{\mathrm{T}} \nabla_B f(\boldsymbol{x}_k) \geqslant \mathbf{0}.$$

故由式 (11.38) 可知, 必有 $\boldsymbol{\lambda}_N^{\mathrm{T}} \boldsymbol{x}_k^N = 0$ 成立. 再令

$$\boldsymbol{\lambda}_B = \mathbf{0}, \quad \boldsymbol{\mu} = (\boldsymbol{B}^{\mathrm{T}})^{-1} \nabla_B f(\boldsymbol{x}_k),$$

则有 $\boldsymbol{\lambda}_B^{\mathrm{T}} \boldsymbol{x}_k^B = 0$ 及式 (11.42) 成立, 故 $\boldsymbol{x}_k$ 是 KKT 点. 证毕. □

下面给出简约梯度法的详细计算步骤.

算法 11.4 (Wolfe 简约梯度法)

步骤 0, 选取初始值. 给定初始可行点 $\boldsymbol{x}_0 \in \mathbf{R}^n$. 令 $k := 0$.

步骤 1, 确定搜索方向. 将 $\boldsymbol{x}_k$ 分解成

$$\boldsymbol{x}_k = \begin{pmatrix} \boldsymbol{x}_k^B \\ \boldsymbol{x}_k^N \end{pmatrix},$$

式中: $\boldsymbol{x}_k^B$ 为基变量, 由 $\boldsymbol{x}_k$ 的 m 个最大分量组成, 这些分量的下标集记为 J_k.

相应地, 将 $\boldsymbol{A}$ 分解成 $\boldsymbol{A} = (\boldsymbol{B} \ \ \boldsymbol{N})$. 按下式计算 $\boldsymbol{d}_k$:

$$\begin{aligned}
\boldsymbol{r}(\boldsymbol{x}_k^N) &= \nabla_N f(\boldsymbol{x}_k^B, \boldsymbol{x}_k^N) - (\boldsymbol{B}^{-1}\boldsymbol{N})^{\mathrm{T}} \nabla_B f(\boldsymbol{x}_k^B, \boldsymbol{x}_k^N), \\
(\boldsymbol{d}_k^N)_j &= \begin{cases} -(\boldsymbol{x}_k^N)_j \, r_j(\boldsymbol{x}_k^N), & r_j(x_k^N) \geqslant 0, \\ -r_j(\boldsymbol{x}_k^N), & \text{其他}, \end{cases} \\
\boldsymbol{d}_k &= \begin{pmatrix} \boldsymbol{d}_k^B \\ \boldsymbol{d}_k^N \end{pmatrix} = \begin{pmatrix} -\boldsymbol{B}^{-1}\boldsymbol{N} \\ \boldsymbol{I}_{n-m} \end{pmatrix} \boldsymbol{d}_k^N.
\end{aligned}$$

步骤 2, 检验终止准则. 若 $\boldsymbol{d}_k = \mathbf{0}$, 则 $\boldsymbol{x}_k$ 为 KKT 点, 停算; 否则, 转步骤 3.

步骤 3, 进行一维线搜索. 求解下面一维线搜索问题, 确定步长 α_k:

$$\begin{aligned}
&\min f(\boldsymbol{x}_k + \alpha \boldsymbol{d}_k), \\
&\text{s.t. } 0 \leqslant \alpha \leqslant \bar{\alpha},
\end{aligned}$$

其中 $\bar{\alpha}$ 由下式确定:

$$\bar{\alpha} = \begin{cases} \min\left\{ -\dfrac{(\boldsymbol{x}_k)_j}{(\boldsymbol{d}_k)_j} \middle| (\boldsymbol{d}_k)_j < 0 \right\}, & \boldsymbol{d}_k \not\geqslant \boldsymbol{0}, \\ +\infty, & \boldsymbol{d}_k \geqslant \boldsymbol{0}. \end{cases}$$

令 $\boldsymbol{x}_{k+1} := \boldsymbol{x}_k + \alpha_k \boldsymbol{d}_k$.

步骤 4, 修正基变量. 若 $\boldsymbol{x}_{k+1}^B > \boldsymbol{0}$, 则基变量不变; 否则, 若有 j 使得 $(\boldsymbol{x}_{k+1}^B)_j = 0$, 则将 $(\boldsymbol{x}_{k+1}^B)_j$ 换出基, 而以 $(\boldsymbol{x}_{k+1}^N)_j$ 中最大分量换入基, 构成新的基向量 $\boldsymbol{x}_{k+1}^B$ 和 $\boldsymbol{x}_{k+1}^N$.

步骤 5, 令 $k := k+1$, 转步骤 1.

例 11.3 用 Wolfe 简约梯度法重新求解例 11.1, 即

$$\begin{aligned} \min\ & f(\boldsymbol{x}) = x_1^2 + x_2^2 - x_1x_2 - 2x_1 + 3x_2, \\ \text{s.t.}\ & -x_1 - x_2 + 3 \geqslant 0, \\ & -x_1 - 5x_2 + 6 \geqslant 0, \\ & x_1,\ x_2 \geqslant 0, \end{aligned}$$

取初始可行点 $\boldsymbol{x}_0 = (0,0)^{\mathrm{T}}$.

解 首先, 引入松弛变量 $x_3, x_4 \geqslant 0$, 将原问题转化为如下等价的“标准形式”:

$$\begin{aligned} \min\ & f(\boldsymbol{x}) = x_1^2 + x_2^2 - x_1x_2 - 2x_1 + 3x_2, \\ \text{s.t.}\ & x_1 + x_2 + x_3 = 3, \\ & x_1 + 5x_2 + x_4 = 6, \\ & x_1,\ x_2,\ x_3,\ x_4 \geqslant 0, \end{aligned}$$

则

$$\boldsymbol{A} = \begin{pmatrix} 1 & 1 & 1 & 0 \\ 1 & 5 & 0 & 1 \end{pmatrix}, \quad \boldsymbol{b} = \begin{pmatrix} 3 \\ 6 \end{pmatrix}, \quad \nabla f(\boldsymbol{x}) = \begin{pmatrix} 2x_1 - x_2 - 2 \\ -x_1 + 2x_2 + 3 \\ 0 \\ 0 \end{pmatrix}.$$

取初始可行点 $\boldsymbol{x}_0 = (0,0,3,6)^{\mathrm{T}}$.

第 1 次迭代. $J_0 = \{3,4\}$ 且 $\nabla f(\boldsymbol{x}_0) = (-2,3,0,0)^{\mathrm{T}}$. 确立 $\boldsymbol{B}, \boldsymbol{N}$, 得

$$\boldsymbol{x}_0^B = \begin{pmatrix} 3 \\ 6 \end{pmatrix}, \quad \boldsymbol{x}_0^N = \begin{pmatrix} 0 \\ 0 \end{pmatrix}, \quad \boldsymbol{B} = \begin{pmatrix} 1 & 0 \\ 0 & 1 \end{pmatrix}, \quad \boldsymbol{N} = \begin{pmatrix} 1 & 1 \\ 1 & 5 \end{pmatrix}.$$

计算

$$B^{-1}N = \begin{pmatrix} 1 & 1 \\ 1 & 5 \end{pmatrix}, \quad \nabla_B f(x_0) = \begin{pmatrix} 0 \\ 0 \end{pmatrix}, \quad \nabla_N f(x_0) = \begin{pmatrix} -2 \\ 3 \end{pmatrix}.$$

计算简约梯度 $r(x_0^N)$, 得

$$\begin{aligned} r(x_0^N) &= \nabla_N f(x_0) - (B^{-1}N)^{\mathrm{T}} \nabla_B f(x_0) \\ &= \begin{pmatrix} -2 \\ 3 \end{pmatrix} - \begin{pmatrix} 1 & 1 \\ 1 & 5 \end{pmatrix}^{\mathrm{T}} \begin{pmatrix} 0 \\ 0 \end{pmatrix} = \begin{pmatrix} -2 \\ 3 \end{pmatrix}. \end{aligned}$$

故

$$d_0^N = \begin{pmatrix} -(-2) \\ -0 \times 3 \end{pmatrix} = \begin{pmatrix} 2 \\ 0 \end{pmatrix}, \quad d_0^B = -B^{-1}N d_0^N = -\begin{pmatrix} 1 & 1 \\ 1 & 5 \end{pmatrix} \begin{pmatrix} 2 \\ 0 \end{pmatrix} = \begin{pmatrix} -2 \\ -2 \end{pmatrix}.$$

从而

$$d_0 = (2, 0, -2, -2)^{\mathrm{T}}.$$

求步长上界

$$\bar{\alpha} = \min\left\{ -\frac{3}{-2}, -\frac{6}{-2} \right\} = \frac{3}{2}.$$

从 x_0 出发, 沿 d_0 搜索:

$$x_0 + \alpha d_0 = (2\alpha, 0, 3 - 2\alpha, 6 - 2\alpha)^{\mathrm{T}},$$

$$f(x_0 + \alpha d_0) = 4\alpha^2 - 4\alpha.$$

求解一维线搜索问题

$$\begin{aligned} \min \quad & 4\alpha^2 - 4\alpha, \\ \text{s.t.} \ & 0 \leqslant \alpha \leqslant \frac{3}{2}, \end{aligned}$$

得 $\alpha_0 = \dfrac{1}{2}$. 于是, 有

$$x_1 = x_0 + \alpha_0 d_0 = \left(1, 0, 2, 5\right)^{\mathrm{T}}.$$

第 2 次迭代. $J_1 = \{3, 4\}$ 且 $\nabla f(x_1) = (0, 2, 0, 0)^{\mathrm{T}}$. 确立 B, N, 得

$$x_1^B = \begin{pmatrix} 2 \\ 5 \end{pmatrix}, \quad x_1^N = \begin{pmatrix} 1 \\ 0 \end{pmatrix}, \quad B = \begin{pmatrix} 1 & 0 \\ 0 & 1 \end{pmatrix}, \quad N = \begin{pmatrix} 1 & 1 \\ 1 & 5 \end{pmatrix}.$$

计算

$$B^{-1}N = \begin{pmatrix} 1 & 1 \\ 1 & 5 \end{pmatrix}, \quad \nabla_B f(x_1) = \begin{pmatrix} 0 \\ 0 \end{pmatrix}, \quad \nabla_N f(x_1) = \begin{pmatrix} 0 \\ 2 \end{pmatrix}.$$

计算简约梯度 $\boldsymbol{r}(\boldsymbol{x}_1^N)$, 得

$$\begin{aligned}\boldsymbol{r}(\boldsymbol{x}_1^N) &= \nabla_N f(\boldsymbol{x}_1) - (\boldsymbol{B}^{-1}\boldsymbol{N})^{\mathrm{T}}\nabla_B f(\boldsymbol{x}_1)\\ &= \begin{pmatrix}0\\2\end{pmatrix} - \begin{pmatrix}1 & 1\\1 & 5\end{pmatrix}^{\mathrm{T}}\begin{pmatrix}0\\0\end{pmatrix} = \begin{pmatrix}0\\2\end{pmatrix}.\end{aligned}$$

故

$$\boldsymbol{d}_1^N = \begin{pmatrix}-1\times 0\\-0\times 2\end{pmatrix} = \begin{pmatrix}0\\0\end{pmatrix}, \quad \boldsymbol{d}_1^B = -(\boldsymbol{B}^{-1}\boldsymbol{N})\boldsymbol{d}_1^N = -\begin{pmatrix}1 & 1\\1 & 5\end{pmatrix}\begin{pmatrix}0\\0\end{pmatrix} = \begin{pmatrix}0\\0\end{pmatrix}.$$

从而

$$\boldsymbol{d}_1 = (0,0,0,0)^{\mathrm{T}}.$$

根据定理 11.5 可知, $\boldsymbol{x}_1$ 是 KKT 点, 故 $\boldsymbol{x}^* = (1,0)^{\mathrm{T}}$ 是原问题的全局极小点. □

11.3.2 广义简约梯度法

Abadie 和 Carpentier 于 1969 年将 Wolfe 简约梯度法推广到一般非线性约束的情形, 提出了所谓的广义简约梯度法. 设一般非线性约束优化问题为

$$\begin{aligned}\min\ & f(\boldsymbol{x}), && \boldsymbol{x}\in\mathbf{R}^n,\\ \text{s.t.}\ & h_i(\boldsymbol{x}) = 0, && i\in\mathcal{E} = \{1,2,\cdots,l\},\\ & g_i(\boldsymbol{x}) \geqslant 0, && i\in\mathcal{I} = \{1,2,\cdots,m\},\end{aligned}$$

式中: f, $h_i\,(i\in\mathcal{E})$, $g_i\,(i\in\mathcal{I})$ 为连续可微的函数.

假设 $\boldsymbol{x}_k$ 是第 k 次可行迭代点, 记 $\mathcal{I}_k = \mathcal{E}\cup\{i\,|\,g_i(\boldsymbol{x}_k)=0\}$, 并设

$$\boldsymbol{c}(\boldsymbol{x}_k) = \big(h_1(\boldsymbol{x}_k),\cdots,h_l(\boldsymbol{x}_k),g_i(\boldsymbol{x}_k)\,(i\in\mathcal{I}_k\backslash\mathcal{E})\big)^{\mathrm{T}}. \tag{11.48}$$

现在讨论如何确立简约梯度 $\boldsymbol{r}(\boldsymbol{x}_k^N)$. 不失一般性, 设 $\mathcal{I}_k = \{1,2,\cdots,s\}(\ s\geqslant l)$, 且式 (11.48) 的 Jacobi 矩阵

$$\Big(\ \nabla h_1(\boldsymbol{x}_k),\cdots,\nabla h_l(\boldsymbol{x}_k),\ \nabla g_i(\boldsymbol{x}_k)\,(i\in\mathcal{I}_k\backslash\mathcal{E})\ \Big)^{\mathrm{T}}$$

行满秩 (不妨设其前 s 列构成的方阵非奇异). 记 $\boldsymbol{x}_k$ 的前 s 个变量组成的子向量为 $\boldsymbol{x}_k^B$, 其余 $n-s$ 个变量组成的子向量记为 $\boldsymbol{x}_k^N$. 由隐函数存在定理知, 在 $\boldsymbol{x}_k$ 的某邻域内, 关于 $\boldsymbol{x}_k^N$ 的非线性方程组 $\boldsymbol{c}(\boldsymbol{x}_k) = \boldsymbol{c}(\boldsymbol{x}_k^B,\boldsymbol{x}_k^N) = \boldsymbol{0}$ 有唯一解 $\boldsymbol{x}_k^B = \varphi(\boldsymbol{x}_k^N)$. 通常称 $\boldsymbol{x}_k^B$ 为基向量, $\boldsymbol{x}_k^N$ 为非基向量. 为方便起见, 去掉下标 k, 并记 $s\times s$ 矩阵

$$\nabla_B\boldsymbol{c}(\boldsymbol{x}) = \Big(\ \nabla_B h_1(\boldsymbol{x}),\cdots,\nabla_B h_l(\boldsymbol{x}),\nabla_B g_1(\boldsymbol{x}),\cdots,\ \nabla_B g_{s-l}(\boldsymbol{x})\ \Big)^{\mathrm{T}},$$

式中

$$\boldsymbol{c}(\boldsymbol{x}) = \Big(h_1(\boldsymbol{x}), \cdots, h_l(\boldsymbol{x}), g_1(\boldsymbol{x}), \cdots, g_{s-l}(\boldsymbol{x})\Big)^{\mathrm{T}} := \big(c_1(\boldsymbol{x}), \cdots, c_s(\boldsymbol{x})\big)^{\mathrm{T}}$$

及

$$\nabla_B c_i(\boldsymbol{x}) = \begin{pmatrix} \dfrac{\partial c_i(\boldsymbol{x})}{\partial x_1} \\ \vdots \\ \dfrac{\partial c_i(\boldsymbol{x})}{\partial x_s} \end{pmatrix}, \ i = 1, 2, \cdots, s.$$

由假设可知, $\nabla_B \boldsymbol{c}(\boldsymbol{x})$ 非奇异. 再记矩阵

$$\nabla_N \boldsymbol{c}(\boldsymbol{x}) = \Big(\nabla_N c_1(\boldsymbol{x}),\ \nabla_N c_2(\boldsymbol{x}),\ \cdots,\ \nabla_N c_s(\boldsymbol{x})\Big)^{\mathrm{T}} \in \mathbf{R}^{s\times(n-s)},$$

式中

$$\nabla_N c_i(\boldsymbol{x}) = \begin{pmatrix} \dfrac{\partial c_i(\boldsymbol{x})}{\partial x_{s+1}} \\ \vdots \\ \dfrac{\partial c_i(\boldsymbol{x})}{\partial x_n} \end{pmatrix}, \ i = 1, 2, \cdots, s.$$

对等式 $\boldsymbol{c}(\boldsymbol{x}) = \boldsymbol{c}(\boldsymbol{x}_B, \boldsymbol{x}_N) = \boldsymbol{0}$ 两边关于 $\boldsymbol{x}_N$ 求梯度, 得

$$J_{BN}(\boldsymbol{x}_N)\nabla_B \boldsymbol{c}(\boldsymbol{x}) + \nabla_N \boldsymbol{c}(\boldsymbol{x}) = \boldsymbol{0},$$

式中

$$\boldsymbol{J}_{BN}(\boldsymbol{x}_N) = \left[\frac{\partial(x_1, \cdots, x_s)}{\partial(x_{s+1}, \cdots, x_n)}\right]^{\mathrm{T}} = \begin{pmatrix} \dfrac{\partial x_1}{\partial x_{s+1}} & \dfrac{\partial x_2}{\partial x_{s+1}} & \cdots & \dfrac{\partial x_s}{\partial x_{s+1}} \\ \vdots & \vdots & \ddots & \vdots \\ \dfrac{\partial x_1}{\partial x_n} & \dfrac{\partial x_2}{\partial x_n} & \cdots & \dfrac{\partial x_s}{\partial x_n} \end{pmatrix}.$$

从而有

$$\boldsymbol{J}_{BN}(\boldsymbol{x}_N) = -\nabla_N \boldsymbol{c}(\boldsymbol{x})\big[\nabla_B \boldsymbol{c}(\boldsymbol{x})\big]^{-1}. \tag{11.49}$$

注意到 $f(\boldsymbol{x}) \equiv f(\varphi(\boldsymbol{x}_N), \boldsymbol{x}_N)$, 对其求关于 $\boldsymbol{x}_N$ 的梯度 (即简约梯度), 得

$$\boldsymbol{r}(\boldsymbol{x}_N) = \nabla_N f(\boldsymbol{x}) + J_{BN}(\boldsymbol{x}_N)\nabla_B f(\boldsymbol{x}).$$

将式 (11.49) 代入上式, 得

$$\boldsymbol{r}(\boldsymbol{x}_N) = \nabla_N f(\boldsymbol{x}) - \nabla_N \boldsymbol{c}(\boldsymbol{x})\big[\nabla_B \boldsymbol{c}(\boldsymbol{x})\big]^{-1}\nabla_B f(\boldsymbol{x}). \tag{11.50}$$

现在设下降可行方向为 $\boldsymbol{d} = (\boldsymbol{d}_B^{\mathrm{T}}, \boldsymbol{d}_N^{\mathrm{T}})^{\mathrm{T}}$, 则由下降可行条件知, $\boldsymbol{d}$ 应满足

$$\nabla f(\boldsymbol{x})^{\mathrm{T}}\boldsymbol{d} < 0, \qquad \nabla \boldsymbol{c}(\boldsymbol{x})^{\mathrm{T}}\boldsymbol{d} = \boldsymbol{0}.$$

由 $\nabla \boldsymbol{c}(\boldsymbol{x})^{\mathrm{T}}\boldsymbol{d}=\mathbf{0}$, 得

$$\nabla_B \boldsymbol{c}(\boldsymbol{x})^{\mathrm{T}}\boldsymbol{d}_B+\nabla_N \boldsymbol{c}(\boldsymbol{x})^{\mathrm{T}}\boldsymbol{d}_N=\mathbf{0}.$$

于是有

$$\boldsymbol{d}_B=-[\nabla_B \boldsymbol{c}(\boldsymbol{x})^{\mathrm{T}}]^{-1}\nabla_N \boldsymbol{c}(\boldsymbol{x})^{\mathrm{T}}\boldsymbol{d}_N=\boldsymbol{J}_{BN}(\boldsymbol{x}_N)^{\mathrm{T}}\boldsymbol{d}_N. \tag{11.51}$$

又由 $\nabla f(\boldsymbol{x})^{\mathrm{T}}\boldsymbol{d}<0$, 得

$$\nabla_B f(\boldsymbol{x})^{\mathrm{T}}\boldsymbol{d}_B+\nabla_N f(\boldsymbol{x})^{\mathrm{T}}\boldsymbol{d}_N<0.$$

将式 (11.51) 代入上式, 得

$$\nabla_N f(\boldsymbol{x})^{\mathrm{T}}\boldsymbol{d}_N-\nabla_B f(\boldsymbol{x})^{\mathrm{T}}[\nabla_B \boldsymbol{c}(\boldsymbol{x})^{\mathrm{T}}]^{-1}\nabla_N \boldsymbol{c}(\boldsymbol{x})^{\mathrm{T}}\boldsymbol{d}_N<0,$$

即

$$\boldsymbol{r}(\boldsymbol{x}_N)^{\mathrm{T}}\boldsymbol{d}_N<0.$$

因此, $\boldsymbol{d}_N$ 的一种简单的选取方法是 $\boldsymbol{d}_N=-\boldsymbol{r}(\boldsymbol{x}_N)$. 至此, 在上述的推导过程中以 $\boldsymbol{x}=\boldsymbol{x}_k$ 代入得 $\boldsymbol{x}_k$ 处的简约梯度为 $\boldsymbol{r}(\boldsymbol{x}_k^N)$, 下降可行方向为

$$\boldsymbol{d}_k=\begin{pmatrix}\boldsymbol{d}_k^B\\ \boldsymbol{d}_k^N\end{pmatrix}=\begin{pmatrix}-\boldsymbol{J}_{BN}(\boldsymbol{x}_k^N)^{\mathrm{T}}\boldsymbol{r}(\boldsymbol{x}_k^N)\\ -\boldsymbol{r}(\boldsymbol{x}_k^N)\end{pmatrix}=\begin{pmatrix}-\boldsymbol{J}_{BN}(\boldsymbol{x}_k^N)^{\mathrm{T}}\\ -\boldsymbol{I}_{n-s}\end{pmatrix}\boldsymbol{r}(\boldsymbol{x}_k^N). \tag{11.52}$$

最后确定步长 α_k. 可以通过求解下述一维极小问题

$$\begin{aligned}&\min\ f(\boldsymbol{x}_k+\alpha\boldsymbol{d}_k),\\ &\text{s.t.}\ \ c_i(\boldsymbol{x}_k+\alpha\boldsymbol{d}_k)=0,\quad i\in\mathcal{E},\\ &\qquad c_i(\boldsymbol{x}_k+\alpha\boldsymbol{d}_k)\geqslant 0,\quad i\in\mathcal{I},\end{aligned} \tag{11.53}$$

获得搜索步长 α_k, 然后令 $\boldsymbol{x}_{k+1}:=\boldsymbol{x}_k+\alpha_k\boldsymbol{d}_k$ 即得到后继可行迭代点 $\boldsymbol{x}_{k+1}$.

最后讨论拉格朗日乘子的估计. 由定理 8.4 知, 在极小点 $\boldsymbol{x}^*$ 处成立

$$\nabla f(\boldsymbol{x}^*)=\sum_{i\in\mathcal{E}}\mu_i^*\nabla h_i(\boldsymbol{x}^*)+\sum_{i\in\mathcal{I}^*}\lambda_i^*\nabla g_i(\boldsymbol{x}^*), \tag{11.54}$$

式中: $\mathcal{I}^*=\{i\,|\,g_i(\boldsymbol{x}^*)=0\}$; $\lambda_i^*\geqslant 0\,(i\in\mathcal{I}^*)$. 记

$$\begin{aligned}\nabla \boldsymbol{c}(\boldsymbol{x}^*)&=\Big(\nabla h_1(\boldsymbol{x}^*),\cdots,\nabla h_l(\boldsymbol{x}^*),\ \nabla g_i(\boldsymbol{x}^*)\,(i\in\mathcal{I}^*)\Big),\\ \boldsymbol{\nu}^*&=\left((\boldsymbol{\mu}^*)^{\mathrm{T}},\ (\boldsymbol{\lambda}^*)^{\mathrm{T}}\right)^{\mathrm{T}}=\left(\mu_1,\cdots,\mu_l,\lambda_i\,(i\in\mathcal{I}^*)\right)^{\mathrm{T}}.\end{aligned}$$

那么式 (11.54) 可以写成 $\nabla f(\boldsymbol{x}^*)=\nabla \boldsymbol{c}(\boldsymbol{x}^*)\boldsymbol{\nu}^*$. 由广义逆知识可得其极小范数最小二乘解为

$$\nu^*=[\nabla \boldsymbol{c}(\boldsymbol{x}^*)]^{\dagger}\nabla f(\boldsymbol{x}^*),$$

式中: $[\nabla \boldsymbol{c}(\boldsymbol{x}^*)]^\dagger$ 为矩阵 $\nabla \boldsymbol{c}(\boldsymbol{x}^*)$ 的广义逆.

因此, 可按下面的公式计算相应的乘子估计:

$$\boldsymbol{\nu}_k = \left(\boldsymbol{\mu}_k^{\mathrm{T}}, \boldsymbol{\lambda}_k^{\mathrm{T}}\right)^{\mathrm{T}} = [\nabla \boldsymbol{c}(\boldsymbol{x}_k)]^\dagger \nabla f(\boldsymbol{x}_k). \tag{11.55}$$

下面给出广义简约梯度法的详细计算步骤.

算法 11.5 (广义简约梯度法)

步骤 0, 选取初始值. 给定初始可行点 $\boldsymbol{x}_0 \in \mathbf{R}^n$, 终止误差 $0 \leqslant \varepsilon \ll 1$. 令 $k := 0$.

步骤 1, 检验终止条件. 确定基变量 $\boldsymbol{x}_k^B$ 和非基变量 $\boldsymbol{x}_k^N$. 由式 (11.50) 计算简约梯度 $\boldsymbol{r}(\boldsymbol{x}_k^N)$. 若 $\|\boldsymbol{r}(\boldsymbol{x}_k^N)\| \leqslant \varepsilon$, 停算, 输出 $\boldsymbol{x}_k$ 作为原问题的近似极小点.

步骤 2, 确定搜索方向. 由式 (11.52) 计算下降可行方向 $\boldsymbol{d}_k$.

步骤 3, 进行线搜索. 解子问题 (11.53) 得搜索步长 α_k. 令 $\boldsymbol{x}_{k+1} := \boldsymbol{x}_k + \alpha_k \boldsymbol{d}_k$.

步骤 4, 修正有效集. 先求 $\boldsymbol{x}_{k+1}$ 处的有效集, 设为 $\bar{\mathcal{I}}_{k+1}$. 由式 (11.55) 计算 $\boldsymbol{\lambda}_{k+1}$. 若 $\boldsymbol{\lambda}_{k+1} \geqslant \mathbf{0}$, 则 $\mathcal{I}_{k+1} := \bar{\mathcal{I}}_{k+1}$; 否则, $\mathcal{I}_{k+1}$ 是 $\bar{\mathcal{I}}_{k+1}$ 中删去 $\boldsymbol{\lambda}_{k+1}$ 最小分量所对应的约束指标集.

步骤 5, 令 $k := k+1$, 转步骤 1.

注 (1) 在算法 11.5 的步骤 1 中, 当 $\|\boldsymbol{r}(\boldsymbol{x}_k^N)\| \leqslant \varepsilon$ 时, 实际还需要判别对应于不等式约束的拉格朗日乘子的非负性, 若不满足还需进行改进.

(2) 广义简约梯度法通过消去某些变量在降维空间中运算, 能够较快确定最优解, 可用来求解大型问题, 因而它是目前求解非线性优化问题的最有效的方法之一.

习 题 11

1. 设 $\bar{\boldsymbol{x}}$ 是约束优化问题

$$\min\ f(\boldsymbol{x}),\quad \text{s.t. } a_i \leqslant x_i \leqslant b_i,\ i = 1, 2, \cdots, n$$

的可行点. 试通过子问题 (11.2) 计算这一可行点的下降方向.

2. 设有下列最优化问题

$$\begin{aligned} \min \quad & f(\boldsymbol{x}) = x_1^2 + x_1 x_2 + 2x_2^2 - 6x_1 - 2x_2 - 12x_3, \\ \text{s.t.} \quad & x_1 + x_2 + x_3 = 2, \\ & x_1 - 2x_2 \geqslant -3, \\ & x_1,\ x_2,\ x_3 \geqslant 0. \end{aligned}$$

求出在点 $\bar{\boldsymbol{x}} = (1, 1, 0)^{\mathrm{T}}$ 处的一个下降可行方向.

3. 用 Zoutendijk 方法求解下列优化问题:

$$\begin{aligned}(1)\quad \min\quad & f(\boldsymbol{x})=x_1^2+4x_2^2-34x_1-32x_2,\\ \text{s.t.}\quad & -2x_1-x_2+6\geqslant 0,\\ & -x_2+2\geqslant 0,\\ & x_1,\ x_2\geqslant 0,\end{aligned}$$

取初始点为 $\boldsymbol{x}_0=(1,2)^{\mathrm{T}}$;

$$\begin{aligned}(2)\quad \min\quad & f(\boldsymbol{x})=x_1^2+x_2^2-2x_1-4x_2+3,\\ \text{s.t.}\quad & -2x_1+x_2+1\geqslant 0,\\ & -x_1-x_2+2\geqslant 0,\\ , \quad & x_1,\ x_2\geqslant 0,\end{aligned}$$

取初始点为 $\boldsymbol{x}_0=(0,0)^{\mathrm{T}}$.

4. 用 Rosen 梯度投影法求解下列优化问题:

$$\begin{aligned}(1)\quad \min\quad & f(\boldsymbol{x})=x_1^2+2x_2^2+x_1x_2-6x_1-2x_2-12x_3,\\ \text{s.t.}\quad & x_1+x_2+x_3-2=0,\\ & x_1-2x_2+3\geqslant 0,\\ & x_1,\ x_2,\ x_3\geqslant 0,\end{aligned}$$

取初始点为 $\boldsymbol{x}_0=(1,0,1)^{\mathrm{T}}$;

$$\begin{aligned}(2)\quad \min\quad & f(\boldsymbol{x})=(4-x_2)(x_1-3)^2,\\ \text{s.t.}\quad & -x_1-x_2+3\geqslant 0,\\ & -x_1+2\geqslant 0,\\ & -x_2+2\geqslant 0,\\ & x_1,\ x_2\geqslant 0,\end{aligned}$$

取初始点为 $\boldsymbol{x}_0=(1,2)^{\mathrm{T}}$.

5. 设 $\boldsymbol{A}\in\mathbf{R}^{m\times n}$, $\boldsymbol{b}\in\mathbf{R}^m$. 试证明线性方程组

$$\begin{pmatrix}\boldsymbol{I} & \boldsymbol{A}^{\mathrm{T}}\\ \boldsymbol{A} & \boldsymbol{0}\end{pmatrix}\begin{pmatrix}\boldsymbol{x}\\ \boldsymbol{y}\end{pmatrix}=\begin{pmatrix}\boldsymbol{x}_0\\ \boldsymbol{b}\end{pmatrix}$$

关于 $\boldsymbol{x}$ 的解是向量 $\boldsymbol{x}_0\in\mathbf{R}^n$ 到集合 $\Omega=\{\boldsymbol{z}\in\mathbf{R}^n|\boldsymbol{A}\boldsymbol{z}=\boldsymbol{b}\}$ 上的投影.

6. 设 $\boldsymbol{a}\in\mathbf{R}^n, b\in\mathbf{R}$. 试证明 $\boldsymbol{w}\in\mathbf{R}^n$ 到半空间 $\{\boldsymbol{x}\in\mathbf{R}^n|\boldsymbol{a}^{\mathrm{T}}\boldsymbol{x}\geqslant b\}$ 上的投影为

$$P(\boldsymbol{w})=\boldsymbol{w}+\frac{\max\{0,b-\boldsymbol{a}^{\mathrm{T}}\boldsymbol{w}\}}{\|\boldsymbol{a}\|^2}\boldsymbol{a}.$$

7. 用 Wolfe 简约梯度法求解下列优化问题:

$$\begin{aligned}(1)\quad \min\quad & f(\boldsymbol{x})=(x_1-2)^2+(x_2-2)^2,\\ \text{s.t.}\quad & -x_1-x_2+2\geqslant 0,\\ & x_1,\ x_2\geqslant 0;\end{aligned}$$

(2) $\min \quad f(\boldsymbol{x})=x_1^2+x_2^2-2x_1-4x_2,$

$\text{s.t.} \quad -x_1-x_2+1 \geqslant 0,$

$x_1,\ x_2 \geqslant 0.$

8. 设 $(z_k, \boldsymbol{d}_k)$ 是线性规划

$$\begin{aligned} \min \quad & z, \\ \text{s.t.} \quad & \nabla f(\boldsymbol{x}_k)^{\mathrm{T}} \boldsymbol{d} - z \leqslant 0, \\ & \nabla g_i(\boldsymbol{x}_k)^{\mathrm{T}} \boldsymbol{d} + z \geqslant 0, \quad i \in \mathcal{I}(\boldsymbol{x}_k), \\ & -1 \leqslant d_i \leqslant 1 \end{aligned}$$

的最优解且 $z_k < 0$, 这里 $\mathcal{I}(\boldsymbol{x}_k) = \{i | g_i(\boldsymbol{x}_k) = 0\}$. 试证明 $\boldsymbol{d}_k$ 是问题

$$\begin{aligned} \min \quad & f(\boldsymbol{x}), \\ \text{s.t.} \quad & g_i(\boldsymbol{x}) \geqslant 0, \quad i = 1, 2, \cdots, m \end{aligned}$$

在 $\boldsymbol{x}_k$ 处的一个下降可行方向.

9. 证明引理 11.4.

10. 对任一向量 $\boldsymbol{x} \in \mathbf{R}^n$ 在子空间 $\mathcal{L}$ 上的正交投影 $\boldsymbol{y}$. 证明: $\|\boldsymbol{x}-\boldsymbol{y}\|_2 = \min\limits_{\boldsymbol{z} \in \mathcal{L}} \|\boldsymbol{x}-\boldsymbol{z}\|_2$.

11. 设 $\mathcal{X} \subset \mathbf{R}^n$ 是闭凸集, 记 $\boldsymbol{P}_{\mathcal{X}}(\boldsymbol{x})$ 为向量 $\boldsymbol{x}$ 在闭凸集 $\mathcal{X}$ 上的投影. 证明:

(1) $[\boldsymbol{P}_{\mathcal{X}}(\boldsymbol{x}) - \boldsymbol{x}]^{\mathrm{T}}[\boldsymbol{y} - \boldsymbol{P}_{\mathcal{X}}(\boldsymbol{x})] \geqslant 0, \forall\, \boldsymbol{x} \in \mathbf{R}^n,\ \boldsymbol{y} \in \mathcal{X};$

(2) $[\boldsymbol{P}_{\mathcal{X}}(\boldsymbol{x}) - \boldsymbol{P}_{\mathcal{X}}(\boldsymbol{y})]^{\mathrm{T}}(\boldsymbol{x}-\boldsymbol{y}) \geqslant \|\boldsymbol{P}_{\mathcal{X}}(\boldsymbol{x}) - \boldsymbol{P}_{\mathcal{X}}(\boldsymbol{y})\|^2, \forall\, \boldsymbol{x},\ \boldsymbol{y} \in \mathbf{R}^n.$

12. 用广义简约梯度法求解优化问题

$$\begin{aligned} \min \quad & f(\boldsymbol{x}) = x_1^2 + 2x_1x_2 + x_2^2 + 12x_1 - 4x_2 + 3, \\ \text{s.t.} \quad & x_1 - x_2 = 0, \\ & 1 \leqslant x_1 \leqslant 3, \\ & 1 \leqslant x_2 \leqslant 3. \end{aligned}$$

13. 设 $\boldsymbol{a}_1, \boldsymbol{a}_2, \cdots, \boldsymbol{a}_m \in \mathbf{R}^n$, Ω 是 $\mathbf{R}^n$ 中的闭集. 试证明求解优化问题

$$\min \sum_{i=1}^{m} \|\boldsymbol{x} - \boldsymbol{a}_i\|^2, \quad \text{s.t. } \boldsymbol{x} \in \Omega$$

等价于求向量

$$\boldsymbol{b} = \sum_{i=1}^{m} \boldsymbol{a}_i$$

到 Ω 上的投影.

第 12 章　约束优化的罚函数法

本章介绍求解约束优化问题的另一经典算法——罚函数法. 其基本思想是: 根据约束条件的特点, 将其转化为某种惩罚函数加到目标函数中去, 从而将约束优化问题转化为一系列的无约束优化问题来求解. 通过求解一系列无约束最优化问题来得到约束优化问题的最优解, 这类方法称为序列无约束极小化方法. 本章主要介绍外罚函数法、内点法和乘子法.

12.1　外罚函数法

最早的罚函数法是由 Courant 在 1943 年提出来的. 下面通过两个简单的例子阐明罚函数法的基本思想.

例 12.1　*求解等式约束优化问题*

$$\begin{aligned} &\min\ f(\boldsymbol{x}) = x_1^2 + \frac{1}{3}x_2^2, \\ &\text{s.t.}\ \ x_1 + x_2 = 1. \end{aligned}$$

解　由等式约束得 $x_2 = 1 - x_1$, 代入目标函数得到一个无约束的单变量极小化问题

$$\min\ \phi(x_1) = x_1^2 + \frac{1}{3}(x_1 - 1)^2,$$

其全局极小点为 $x_1^* = 0.25$, 从而得到原问题的全局极小点为 $\boldsymbol{x}^* = (0.25, 0.75)^{\mathrm{T}}$. 现在要使构造的罚函数 $\bar{P}(\boldsymbol{x})$ 满足

$$\bar{P}(\boldsymbol{x}) \begin{cases} = 0, & x_1 + x_2 - 1 = 0, \\ > 0, & x_1 + x_2 - 1 \neq 0. \end{cases}$$

一个较为简单又能保证函数具有连续的偏导数是令 $\bar{P}(\boldsymbol{x}) = (x_1 + x_2 - 1)^2$. 现在考察目标函数和上述罚函数的组合

$$\begin{aligned} P(\boldsymbol{x}, \sigma) &= f(\boldsymbol{x}) + \sigma \bar{P}(\boldsymbol{x}) \\ &= x_1^2 + \frac{1}{3}x_2^2 + \sigma(x_1 + x_2 - 1)^2, \end{aligned}$$

式中: $\sigma > 0$ 为充分大的正数, 称为罚参数或罚因子. 求这个组合函数的极小点. 由

$$\frac{\partial P(\boldsymbol{x}, \sigma)}{\partial x_1} = \frac{\partial P(\boldsymbol{x}, \sigma)}{\partial x_2} = 0,$$

得

$$\begin{cases} (1+\sigma)x_1+\sigma x_2=\sigma, \\ 3\sigma x_1+(1+3\sigma)x_2=3\sigma. \end{cases}$$

求解上述方程组, 得

$$x_1(\sigma)=\frac{\sigma}{1+4\sigma}, \quad x_2(\sigma)=\frac{3\sigma}{1+4\sigma}.$$

令 $\sigma\to+\infty$, 有

$$\big(x_1(\sigma),x_2(\sigma)\big)^{\mathrm{T}}\to\left(\frac{1}{4},\frac{3}{4}\right)^{\mathrm{T}}=\boldsymbol{x}^*.$$

这样就从无约束优化问题极小点的极限得到了原问题的极小点.

例 12.2 求解不等式约束优化问题

$$\begin{aligned} \min\ & f(x)=x^2, \\ \text{s.t.}\ & x-1\geqslant 0. \end{aligned}$$

解 原问题的可行域为 $[1,+\infty)$, 全局极小点为 $x^*=1$. 现在要使构造的罚函数 $\bar{P}(x)$ 满足

$$\bar{P}(x)\begin{cases} =0, & x-1\geqslant 0, \\ >0, & x-1<0. \end{cases}$$

只要令 $\bar{P}(x)=[\min\{0,x-1\}]^2$ 即可. 现在考察目标函数和上述罚函数的组合

$$\begin{aligned} P(x,\sigma) &= f(x)+\sigma\bar{P}(x) \\ &= x^2+\sigma[\min\{0,x-1\}]^2 \\ &= \begin{cases} x^2, & x-1\geqslant 0, \\ x^2+\sigma(x-1)^2, & x-1<0, \end{cases} \end{aligned}$$

式中: $\sigma>0$. 这个组合函数的极小点是

$$x(\sigma)=\frac{\sigma}{1+\sigma}.$$

令 $\sigma\to+\infty$, 有

$$x(\sigma)\to 1=x^*.$$

其几何意义如图 12.1 所示.

下面将这种思想方法推广到一般约束的优化问题. 考虑

$$\begin{aligned} \min\ & f(\boldsymbol{x}), && \boldsymbol{x}\in\mathbf{R}^n, \\ \text{s.t.}\ & h_i(\boldsymbol{x})=0, && i\in\mathcal{E}=\{1,2,\cdots,l\}, \\ & g_i(\boldsymbol{x})\geqslant 0, && i\in\mathcal{I}=\{1,2,\cdots,m\}. \end{aligned} \tag{12.1}$$

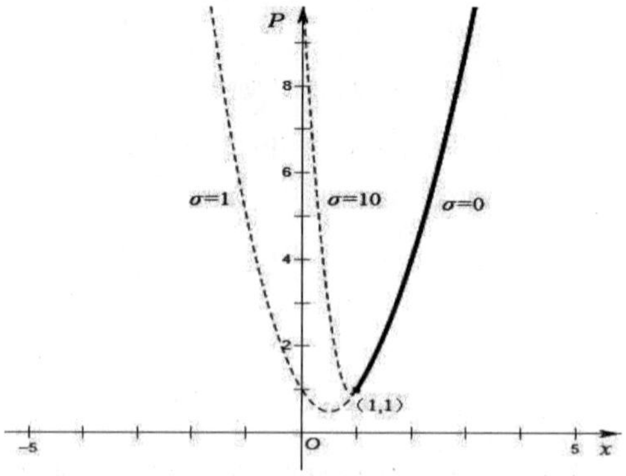

图 12.1 罚函数法的几何意义.

记可行域为 $\mathcal{D}=\{\boldsymbol{x}\in\mathbf{R}^n\,|\,h_i(\boldsymbol{x})=0\,(i\in\mathcal{E}),\ g_i(\boldsymbol{x})\geqslant 0\,(i\in\mathcal{I})\}$. 构造罚函数

$$\bar{P}(\boldsymbol{x})=\sum_{i=1}^{l}h_i^2(\boldsymbol{x})+\sum_{i=1}^{m}[\min\{0,g_i(\boldsymbol{x})\}]^2 \tag{12.2}$$

和增广目标函数

$$P(\boldsymbol{x},\sigma)=f(\boldsymbol{x})+\sigma\bar{P}(\boldsymbol{x}), \tag{12.3}$$

式中: $\sigma>0$ 为罚参数或罚因子.

不难发现, 当 $\boldsymbol{x}\in\mathcal{D}$ 时, 即 $\boldsymbol{x}$ 为可行点时, $P(\boldsymbol{x},\sigma)=f(\boldsymbol{x})$, 此时目标函数没有受到额外的惩罚; 而当 $\boldsymbol{x}\notin\mathcal{D}$ 时, 即 $\boldsymbol{x}$ 为不可行点时, $P(\boldsymbol{x},\sigma)>f(\boldsymbol{x})$, 此时目标函数受到了额外的惩罚. σ 越大, 受到的惩罚越重. 当 σ 充分大时, 要使 $P(\boldsymbol{x},\sigma)$ 达到极小, 罚函数 $\bar{P}(\boldsymbol{x})$ 应充分小才可以, 从而 $P(\boldsymbol{x},\sigma)$ 的极小点充分逼近可行域 $\mathcal{D}$, 而其极小值自然充分逼近 $f(\boldsymbol{x})$ 在 $\mathcal{D}$ 上的极小值. 这样求解一般约束优化问题 (12.1) 就可以转化为求解一系列无约束的优化问题

$$\min\ P(\boldsymbol{x},\sigma_k)=f(\boldsymbol{x})+\sigma_k\bar{P}(\boldsymbol{x}), \tag{12.4}$$

式中: $\{\sigma_k\}$ 为正数序列且 $\sigma_k\to+\infty$.

从例 12.1 可以看出, 当 $\sigma\to+\infty$ 时, $P(\boldsymbol{x},\sigma)$ 的极小点 $\boldsymbol{x}(\sigma)\to\boldsymbol{x}^*$, 但

$$x_1(\sigma)+x_2(\sigma)-1=\frac{4\sigma}{1+4\sigma}-1=\frac{-1}{1+4\sigma}\neq 0,$$

即 $\boldsymbol{x}(\sigma)\notin\mathcal{D}$, 也就是说 $\boldsymbol{x}(\sigma)$ 是从可行域的外部趋向于极小点 $\boldsymbol{x}^*$ 的. 同样地, 由例 12.2, 有

$$x(\sigma)-1=\frac{-1}{1+\sigma}<0,$$

即 $x(\sigma)\notin\mathcal{D}$, 可见 $x(\sigma)$ 也是从可行域的外部趋向于极小点 x^* 的. 因此, 上述的罚函数法也称为外罚函数法 (或外点法).

下面给出外罚函数法的详细算法步骤.

算法 12.1 (外罚函数法)

步骤 0, 给定初始点 $\boldsymbol{x}_0 \in \mathbf{R}^n$, 终止误差 $0 \leqslant \varepsilon \ll 1$. $\sigma_1 > 0, \gamma > 1$. 令 $k := 1$.

步骤 1, 以 $\boldsymbol{x}_{k-1}$ 为初始点求解子问题 (12.4), 得极小点为 $\boldsymbol{x}_k$.

步骤 2, 若 $\sigma_k \bar{P}(\boldsymbol{x}_k) \leqslant \varepsilon$, 停算, 输出 $\boldsymbol{x}^* \approx \boldsymbol{x}_k$ 作为原问题的近似极小点; 否则, 转步骤 3.

步骤 3, 令 $\sigma_{k+1} := \gamma \sigma_k$, $k := k+1$, 转步骤 1.

注 由算法 12.1 可知, 外罚函数法结构简单, 可以直接调用无约束优化算法的通用程序, 因而容易编程实现. 缺点是: ① $\boldsymbol{x}_k$ 往往不是可行点, 这对于某些实际问题是难以接受的; ② 罚参数 σ_k 的选取比较困难, 取的过小, 可能起不到“惩罚”的作用, 而取得过大, 则可能造成 $P(\boldsymbol{x}, \sigma_k)$ 的 Hesse 阵的条件数很大, 从而带来数值技术上的困难, 一种建议是选取 $\sigma_k = 0.1 \times 2^{k-1}$; ③ 注意到 $\bar{P}(\boldsymbol{x})$ 一般是不可微的, 因而难以直接使用利用导数的优化算法, 从而收敛速度缓慢.

下面讨论算法 12.1 的收敛性. 首先证明下面的引理.

引理 12.1 设 $\{\boldsymbol{x}_k\}$ 是由算法 12.1 产生的迭代序列. 若 $\boldsymbol{x}_k$ 是子问题 (12.4) 的全局极小点, 则有下述结论成立:

$$P(\boldsymbol{x}_{k+1}, \sigma_{k+1}) \geqslant P(\boldsymbol{x}_k, \sigma_k), \tag{12.5}$$

$$\bar{P}(\boldsymbol{x}_{k+1}) \geqslant \bar{P}(\boldsymbol{x}_k), \tag{12.6}$$

$$f(\boldsymbol{x}_{k+1}) \geqslant f(\boldsymbol{x}_k). \tag{12.7}$$

证明 注意到 $\sigma_{k+1} \geqslant \sigma_k > 0$, 因此有

$$\begin{aligned} P(\boldsymbol{x}_{k+1}, \sigma_{k+1}) &= f(\boldsymbol{x}_{k+1}) + \sigma_{k+1} \bar{P}(\boldsymbol{x}_{k+1}), \\ &\geqslant f(\boldsymbol{x}_{k+1}) + \sigma_k \bar{P}(\boldsymbol{x}_{k+1}), \\ &= P(\boldsymbol{x}_{k+1}, \sigma_k) \ \geqslant \ P(\boldsymbol{x}_k, \sigma_k), \end{aligned}$$

即式 (12.5) 成立. 由题设 $\boldsymbol{x}_k$, $\boldsymbol{x}_{k+1}$ 分别是 $P(\boldsymbol{x}, \sigma_k)$ 和 $P(\boldsymbol{x}, \sigma_{k+1})$ 的全局极小点, 故有

$$f(\boldsymbol{x}_{k+1}) + \sigma_k \bar{P}(\boldsymbol{x}_{k+1}) \geqslant f(\boldsymbol{x}_k) + \sigma_k \bar{P}(\boldsymbol{x}_k), \tag{12.8}$$

$$f(\boldsymbol{x}_k) + \sigma_{k+1} \bar{P}(\boldsymbol{x}_k) \geqslant f(\boldsymbol{x}_{k+1}) + \sigma_{k+1} \bar{P}(\boldsymbol{x}_{k+1}). \tag{12.9}$$

式 (12.8) 和式 (12.9) 相加并整理, 得

$$(\sigma_{k+1} - \sigma_k) \bar{P}(\boldsymbol{x}_k) \geqslant (\sigma_{k+1} - \sigma_k) \bar{P}(\boldsymbol{x}_{k+1}),$$

即

$$(\sigma_{k+1}-\sigma_k)[\bar{P}(\boldsymbol{x}_k)-\bar{P}(\boldsymbol{x}_{k+1})]\geqslant 0,$$

从而必有 $\bar{P}(\boldsymbol{x}_k)-\bar{P}(\boldsymbol{x}_{k+1})\geqslant 0$, 即 (12.6) 成立. 最后, 由式 (12.8), 得

$$f(\boldsymbol{x}_{k+1})-f(\boldsymbol{x}_k)\geqslant \sigma_k[\bar{P}(\boldsymbol{x}_k)-\bar{P}(\boldsymbol{x}_{k+1})\geqslant 0.$$

证毕. □

下面给出算法 12.1 的收敛性定理.

定理 12.1 设 $\{\boldsymbol{x}_k\}$ 和 $\{\sigma_k\}$ 是由算法 12.1 产生的序列, $\boldsymbol{x}^*$ 是约束优化问题 (12.1) 的全局极小点. 若 $\boldsymbol{x}_k$ 为无约束子问题 (12.4) 的全局极小点, 并且罚参数 $\sigma_k\to+\infty$, 则 $\{\boldsymbol{x}_k\}$ 的任一聚点 $\boldsymbol{x}^\infty$ 都是问题 (12.1) 的全局极小点.

证明 设 $\boldsymbol{x}^\infty$ 是序列 $\{\boldsymbol{x}_k\}$ 的一个聚点, 不失一般性, 设 $\boldsymbol{x}_k\to\boldsymbol{x}^\infty(k\to+\infty)$. 由题设, $\boldsymbol{x}^*$ 是原问题的全局极小点, 因而必为可行点, 故有 $\bar{P}(\boldsymbol{x}^*)=0$. 下面分两步证明本定理的结论.

(1) 先证 $\boldsymbol{x}^\infty$ 是原问题的可行点, 亦即 $\bar{P}(\boldsymbol{x}^\infty)=0$. 事实上, 由引理 12.1 知, $\{P(\boldsymbol{x}_k,\sigma_k)\}$ 是单调递增有上界的序列, 因此, 极限存在, 设为 P^∞. 此外, 注意到 $\{f(\boldsymbol{x}_k)\}$ 也是单调递增的, 并且

$$f(\boldsymbol{x}_k)\leqslant P(\boldsymbol{x}_k,\sigma_k)\leqslant P(\boldsymbol{x}^*,\sigma_k)=f(\boldsymbol{x}^*),$$

即序列 $\{f(\boldsymbol{x}_k)\}$ 也收敛, 记其极限为 f^∞. 于是有

$$\lim_{k\to\infty}\sigma_k\bar{P}(\boldsymbol{x}_k)=\lim_{k\to\infty}\big[P(\boldsymbol{x}_k,\sigma_k)-f(\boldsymbol{x}_k)\big]=P^\infty-f^\infty.$$

因 $\sigma_k\to+\infty$, 故必有 $\lim\limits_{k\to\infty}\bar{P}(\boldsymbol{x}_k)=0$. 由 $\bar{P}$ 的连续性知 $\bar{P}(\boldsymbol{x}^\infty)=0$, 即 $\boldsymbol{x}^\infty$ 是可行点.

(2) 再证 $\boldsymbol{x}^\infty$ 是全局极小点, 亦即 $f(\boldsymbol{x}^\infty)=f(\boldsymbol{x}^*)$. 由 $f(\boldsymbol{x})$ 的连续性及 $\boldsymbol{x}_k\to\boldsymbol{x}^\infty$ 可知

$$f(\boldsymbol{x}^\infty)=\lim_{k\to\infty}f(\boldsymbol{x}_k)\leqslant f(\boldsymbol{x}^*).$$

注意到 $\boldsymbol{x}^*$ 是问题的全局极小点, 故显然有 $f(\boldsymbol{x}^*)\leqslant f(\boldsymbol{x}^\infty)$, 从而 $f(\boldsymbol{x}^\infty)=f(\boldsymbol{x}^*)$. 因此, $\boldsymbol{x}^\infty$ 为原问题的全局极小点. 证毕. □

注 定理 12.1 要求算法的每一迭代步求解子问题得到的 $\boldsymbol{x}_k$ 必须是无约束问题 $\min P(\boldsymbol{x},\sigma_k)$ 的全局极小点. 这一点在实际计算中是很难操作的, 因为求无约束优化问题全局极小点至今仍然是一个很困难的问题, 故算法 12.1 (外罚函数法) 经常遇到迭代失败的情形是很正常的. 此外, 算法 12.1 之所以选用 $\sigma_k\bar{P}(\boldsymbol{x}_k)\leqslant\varepsilon$ 作为终止条件, 是因为

$$\lim_{k\to\infty}\sigma_k\bar{P}(\boldsymbol{x}_k)=\lim_{k\to\infty}[P(\boldsymbol{x}_k,\sigma_k)-f(\boldsymbol{x}_k)]=P^\infty-f^\infty=0.$$

12.2 内点法

12.2.1 不等式约束问题的内点法

内点法一般只适用于不等式约束的优化问题

$$\begin{aligned} &\min\ f(\boldsymbol{x}), && \boldsymbol{x}\in\mathbf{R}^n,\\ &\text{s.t.}\ \ g_i(\boldsymbol{x})\geqslant 0, && i=1,2,\cdots,m. \end{aligned} \tag{12.10}$$

记可行域 $\mathcal{D}=\{\boldsymbol{x}\in\mathbf{R}^n\,|\,g_i(\boldsymbol{x})\geqslant 0,\ i=1,2,\cdots,m\}$. 内点法也属于罚方法的范畴, 其基本思想是: 保持每一个迭代点 $\boldsymbol{x}_k$ 是可行域 $\mathcal{D}$ 的内点, 可行域的边界被筑起一道很高的“围墙”作为障碍, 当迭代点靠近边界时, 增广目标函数值骤然增大, 以示“惩罚”, 并阻止迭代点穿越边界. 因此, 内点法也称为内罚函数法或障碍函数法, 它只是用于可行域的内点集非空的情形, 即

$$\mathcal{D}_0=\{\boldsymbol{x}\in\mathbf{R}^n\,|\,g_i(\boldsymbol{x})>0,\ i=1,2,\cdots,m\}\neq\varnothing.$$

类似于外罚函数法, 需要构造如下的增广目标函数

$$H(\boldsymbol{x},\tau)=f(\boldsymbol{x})+\tau\bar{H}(\boldsymbol{x}),$$

式中: $\tau>0$ 为罚参数或罚因子; $\bar{H}(\boldsymbol{x})$ 为障碍函数.

$\bar{H}(\boldsymbol{x})$ 需要满足如下性质: 当 $\boldsymbol{x}$ 在 $\mathcal{D}_0$ 趋向于边界时, 至少有一个 $g_i(\boldsymbol{x})$ 趋向于 0, 而 $\bar{H}(\boldsymbol{x})$ 要趋向于无穷大. 通常有两种方式选取 $\bar{H}(\boldsymbol{x})$, 一种是由 Carrall 在 1961 年提出的倒数障碍函数, 即

$$\bar{H}(\boldsymbol{x})=\sum_{i=1}^{m}\frac{1}{g_i(\boldsymbol{x})}; \tag{12.11}$$

另一种是由 Frisch 在 1955 年提出的对数障碍函数, 即

$$\bar{H}(\boldsymbol{x})=-\sum_{i=1}^{m}\ln[g_i(\boldsymbol{x})]. \tag{12.12}$$

这样, 当 $\boldsymbol{x}$ 在 $\mathcal{D}_0$ 中时, $\bar{H}(\boldsymbol{x})$ 是有限的; 当 $\boldsymbol{x}$ 接近边界时, $\bar{H}(\boldsymbol{x})\to+\infty$, 从而增广目标函数的值也趋向于无穷大, 因此, 得到了严重的“惩罚”.

由于约束优化问题的极小点一般在可行域的边界上达到, 因此, 与外罚函数法中的罚因子 $\sigma_k\to+\infty$ 相反, 内点法中的罚因子则要求 $\tau_k\to 0$. 于是, 求解问题 (12.10) 就可以转化为求解序列无约束优化子问题

$$\min\ H(\boldsymbol{x},\tau_k)=f(\boldsymbol{x})+\tau_k\bar{H}(\boldsymbol{x}). \tag{12.13}$$

对于两种障碍函数, 是哪种形式的效果好呢? 下面举例讨论.

例 12.3 用内点法求解不等式约束优化问题

$$\begin{aligned} \min \quad & f(x) = x, \\ \text{s.t.} \quad & x + 1 \geqslant 0. \end{aligned}$$

解 若取 $\bar{H}(x) = \dfrac{1}{x+1}$, 则相应的增广目标函数为

$$H(x, \tau) = x + \frac{\tau}{x+1}.$$

令

$$\frac{\mathrm{d}H(x,\tau)}{\mathrm{d}x} = 1 - \frac{\tau}{(x+1)^2} = 0.$$

得

$$x(\tau) = \sqrt{\tau} - 1. \tag{12.14}$$

令 $\tau \to 0^+$, 有

$$x(\tau) \to -1 = x^*.$$

若取 $\bar{H}(x) = -\ln(x+1)$, 则相应的增广目标函数为

$$H(x, \tau) = x - \tau \ln(x+1).$$

令

$$\frac{\mathrm{d}H(x,\tau)}{\mathrm{d}x} = 1 - \frac{\tau}{x+1} = 0.$$

得

$$x(\tau) = \tau - 1. \tag{12.15}$$

令 $\tau \to 0^+$, 有

$$x(\tau) \to -1 = x^*.$$

其几何意义如图 12.2 所示.

比较式 (12.14) 和式 (12.15), 显然式 (12.15) 得到的 $x(\tau) \to x^*$ 的速度比式 (12.14) 快. 这个结论对于一般情况也成立. 因此, 常常选用式 (12.12) 作为障碍函数. 上面的问题比较简单, 可以将子问题 $\min H(\boldsymbol{x}, \tau)$ 最优解的解析表达式求出来, 然后对罚参数 $\tau \to 0$ 取极限而得到原问题的极小点. 一般来说, 对于较复杂的问题, 只能用数值方法来求子问题的近似全局极小点.

下面给出内点法的详细算法步骤.

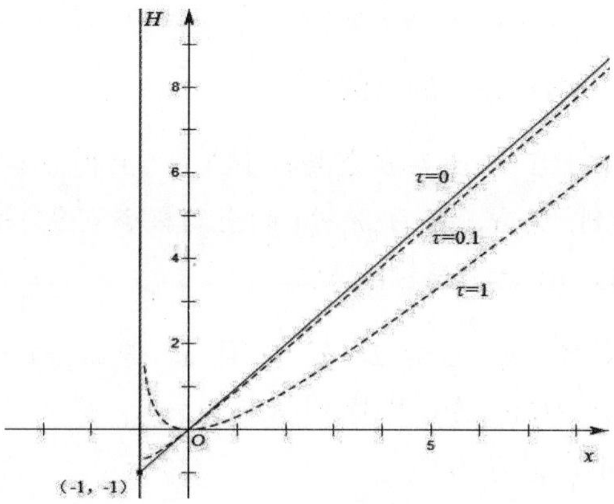

图 12.2 内点法的几何意义.

算法 12.2 (内点法)

步骤 0, 给定初始点 $\boldsymbol{x}_0 \in \mathcal{D}_0$, 终止误差 $0 \leqslant \varepsilon \ll 1$. $\tau_1 > 0$, $\varrho \in (0,1)$. 令 $k := 1$.

步骤 1, 以 $\boldsymbol{x}_{k-1}$ 为初始点求解无约束子问题 (12.13), 得极小点 $\boldsymbol{x}_k$.

步骤 2, 若 $\tau_k \bar{H}(\boldsymbol{x}_k) \leqslant \varepsilon$, 停算, 输出 $\boldsymbol{x}^* \approx \boldsymbol{x}_k$ 作为原问题的近似极小点; 否则, 转步骤 3.

步骤 3, 令 $\tau_{k+1} := \varrho\tau_k$, $k := k+1$, 转步骤 1.

注 由算法 12.2 可以看出, 内点法的优点是结构简单, 适应性强. 但是随着迭代过程的进行, 罚参数 τ_k 将变得越来越小, 趋向于零, 使得增广目标函数的病态性越来越严重, 这给无约束子问题的求解带来了数值实现上的困难, 以致迭代的失败. 此外, 内点法的初始点 $\boldsymbol{x}_0$ 要求是一个严格的可行点, 一般来说, 这也是比较麻烦, 甚至困难的.

下面考虑内点法的收敛性. 先看下面的引理.

引理 12.2 设序列 $\{\boldsymbol{x}_k\}$ 由算法 12.2 产生, 且每个 $\boldsymbol{x}_k$ 都是无约束子问题 (12.13) 的全局极小点. 那么增广目标函数序列 $\{H(\boldsymbol{x}_k, \tau_k)\}$ 是单调下降的, 即

$$H(\boldsymbol{x}_{k+1}, \tau_{k+1}) \leqslant H(\boldsymbol{x}_k, \tau_k).$$

证明 注意到 $\boldsymbol{x}_{k+1}$ 是 $H(\boldsymbol{x}, \tau_{k+1})$ 的全局极小点, 且由算法有 $\tau_{k+1} \leqslant \tau_k$, 故

$$\begin{aligned} H(\boldsymbol{x}_{k+1}, \tau_{k+1}) &= f(\boldsymbol{x}_{k+1}) + \tau_{k+1}\bar{H}(\boldsymbol{x}_{k+1}) \\ &\leqslant f(\boldsymbol{x}_k) + \tau_{k+1}\bar{H}(\boldsymbol{x}_k) \\ &\leqslant f(\boldsymbol{x}_k) + \tau_k\bar{H}(\boldsymbol{x}_k) \\ &= H(\boldsymbol{x}_k, \tau_k). \end{aligned}$$

证毕. □

下面的定理给出了算法 12.2 的收敛性.

定理 12.2 设 $f(\boldsymbol{x})$ 在 $\mathcal{D}$ 上存在全局极小点 $\boldsymbol{x}^*$ 且内点集 $\mathcal{D}_0 \neq \varnothing$. $\{(\boldsymbol{x}_k, \tau_k)\}$ 是由算法 12.2 产生的序列. 若 $\boldsymbol{x}_k$ 是 $H(\boldsymbol{x}, \tau_k)$ 的全局极小点且 $\{\tau_k\} \downarrow 0$, 那么 $\{\boldsymbol{x}_k\}$ 的任一聚点 $\bar{x}$ 都是问题 (12.10) 的全局极小点.

证明 由定理的条件, 有 $\boldsymbol{x}_k \in \mathcal{D}_0 \subset \mathcal{D}$ 且 $\boldsymbol{x}^*$ 是 $f(\boldsymbol{x})$ 在 $\mathcal{D}$ 上的全局极小点. 从而 $f(\boldsymbol{x}^*) \leqslant f(\boldsymbol{x}_k) \leqslant H(\boldsymbol{x}_k, \tau_k)$, 即序列 $\{H(\boldsymbol{x}_k, \tau_k)\}$ 有下界. 于是由引理 12.2 知 $\lim\limits_{k\to\infty} H(\boldsymbol{x}_k, \tau_k)$ 存在, 不妨记为 H^*.

下面证明 $H^* = f(\boldsymbol{x}^*)$. 事实上, 显然有 $f(\boldsymbol{x}^*) \leqslant H^*$. 以下只需证明 $H^* \leqslant f(\boldsymbol{x}^*)$. 由 $f(\boldsymbol{x})$ 的连续性可知, 对于任意的 $\varepsilon > 0$, 存在 $\delta > 0$, 使得满足 $\|\bar{\boldsymbol{x}} - \boldsymbol{x}^*\| \leqslant \delta$ 的 $\bar{\boldsymbol{x}} \in \mathcal{D}_0$, 有

$$f(\bar{\boldsymbol{x}}) - f(\boldsymbol{x}^*) < \varepsilon.$$

又因 $\{\tau_k\} \downarrow 0$, 故对于上述的 ε 和 $\bar{\boldsymbol{x}}$, 存在正数 k_0, 使得当 $k \geqslant k_0$ 时, 有

$$\tau_k \bar{H}(\bar{\boldsymbol{x}}) \leqslant \varepsilon.$$

注意到 $\boldsymbol{x}_k$ 是 $H(\boldsymbol{x}, \tau_k)$ 的全局极小点, 即有

$$H(\boldsymbol{x}_k, \tau_k) \leqslant H(\bar{\boldsymbol{x}}, \tau_k).$$

从而有

$$\begin{aligned} H(\boldsymbol{x}_k, \tau_k) - f(\boldsymbol{x}^*) &\leqslant H(\bar{\boldsymbol{x}}, \tau_k) - f(\boldsymbol{x}^*) \\ &= [f(\bar{\boldsymbol{x}}) - f(\boldsymbol{x}^*)] + \tau_k \bar{H}(\bar{\boldsymbol{x}}) \\ &< \varepsilon + \varepsilon = 2\varepsilon. \end{aligned}$$

令 $\varepsilon \to 0^+$, 并对上式取极限, 得 $H^* \leqslant f(\boldsymbol{x}^*)$. 故 $H^* = f(\boldsymbol{x}^*)$. 最后, 对不等式

$$f(\boldsymbol{x}^*) \leqslant f(\boldsymbol{x}_k) \leqslant H(\boldsymbol{x}_k, \tau_k)$$

取极限, 得 $\lim\limits_{k\to\infty} f(\boldsymbol{x}_k) = f(\boldsymbol{x}^*)$. 证毕. □

12.2.2 一般约束问题的内点法

现在考虑一般约束优化问题

$$\begin{aligned} \min\ & f(\boldsymbol{x}), && \boldsymbol{x} \in \mathbf{R}^n, \\ \text{s.t.}\ & h_i(\boldsymbol{x}) = 0, && i \in \mathcal{E} = \{1, 2, \cdots, l\}, \\ & g_i(\boldsymbol{x}) \geqslant 0, && i \in \mathcal{I} = \{1, 2, \cdots, m\} \end{aligned} \tag{12.16}$$

内点法特征的罚函数方法. 一种途径是对于等式约束利用"外罚函数"的思想, 而对于不等式约束则利用"障碍函数"的思想, 构造出所谓混合增广目标函数

$$H(\boldsymbol{x},\mu)=f(\boldsymbol{x})+\frac{1}{2\mu}\sum_{i=1}^{l}h_i^2(\boldsymbol{x})+\mu\sum_{i=1}^{m}\frac{1}{g_i(\boldsymbol{x})}, \tag{12.17}$$

或

$$H(\boldsymbol{x},\mu)=f(\boldsymbol{x})+\frac{1}{2\mu}\sum_{i=1}^{l}h_i^2(\boldsymbol{x})-\mu\sum_{i=1}^{m}\ln[g_i(\boldsymbol{x})]. \tag{12.18}$$

于是可以类似于内点法或外罚函数法的算法框架建立起相应的算法. 但由此建立的算法的初始点的选取仍然是个困难的问题.

另一种途径是引入松弛变量 $y_i,\ i=1,2,\cdots,m$, 将问题等价地转化为

$$\begin{aligned}
&\min\ f(\boldsymbol{x}), && \boldsymbol{x}\in\mathbf{R}^n,\\
&\text{s.t.}\ h_i(\boldsymbol{x})=0, && i=1,2,\cdots,l,\\
&\qquad g_i(\boldsymbol{x})-y_i=0, && i=1,2,\cdots,m,\\
&\qquad y_i\geqslant 0, && i=1,2,\cdots,m.
\end{aligned} \tag{12.19}$$

然后构造等价问题 (12.19) 的混合增广目标函数

$$\psi(\boldsymbol{x},\boldsymbol{y},\mu)=f(\boldsymbol{x})+\frac{1}{2\mu}\sum_{i=1}^{l}h_i^2(\boldsymbol{x})+\frac{1}{2\mu}\sum_{i=1}^{m}\left[g_i(\boldsymbol{x})-y_i\right]^2+\mu\sum_{i=1}^{m}\frac{1}{y_i}, \tag{12.20}$$

或

$$\psi(\boldsymbol{x},\boldsymbol{y},\mu)=f(\boldsymbol{x})+\frac{1}{2\mu}\sum_{i=1}^{l}h_i^2(\boldsymbol{x})+\frac{1}{2\mu}\sum_{i=1}^{m}\left[g_i(\boldsymbol{x})-y_i\right]^2-\mu\sum_{i=1}^{m}\ln y_i. \tag{12.21}$$

在此基础上, 类似于前面的外罚函数法与内点法的算法框架, 可以建立起相应的求解算法. 值得说明的是, 此时, 任意的 $\boldsymbol{x},\boldsymbol{y}$ $(\boldsymbol{y}>\boldsymbol{0})$ 均可作为一个合适的初始点来启动相应的迭代算法.

12.3 乘子法

乘子法是 Powell 和 Hestenes 于 1969 年针对等式约束优化问题同时独立提出的一种优化算法, 后于 1973 年经 Rockfellar 推广到求解不等式约束优化问题. 其基本思想是: 从原问题的拉格朗日函数出发, 再加上适当的罚函数, 从而将原问题转化为求解一系列的无约束优化子问题. 由于外罚函数法中的罚参数 $\sigma_k\to+\infty$, 因此, 增广目标函数变得"越来越病态". 增广目标函数的这种病态性质是外罚函数法的主要缺点, 而这种缺陷在乘子法中由于引入拉格朗日函数及加上适当的罚函数而得以有效地克服.

12.3.1 等式约束问题的乘子法

考虑等式约束优化问题

$$\begin{aligned} &\min\ f(\boldsymbol{x}), \quad \boldsymbol{x}\in\mathbf{R}^n,\\ &\text{s.t.}\ \ \boldsymbol{h}(\boldsymbol{x})=\mathbf{0}, \end{aligned} \tag{12.22}$$

式中: $\boldsymbol{h}(\boldsymbol{x})=\big(h_1(\boldsymbol{x}),h_2(\boldsymbol{x}),\cdots,h_l(\boldsymbol{x})\big)^{\mathrm{T}}$.

记可行域 $\mathcal{D}=\{\boldsymbol{x}\in\mathbf{R}^n\,|\,\boldsymbol{h}(\boldsymbol{x})=\mathbf{0}\}$, 则问题 (12.22) 的拉格朗日函数为

$$L(\boldsymbol{x},\boldsymbol{\lambda})=f(\boldsymbol{x})-\boldsymbol{\lambda}^{\mathrm{T}}\boldsymbol{h}(\boldsymbol{x}),$$

式中: $\boldsymbol{\lambda}=(\lambda_1,\lambda_2,\cdots,\lambda_l)^{\mathrm{T}}$ 为乘子向量.

设 $(\boldsymbol{x}^*,\boldsymbol{\lambda}^*)$ 是问题 (12.22) 的 KKT 对, 则由最优性条件有

$$\nabla_{\boldsymbol{x}}L(\boldsymbol{x}^*,\boldsymbol{\lambda}^*)=\mathbf{0},\quad \nabla_{\boldsymbol{\lambda}}L(\boldsymbol{x}^*,\boldsymbol{\lambda}^*)=-\boldsymbol{h}(\boldsymbol{x}^*)=\mathbf{0}.$$

此外, 不难发现, 对于任意的 $\boldsymbol{x}\in\mathcal{D}$, 有

$$L(\boldsymbol{x}^*,\boldsymbol{\lambda}^*)=f(\boldsymbol{x}^*)\leqslant f(\boldsymbol{x})=f(\boldsymbol{x})-(\boldsymbol{\lambda}^*)^{\mathrm{T}}\boldsymbol{h}(\boldsymbol{x})=L(\boldsymbol{x},\boldsymbol{\lambda}^*).$$

上式表明, 若已知乘子向量 $\boldsymbol{\lambda}^*$, 则问题 (12.22) 可等价地转化为

$$\begin{aligned} &\min\ L(\boldsymbol{x},\boldsymbol{\lambda}^*),\quad \boldsymbol{x}\in\mathbf{R}^n,\\ &\text{s.t.}\ \ \boldsymbol{h}(\boldsymbol{x})=\mathbf{0}. \end{aligned} \tag{12.23}$$

考虑用外罚函数法求解问题 (12.23), 其增广目标函数为

$$\psi(\boldsymbol{x},\boldsymbol{\lambda}^*,\sigma)=L(\boldsymbol{x},\boldsymbol{\lambda}^*)+\frac{\sigma}{2}\|\boldsymbol{h}(\boldsymbol{x})\|^2.$$

可以证明, 当 $\sigma>0$ 适当大时, $\boldsymbol{x}^*$ 是 $\psi(\boldsymbol{x},\boldsymbol{\lambda}^*,\sigma)$ 的极小点. 由于乘子向量 $\boldsymbol{\lambda}^*$ 事先并不知道, 故可考虑下面的增广目标函数

$$\begin{aligned} \psi(\boldsymbol{x},\boldsymbol{\lambda},\sigma) &= L(\boldsymbol{x},\boldsymbol{\lambda})+\frac{\sigma}{2}\|\boldsymbol{h}(\boldsymbol{x})\|^2\\ &= f(\boldsymbol{x})-\boldsymbol{\lambda}^{\mathrm{T}}\boldsymbol{h}(\boldsymbol{x})+\frac{\sigma}{2}\|\boldsymbol{h}(\boldsymbol{x})\|^2. \end{aligned} \tag{12.24}$$

可以这样操作: 首先固定一个 $\boldsymbol{\lambda}=\bar{\boldsymbol{\lambda}}$, 求 $\psi(\boldsymbol{x},\bar{\boldsymbol{\lambda}},\sigma)$ 的极小点 $\bar{\boldsymbol{x}}$; 然后再适当改变 $\boldsymbol{\lambda}$ 的值, 求新的 $\bar{\boldsymbol{x}}$, 直到求得满足要求的 $\boldsymbol{x}^*$ 和 $\boldsymbol{\lambda}^*$ 为止. 具体地说, 在第 k 次迭代求无约束子问题 $\min\ \psi(\boldsymbol{x},\boldsymbol{\lambda}_k,\sigma)$ 的极小点 $\boldsymbol{x}_k$, 则由取极值的必要条件, 有

$$\nabla_{\boldsymbol{x}}\psi(\boldsymbol{x}_k,\boldsymbol{\lambda}_k,\sigma)=\nabla f(\boldsymbol{x}_k)-\nabla\boldsymbol{h}(\boldsymbol{x}_k)[\boldsymbol{\lambda}_k-\sigma\boldsymbol{h}(\boldsymbol{x}_k)]=\mathbf{0}.$$

而在原问题的 KKT 对 $(\boldsymbol{x}^*,\boldsymbol{\lambda}^*)$ 处, 有

$$\nabla f(\boldsymbol{x}^*)-\nabla \boldsymbol{h}(\boldsymbol{x}^*)\boldsymbol{\lambda}^*=\boldsymbol{0},\quad \boldsymbol{h}(\boldsymbol{x}^*)=\boldsymbol{0}.$$

自然希望 $\{\boldsymbol{x}_k\}\to\boldsymbol{x}^*$ 且 $\{\boldsymbol{\lambda}_k\}\to\boldsymbol{\lambda}^*$, 于是将上面两式相比较后, 可取乘子序列 $\{\boldsymbol{\lambda}_k\}$ 的更新公式为

$$\boldsymbol{\lambda}_{k+1}=\boldsymbol{\lambda}_k-\sigma \boldsymbol{h}(\boldsymbol{x}_k). \tag{12.25}$$

由式 (12.25) 可以看出 $\{\boldsymbol{\lambda}_k\}$ 收敛的充要条件是 $\{\boldsymbol{h}(\boldsymbol{x}_k)\}\to\boldsymbol{0}$. 下面证明 $\boldsymbol{h}(\boldsymbol{x}_k)=\boldsymbol{0}$ 也是判别 $(\boldsymbol{x}_k,\boldsymbol{\lambda}_k)$ 是 KKT 对的充要条件.

定理 12.3 设无约束优化问题

$$\min \psi(\boldsymbol{x},\boldsymbol{\lambda}_k,\sigma)=L(\boldsymbol{x},\boldsymbol{\lambda}_k)+\frac{\sigma}{2}\|\boldsymbol{h}(\boldsymbol{x})\|^2 \tag{12.26}$$

的极小点为 $\boldsymbol{x}_k$, 则 $(\boldsymbol{x}_k,\boldsymbol{\lambda}_k)$ 是问题 (12.22) 的 KKT 对的充要条件是 $\boldsymbol{h}(\boldsymbol{x}_k)=\boldsymbol{0}$.

证明 必要性显然. 下面证明充分性. 因为 $\boldsymbol{x}_k$ 是问题 (12.26) 的极小点且 $\boldsymbol{h}(\boldsymbol{x}_k)=\boldsymbol{0}$, 则对任意的可行点 $\boldsymbol{x}\in\mathcal{D}=\{\boldsymbol{x}\in\mathbf{R}^n\mid \boldsymbol{h}(\boldsymbol{x})=\boldsymbol{0}\}$, 有

$$f(\boldsymbol{x})=\psi(\boldsymbol{x},\boldsymbol{\lambda}_k,\sigma)\geqslant\psi(\boldsymbol{x}_k,\boldsymbol{\lambda}_k,\sigma)=f(\boldsymbol{x}_k),$$

即 $\boldsymbol{x}_k$ 是问题 (12.22) 的极小点. 另一方面, 注意到 $\boldsymbol{x}_k$ 也是问题 (12.26) 的稳定点, 故有

$$\begin{aligned}\nabla_{\boldsymbol{x}}\psi(\boldsymbol{x}_k,\boldsymbol{\lambda}_k,\sigma) &= \nabla f(\boldsymbol{x}_k)-\nabla \boldsymbol{h}(\boldsymbol{x}_k)[\boldsymbol{\lambda}_k-\sigma \boldsymbol{h}(\boldsymbol{x}_k)]\\ &= \nabla f(\boldsymbol{x}_k)-\nabla \boldsymbol{h}(\boldsymbol{x}_k)\boldsymbol{\lambda}_k \;=\; \boldsymbol{0}.\end{aligned}$$

上式表明 $\boldsymbol{\lambda}_k$ 是相应于 $\boldsymbol{x}_k$ 的拉格朗日乘子向量, 即 $(\boldsymbol{x}_k,\boldsymbol{\lambda}_k)$ 是问题 (12.22) 的 KKT 对. 证毕. □

基于上述讨论, 给出求解等式约束问题 (12.22) 的乘子法的详细步骤如下 (由于该算法是由 Powell 和 Hestenes 首先独立提出来的, 因此, 也称为 PH 算法).

算法 12.3 (PH **算法**)

步骤 0, 给定初始点 $\boldsymbol{x}_0\in\mathbf{R}^n$, $\boldsymbol{\lambda}_1\in\mathbf{R}^l$, 终止误差 $0\leqslant\varepsilon\ll 1$. $\sigma_1>0$, $\vartheta\in(0,1)$, $\eta>1$. 令 $k:=1$.

步骤 1, 以 $\boldsymbol{x}_{k-1}$ 为初始点求解无约束子问题

$$\min\psi(\boldsymbol{x},\boldsymbol{\lambda}_k,\sigma_k)=f(\boldsymbol{x})-\boldsymbol{\lambda}_k^{\mathrm{T}}\boldsymbol{h}(\boldsymbol{x})+\frac{\sigma_k}{2}\|\boldsymbol{h}(\boldsymbol{x})\|^2, \tag{12.27}$$

得极小点 $\boldsymbol{x}_k$.

步骤 2, 若 $\|\boldsymbol{h}(x_k)\| \leqslant \varepsilon$, 停算, 输出 $\boldsymbol{x}^* \approx \boldsymbol{x}_k$ 作为原问题的近似极小点; 否则, 转步骤 3.

步骤 3, 令 $\boldsymbol{\lambda}_{k+1} := \boldsymbol{\lambda}_k - \sigma_k \boldsymbol{h}(\boldsymbol{x}_k)$.

步骤 4, 若 $\|\boldsymbol{h}(x_k)\| \geqslant \vartheta \|\boldsymbol{h}(\boldsymbol{x}_{k-1})\|$, 令 $\sigma_{k+1} := \eta\sigma_k$; 否则, $\sigma_{k+1} := \sigma_k$.

步骤 5, 令 $k := k+1$, 转步骤 1.

下面给出一个简单的例子.

例 12.4 用乘子法求解等式约束优化问题

$$\begin{aligned} \min \quad & f(\boldsymbol{x}) = 2x_1^2 + x_1 - 3x_2^2, \\ \text{s.t.} \quad & x_2 = 1. \end{aligned}$$

解 该问题相应于乘子法的增广目标函数为

$$\begin{aligned} \psi(\boldsymbol{x}, \lambda, \sigma) &= 2x_1^2 + x_1 - 3x_2^2 - \lambda(x_2 - 1) + \frac{\sigma}{2}(x_2 - 1)^2 \\ &= 2x_1^2 + \left(\frac{\sigma}{2} - 3\right)x_2^2 + x_1 - (\lambda + \sigma)x_2 + \lambda + \frac{\sigma}{2}. \end{aligned}$$

令

$$\frac{\partial \psi(\boldsymbol{x}, \lambda, \sigma)}{\partial x_1} = 4x_1 + 1 = 0, \quad \frac{\partial \psi(\boldsymbol{x}, \lambda, \sigma)}{\partial x_2} = (\sigma - 6)x_2 - (\lambda + \sigma) = 0.$$

对于 $\sigma > 6$, 解上述关于 x_1 和 x_2 的二元一次方程组, 得稳定点

$$\bar{\boldsymbol{x}} = \begin{pmatrix} \bar{x}_1 \\ \bar{x}_2 \end{pmatrix} = \begin{pmatrix} -\dfrac{1}{4} \\ \dfrac{\lambda + \sigma}{\sigma - 6} \end{pmatrix}.$$

注意到约束条件 $x_2 = 1$, 得 $\lambda = -6$. 从而 $\bar{\boldsymbol{x}} = (-\dfrac{1}{4}, 1)^{\mathrm{T}} = \boldsymbol{x}^*$.

从例 12.4 可以发现, 乘子法并不要求罚参数 σ 趋于无穷大, 只要求它大于某个正数即可. 下面将从理论上来证明这一事实.

引理 12.3 已知矩阵 $\boldsymbol{U} \in \mathbf{R}^{n\times n}$, $\boldsymbol{S} \in \mathbf{R}^{n\times m}$, 则对任意满足 $\boldsymbol{S}^{\mathrm{T}}\boldsymbol{x} = \boldsymbol{0}$ 的非零向量 $\boldsymbol{x}$ 都有 $\boldsymbol{x}^{\mathrm{T}}\boldsymbol{U}\boldsymbol{x} > 0$ 的充要条件是存在常数 $\sigma^* > 0$, 使得对任意的 $\sigma \geqslant \sigma^*$, 有

$$\boldsymbol{x}^{\mathrm{T}}(\boldsymbol{U} + \sigma\boldsymbol{S}\boldsymbol{S}^{\mathrm{T}})\boldsymbol{x} > 0, \quad \forall \boldsymbol{0} \neq \boldsymbol{x} \in \mathbf{R}^n.$$

证明 充分性是显然的. 注意到 $\boldsymbol{S}^{\mathrm{T}}\boldsymbol{x} = \boldsymbol{0}$, 立即有

$$\boldsymbol{x}^{\mathrm{T}}\boldsymbol{U}\boldsymbol{x} = \boldsymbol{x}^{\mathrm{T}}\boldsymbol{U}\boldsymbol{x} + \sigma\boldsymbol{x}^{\mathrm{T}}\boldsymbol{S}\boldsymbol{S}^{\mathrm{T}}\boldsymbol{x} = \boldsymbol{x}^{\mathrm{T}}(\boldsymbol{U} + \sigma\boldsymbol{S}\boldsymbol{S}^{\mathrm{T}})\boldsymbol{x} > 0.$$

必要性. 注意到, 若存在常数 $\sigma^* > 0$, 使得

$$\boldsymbol{x}^{\mathrm{T}}(\boldsymbol{U} + \sigma^* \boldsymbol{S}\boldsymbol{S}^{\mathrm{T}})\boldsymbol{x} > 0, \quad \forall \boldsymbol{0} \neq \boldsymbol{x} \in \mathbf{R}^n,$$

则任取 $\sigma \geqslant \sigma^*$, 恒有

$$\boldsymbol{x}^{\mathrm{T}}(\boldsymbol{U} + \sigma \boldsymbol{S}\boldsymbol{S}^{\mathrm{T}})\boldsymbol{x} \geqslant \boldsymbol{x}^{\mathrm{T}}(\boldsymbol{U} + \sigma^* \boldsymbol{S}\boldsymbol{S}^{\mathrm{T}})\boldsymbol{x} > 0, \quad \forall \boldsymbol{0} \neq \boldsymbol{x} \in \mathbf{R}^n.$$

以下只需证明上述 σ^* 的存在性. 事实上, 若这样的 σ^* 不存在, 则对任意的正整数 k, 必存在向量 $\boldsymbol{x}_k$ 且 $\|\boldsymbol{x}_k\| = 1$, 使得

$$\boldsymbol{x}_k^{\mathrm{T}}(\boldsymbol{U} + k\boldsymbol{S}\boldsymbol{S}^{\mathrm{T}})\boldsymbol{x}_k \leqslant 0.$$

因 $\{\boldsymbol{x}_k\}$ 是有界序列, 故必有收敛的子序列 (仍记为它本身), 设其极限为 $\hat{\boldsymbol{x}}$ 且 $\|\hat{\boldsymbol{x}}\| = 1$. 则对上式取极限, 令$k \to \infty$ 得

$$\hat{\boldsymbol{x}}^{\mathrm{T}}\boldsymbol{U}\hat{\boldsymbol{x}} + \lim_{k\to\infty} k\|\boldsymbol{S}^{\mathrm{T}}\boldsymbol{x}_k\|^2 \leqslant 0.$$

由此必有 $\|\boldsymbol{S}^{\mathrm{T}}\boldsymbol{x}_k\| \to \|\boldsymbol{S}^{\mathrm{T}}\hat{\boldsymbol{x}}\| = 0$ (否则, $k\|\boldsymbol{S}^{\mathrm{T}}\boldsymbol{x}_k\|^2 \to +\infty$), 同时 $\hat{\boldsymbol{x}}^{\mathrm{T}}\boldsymbol{U}\hat{\boldsymbol{x}} \leqslant 0$, 这与必要性的条件矛盾. 证毕. □

定理 12.4 设等式约束优化问题 (12.22) 的 KKT 对 $(\boldsymbol{x}^*, \boldsymbol{\lambda}^*)$ 满足二阶充分性条件 (见定理 8.2), 则存在一个 $\sigma^* > 0$, 对所有的 $\sigma \geqslant \sigma^*$, $\boldsymbol{x}^*$ 是增广目标函数 $\psi(\boldsymbol{x}, \boldsymbol{\lambda}^*, \sigma)$ (由式 (12.24) 所定义) 的严格局部极小点. 进一步, 若 $\boldsymbol{h}(\bar{\boldsymbol{x}}) = \boldsymbol{0}$ 且 $\bar{\boldsymbol{x}}$ 对某个 $\bar{\boldsymbol{\lambda}}$ 是 $\psi(\boldsymbol{x}, \bar{\boldsymbol{\lambda}}, \sigma)$ 的局部极小点, 则 $\bar{\boldsymbol{x}}$ 也是问题 (12.22) 的局部极小点.

证明 注意到 $\psi(\boldsymbol{x}, \boldsymbol{\lambda}^*, \sigma) = L(\boldsymbol{x}, \boldsymbol{\lambda}^*) + \frac{\sigma}{2}\|\boldsymbol{h}(\boldsymbol{x})\|^2$, 求其梯度和二阶导数, 得

$$\nabla_{\boldsymbol{x}}\psi(\boldsymbol{x}, \boldsymbol{\lambda}^*, \sigma) = \nabla_{\boldsymbol{x}}L(\boldsymbol{x}, \boldsymbol{\lambda}^*) + \sigma\nabla\boldsymbol{h}(\boldsymbol{x})\,\boldsymbol{h}(\boldsymbol{x}),$$
$$\nabla_{\boldsymbol{x}}^2\psi(\boldsymbol{x}^*, \boldsymbol{\lambda}^*, \sigma) = \nabla_{\boldsymbol{x}}^2L(\boldsymbol{x}^*, \boldsymbol{\lambda}^*) + \sigma\nabla\boldsymbol{h}(\boldsymbol{x}^*)\nabla\boldsymbol{h}(\boldsymbol{x}^*)^{\mathrm{T}}.$$

由二阶充分性条件知, 对每个满足 $\nabla\boldsymbol{h}(\boldsymbol{x}^*)^{\mathrm{T}}\boldsymbol{d} = \boldsymbol{0}$ 的向量 $\boldsymbol{d} \neq \boldsymbol{0}$, 有

$$\boldsymbol{d}^{\mathrm{T}}\nabla_{\boldsymbol{x}}^2L(\boldsymbol{x}^*, \boldsymbol{\lambda}^*)\boldsymbol{d} > 0.$$

于是由引理 12.3 知, 存在 $\sigma^* > 0$ 使得当 $\sigma \geqslant \sigma^*$ 且 $\boldsymbol{d} \neq \boldsymbol{0}$ 时, 有

$$\boldsymbol{d}^{\mathrm{T}}\nabla_{\boldsymbol{x}}^2\psi(\boldsymbol{x}^*, \boldsymbol{\lambda}^*, \sigma)\boldsymbol{d} = \boldsymbol{d}^{\mathrm{T}}[\nabla_{\boldsymbol{x}}^2L(\boldsymbol{x}^*, \boldsymbol{\lambda}^*) + \sigma\nabla\boldsymbol{h}(\boldsymbol{x}^*)\nabla\boldsymbol{h}(\boldsymbol{x}^*)^{\mathrm{T}}]\boldsymbol{d} > 0.$$

再由二阶充分性条件知, $\nabla_{\boldsymbol{x}}L(\boldsymbol{x}^*, \boldsymbol{\lambda}^*) = \boldsymbol{0}$, $\boldsymbol{h}(\boldsymbol{x}^*) = \boldsymbol{0}$. 故有

$$\nabla_{\boldsymbol{x}}\psi(\boldsymbol{x}^*, \boldsymbol{\lambda}^*, \sigma) = \boldsymbol{0},$$

这表明增广目标函数 $\psi(\boldsymbol{x},\boldsymbol{\lambda}^*,\sigma)\,(\sigma\geqslant\sigma^*)$ 在 $\boldsymbol{x}^*$ 处满足二阶充分性条件, 故由定理 1.8 可知, $\boldsymbol{x}^*$ 是 $\psi(\boldsymbol{x},\boldsymbol{\lambda}^*,\sigma)$ 的严格局部极小点. 这就证明了定理的第一个结论.

下面证明第二个结论. 若 $\boldsymbol{h}(\bar{\boldsymbol{x}})=\boldsymbol{0}$ 且 $\bar{\boldsymbol{x}}$ 对某个 $\bar{\boldsymbol{\lambda}}$ 是 $\psi(\boldsymbol{x},\bar{\boldsymbol{\lambda}},\sigma)$ 的局部极小点, 则对任意与 $\bar{\boldsymbol{x}}$ 充分靠近的可行点 $\hat{\boldsymbol{x}}$ (即 $\boldsymbol{h}(\hat{\boldsymbol{x}})=\boldsymbol{0}$), 有

$$\psi(\bar{\boldsymbol{x}},\bar{\boldsymbol{\lambda}},\sigma)\leqslant\psi(\hat{\boldsymbol{x}},\bar{\boldsymbol{\lambda}},\sigma).$$

因 $\boldsymbol{h}(\bar{\boldsymbol{x}})=\boldsymbol{h}(\hat{\boldsymbol{x}})=\boldsymbol{0}$, 故有

$$\psi(\bar{\boldsymbol{x}},\bar{\boldsymbol{\lambda}},\sigma)=f(\bar{\boldsymbol{x}}),\quad \psi(\hat{\boldsymbol{x}},\bar{\boldsymbol{\lambda}},\sigma)=f(\hat{\boldsymbol{x}}).$$

上式表明, 对于 $\bar{\boldsymbol{x}}$ 的某个邻域中的任意可行点 $\hat{\boldsymbol{x}}$, 均有 $f(\bar{\boldsymbol{x}})\leqslant f(\hat{\boldsymbol{x}})$, 即 $\bar{\boldsymbol{x}}$ 是问题 (12.22) 的局部极小点. 证毕. □

12.3.2 一般约束问题的乘子法

下面考虑同时带有等式和不等式约束的优化问题的乘子法:

$$\begin{aligned}
\min\ & f(\boldsymbol{x}), && \boldsymbol{x}\in\mathbf{R}^n,\\
\text{s.t.}\ & h_i(\boldsymbol{x})=0, && i=1,2,\cdots,l,\\
& g_i(\boldsymbol{x})\geqslant 0, && i=1,2,\cdots,m.
\end{aligned}\tag{12.28}$$

其基本思想是: 把解等式约束优化问题的乘子法推广到不等式约束优化问题, 即先引进辅助变量把不等式约束化为等式约束, 然后再利用最优性条件消去辅助变量. 为叙述的方便起见, 先考虑如下只带有不等式约束的最优化问题

$$\begin{aligned}
\min\ & f(\boldsymbol{x}), && \boldsymbol{x}\in\mathbf{R}^n,\\
\text{s.t.}\ & g_i(\boldsymbol{x})\geqslant 0, && i=1,2,\cdots,m.
\end{aligned}$$

引进辅助变量 $y_i\,(i=1,2,\cdots,m)$, 可以将上面的优化问题转化为下面等价的等式约束优化问题

$$\begin{aligned}
\min\ & f(\boldsymbol{x}), && \boldsymbol{x}\in\mathbf{R}^n,\\
\text{s.t.}\ & g_i(\boldsymbol{x})-y_i^2=0, && i=1,2,\cdots,m.
\end{aligned}$$

利用算法 12.1 求解, 此时增广拉格朗日函数为

$$\tilde{\psi}(\boldsymbol{x},\boldsymbol{y},\boldsymbol{\lambda},\sigma)=f(\boldsymbol{x})-\sum_{i=1}^{m}\lambda_i[g_i(\boldsymbol{x})-y_i^2]+\frac{\sigma}{2}\sum_{i=1}^{m}[g_i(\boldsymbol{x})-y_i^2]^2.$$

为了消去辅助变量 $\boldsymbol{y}$, 可考虑 $\tilde{\psi}$ 关于变量 $\boldsymbol{y}$ 的极小化. 由一阶必要条件, 令 $\nabla_{\boldsymbol{y}}\tilde{\psi}(\boldsymbol{x},\boldsymbol{y},\boldsymbol{\lambda},\sigma)=\boldsymbol{0}$, 得

$$2y_i\lambda_i-2\sigma y_i[g_i(\boldsymbol{x})-y_i^2]=0,\quad i=1,2,\cdots,m,$$

即

$$y_i[\sigma y_i^2-(\sigma g_i(\boldsymbol{x})-\lambda_i)]=0,\quad i=1,2,\cdots,m.$$

故当 $\sigma g_i(\boldsymbol{x})-\lambda_i>0$ 时, 有

$$y_i^2=\frac{1}{\sigma}\left[\sigma g_i(\boldsymbol{x})-\lambda_i\right]=g_i(\boldsymbol{x})-\frac{\lambda_i}{\sigma}.$$

否则, 由 $\sigma y_i^2+[\lambda_i-\sigma g_i(\boldsymbol{x})]\geqslant 0$ 可推得 $y_i=0$. 综合起来, 有

$$y_i^2=\begin{cases} g_i(\boldsymbol{x})-\dfrac{\lambda_i}{\sigma}, & \sigma g_i(\boldsymbol{x})-\lambda_i>0,\\ 0, & \sigma g_i(\boldsymbol{x})-\lambda_i\leqslant 0,\end{cases}\quad i=1,2,\cdots,m,$$

即

$$g_i(\boldsymbol{x})-y_i^2=\begin{cases} \dfrac{\lambda_i}{\sigma}, & \sigma g_i(\boldsymbol{x})-\lambda_i>0,\\ g_i(\boldsymbol{x}), & \sigma g_i(\boldsymbol{x})-\lambda_i\leqslant 0,\end{cases}\quad i=1,2,\cdots,m. \tag{12.29}$$

因此, 当 $\sigma g_i(\boldsymbol{x})-\lambda_i\leqslant 0$ 时, 有

$$\begin{aligned}-\lambda_i[g_i(\boldsymbol{x})-y_i^2]+\frac{\sigma}{2}[g_i(\boldsymbol{x})-y_i^2]^2 &= -\lambda_i g_i(\boldsymbol{x})+\frac{\sigma}{2}[g_i(\boldsymbol{x})]^2\\ &= \frac{1}{2\sigma}\left[(\sigma g_i(\boldsymbol{x})-\lambda_i)^2-\lambda_i^2\right].\end{aligned}$$

而当 $\sigma g_i(\boldsymbol{x})-\lambda_i>0$ 时, 有

$$-\lambda_i[g_i(\boldsymbol{x})-y_i^2]+\frac{\sigma}{2}[g_i(\boldsymbol{x})-y_i^2]^2=-\frac{1}{\sigma}\lambda_i^2+\frac{1}{2\sigma}\lambda_i^2=-\frac{1}{2\sigma}\lambda_i^2.$$

综合上述两种情形, 有

$$-\lambda_i[g_i(\boldsymbol{x})-y_i^2]+\frac{\sigma}{2}[g_i(\boldsymbol{x})-y_i^2]^2=\frac{1}{2\sigma}\Big([\min\{0,\sigma g_i(\boldsymbol{x})-\lambda_i\}]^2-\lambda_i^2\Big).$$

将其代回到 $\tilde{\psi}(\boldsymbol{x},\boldsymbol{y},\boldsymbol{\lambda},\sigma)$ 中, 得

$$\begin{aligned}\tilde{\phi}(\boldsymbol{x},\boldsymbol{\lambda},\sigma) &= \min_{\boldsymbol{y}}\tilde{\psi}(\boldsymbol{x},\boldsymbol{y},\boldsymbol{\lambda},\sigma)\\ &= f(\boldsymbol{x})+\frac{1}{2\sigma}\sum_{i=1}^{m}\Big([\min\{0,\sigma g_i(\boldsymbol{x})-\lambda_i\}]^2-\lambda_i^2\Big).\end{aligned} \tag{12.30}$$

于是, 将式 (12.29) 代入乘子迭代公式 $(\boldsymbol{\lambda}_{k+1})_i=(\boldsymbol{\lambda}_k)_i-\sigma[g_i(\boldsymbol{x}_k)-(\boldsymbol{y}_k)_i^2]$, 得

$$(\boldsymbol{\lambda}_{k+1})_i=\begin{cases} 0, & \sigma g_i(\boldsymbol{x}_k)-(\boldsymbol{\lambda}_k)_i>0,\\ (\boldsymbol{\lambda}_k)_i-\sigma g_i(\boldsymbol{x}_k), & \sigma g_i(\boldsymbol{x}_k)-(\boldsymbol{\lambda}_k)_i\leqslant 0,\end{cases}$$

即

$$(\boldsymbol{\lambda}_{k+1})_i=\max\{0,(\boldsymbol{\lambda}_k)_i-\sigma g_i(\boldsymbol{x}_k)\}\geqslant 0,\quad i=1,2,\cdots,m. \tag{12.31}$$

同样, 将式 (12.29) 代入终止准则

$$\Big(\sum_{i=1}^{m}[g_i(\boldsymbol{x}_k)-(\boldsymbol{y}_k)_i^2]^2\Big)^{1/2}\leqslant\varepsilon,$$

得

$$\left(\sum_{i=1}^{m}\left[\min\left\{g_i(\boldsymbol{x}_k),\ \frac{(\boldsymbol{\lambda}_k)_i}{\sigma}\right\}\right]^2\right)^{1/2}\leqslant\varepsilon. \tag{12.32}$$

现在构造求解一般约束优化问题 (12.28) 的乘子法. 此时, 增广拉格朗日函数为

$$\begin{aligned}\psi(\boldsymbol{x},\boldsymbol{\mu},\boldsymbol{\lambda},\sigma) &= f(\boldsymbol{x})-\sum_{i=1}^{l}\mu_i h_i(\boldsymbol{x})+\frac{\sigma}{2}\sum_{i=1}^{l}h_i^2(\boldsymbol{x})\\ &\quad+\frac{1}{2\sigma}\sum_{i=1}^{m}\big([\min\{0,\sigma g_i(\boldsymbol{x})-\lambda_i\}]^2-\lambda_i^2\big).\end{aligned} \tag{12.33}$$

乘子迭代的公式为

$$\begin{aligned}(\boldsymbol{\mu}_{k+1})_i &= (\boldsymbol{\mu}_k)_i-\sigma h_i(\boldsymbol{x}_k),\ \ i=1,2,\cdots,l,\\ (\boldsymbol{\lambda}_{k+1})_i &= \max\{0,(\boldsymbol{\lambda}_k)_i-\sigma g_i(\boldsymbol{x}_k)\},\ \ i=1,2,\cdots,m.\end{aligned}$$

令

$$\beta_k=\left(\sum_{i=1}^{l}h_i^2(\boldsymbol{x}_k)+\sum_{i=1}^{m}\left[\min\left\{g_i(\boldsymbol{x}_k),\frac{(\boldsymbol{\lambda}_k)_i}{\sigma}\right\}\right]^2\right)^{1/2}, \tag{12.34}$$

则终止准则为

$$\beta_k\leqslant\varepsilon.$$

下面给出求解一般约束优化问题 (12.28) 乘子法的详细步骤. 由于这一算法是由 Rockfellar 在 PH 算法的基础上提出的, 因此, 简称为 PHR 算法.

算法 12.4 (PHR **算法**)

步骤 0, 给定初始值 $\boldsymbol{x}_0\in\mathbf{R}^n$, $\boldsymbol{\mu}_1\in\mathbf{R}^l$, $\boldsymbol{\lambda}_1\in\mathbf{R}^m$, 终止准则 $0\leqslant\varepsilon\ll 1$. $\sigma_1>0$, $\vartheta\in(0,1)$, $\eta>1$. 令 $k:=1$.

步骤 1, 以 $\boldsymbol{x}_{k-1}$ 为初始点求解无约束子问题

$$\min\psi(\boldsymbol{x},\boldsymbol{\mu}_k,\boldsymbol{\lambda}_k,\sigma_k),$$

得极小点 $\boldsymbol{x}_k$, 其中 $\psi(\boldsymbol{x},\boldsymbol{\mu}_k,\boldsymbol{\lambda}_k,\sigma_k)$ 由式 (12.33) 定义.

步骤 2, 若 $\beta_k\leqslant\varepsilon$, 其中 β_k 由式 (12.34) 定义, 则停止迭代, 输出 $\boldsymbol{x}^*\approx\boldsymbol{x}_k$ 作为原问题的近似极小点; 否则, 转步骤 3.

步骤 3, 更新乘子向量

$$\begin{aligned}(\boldsymbol{\mu}_{k+1})_i &:= (\boldsymbol{\mu}_k)_i - \sigma_k h_i(\boldsymbol{x}_k), \quad i=1,2,\cdots,l,\\ (\boldsymbol{\lambda}_{k+1})_i &:= \max\{0,(\boldsymbol{\lambda}_k)_i - \sigma_k g_i(\boldsymbol{x}_k)\}, \quad i=1,2,\cdots,m.\end{aligned}$$

步骤 4, 若 $\beta_k \geqslant \vartheta\beta_{k-1}$, 令 $\sigma_{k+1} := \eta\sigma_k$; 否则, $\sigma_{k+1} := \sigma_k$.

步骤 5, 令 $k := k+1$, 转步骤 1.

12.4 乘子法的 MATLAB 实现

本节给出算法 12.4 (PHR 算法) 的 MATLAB 通用程序, 然后利用该程序求解一个简单的约束优化问题.

程序 12.1 (PHR 算法程序)

```
function [x,mu,lam,output]=multphr(fun,hf,gf,dfun,dhf,dgf,x0)
%功能: 乘子法求解一般约束优化问题:
%         min  f(x),    s.t.  h(x)=0, g(x)>=0
%输入: fun, dfun分别是目标函数及其梯度,
%        hf, dhf分别是等式约束(向量)函数及其Jacobi矩阵的转置,
%        gf, dgf分别是不等式约束(向量)函数及其Jacobi矩阵的转置,
%        x0是初始点
%输出: x是近似最优解,
%        mu, lam分别是相应于等式约束和不等式约束的乘子向量,
%        output是结构变量, 输出近似极小值f, 迭代次数, 内迭代次数等
maxk=1000;  %最大迭代次数
sigma=2.0;  %罚因子
theta=0.8;  eta=2.0;  %PHR算法中的实参数
k=0;  ink=0;  %k,ink分别是外迭代和内迭代次数
epsilon=1e-5;  %终止误差值
x=x0;  he=feval(hf,x);  gi=feval(gf,x);
n=length(x);  l=length(he);  m=length(gi);
%选取乘子向量的初始值
mu=0.1*ones(l,1);  lam=0.1*ones(m,1);
betak=10;  betaold=10;  %用来检验终止条件的两个值
while(betak>epsilon & k<maxk)
 %调用BFGS算法程序求解无约束子问题
```

```
 [ik,x,val]=bfgs('mpsi','dmpsi',x0,fun,hf,gf,dfun,dhf,dgf,mu,lam,sigma);
 ink=ink+ik;
 he=feval(hf,x); gi=feval(gf,x);
 %计算batak
 betak=sqrt(norm(he,2)^2+norm(min(gi,lam/sigma),2)^2);
 if betak>epsilon
   %更新乘子向量
   mu=mu-sigma*he;
   lam=max(0.0,lam-sigma*gi);
     if(k>=2 & betak>theta*betaold)
        sigma=eta*sigma;
     end
 end
k=k+1;
betaold=betak;
x0=x;
end
f=feval(fun,x);
output.fval=f;
output.iter=k;
output.inner_iter=ink;
output.beta=betak;
%========== 增广拉格朗日函数==========%
function psi=mpsi(x,fun,hf,gf,dfun,dhf,dgf,mu,lam,sigma)
f=feval(fun,x);  he=feval(hf,x);  gi=feval(gf,x);
l=length(he);  m=length(gi);
psi=f;  s1=0.0;
for(i=1:l)
    psi=psi-he(i)*mu(i);
    s1=s1+he(i)^2;
end
psi=psi+0.5*sigma*s1;
s2=0.0;
for(i=1:m)
```

```
    s3=max(0.0,lam(i)-sigma*gi(i));
    s2=s2+s3^2-lam(i)^2;
end
psi=psi+s2/(2.0*sigma);
%========== 增广拉格朗日函数的梯度==========%
function dpsi=dmpsi(x,fun,hf,gf,dfun,dhf,dgf,mu,lam,sigma)
dpsi=feval(dfun,x);
he=feval(hf,x);  gi=feval(gf,x);
dhe=feval(dhf,x);  dgi=feval(dgf,x);
l=length(he);  m=length(gi);
for(i=1:l)
    dpsi=dpsi+(sigma*he(i)-mu(i))*dhe(:,i);
end
for(i=1:m)
    dpsi=dpsi+(sigma*gi(i)-lam(i))*dgi(:,i);
end
```

例 12.5 利用程序 12.1 求解约束优化问题

$$
\begin{aligned}
\min\ & f(\boldsymbol{x}) = -3x_1^2 - x_2^2 - 2x_3^2, \\
\text{s.t.}\ & x_1^2 + x_2^2 + x_3^2 = 3, \\
& x_2 \geqslant x_1, \\
& x_1 \geqslant 0.
\end{aligned}
$$

取初始点为 $x_0 = (0,0,0)^{\mathrm{T}}$.

解 先编制目标函数文件 f1.m:

```
function f=f1(x)
f=-3*x(1)^2-x(2)^2-2*x(3)^2;
```

等式约束函数文件 h1.m:

```
function he=h1(x)
he=x(1)^2+x(2)^2+x(3)^2-3;
```

不等式约束函数文件 g1.m:

```
function gi=g1(x)
gi=zeros(2,1);
gi(1)=-x(1)+x(2);
gi(2)=x(1);
```

目标函数的梯度文件 df1.m:

```
function g=df1(x)
g=[-6*x(1);-2*x(2);-4*x(3)];
```

等式约束（向量）函数的 Jacobi 矩阵的转置文件 dh1.m:

```
function dhe=dh1(x)
dhe=[2*x(1), 2*x(2), 2*x(3)]';
```

不等式约束（向量）函数的 Jacobi 矩阵的转置文件 dg1.m:

```
function dgi=dg1(x)
dgi=[-1  1; 1 0; 0 0];
```

然后在 MATLAB 命令窗口输入如下命令:

```
>> x0=[0,0,0]';
>> [x,mu,lam,output]=multphr('f1','h1','g1','df1','dh1','dg1',x0)
```

得

```
x =
    1.2247
    1.2247
    0
mu =
    -1.5000
lam =
    1.2247
    0
output =
          fval: -6.0000
          iter: 7
    inner_iter: 50
           bta: 2.6206e-006
```

习 题 12

1. 对于不等式约束优化问题

$$\min f(\boldsymbol{x}), \quad \text{s.t. } g_i(\boldsymbol{x}) \geqslant 0, \ i \in \mathcal{I}.$$

试分析下述函数在通过外罚函数法求上述优化问题的极小点时的优势和劣势:

$$P_\mu(\boldsymbol{x}) = f(\boldsymbol{x}) + \mu \sum_{i\in\mathcal{I}} \max\{0, g_i(\boldsymbol{x})\},$$

$$P_\mu(\boldsymbol{x}) = f(\boldsymbol{x}) + \mu \sum_{i\in\mathcal{I}} \big[\max\{0, g_i(\boldsymbol{x})\}\big]^2,$$

$$P_\mu(\boldsymbol{x}) = f(\boldsymbol{x}) + \mu \max\{0, g_1(\boldsymbol{x}), g_2(\boldsymbol{x}), \cdots, g_{|\mathcal{I}|}(\boldsymbol{x})\},$$

$$P_\mu(\boldsymbol{x}) = f(\boldsymbol{x}) + \mu\big[\max\{0, g_1(\boldsymbol{x}), g_2(\boldsymbol{x}), \cdots, g_{|\mathcal{I}|}(\boldsymbol{x})\}\big]^2,$$

式中: $|\mathcal{I}|$ 为指标集 $\mathcal{I}$ 的元素个数.

2. 用外罚函数法求解下列约束优化问题:

(1) $\min\ f(\boldsymbol{x}) = -x_1 - x_2,$
 s.t. $x_1^2 + x_2^2 = 1;$

(2) $\min\ f(\boldsymbol{x}) = x_1^2 + x_2^2,$
 s.t. $x_1 + x_2 = 1;$

(3) $\min\ f(\boldsymbol{x}) = x_1^2 + x_2^2,$
 s.t. $2x_1 + x_2 - 2 \leqslant 0,$
 $x_2 \geqslant 1;$

(4) $\min\ f(\boldsymbol{x}) = -x_1x_2,$
 s.t. $-x_1 - x_2^2 + 1 \leqslant 0,$
 $x_1 + x_2 \geqslant 0.$

3. 用内点法求解下列约束优化问题:

(1) $\min\ f(\boldsymbol{x}) = x_1 + x_2,$
 s.t. $-x_1^2 + x_2 \leqslant 0,$
 $x_1 \geqslant 0;$

(2) $\min\ f(\boldsymbol{x}) = x_1^2 + x_2,$
 s.t. $-2x_1 - x_2 + 2 \geqslant 0,$
 $x_2 - 1 \geqslant 0;$

(3) $\min\ f(\boldsymbol{x}) = 2x_1 + 3x_2,$
 s.t. $1 - 2x_1^2 - x_2^2 \geqslant 0;$

(4) $\min\ f(x) = (x+1)^2,$
 s.t. $x \geqslant 0.$

4. 用乘子法求解下列问题:

(1) $\min\ f(\boldsymbol{x}) = x_1^2 + x_2^2,$
 s.t. $x_1 \geqslant 0;$

(2) $\min\ f(\boldsymbol{x}) = x_1^2 - x_2^2$
 s.t. $x_2 = -1;$

(3) $\min\ f(\boldsymbol{x}) = x_1 + \dfrac{1}{3}(x_2+1)^2,$
 s.t. $x_1 \geqslant 0,$
 $x_2 \geqslant 1;$

(4) $\min\ f(\boldsymbol{x}) = (x_1-2)^2 + (x_2-3)^2,$
 s.t. $(x_1-2)^2 - x_2 \geqslant 0,$
 $2x_1 - x_2 - 1 = 0.$

5. 考虑下列等式约束优化问题

$$\begin{aligned} \min \quad & f(\boldsymbol{x}) = x_1x_2, \\ \text{s.t.} \quad & g(\boldsymbol{x}) = -2x_1 + x_2 + 3 \geqslant 0. \end{aligned}$$

(1) 用二阶最优性条件证明点 $\bar{\boldsymbol{x}} = \left(\frac{3}{4}, -\frac{3}{2}\right)^{\mathrm{T}}$ 是局部极小点, 并说明它是否为全局极小点;

(2) 定义障碍函数为 $\bar{H}(\boldsymbol{x},\tau) = x_1x_2 - \tau \ln g(\boldsymbol{x})$, 试用内点法求解此问题, 并说明内点法产生的序列趋向于 $\bar{\boldsymbol{x}}$.

6. 考虑下列非线性约束优化问题

$$\begin{aligned} \min \quad & f(\boldsymbol{x}) = x_1^3 + x_2^3, \\ \text{s.t.} \quad & x_1 + x_2 = 1. \end{aligned}$$

(1) 求问题的最优解;

(2) 定义罚函数 $P(\boldsymbol{x},\sigma) = x_1^3 + x_2^3 + \sigma(x_1 + x_2 - 1)^2$, 试讨论能否通过求解无约束问题 $\min P(\boldsymbol{x},\sigma)$ 来获得原问题的最优解? 说明理由.

7. 利用乘子法的 MATLAB 程序求解下列约束优化问题:

$$\begin{aligned} (1) \quad \min \quad & f(\boldsymbol{x}) = (x_1 - 2)^2 + (x_2 - 1)^2, \\ \text{s.t.} \quad & x_1 - 2x_2 + 1 = 0, \\ & -0.25x_1^2 - x_2^2 + 1 \geqslant 0, \end{aligned}$$

初始点取为 $(2,2)^{\mathrm{T}}$, 极小点为 $\left(\frac{\sqrt{7}-1}{2}, \frac{\sqrt{7}+1}{4}\right)^{\mathrm{T}}$;

$$\begin{aligned} (2) \quad \min \quad & f(\boldsymbol{x}) = 1000 - x_1^2 - 2x_2^2 - x_3^2 - x_1x_2 - x_1x_3, \\ \text{s.t.} \quad & 8x_1 + 14x_2 + 7x_3 - 56 = 0, \\ & x_1^2 + x_2^2 + x_3^2 - 25 = 0, \\ & x_1 \geqslant 0,\ x_2 \geqslant 0,\ x_3 \geqslant 0, \end{aligned}$$

初始点取为 $(2,2,2)^{\mathrm{T}}$, 极小点为 $(3.512118,\ 0.216988,\ 3.552174)^{\mathrm{T}}$.

8. 设 $f: \mathbf{R}^n \to \mathbf{R}$ 连续可微, $\boldsymbol{A} \in \mathbf{R}^{m\times n}$ 满秩, $\boldsymbol{b} \in \mathbf{R}^m$. 设 $\{\boldsymbol{x}_k\}$ 是用算法 12.3 求解优化问题

$$\min f(\boldsymbol{x}), \quad \text{s.t.}\ \boldsymbol{A}\boldsymbol{x} = \boldsymbol{b}$$

产生的序列, 其中罚参数 $\sigma_k > 0$.

(1) 证明: $\boldsymbol{x}_k$ 是问题的一个可行点的充要条件是它是问题的一个 KKT 点, 而且 $\boldsymbol{\lambda}_k$ 是相应的拉格朗日乘子;

(2) 若 $\{\boldsymbol{x}_k\}$ 有界且下面的条件之一成立:

① 罚参数序列 $\{\sigma_k\} \to \infty$,

② $\{\boldsymbol{x}_{k+1} - \boldsymbol{x}_k\} \to 0$, 且存在 $\bar{\sigma} > 0$ 使得 $\sigma_k \geqslant \bar{\sigma}$,

则 $\{\boldsymbol{\lambda}_k\}$ 有界, 而且 $(\boldsymbol{x}_k, \boldsymbol{\lambda}_k)$ 的任何极限点都是问题的 KKT 点.

第 13 章　序列二次规划法

本章考虑求解一般非线性优化问题

$$\begin{aligned}
&\min f(\boldsymbol{x}), && \boldsymbol{x}\in\mathbf{R}^n,\\
&\text{s.t. } h_i(\boldsymbol{x})=0, && i\in\mathcal{E}=\{1,2,\cdots,l\},\\
&\qquad g_i(\boldsymbol{x})\geqslant 0, && i\in\mathcal{I}=\{1,2,\cdots,m\}
\end{aligned}\tag{13.1}$$

的序列二次规划 (Sequential Quadratic Programming, SQP) 方法. SQP 方法是求解约束优化问题最有效的算法之一, 其基本思想是: 在每一迭代步通过求解一个二次规划子问题来确立一个下降方向, 以减少价值函数来取得步长, 重复这些步骤直到求得原问题的解. 这也是之所以称为序列二次规划法的由来. 本章主要介绍 SQP 方法的基本思想、迭代步骤和收敛性分析. 首先介绍求解等式约束优化问题的牛顿-拉格朗日法.

13.1　牛顿-拉格朗日法

13.1.1　牛顿-拉格朗日法的基本理论

考虑纯等式约束的优化问题

$$\begin{aligned}
&\min f(\boldsymbol{x}), && \boldsymbol{x}\in\mathbf{R}^n,\\
&\text{s.t. } h_i(\boldsymbol{x})=0, && i\in\mathcal{E}=\{1,2,\cdots,l\},
\end{aligned}\tag{13.2}$$

式中: $f:\mathbf{R}^n\to\mathbf{R}$, $h_i:\mathbf{R}^n\to\mathbf{R}\,(i\in\mathcal{E})$ 都为二阶连续可微的实函数.

记 $\boldsymbol{h}(\boldsymbol{x})=\big(h_1(\boldsymbol{x}),h_2(\boldsymbol{x}),\cdots,h_l(\boldsymbol{x})\big)^{\mathrm{T}}$, 则不难写出问题 (13.2) 的拉格朗日函数为

$$L(\boldsymbol{x},\boldsymbol{\mu})=f(\boldsymbol{x})-\sum_{i=1}^{l}\mu_i h_i(\boldsymbol{x})=f(\boldsymbol{x})-\boldsymbol{\mu}^{\mathrm{T}}\boldsymbol{h}(\boldsymbol{x}),$$

式中: $\boldsymbol{\mu}=(\mu_1,\mu_2,\cdots,\mu_l)^{\mathrm{T}}$ 为拉格朗日乘子向量.

约束函数 $\boldsymbol{h}(\boldsymbol{x})$ 的梯度矩阵为

$$\nabla\boldsymbol{h}(\boldsymbol{x})=\Big(\nabla h_1(\boldsymbol{x}),\nabla h_2(\boldsymbol{x}),\cdots,\nabla h_l(\boldsymbol{x})\Big),$$

则 $\boldsymbol{h}(\boldsymbol{x})$ 的 Jacobi 矩阵为 $\boldsymbol{A}(\boldsymbol{x})=\nabla\boldsymbol{h}(\boldsymbol{x})^{\mathrm{T}}$. 根据问题 (13.2) 的 KKT 条件, 可以得到如下的方程组:

$$\nabla L(\boldsymbol{x},\boldsymbol{\mu})=\begin{pmatrix}\nabla_{\boldsymbol{x}}L(\boldsymbol{x},\boldsymbol{\mu})\\ \nabla_{\boldsymbol{\mu}}L(\boldsymbol{x},\boldsymbol{\mu})\end{pmatrix}=\begin{pmatrix}\nabla f(\boldsymbol{x})-\boldsymbol{A}(\boldsymbol{x})^{\mathrm{T}}\boldsymbol{\mu}\\ -\boldsymbol{h}(\boldsymbol{x})\end{pmatrix}=\mathbf{0}.\tag{13.3}$$

现在考虑用牛顿法求解非线性方程组 (13.3). 记函数 $\nabla L(\boldsymbol{x},\boldsymbol{\mu})$ 的 Jacobi 矩阵为

$$\boldsymbol{N}(\boldsymbol{x},\boldsymbol{\mu})=\begin{pmatrix}\boldsymbol{W}(\boldsymbol{x},\boldsymbol{\mu}) & -\boldsymbol{A}(\boldsymbol{x})^{\mathrm{T}}\\ -\boldsymbol{A}(\boldsymbol{x}) & \boldsymbol{0}\end{pmatrix}, \tag{13.4}$$

式中

$$\boldsymbol{W}(\boldsymbol{x},\boldsymbol{\mu})=\nabla^2_{\boldsymbol{x}\boldsymbol{x}}L(\boldsymbol{x},\boldsymbol{\mu})=\nabla^2 f(\boldsymbol{x})-\sum_{i=1}^{l}\mu_i\nabla^2 h_i(\boldsymbol{x})$$

为拉格朗日函数 $L(\boldsymbol{x},\boldsymbol{\mu})$ 关于 $\boldsymbol{x}$ 的 Hesse 阵.

式 (13.4) 所定义的矩阵 $\boldsymbol{N}(\boldsymbol{x},\boldsymbol{\mu})$ 也称为 KKT 矩阵. 对于给定的点 $\boldsymbol{z}_k=(\boldsymbol{x}_k,\boldsymbol{\mu}_k)$, 牛顿法的迭代格式为

$$\boldsymbol{z}_{k+1}=\boldsymbol{z}_k+\boldsymbol{p}_k, \tag{13.5}$$

式中: $\boldsymbol{p}_k=\left(\boldsymbol{d}_k^{\mathrm{T}},\boldsymbol{\nu}_k^{\mathrm{T}}\right)^{\mathrm{T}}$ 满足下面的线性方程组:

$$\boldsymbol{N}(\boldsymbol{x}_k,\boldsymbol{\mu}_k)\boldsymbol{p}_k=-\nabla L(\boldsymbol{x}_k,\boldsymbol{\mu}_k),$$

即

$$\begin{pmatrix}\boldsymbol{W}(\boldsymbol{x}_k,\boldsymbol{\mu}_k) & -\boldsymbol{A}(\boldsymbol{x}_k)^{\mathrm{T}}\\ -\boldsymbol{A}(\boldsymbol{x}_k) & \boldsymbol{0}\end{pmatrix}\begin{pmatrix}\boldsymbol{d}_k\\ \boldsymbol{\nu}_k\end{pmatrix}=\begin{pmatrix}-\nabla f(\boldsymbol{x}_k)+\boldsymbol{A}(\boldsymbol{x}_k)^{\mathrm{T}}\boldsymbol{\mu}_k\\ \boldsymbol{h}(\boldsymbol{x}_k)\end{pmatrix}. \tag{13.6}$$

不难发现, 只要矩阵 $\boldsymbol{A}(\boldsymbol{x}_k)$ 行满秩且 $\boldsymbol{W}(\boldsymbol{x}_k,\boldsymbol{\mu}_k)$ 是正定的, 那么方程组 (13.6) 的系数矩阵是非奇异的, 且该方程有唯一解. 由于 KKT 条件 (13.3) 是拉格朗日函数稳定点的条件, 所以通常把基于求解方程组 (13.3) 的优化方法称为拉格朗日方法. 特别地, 如果用牛顿法求解该方程组, 则称为牛顿-拉格朗日方法. 因此, 根据牛顿法的性质, 该方法具有局部二次收敛性质.

下面给出牛顿-拉格朗日方法的详细算法步骤.

算法 13.1 (牛顿-拉格朗日方法)

步骤 0, 选取 $\boldsymbol{x}_0\in\mathbf{R}^n$, $\boldsymbol{\mu}_0\in\mathbf{R}^l$, β, $\sigma\in(0,1)$, $0\leqslant\varepsilon\ll 1$. 令 $k:=0$.

步骤 1, 计算 $\|\nabla L(\boldsymbol{x}_k,\boldsymbol{\mu}_k)\|$ 的值. 若 $\|\nabla L(\boldsymbol{x}_k,\boldsymbol{\mu}_k)\|\leqslant\varepsilon$, 停算; 否则, 转步骤 2.

步骤 2, 解方程组 (13.6) 得 $\boldsymbol{p}_k=\left(\boldsymbol{d}_k^{\mathrm{T}},\boldsymbol{\nu}_k^{\mathrm{T}}\right)^{\mathrm{T}}$.

步骤 3, 设 m_k 是满足下列不等式的最小非负整数 m:

$$\|\nabla L(\boldsymbol{x}_k+\beta^m\boldsymbol{d}_k,\boldsymbol{\mu}_k+\beta^m\boldsymbol{\nu}_k)\|^2\leqslant(1-\sigma\beta^m)\|\nabla L(\boldsymbol{x}_k,\boldsymbol{\mu}_k)\|^2. \tag{13.7}$$

令 $\alpha_k:=\beta^{m_k}$.

步骤 4, 令 $\boldsymbol{x}_{k+1}:=\boldsymbol{x}_k+\alpha_k\boldsymbol{d}_k$, $\boldsymbol{\mu}_{k+1}:=\boldsymbol{\mu}_k+\alpha_k\boldsymbol{\nu}_k$, $k:=k+1$, 转步骤 1.

13.1.2 牛顿-拉格朗日法的 MATLAB 实现

本小节通过一个具体的例子介绍算法 13.1 (牛顿-拉格朗日方法) 的 MATLAB 实现.

例 13.1 用算法 13.1 编程求解下列最优化问题

$$\begin{aligned} \min\quad & f(\boldsymbol{x}) = 1 - x_1^2 + \mathrm{e}^{-x_1 - x_2} + x_2^2 - 2x_1x_2 + \mathrm{e}^{x_1} - 3x_2, \\ \text{s.t.}\quad & x_1^2 + x_2^2 - 5 = 0. \end{aligned}$$

该问题有最优解 $\boldsymbol{x}^* = (1.4419, 1.7091)^{\mathrm{T}}$, 最优值 $f(\boldsymbol{x}^*) = -3.9425$.

解 编制 MATLAB 程序如下:

```
function [k,x,mu,val,mh]=newtlagr(x0,mu0,epsilon)
%功能: 牛顿-拉格朗日法求解约束优化问题:
%        min f(x), s.t. h_i(x)=0, i=1,2,..., l
%输入: x0是初始点, mu0是乘子向量的初始值, epsilon是容许误差
%输出: k是迭代次数, x, mu分别是近似最优解及相应的乘子向量,
%      val是最优值, mh是约束函数的范数
maxk=500;  %最大迭代次数
n=length(x0);  l=length(mu0);
beta=0.6;  sigma=0.2;
x=x0;  mu=mu0;
k=0;
while(k<maxk)
  dl=dla(x,mu);  %计算拉格朗日函数的梯度
  if(norm(dl)<epsilon), break; end  %检验终止准则
  N=N1(x,mu);  %计算拉格朗日矩阵
  dz=-N\dl;  %解方程组得搜索方向
  dx=dz(1:n);  du=dz(n+1:n+l);
  m=0; mk=0;
  while(m<20)  %求步长
      t1=beta^m;
      if(norm(dla(x+t1*dx,mu+t1*du))^2<=(1-sigma*t1)*norm(dl)^2)
          mk=m; break;
      end
```

```
      m=m+1;
    end
    x=x+beta^mk*dx;  mu=mu+beta^mk*du;
    k=k+1;
end
val=f1(x);
mh=norm(h1(x));
%===========拉格朗日函数L(x,mu)======================%
function l=la(x,mu)
f=f1(x);              %调用目标函数文件
h=h1(x);              %调用约束函数文件
l=f-mu'*h;            %计算拉格朗日函数
%==============拉格朗日函数的梯度======================%
function dl=dla(x,mu)
df=df1(x);            %调用目标函数梯度文件
h=h1(x);              %调用约束函数文件
dh=dh1(x);            %调用约束函数Jacobi矩阵文件
dl=[df-dh'*mu; -h]; %计算拉格朗日函数的梯度
%=============拉格朗日函数的Hesse阵====================%
function d2l=d2la(x,mu)
d2f=d2f1(x);          %调用目标函数Hesse阵文件
d2h=d2h1(x);          %调用约束函数二阶导数文件
d2l=d2f-mu*d2h1;      %计算拉格朗日函数的Hesse阵
%==============拉格朗日矩阵N(x,mu)======================%
function N=N1(x,mu)
l=length(mu);
d2l=d2la(x,mu);   dh=dh1(x);
N=[d2l, -dh'; -dh, zeros(l,l)];
%==============目标函数f(x)============================%
function f=f1(x)
s=-x(1)-x(2);
f=1-x(1)^2+exp(s)+x(2)^2-2*x(1)*x(2)+exp(x(1))-3*x(2);
%==============约束函数h(x)============================%
function h=h1(x)
```

```
h=x(1)^2+x(2)^2-5;
%==============目标函数f(x)的梯度=======================%
function df=df1(x)
s=-x(1)-x(2);
df(1)=-2*x(1)-exp(s)-2*x(2)+exp(x(1));
df(2)=-exp(s)+2*x(2)-2*x(1)-3;
df=df(:);
%==============约束函数h(x)的Jacobi矩阵A(x)=============%
function dh=dh1(x)
dh=[2*x(1),2*x(2)];
%==============目标函数f(x)的Hesse阵====================%
function d2f=d2f1(x)
s=-x(1)-x(2);
d2f=[-2+exp(s)+exp(x(1)), exp(s)-2; exp(s)-2, exp(s)+2];
%==============约束函数h(x)的Hesse阵====================%
function d2h =d2h1(x)
d2h=[2 0;0 2];
```

利用上面的程序, 取乘子向量的初值为 $\boldsymbol{\mu}_0 = 0.0$, 终止准则取为 $\|\nabla L(\boldsymbol{x}_k, \boldsymbol{\mu}_k)\|^2 \leqslant 10^{-8}$. 取不同的初始点, 数值结果如表 13.1 所列.

表 13.1 牛顿 - 拉格朗日法的数值结果

初始点 ($\boldsymbol{x}_0$)	迭代次数 (k)	$f(\boldsymbol{x}_k)$ 的值	$\|\boldsymbol{h}(\boldsymbol{x}_k)\|$ 的值
$(1.0, 0.5)^{\mathrm{T}}$	4	-3.9425	2.0483×10^{-9}
$(1.0, 1.0)^{\mathrm{T}}$	5	-3.9425	1.0658×10^{-14}
$(2.0, 2.0)^{\mathrm{T}}$	4	-3.9425	8.7219×10^{-13}
$(2.0, 3.5)^{\mathrm{T}}$	5	-3.9425	4.7962×10^{-14}
$(5.0, 5.0)^{\mathrm{T}}$	8	-3.9425	0

说明 上述程序的调用方式为

```
>> x0=[1.0;0.5]; mu0=0.0;
>> [k,x,mu,val,mh]=newtlagr(x0,mu0,1.e-8)
```

13.2 SQP 方法的算法模型

13.2.1 基于拉格朗日函数 Hesse 阵的 SQP 方法

13.1 节介绍的牛顿-拉格朗日法, 由于每一迭代步求解方程组 (13.6) 在数值上不是很稳定, 因此, 这一方法并不实用. 但它有一个重要的贡献, 就是以它为基础发展了 SQP 方法. 鉴于方程组 (13.6) 的求解数值不稳定, 故考虑将它转化为一个严格凸二次规划问题. 转化的条件是问题 (13.2) 的解点 $\boldsymbol{x}^*$ 处最优性二阶充分条件成立, 即对满足 $\boldsymbol{A}(\boldsymbol{x}^*)^{\mathrm{T}}\boldsymbol{d}=\boldsymbol{0}$ 的任一向量 $\boldsymbol{d}\neq\boldsymbol{0}$, 成立

$$\boldsymbol{d}^{\mathrm{T}}\boldsymbol{W}(\boldsymbol{x}^*,\boldsymbol{\mu}^*)\boldsymbol{d}>0.$$

这时, 由引理 12.3 知, 当 $\tau>0$ 充分小时, 有

$$\boldsymbol{W}(\boldsymbol{x}^*,\boldsymbol{\mu}^*)+\frac{1}{2\tau}\boldsymbol{A}(\boldsymbol{x}^*)^{\mathrm{T}}\boldsymbol{A}(\boldsymbol{x}^*)$$

正定. 考虑线性方程组 (13.6) 中的 $\boldsymbol{W}(\boldsymbol{x}_k,\boldsymbol{\mu}_k)$ 用一个正定矩阵来代替, 记

$$\boldsymbol{B}(\boldsymbol{x}_k,\boldsymbol{\mu}_k)=\boldsymbol{W}(\boldsymbol{x}_k,\boldsymbol{\mu}_k)+\frac{1}{2\tau}\boldsymbol{A}(\boldsymbol{x}_k)^{\mathrm{T}}\boldsymbol{A}(\boldsymbol{x}_k),$$

则当 $(\boldsymbol{x}_k,\boldsymbol{\mu}_k)\to(\boldsymbol{x}^*,\boldsymbol{\mu}^*)$ 时, 矩阵 $\boldsymbol{B}(\boldsymbol{x}^*,\boldsymbol{\mu}^*)$ 正定. 注意到 (13.6) 的第一个展开式为

$$\boldsymbol{W}(\boldsymbol{x}_k,\boldsymbol{\mu}_k)\boldsymbol{d}_k-\boldsymbol{A}(\boldsymbol{x}_k)^{\mathrm{T}}\boldsymbol{\nu}_k=-\nabla f(\boldsymbol{x}_k)+\boldsymbol{A}(\boldsymbol{x}_k)^{\mathrm{T}}\boldsymbol{\mu}_k,$$

将上式变形为

$$\left[\boldsymbol{W}(\boldsymbol{x}_k,\boldsymbol{\mu}_k)+\frac{1}{2\tau}\boldsymbol{A}(\boldsymbol{x}_k)^{\mathrm{T}}\boldsymbol{A}(\boldsymbol{x}_k)\right]\boldsymbol{d}_k-\boldsymbol{A}(\boldsymbol{x}_k)^{\mathrm{T}}\left[\boldsymbol{\mu}_k+\boldsymbol{\nu}_k+\frac{1}{2\tau}\boldsymbol{A}(\boldsymbol{x}_k)\boldsymbol{d}_k\right]=-\nabla f(\boldsymbol{x}_k).$$

令

$$\bar{\boldsymbol{\mu}}_k:=\boldsymbol{\mu}_k+\boldsymbol{\nu}_k+\frac{1}{2\tau}\boldsymbol{A}(\boldsymbol{x}_k)\boldsymbol{d}_k,$$

得

$$\boldsymbol{B}(\boldsymbol{x}_k,\boldsymbol{\mu}_k)\boldsymbol{d}_k-\boldsymbol{A}(\boldsymbol{x}_k)^{\mathrm{T}}\bar{\boldsymbol{\mu}}_k=-\nabla f(\boldsymbol{x}_k).$$

因此, 线性方程组 (13.6) 等价于

$$\begin{pmatrix}\boldsymbol{B}(\boldsymbol{x}_k,\boldsymbol{\mu}_k) & -\boldsymbol{A}(\boldsymbol{x}_k)^{\mathrm{T}}\\ \boldsymbol{A}(\boldsymbol{x}_k) & \boldsymbol{0}\end{pmatrix}\begin{pmatrix}\boldsymbol{d}_k\\ \bar{\boldsymbol{\mu}}_k\end{pmatrix}=-\begin{pmatrix}\nabla f(\boldsymbol{x}_k)\\ \boldsymbol{h}(\boldsymbol{x}_k)\end{pmatrix}. \tag{13.8}$$

进一步, 可以把方程组 (13.8) 转化为严格凸二次规划. 于是有了下面的定理.

定理 13.1 设 $\boldsymbol{B}(\boldsymbol{x}_k, \boldsymbol{\mu}_k)$ 是 $n \times n$ 正定矩阵, $\boldsymbol{A}(\boldsymbol{x}_k)$ 是 $l \times n$ 行满秩矩阵, 则 $\boldsymbol{d}_k$ 满足式 (13.8) 的充要条件是 $\boldsymbol{d}_k$ 为严格凸二次规划

$$\begin{aligned} \min \quad & q_k(\boldsymbol{d}) = \frac{1}{2}\boldsymbol{d}^{\mathrm{T}}\boldsymbol{B}(\boldsymbol{x}_k, \boldsymbol{\mu}_k)\boldsymbol{d} + \nabla f(\boldsymbol{x}_k)^{\mathrm{T}}\boldsymbol{d} \\ \text{s.t.} \quad & \boldsymbol{h}(\boldsymbol{x}_k) + \boldsymbol{A}(\boldsymbol{x}_k)\boldsymbol{d} = \boldsymbol{0} \end{aligned} \tag{13.9}$$

的全局极小点.

证明 设 $\boldsymbol{d}_k$ 是问题 (13.9) 的全局极小点, 注意到 $\boldsymbol{A}(\boldsymbol{x}_k)$ 行满秩, 故由 KKT 条件, 存在乘子向量 $\bar{\boldsymbol{\mu}}_k$, 使得

$$\nabla f(\boldsymbol{x}_k) + \boldsymbol{B}(\boldsymbol{x}_k, \boldsymbol{\mu}_k)\boldsymbol{d}_k - \boldsymbol{A}(\boldsymbol{x}_k)^{\mathrm{T}}\bar{\boldsymbol{\mu}}_k = \boldsymbol{0}.$$

再由问题 (13.9) 的约束条件知, $(\boldsymbol{d}_k, \bar{\boldsymbol{\mu}}_k)$ 是方程组 (13.8) 的解.

反之, 设 $(\boldsymbol{d}_k, \bar{\boldsymbol{\mu}}_k)$ 是方程组 (13.8) 的解. 由于 $\boldsymbol{B}(\boldsymbol{x}_k, \boldsymbol{\mu}_k)$ 正定, $\boldsymbol{A}(\boldsymbol{x}_k)$ 行满秩, 故方程组 (13.8) 的系数矩阵是非奇异的, 从而这个解是唯一的. 由定理 10.3 知, $(\boldsymbol{d}_k, \bar{\boldsymbol{\mu}}_k)$ 是问题 (13.9) 的 KKT 对, 从而 $\boldsymbol{d}_k$ 是问题 (13.9) 的全局极小点. □

为了方便起见, 定义罚函数

$$P(\boldsymbol{x}, \boldsymbol{\mu}) = \|\nabla L(\boldsymbol{x}, \boldsymbol{\mu})\|^2 = \|\nabla f(\boldsymbol{x}) - \boldsymbol{A}(\boldsymbol{x})^{\mathrm{T}}\boldsymbol{\mu}\|^2 + \|\boldsymbol{h}(\boldsymbol{x})\|^2. \tag{13.10}$$

不难证明, 由方程组 (13.6) 确定的 $\boldsymbol{p}_k$ 满足 (参见文献 [2])

$$\nabla P(\boldsymbol{x}_k, \boldsymbol{\mu}_k)^{\mathrm{T}}\boldsymbol{p}_k = -2P(\boldsymbol{x}_k, \boldsymbol{\mu}_k) \leqslant 0. \tag{13.11}$$

于是有下面的算法.

算法 13.2 (纯等式约束优化问题的 SQP 方法)

步骤 0, 选取 $\boldsymbol{x}_0 \in \mathbf{R}^n$, $\boldsymbol{\mu}_0 \in \mathbf{R}^l$, β, $\sigma \in (0,1)$, $0 \leqslant \varepsilon \ll 1$. 令 $k := 0$.

步骤 1, 计算 $P(\boldsymbol{x}_k, \boldsymbol{\mu}_k)$ 的值. 若 $P(\boldsymbol{x}_k, \boldsymbol{\mu}_k) \leqslant \varepsilon$, 停算; 否则, 转步骤 2.

步骤 2, 求解二次规划子问题 (13.9) 得 $\boldsymbol{d}_k$ 和 $\bar{\boldsymbol{\mu}}_k$, 并令

$$\boldsymbol{\nu}_k = \bar{\boldsymbol{\mu}}_k - \boldsymbol{\mu}_k - \frac{1}{2\tau}\boldsymbol{A}(\boldsymbol{x}_k)\boldsymbol{d}_k.$$

步骤 3, 设 m_k 是满足下列不等式的最小非负整数 m:

$$P(\boldsymbol{x}_k + \beta^m\boldsymbol{d}_k, \boldsymbol{\mu}_k + \beta^m\boldsymbol{\nu}_k) \leqslant (1 - \sigma\beta^m)P(\boldsymbol{x}_k, \boldsymbol{\mu}_k). \tag{13.12}$$

令 $\alpha_k := \beta^{m_k}$.

步骤 4 令 $\boldsymbol{x}_{k+1} := \boldsymbol{x}_k + \alpha_k\boldsymbol{d}_k$, $\boldsymbol{\mu}_{k+1} := \boldsymbol{\mu}_k + \alpha_k\boldsymbol{\nu}_k$, $k := k+1$, 转步骤 1.

不难发现, 在算法 13.2 中, 若 $\alpha_k < 1$, 则必有

$$P(\boldsymbol{x}_k + \beta^{m_k-1}\boldsymbol{d}_k, \boldsymbol{\mu}_k + \beta^{m_k-1}\boldsymbol{\nu}_k) > (1-\sigma\beta^{m_k-1})P(\boldsymbol{x}_k, \boldsymbol{\mu}_k). \tag{13.13}$$

下面给出算法 13.2 的全局收敛性定理.

定理 13.2 对于等式约束问题 (13.2), 若 SQP 算法 13.2 生成的迭代序列 $\{(\boldsymbol{x}_k, \boldsymbol{\mu}_k)\}$ 使得 KKT 矩阵的逆矩阵 $\boldsymbol{N}(\boldsymbol{x}_k, \boldsymbol{\mu}_k)^{-1}$ 一致有界, 则 $\{(\boldsymbol{x}_k, \boldsymbol{\mu}_k)\}$ 的任何聚点 $(\boldsymbol{x}^*, \boldsymbol{\mu}^*)$ 都满足 $P(\boldsymbol{x}^*, \boldsymbol{\mu}^*) = 0$. 特别地, $\{\boldsymbol{x}_k\}$ 的任一聚点都是问题 (13.2) 的 KKT 点.

证明 用反证法. 不失一般性, 假定 $\{(\boldsymbol{x}_k, \boldsymbol{\mu}_k)\} \to (\boldsymbol{x}^*, \boldsymbol{\mu}^*)$. 若 $P(\boldsymbol{x}^*, \boldsymbol{\mu}^*) > 0$. 由步骤 3 可知

$$P(\boldsymbol{x}_{k+1}, \boldsymbol{\mu}_{k+1}) \leqslant (1-\sigma\alpha_k)P(\boldsymbol{x}_k, \boldsymbol{\mu}_k) < P(\boldsymbol{x}_k, \boldsymbol{\mu}_k).$$

由上式及 $P(\boldsymbol{x}_k, \boldsymbol{\mu}_k) \to P(\boldsymbol{x}^*, \boldsymbol{\mu}^*) > 0$ 可推得

$$\lim_{k\to\infty} \alpha_k = 0.$$

另外, 由式 (13.6), 得

$$\boldsymbol{p}_k = -\boldsymbol{N}(\boldsymbol{x}_k, \boldsymbol{\mu}_k)^{-1}\nabla L(\boldsymbol{x}_k, \boldsymbol{\mu}_k).$$

注意到矩阵 $\boldsymbol{N}(\boldsymbol{x}_k, \boldsymbol{\mu}_k)^{-1}$ 的一致有界性, $\boldsymbol{p}_k = (\boldsymbol{d}_k^{\mathrm{T}}, \boldsymbol{\nu}_k^{\mathrm{T}})^{\mathrm{T}}$ 也是一致有界的且 $\boldsymbol{p}_k \to \boldsymbol{p}^* = (\boldsymbol{d}^*, \boldsymbol{\nu}^*)$, 其中 $\boldsymbol{p}^*$ 满足牛顿方程 $\boldsymbol{N}(\boldsymbol{x}^*, \boldsymbol{\mu}^*)\boldsymbol{p}^* = -\nabla L(\boldsymbol{x}^*, \boldsymbol{\mu}^*)$. 由于 $\alpha_k' = \alpha_k/\beta = \beta^{m_k-1} \to 0$. 故由式 (13.13), 有

$$\frac{P(\boldsymbol{x}_k + \alpha_k'\boldsymbol{d}_k, \boldsymbol{\mu}_k + \alpha_k'\boldsymbol{\nu}_k) - P(\boldsymbol{x}_k, \boldsymbol{\mu}_k)}{\alpha_k'} > -\sigma P(\boldsymbol{x}_k, \boldsymbol{\mu}_k).$$

对上式两边取极限, 得

$$-\sigma P(\boldsymbol{x}^*, \boldsymbol{\mu}^*) \leqslant \nabla P(\boldsymbol{x}^*, \boldsymbol{\mu}^*)^{\mathrm{T}}\boldsymbol{p}^* = -2P(\boldsymbol{x}^*, \boldsymbol{\mu}^*),$$

即

$$(2-\sigma)P(\boldsymbol{x}^*, \boldsymbol{\mu}^*) \leqslant 0.$$

注意到 $0 < \sigma < 1$, 故得 $P(\boldsymbol{x}^*, \boldsymbol{\mu}^*) \leqslant 0$, 这与假设 $P(\boldsymbol{x}^*, \boldsymbol{\mu}^*) > 0$ 矛盾. 因此, 必有 $P(\boldsymbol{x}^*, \boldsymbol{\mu}^*) = 0$.

现在来证明定理的第二部分. 设 $\boldsymbol{x}^*$ 是序列 $\{\boldsymbol{x}_k\}$ 的任一聚点, 不失一般性, 假设 $\{\boldsymbol{x}_k\} \to \boldsymbol{x}^*$. 注意到序列 $\{P(\boldsymbol{x}_k, \boldsymbol{\mu}_k)\}$ 是单调不增的且矩阵序列 $\{\boldsymbol{N}(\boldsymbol{x}_k, \boldsymbol{\mu}_k)^{-1}\}$ 是一致有界的, 由此可推得 $\alpha_k \to 0\,(k\to\infty)$ 且 $\{\boldsymbol{p}_k\}$ 是有界的, 故 $\{\boldsymbol{d}_k\}$ 和 $\{\boldsymbol{\nu}_k\}$ 都是有界的. 又由步骤 2, 严格凸二次规划子问题的解 $\{(\boldsymbol{d}_k, \bar{\boldsymbol{\mu}}_k)\}$ 也是有界的, 故 $\{\bar{\boldsymbol{\mu}}_k\}$ 是有界的, 即

$\{\bar{\boldsymbol{\mu}}_k = \boldsymbol{\mu}_k + \boldsymbol{\nu}_k + \frac{1}{2\tau}\boldsymbol{A}(\boldsymbol{x}_k)\boldsymbol{d}_k\}$ 是有界的. 从而 $\{\boldsymbol{\mu}_k + \boldsymbol{\nu}_k\}$ 是有界的. 特别地, 对于充分大的 k, $\{\boldsymbol{\mu}_{k+1} := \boldsymbol{\mu}_k + \alpha_k \boldsymbol{\nu}_k\}$ 是有界的, 于是存在收敛的子序列. 假设 $\boldsymbol{\mu}^*$ 是 $\{\boldsymbol{\mu}_{k+1}\}$ 的某个聚点, 则 $(\boldsymbol{x}^*, \boldsymbol{\mu}^*)$ 是迭代序列 $\{(\boldsymbol{x}_k, \boldsymbol{\mu}_k)\}$ 的一个聚点. 由第一部分的证明可知 $P(\boldsymbol{x}^*, \boldsymbol{\mu}^*) = 0$, 因此, $\boldsymbol{x}^*$ 是问题 (13.2) 的 KKT 点. 证毕. □

关于算法 13.2 的收敛速度, 有下面的定理, 其证明过程参见文献 [1].

定理 13.3 设算法 13.2 产生的迭代序列 $\{\boldsymbol{x}_k\}$ 收敛到一个局部极小点 $\boldsymbol{x}^*$. 若函数 $f, \boldsymbol{h} = (h_1, h_2, \cdots, h_l)^{\mathrm{T}}$ 在 $\boldsymbol{x}^*$ 附近三阶连续可微, Jacobi 矩阵 $\boldsymbol{A}(\boldsymbol{x}^*) = \nabla \boldsymbol{h}(\boldsymbol{x}^*)^{\mathrm{T}}$ 行满秩且二阶最优性充分条件成立, 则

(1) 必有 $\{\boldsymbol{\mu}_k\} \to \boldsymbol{\mu}^*$, 其中 $\boldsymbol{\mu}^*$ 是等式约束优化问题 (13.2) 的拉格朗日乘子, 且整个迭代序列 $\{(\boldsymbol{x}_k, \boldsymbol{\mu}_k)\}$ 是二阶收敛的, 即

$$\|(\boldsymbol{x}_{k+1} - \boldsymbol{x}^*,\ \boldsymbol{\mu}_{k+1} - \boldsymbol{\mu}^*)\| = O(\|(\boldsymbol{x}_k - \boldsymbol{x}^*,\ \boldsymbol{\mu}_k - \boldsymbol{\mu}^*)\|^2);$$

(2) 序列 $\{\boldsymbol{x}_k\}$ 超线性收敛到 $\boldsymbol{x}^*$ 且

$$\|\boldsymbol{x}_{k+1} - \boldsymbol{x}^*\| = o\Big(\|\boldsymbol{x}_k - \boldsymbol{x}^*\| \prod_{i=1}^{t} \|\boldsymbol{x}_{k-i} - \boldsymbol{x}^*\|\Big),$$

式中: t 为任意给定的正整数.

例 13.2 用算法 13.2 编程重新计算例 13.1, 即

$$\begin{aligned} &\min \quad f(\boldsymbol{x}) = 1 - x_1^2 + \mathrm{e}^{-x_1 - x_2} + x_2^2 - 2x_1x_2 + \mathrm{e}^{x_1} - 3x_2, \\ &\text{s.t.} \quad x_1^2 + x_2^2 - 5 = 0. \end{aligned}$$

该问题有最优解 $\boldsymbol{x}^* = (1.4419, 1.7091)^{\mathrm{T}}$, 最优值 $f(\boldsymbol{x}^*) = -3.9425$.

解 编制 MATLAB 程序如下:

```
function [k,x,mu,val,P1]=lagsqp(x0,mu0,epsilon)
%功能: 基于拉格朗日函数Hesse阵的SQP方法求解约束优化问题:
%       min f(x),  s.t. h_i(x)=0,  i=1,2,...,l
%输入: x0是初始点, mu0是乘子向量的初始值, epsilon是容许误差
%输出: k是迭代次数, x, mu分别是近似最优解及相应的乘子向量,
%       val是最优值, P1是罚函数的值
maxk=500;  %最大迭代次数
n=length(x0); l=length(mu0);
beta=0.6; sigma=0.2; tau=1.55;
```

```
x=x0; mu=mu0;
k=0;
while(k<maxk)
    P1=P(x,mu);  %计算罚函数的值
    if(P1<epsilon), break; end  %检验终止准则
    H=B(x,mu,tau);  % 计算KT矩阵
    c=df1(x);  %计算目标函数梯度
    Ae=dh1(x);  %计算约束函数的Jacobi矩阵
    be=-h1(x);  %计算约束函数
    [dx,lam]=qsubp(H,c,Ae,be);
    du=lam-mu-1.0/(2*tau)*dh1(x)*dx;
    m=0; mk=0;
    while(m<20)   %求步长
        if(P(x+beta^m*dx,mu+beta^m*du)<=(1-sigma*beta^m)*P1)
            mk=m; break;
        end
        m=m+1;
    end
    x=x+beta^mk*dx; mu=mu+beta^mk*du;
    k=k+1;
end
val=f1(x);
P1=P(x,mu);
%==========求解子问题====================================%
function [x,mu1]=qsubp(H,c,Ae,be)
ginvH=pinv(H);
[m,n]=size(Ae);
if(m>0)
    rb=Ae*ginvH*c + be;
    mu1=pinv(Ae*ginvH*Ae')*rb;
    x=ginvH*(Ae'*mu1-c);
else
    x=-ginvH*c;
    mu1=zeros(m,1);
```

```
end
%==========拉格朗日函数L(x,mu)==========================%
function l=la(x,mu)
f=f1(x);                    %调用目标函数文件
h=h1(x);                    %调用约束函数文件
l=f-mu'*h;                  % 计算乘子函数
%==========拉格朗日函数的梯度===========================%
function dl=dla(x,mu)
df=df1(x);                  %调用目标函数梯度文件
h=h1(x);                    %调用约束函数文件
dh=dh1(x);                  %调用约束函数Jacobi矩阵文件
dl=[df-dh'*mu; -h];         %计算乘子函数梯度文件
%==========罚函数P(x,mu)================================%
function s=P(x,mu)
dl=dla(x,mu);
s=norm(dl)^2;
%==========拉格朗日函数的Hesse阵=======================%
function d2l=d2la(x,mu)
d2f=d2f1(x);                %调用目标函数Hesse阵文件
d2h=d2h1(x);                %调用约束函数二阶导数文件
d2l=d2f-mu*d2h;
%==========KKT矩阵B(x,mu)===============================%
function H=B(x,mu,tau)      %计算KKT矩阵
d2l=d2la(x,mu);             %计算Hesse阵
dh=dh1(x);                  %约束函数的Jacobi矩阵
H=d2l+1.0/(2*tau)*dh'*dh;
%==============目标函数f(x)============================%
function f=f1(x)
s=-x(1)-x(2);
f=1-x(1)^2+exp(s)+x(2)^2-2*x(1)*x(2)+exp(x(1))-3*x(2);
%==============约束函数h(x)============================%
function h=h1(x)
h=x(1)^2+x(2)^2-5;
%==============目标函数f(x)的梯度======================%
```

```
function df=df1(x)
s=-x(1)-x(2);
df(1)=-2*x(1)-exp(s)-2*x(2)+exp(x(1));
df(2)=-exp(s)+2*x(2)-2*x(1)-3;
df=df(:);
%=============约束函数h(x)的Jacobi矩阵A(x)=============%
function dh=dh1(x)
dh=[2*x(1),2*x(2)];
%=============目标函数f(x)的Hesse阵===================%
function d2f=d2f1(x)
s=-x(1)-x(2);
d2f=[-2+exp(s)+exp(x(1)),exp(s)-2; exp(s)-2,exp(s)+2];
%=============约束函数h(x)的Hesse阵===================%
function d2h =d2h1(x)
d2h=[2 0 ; 0 2 ];
```

利用上面的程序, 取乘子向量的初值为 $\boldsymbol{\mu}_0 = 0.0$, 终止准则取为 $\|\nabla L(\boldsymbol{x}_k, \boldsymbol{\mu}_k)\|^2 \leqslant 10^{-8}$. 取不同的初始点, 数值结果如表 13.2 所列.

表 13.2 SQP 法的数值结果

初始点 ($\boldsymbol{x}_0$)	迭代次数 (k)	$f(\boldsymbol{x}_k)$ 的值	$P(\boldsymbol{x}_k, \boldsymbol{\mu}_k)$ 的值
$(1.0, 0.5)^{\mathrm{T}}$	4	-3.9425	4.2249×10^{-17}
$(1.0, 1.0)^{\mathrm{T}}$	4	-3.9425	3.7721×10^{-13}
$(2.0, 2.0)^{\mathrm{T}}$	3	-3.9425	2.3919×10^{-11}
$(2.0, 3.5)^{\mathrm{T}}$	4	-3.9425	1.8815×10^{-12}
$(5.0, 5.0)^{\mathrm{T}}$	7	-3.9425	6.0244×10^{-16}

13.2.2 基于修正 Hesse 阵的 SQP 方法

首先, 考虑将 13.2.1 小节中关于构造二次规划子问题求解等式约束优化问题的思想推广到一般形式的约束优化问题 (13.1). 在给定点 $(\boldsymbol{x}_k, \boldsymbol{\mu}_k, \boldsymbol{\lambda}_k)$ 之后, 将约束函数线性化, 并且对拉格朗日函数进行二次多项式近似, 得到下列形式的二次规划子问题

$$\begin{aligned} \min \quad & \frac{1}{2}\boldsymbol{d}^{\mathrm{T}}\boldsymbol{W}_k\boldsymbol{d} + \nabla f(\boldsymbol{x}_k)^{\mathrm{T}}\boldsymbol{d} \\ \text{s.t} \quad & h_i(\boldsymbol{x}_k) + \nabla h_i(\boldsymbol{x}_k)^{\mathrm{T}}\boldsymbol{d} = 0, \quad i \in \mathcal{E}, \\ & g_i(\boldsymbol{x}_k) + \nabla g_i(\boldsymbol{x}_k)^{\mathrm{T}}\boldsymbol{d} \geqslant 0, \quad i \in \mathcal{I}, \end{aligned} \tag{13.14}$$

式中: $\mathcal{E}=\{1,2,\cdots,l\}$; $\mathcal{I}=\{1,2,\cdots,m\}$; $\boldsymbol{W}_k=\boldsymbol{W}(\boldsymbol{x}_k,\boldsymbol{\mu}_k,\boldsymbol{\lambda}_k)=\nabla^2_{\boldsymbol{xx}}L(\boldsymbol{x}_k,\boldsymbol{\mu}_k,\boldsymbol{\lambda}_k)$. 拉格朗日函数为

$$L(\boldsymbol{x},\boldsymbol{\mu},\boldsymbol{\lambda})=f(\boldsymbol{x})-\sum_{i\in\mathcal{E}}\mu_i h_i(\boldsymbol{x})-\sum_{i\in\mathcal{I}}\lambda_i g_i(\boldsymbol{x}).$$

于是, 迭代点 $\boldsymbol{x}_k$ 的校正步 $\boldsymbol{d}_k$ 以及新的拉格朗日乘子估计量 $\boldsymbol{\mu}_{k+1}$, $\boldsymbol{\lambda}_{k+1}$ 可以分别定义为问题 (13.14) 的最优解 $\boldsymbol{d}^*$ 和相应的拉格朗日乘子 $\boldsymbol{\mu}^*$, $\boldsymbol{\lambda}^*$.

二次规划子问题 (13.14) 可能不存在可行点, 为了克服这一困难, Powell 引进了一个辅助变量 ξ, 然后求解下面的线性规划

$$\begin{aligned}
\min\quad & -\xi \\
\text{s.t.}\quad & -\xi h_i(\boldsymbol{x}_k)+\nabla h_i(\boldsymbol{x}_k)^{\mathrm{T}}\boldsymbol{d}=0, \quad i\in\mathcal{E}, \\
& -\xi g_i(\boldsymbol{x}_k)+\nabla g_i(\boldsymbol{x}_k)^{\mathrm{T}}\boldsymbol{d}\geqslant 0, \quad i\in\mathcal{U}_k, \\
& g_i(\boldsymbol{x}_k)+\nabla g_i(\boldsymbol{x}_k)^{\mathrm{T}}\boldsymbol{d}\geqslant 0, \quad i\in\mathcal{V}_k, \\
& -1\leqslant\xi\leqslant 0,
\end{aligned}\tag{13.15}$$

式中: $\mathcal{U}_k=\{i\,|\,g_i(\boldsymbol{x}_k)<0,\ i\in\mathcal{I}\}$; $\mathcal{V}_k=\{i\,|\,g_i(\boldsymbol{x}_k)\geqslant 0,\ i\in\mathcal{I}\}$.

显然, $\xi=0$, $\boldsymbol{d}=\boldsymbol{0}$ 是线性规划 (13.15) 的一个可行点, 并且该线性规划的极小点 $\bar{\xi}=-1$ 当且仅当二次规划子问题 (13.14) 是相容的, 即子问题的可行域非空.

当 $\bar{\xi}=-1$ 时, 可以用线性规划问题的最优解 $\bar{\boldsymbol{d}}$ 作为初始点, 求出二次规划子问题的最优解 $\boldsymbol{d}_k$. 而当 $\bar{\xi}=0$ 或接近于 0 时, 二次规划子问题无可行点, 此时需要重新选择迭代初始点 $\boldsymbol{x}_k$, 然后启动 SQP 算法. 当 $\bar{\xi}\neq -1$ 但比较接近 -1 时, 可以用对应 $\bar{\xi}$ 的约束条件代替原来的约束条件, 再求解修正后的二次规划子问题.

不失一般性, 以后为了讨论的方便起见, 假设二次规划子问题是相容的. 下面的定理描述了迭代点对应的有效约束指标集与最优有效约束指标集之间的关系，其证明参见文献 [16].

定理 13.4 给定约束优化问题 (13.1) 的一个 KKT 点 $\boldsymbol{x}^*$ 和相应的拉格朗日乘子向量 $\boldsymbol{\mu}^*$, $\boldsymbol{\lambda}^*\geqslant\boldsymbol{0}$. 假定在 $\boldsymbol{x}^*$ 处, 下面的条件成立:

(1) 有效约束的 Jacobi 矩阵 $\boldsymbol{J}_{S(\boldsymbol{x}^*)}$ 行满秩, 其中 $S(\boldsymbol{x}^*)=\mathcal{E}\cup\mathcal{I}(\boldsymbol{x}^*)$;

(2) 严格互补松弛条件成立, 即 $g_i(\boldsymbol{x}^*)\geqslant 0$, $\lambda_i^*\geqslant 0$, $\lambda_i^* g_i(\boldsymbol{x}^*)=0$, $\lambda_i^*+g_i(\boldsymbol{x}^*)>0$;

(3) 二阶最优性充分条件成立, 即对任意满足 $\boldsymbol{A}(\boldsymbol{x}^*)\boldsymbol{d}=\boldsymbol{0}$ 的向量 $\boldsymbol{d}\neq\boldsymbol{0}$, 成立

$$\boldsymbol{d}^{\mathrm{T}}\boldsymbol{W}(\boldsymbol{x}^*,\boldsymbol{\mu}^*,\boldsymbol{\mu}^*)\boldsymbol{d}>0.$$

那么若 $(\boldsymbol{x}_k,\boldsymbol{\mu}_k,\boldsymbol{\lambda}_k)$ 充分靠近 $(\boldsymbol{x}^*,\boldsymbol{\mu}^*,\boldsymbol{\lambda}^*)$, 则二次规划子问题 (13.14) 存在一个局部极小点 $\boldsymbol{d}^*$, 使得其对应的有效约束指标集 $S(\boldsymbol{d}^*)$ 与原问题在 $\boldsymbol{x}^*$ 处的有效约束指标集 $S(\boldsymbol{x}^*)$ 是相同的.

注意到在构造二次规划子问题 (13.14) 时, 需要计算拉格朗日函数在迭代点 $\boldsymbol{x}_k$ 处的 Hesse 阵 $\boldsymbol{W}_k = \boldsymbol{W}(\boldsymbol{x}_k, \boldsymbol{\mu}_k, \boldsymbol{\lambda}_k)$, 其计算量是巨大的. 为了克服这一缺陷, 1976 年, 华裔数学家韩世平 (S. P. Han) 基于牛顿-拉格朗日方法提出了一种利用对称正定矩阵 $\boldsymbol{B}_k$ 代替拉格朗日矩阵 $\boldsymbol{W}_k$ 的序列二次规划法. 另外, 由于 R. B. Wilson 在 1963 年较早地考虑了牛顿-拉格朗日方法, 加之 M. J. D. Powell 于 1977 年修正了 Han 的方法, 所以人们也将这种序列二次规划法称为 WHP 方法 (Wilson-Han-Powell 方法).

对于一般约束的优化问题 (13.1), 在迭代点 $(\boldsymbol{x}_k, \boldsymbol{\mu}_k, \boldsymbol{\lambda}_k)$ 处, WHP 方法需要构造一个下列形式的二次规划子问题

$$\begin{aligned} \min \quad & \frac{1}{2}\boldsymbol{d}^{\mathrm{T}}\boldsymbol{B}_k\boldsymbol{d} + \nabla f(\boldsymbol{x}_k)^{\mathrm{T}}\boldsymbol{d} \\ \text{s.t.} \quad & h_i(\boldsymbol{x}_k) + \nabla h_i(\boldsymbol{x}_k)^{\mathrm{T}}\boldsymbol{d} = 0, \quad i \in \mathcal{E}, \\ & g_i(\boldsymbol{x}_k) + \nabla g_i(\boldsymbol{x}_k)^{\mathrm{T}}\boldsymbol{d} \geqslant 0, \quad i \in \mathcal{I}, \end{aligned} \tag{13.16}$$

并且用二次规划子问题 (13.16) 的解 $\boldsymbol{d}_k$ 作为原问题的变量 $\boldsymbol{x}$ 在第 k 次迭代过程中的搜索方向. 顺便提一下, 这个搜索方向 $\boldsymbol{d}_k$ 具有一个比较好的性质, 即它是许多罚函数 (价值函数) 的下降方向, 如 ℓ_1 罚函数 (价值函数)

$$P_\sigma(\boldsymbol{x}) = f(\boldsymbol{x}) \ + \ \frac{1}{\sigma}\left[\sum_{i\in\mathcal{E}}|h_i(\boldsymbol{x})| + \sum_{i\in\mathcal{I}}\big|[g_i(\boldsymbol{x})]_-\big|\right], \tag{13.17}$$

式中: 罚参数 $\sigma > 0$; $[g_i(\boldsymbol{x})]_- = \max\{0, -g_i(\boldsymbol{x})\}$.

现在给出 WHP 方法的算法步骤.

算法 13.3 (WHP 方法)

步骤 0, 给定初始点 $\boldsymbol{x}_0 \in \mathbf{R}^n$, 初始对称矩阵 $\boldsymbol{B}_0 \in \mathbf{R}^{n\times n}$, 容许误差 $0 \leqslant \varepsilon \ll 1$ 和满足 $\sum\limits_{k=0}^{\infty}\eta_k < +\infty$ 的非负数列 $\{\eta_k\}$. 取参数 $\sigma > 0$ 和 $\delta > 0$. 令 $k := 0$.

步骤 1, 求解子问题 (13.16), 得最优解 $\boldsymbol{d}_k$.

步骤 2, 若 $\|\boldsymbol{d}_k\| \leqslant \varepsilon$, 停算, 输出 $\boldsymbol{x}_k$ 作为原问题的近似极小点.

步骤 3, 利用 ℓ_1 罚函数 $P_\sigma(\boldsymbol{x})$, 按照某种线搜索规则确定步长 $\alpha_k \in (0, \delta]$, 使得

$$P_\sigma(\boldsymbol{x}_k + \alpha_k\boldsymbol{d}_k) \leqslant \min_{\alpha\in(0,\delta]} P_\sigma(\boldsymbol{x}_k + \alpha\boldsymbol{d}_k) + \eta_k.$$

步骤 4, 令 $\boldsymbol{x}_{k+1} := \boldsymbol{x}_k + \alpha_k\boldsymbol{d}_k$, 更新 $\boldsymbol{B}_k$ 为 $\boldsymbol{B}_{k+1}$.

步骤 5, 令 $k := k+1$, 转步骤 1.

在一定的条件下, 可以证明算法 13.3 的全局收敛性. 下面不加证明地给出算法 13.3 的全局收敛性定理, 其证明过程参见文献 [1].

定理 13.5 对于约束优化问题 (13.1), 假设 $f, h_i\,(i\in\mathcal{E})$ 和 $g_i\,(i\in\mathcal{I})$ 都是连续可微的, 且存在常数 $0<m\leqslant M$, 使得算法 13.3 中的对称正定矩阵 $\boldsymbol{B}_k$ 满足

$$m\|\boldsymbol{d}\|^2\leqslant \boldsymbol{d}^{\mathrm{T}}\boldsymbol{B}_k\boldsymbol{d}\leqslant M\|\boldsymbol{d}\|^2,\quad \forall\, \boldsymbol{d}\in\mathbf{R}^n,\ k=1,2,\cdots.$$

若罚参数 $\sigma>0$ 和二次规划子问题 (13.16) 的拉格朗日乘子向量 $\boldsymbol{\mu}_{k+1}, \boldsymbol{\lambda}_{k+1}\geqslant \mathbf{0}$ 满足

$$\sigma\max\{\|\boldsymbol{\lambda}_{k+1}\|_\infty, \|\boldsymbol{\mu}_{k+1}\|_\infty\}\leqslant 1,\quad \forall\, k=1,2,\cdots,$$

则算法 13.3 生成的序列 $\{\boldsymbol{x}_k\}$ 的任何聚点都是问题 (13.1) 的 KKT 点.

13.3 SQP 方法的相关问题

13.3.1 二次规划子问题的 Hesse 矩阵

下面以纯等式约束的优化问题为例, 说明如何选择二次规划子问题的 Hesse 阵, 其中二次规划子问题为

$$\begin{aligned} \min\quad & \frac{1}{2}\boldsymbol{d}^{\mathrm{T}}\boldsymbol{W}_k\boldsymbol{d}+\nabla f(\boldsymbol{x}_k)^{\mathrm{T}}\boldsymbol{d} \\ \text{s.t}\quad & h_i(\boldsymbol{x}_k)+\nabla h_i(\boldsymbol{x}_k)^{\mathrm{T}}\boldsymbol{d}=0,\quad i\in\mathcal{E}=\{1,2,\cdots,l\}. \end{aligned} \tag{13.18}$$

.

1. 基于拟牛顿校正公式的选择方法

由于拟牛顿法是处理无约束优化问题的有效算法, 故可利用拟牛顿法的基本原理, 对拉格朗日函数 $L(\boldsymbol{x}_k,\boldsymbol{\mu}_k)$ 的 Hesse 阵 $\nabla^2_{\boldsymbol{x}\boldsymbol{x}}L(\boldsymbol{x}_k,\boldsymbol{\mu}_k)$ 的近似矩阵 $\boldsymbol{B}_k$ 进行修正. 令

$$\boldsymbol{s}_k=\boldsymbol{x}_{k+1}-\boldsymbol{x}_k,\ \ \boldsymbol{y}_k=\nabla_{\boldsymbol{x}}L(\boldsymbol{x}_{k+1},\boldsymbol{\mu}_{k+1})-\nabla_{\boldsymbol{x}}L(\boldsymbol{x}_k,\boldsymbol{\mu}_{k+1}). \tag{13.19}$$

因为 BFGS 校正公式要求向量 $\boldsymbol{s}_k$ 和 $\boldsymbol{y}_k$ 满足曲率条件, 即 $\boldsymbol{s}_k^{\mathrm{T}}\boldsymbol{y}_k>0$, 但由 (13.19) 确定的向量 $\boldsymbol{s}_k, \boldsymbol{y}_k$ 可能不满足这一条件. 为此, 有必要对向量 $\boldsymbol{y}_k$ 进行修正. 下面的修正策略是由 Powell 于 1978 年给出的: 令

$$\boldsymbol{z}_k=\omega_k\boldsymbol{y}_k+(1-\omega_k)\boldsymbol{B}_k\boldsymbol{s}_k, \tag{13.20}$$

其中参数 ω_k 定义为

$$\omega_k=\begin{cases} 1, & \boldsymbol{s}_k^{\mathrm{T}}\boldsymbol{y}_k\geqslant 0.2\boldsymbol{s}_k^{\mathrm{T}}\boldsymbol{B}_k\boldsymbol{s}_k, \\ \dfrac{0.8\boldsymbol{s}_k^{\mathrm{T}}\boldsymbol{B}_k\boldsymbol{s}_k}{\boldsymbol{s}_k^{\mathrm{T}}\boldsymbol{B}_k\boldsymbol{s}_k-\boldsymbol{s}_k^{\mathrm{T}}\boldsymbol{y}_k}, & \boldsymbol{s}_k^{\mathrm{T}}\boldsymbol{y}_k<0.2\boldsymbol{s}_k^{\mathrm{T}}\boldsymbol{B}_k\boldsymbol{s}_k. \end{cases} \tag{13.21}$$

于是, 矩阵 $\boldsymbol{B}_k$ 的约束 BFGS 校正公式为

$$\boldsymbol{B}_{k+1} = \boldsymbol{B}_k - \frac{\boldsymbol{B}_k\boldsymbol{s}_k\boldsymbol{s}_k^{\mathrm{T}}\boldsymbol{B}_k}{\boldsymbol{s}_k^{\mathrm{T}}\boldsymbol{B}_k\boldsymbol{s}_k} + \frac{\boldsymbol{z}_k\boldsymbol{z}_k^{\mathrm{T}}}{\boldsymbol{s}_k^{\mathrm{T}}\boldsymbol{z}_k}. \tag{13.22}$$

注意到参数 ω_k 的定义即式 (13.21), 不难验证: 当 $\omega_k = 1$ 时, 有

$$\boldsymbol{s}_k^{\mathrm{T}}\boldsymbol{z}_k = \boldsymbol{s}_k^{\mathrm{T}}\boldsymbol{y}_k \geqslant 0.2\boldsymbol{s}_k^{\mathrm{T}}\boldsymbol{B}_k\boldsymbol{s}_k > 0,$$

而当 $\omega_k \neq 1$ 时, 有

$$\boldsymbol{s}_k^{\mathrm{T}}\boldsymbol{z}_k = \omega_k\boldsymbol{s}_k^{\mathrm{T}}\boldsymbol{y}_k + (1-\omega_k)\boldsymbol{s}_k^{\mathrm{T}}\boldsymbol{B}_k\boldsymbol{s}_k = 0.2\boldsymbol{s}_k^{\mathrm{T}}\boldsymbol{B}_k\boldsymbol{s}_k > 0.$$

因此, 约束 BFGS 校正公式 (13.22) 可以保持正定性.

2. 基于增广拉格朗日函数的选择方法

下面考虑增广拉格朗日函数

$$L_A(\boldsymbol{x},\boldsymbol{\mu},\sigma) = f(\boldsymbol{x}) - \boldsymbol{\mu}^{\mathrm{T}}\boldsymbol{h}(\boldsymbol{x}) + \frac{1}{2\sigma}\|\boldsymbol{h}(\boldsymbol{x})\|^2, \tag{13.23}$$

式中: 罚参数 $\sigma > 0$; $\boldsymbol{h}(\boldsymbol{x}) = \big(h_1(\boldsymbol{x}), h_2(\boldsymbol{x}), \cdots, h_l(\boldsymbol{x})\big)^{\mathrm{T}}$.

在 KKT 点 $(\boldsymbol{x}^*, \boldsymbol{\mu}^*)$ 处, 根据 $\boldsymbol{h}(\boldsymbol{x}^*) = \boldsymbol{0}$, 可知增广拉格朗日函数的 Hesse 矩阵为

$$\nabla^2_{\boldsymbol{xx}}L_A(\boldsymbol{x}^*,\boldsymbol{\mu}^*,\sigma) = \nabla^2_{\boldsymbol{xx}}L(\boldsymbol{x}^*,\boldsymbol{\mu}^*) + \frac{1}{\sigma}\boldsymbol{A}(\boldsymbol{x}^*)^{\mathrm{T}}\boldsymbol{A}(\boldsymbol{x}^*). \tag{13.24}$$

对于纯等式约束的优化问题, 若约束函数在 $\boldsymbol{x}^*$ 处的 Jacobi 矩阵 $\boldsymbol{A}(\boldsymbol{x}^*)$ 行满秩且二阶最优性充分条件成立, 则存在某个阈值 $\bar{\sigma} > 0$, 使得 $\forall\sigma \in (0,\bar{\sigma}]$, $\nabla^2_{\boldsymbol{xx}}L_A(\boldsymbol{x}_k,\boldsymbol{\mu}_k,\sigma)$ 是正定的. 于是二次规划子问题中的 $\boldsymbol{W}_k$ 可取为 $\nabla^2_{\boldsymbol{xx}}L_A(\boldsymbol{x}_k,\boldsymbol{\mu}_k,\sigma)$, 或者取对 $\nabla^2_{\boldsymbol{xx}}L_A(\boldsymbol{x}_k,\boldsymbol{\mu}_k,\sigma)$ 进行拟牛顿近似的校正矩阵 $\boldsymbol{B}_k$.

13.3.2 价值函数与搜索方向的下降性

为了保证 SQP 方法的全局收敛性, 通常借助于某价值函数来确定搜索步长. 例如, 目标函数、罚函数以及增广拉格朗日函数等都可以作为价值函数, 用来衡量一维线搜索的好坏. 下面介绍两类著名的价值函数.

1. ℓ_1 价值函数

首先, 以纯等式约束的优化问题为例, 考虑下列 ℓ_1 价值函数:

$$\phi_1(\boldsymbol{x}) = f(\boldsymbol{x}) + \frac{1}{\sigma}\|\boldsymbol{h}(\boldsymbol{x})\|_1, \tag{13.25}$$

式中: $\sigma > 0$ 为罚参数.

命题 13.1 设 $\boldsymbol{d}_k$ 和 $\boldsymbol{\mu}_{k+1}$ 分别是子问题 (13.18) 的最优解和拉格朗日乘子, 则 ϕ_1 沿方向 $\boldsymbol{d}_k$ 的方向导数满足

$$\phi_1'(\boldsymbol{x}_k,\sigma;\boldsymbol{d}_k) \leqslant -\boldsymbol{d}_k^{\mathrm{T}}\boldsymbol{W}_k\boldsymbol{d}_k - (\sigma^{-1} - \|\boldsymbol{\mu}_{k+1}\|_\infty)\|\boldsymbol{h}(\boldsymbol{x}_k)\|_1. \tag{13.26}$$

证明 由泰勒公式, 得

$$\begin{aligned} f(\boldsymbol{x}_k+\alpha\boldsymbol{d}_k) &= f(\boldsymbol{x}_k)+\alpha\nabla f(\boldsymbol{x}_k)^{\mathrm{T}}\boldsymbol{d}_k+\frac{1}{2}\alpha^2\boldsymbol{d}_k^{\mathrm{T}}\nabla^2 f(\boldsymbol{\xi}_k)\boldsymbol{d}_k,\\ \boldsymbol{h}(\boldsymbol{x}_k+\alpha\boldsymbol{d}_k) &= \boldsymbol{h}(\boldsymbol{x}_k)+\alpha\boldsymbol{A}(\boldsymbol{x}_k)\boldsymbol{d}_k+\frac{1}{2}\alpha^2\boldsymbol{d}_k^{\mathrm{T}}\nabla^2\boldsymbol{h}(\boldsymbol{\eta}_k)\boldsymbol{d}_k\\ &= (1-\alpha)\boldsymbol{h}(\boldsymbol{x}_k)+\frac{1}{2}\alpha^2\boldsymbol{d}_k^{\mathrm{T}}\nabla^2\boldsymbol{h}(\boldsymbol{\eta}_k)\boldsymbol{d}_k, \end{aligned}$$

式中

$$\boldsymbol{d}_k^{\mathrm{T}}\nabla^2\boldsymbol{h}(\boldsymbol{\eta}_k)\boldsymbol{d}_k = \left[\boldsymbol{d}_k^{\mathrm{T}}\nabla^2 h_1(\boldsymbol{\eta}_k)\boldsymbol{d}_k, \boldsymbol{d}_k^{\mathrm{T}}\nabla^2 h_2(\boldsymbol{\eta}_k)\boldsymbol{d}_k, \cdots, \boldsymbol{d}_k^{\mathrm{T}}\nabla^2 h_l(\boldsymbol{\eta}_k)\boldsymbol{d}_k\right]^{\mathrm{T}}.$$

故对比较小的 $\alpha > 0$, 有

$$\phi_1(\boldsymbol{x}_k+\alpha\boldsymbol{d}_k)-\phi_1(\boldsymbol{x}_k) \leqslant \alpha(\nabla f(\boldsymbol{x}_k)^{\mathrm{T}}\boldsymbol{d}_k-\sigma^{-1}\|\boldsymbol{h}(\boldsymbol{x}_k)\|_1)+\alpha^2\vartheta\|\boldsymbol{d}_k\|^2,$$

式中: $\vartheta > 0$ 为常数.

同理, 可证

$$\phi_1(\boldsymbol{x}_k+\alpha\boldsymbol{d}_k)-\phi_1(\boldsymbol{x}_k) \geqslant \alpha(\nabla f(\boldsymbol{x}_k)^{\mathrm{T}}\boldsymbol{d}_k-\sigma^{-1}\|\boldsymbol{h}(\boldsymbol{x}_k)\|_1)-\alpha^2\vartheta\|\boldsymbol{d}_k\|^2.$$

根据多元函数方向导数的定义, 得

$$\phi_1'(\boldsymbol{x}_k,\sigma;\boldsymbol{d}_k) = \nabla f(\boldsymbol{x}_k)^{\mathrm{T}}\boldsymbol{d}_k - \sigma^{-1}\|\boldsymbol{h}(\boldsymbol{x}_k)\|_1. \tag{13.27}$$

由 KKT 条件, 有

$$\nabla f(\boldsymbol{x}_k)+\boldsymbol{W}_k\boldsymbol{d}_k-\boldsymbol{A}(\boldsymbol{x}_k)^{\mathrm{T}}\boldsymbol{\mu}_{k+1}=\boldsymbol{0},$$

于是, 有

$$\begin{aligned} \nabla f(\boldsymbol{x}_k)^{\mathrm{T}}\boldsymbol{d}_k &= -\boldsymbol{d}_k^{\mathrm{T}}\boldsymbol{W}_k\boldsymbol{d}_k+\boldsymbol{d}_k^{\mathrm{T}}\boldsymbol{A}(\boldsymbol{x}_k)^{\mathrm{T}}\boldsymbol{\mu}_{k+1}\\ &= -\boldsymbol{d}_k^{\mathrm{T}}\boldsymbol{W}_k\boldsymbol{d}_k-\boldsymbol{h}(\boldsymbol{x}_k)^{\mathrm{T}}\boldsymbol{\mu}_{k+1}. \end{aligned}$$

注意到由 Schwartz 不等式, 有

$$-\boldsymbol{h}(\boldsymbol{x}_k)^{\mathrm{T}}\boldsymbol{\mu}_{k+1} \leqslant \|\boldsymbol{h}(\boldsymbol{x}_k)\|_\infty\|\boldsymbol{\mu}_{k+1}\|_\infty \leqslant \|\boldsymbol{\mu}_{k+1}\|_\infty\|\boldsymbol{h}(\boldsymbol{x}_k)\|_1.$$

证毕. □

根据命题 13.1 可知, 若矩阵 $\boldsymbol{W}_k$ 正定且取罚参数

$$\sigma^{-1} \geqslant \|\boldsymbol{\mu}_{k+1}\|_\infty + \bar{\delta},$$

式中: $\bar{\delta} > 0$. 则可保证 $\boldsymbol{d}_k$ 是 $\phi_1(\boldsymbol{x}, \sigma)$ 在相应点 $\boldsymbol{x}_k$ 处的下降方向. 此外, 在构造二次规划子问题 (13.18) 时, 如果用对称正定矩阵 $\boldsymbol{B}_k$ 替代 $\boldsymbol{W}_k$, 那么相应的最优解 $\boldsymbol{d}_k$ 也可以是价值函数 ϕ_1 的下降方向.

对于一般的约束优化问题 (13.1), 可以考虑相应的二次规划子问题 (13.16), 并且将式 (13.17) 定义的罚函数作为价值函数, 有

$$\begin{aligned} P_\sigma(\boldsymbol{x}) &= f(\boldsymbol{x}) + \sigma^{-1}\left[\|\boldsymbol{h}(\boldsymbol{x})\|_1 + \|\boldsymbol{g}(\boldsymbol{x})_-\|_1\right] \\ &= f(\boldsymbol{x}) + \frac{1}{\sigma}\left[\sum_{i\in\mathcal{E}} |h_i(\boldsymbol{x})| + \sum_{i\in\mathcal{I}} \left|[g_i(\boldsymbol{x})]_-\right|\right], \end{aligned}$$

式中: $\boldsymbol{h}(\boldsymbol{x}) = \big(h_1(\boldsymbol{x}), h_2(\boldsymbol{x}), \cdots, h_l(\boldsymbol{x})\big)^{\mathrm{T}}$; $\boldsymbol{g}(\boldsymbol{x}) = \big(g_1(\boldsymbol{x}), g_2(\boldsymbol{x}), \cdots, g_m(\boldsymbol{x})\big)^{\mathrm{T}}$; $[g_i(\boldsymbol{x})]_- = \max\{0, -g_i(\boldsymbol{x})\}$.

命题 13.2 设 $\boldsymbol{d}_k$ 和 $\boldsymbol{\mu}_{k+1}, \boldsymbol{\lambda}_{k+1} \geqslant \boldsymbol{0}$ 分别是子问题 (13.16) 的最优解和拉格朗日乘子, 则 P_σ 沿 $\boldsymbol{d}_k$ 的方向导数满足

$$\begin{aligned} P'_\sigma(\boldsymbol{x}_k; \boldsymbol{d}_k) \leqslant\ & -\boldsymbol{d}_k^{\mathrm{T}}\boldsymbol{B}_k\boldsymbol{d}_k - (\sigma^{-1} - \|\boldsymbol{\mu}_{k+1}\|_\infty)\|\boldsymbol{h}(\boldsymbol{x}_k)\|_1 \\ & -(\sigma^{-1} - \|\boldsymbol{\lambda}_{k+1}\|_\infty)\|\boldsymbol{g}(\boldsymbol{x}_k)_-\|_1. \end{aligned} \tag{13.28}$$

证明 注意到 1- 范数 $\|\cdot\|_1$ 是凸函数以及函数 $(\cdot)_-$ 具有下列性质:

$$\forall t_1 \geqslant t_2,$$

有

$$(t_1)_- \leqslant (t_2)_-.$$

利用与命题 13.1 类似的方法, 得

$$P'_\sigma(\boldsymbol{x}_k; \boldsymbol{d}_k) = \nabla f(\boldsymbol{x}_k)^{\mathrm{T}}\boldsymbol{d}_k - \sigma^{-1}\left[\|\boldsymbol{h}(\boldsymbol{x}_k)\|_1 + \|\boldsymbol{g}(\boldsymbol{x}_k)_-\|_1\right]. \tag{13.29}$$

再利用二次规划子问题 (13.16) 的 KKT 条件, 有

$$\begin{cases} \nabla f(\boldsymbol{x}_k) + \boldsymbol{B}_k\boldsymbol{d}_k = \nabla \boldsymbol{h}(\boldsymbol{x}_k)^{\mathrm{T}}\boldsymbol{\mu}_{k+1} + \nabla \boldsymbol{g}(\boldsymbol{x}_k)^{\mathrm{T}}\boldsymbol{\lambda}_{k+1}, \\ \boldsymbol{\lambda}_{k+1} \geqslant \boldsymbol{0}, \quad \boldsymbol{g}(\boldsymbol{x}_k) + \nabla \boldsymbol{g}(\boldsymbol{x}_k)^{\mathrm{T}}\boldsymbol{d}_k \geqslant \boldsymbol{0}, \\ \boldsymbol{\lambda}_{k+1}^{\mathrm{T}}[\boldsymbol{g}(x_k) + \nabla \boldsymbol{g}(x_k)^{\mathrm{T}}\boldsymbol{d}_k] = 0. \end{cases} \tag{13.30}$$

又因 $\boldsymbol{d}_k$ 满足可行性条件 $\boldsymbol{h}(\boldsymbol{x}_k)+\nabla\boldsymbol{h}(\boldsymbol{x}_k)^{\mathrm{T}}\boldsymbol{d}_k=\boldsymbol{0}$, 由此及式 (13.30) 的第一、三两式, 得

$$\nabla f(\boldsymbol{x}_k)^{\mathrm{T}}\boldsymbol{d}_k=-\boldsymbol{d}_k^{\mathrm{T}}\boldsymbol{B}_k\boldsymbol{d}_k-\boldsymbol{h}(\boldsymbol{x}_k)^{\mathrm{T}}\boldsymbol{\mu}_{k+1}-\boldsymbol{g}(\boldsymbol{x}_k)^{\mathrm{T}}\boldsymbol{\lambda}_{k+1}. \tag{13.31}$$

由 Schwartz 不等式可知

$$\begin{cases} -\boldsymbol{h}(\boldsymbol{x}_k)^{\mathrm{T}}\boldsymbol{\mu}_{k+1}\leqslant\|\boldsymbol{h}(\boldsymbol{x}_k)\|_\infty\|\boldsymbol{\mu}_{k+1}\|_\infty\leqslant\|\boldsymbol{\mu}_{k+1}\|_\infty\|\boldsymbol{h}(\boldsymbol{x}_k)\|_1, \\ -\boldsymbol{g}(x_k)^{\mathrm{T}}\boldsymbol{\lambda}_{k+1}\leqslant\boldsymbol{\lambda}_{k+1}^{\mathrm{T}}[\boldsymbol{g}(\boldsymbol{x}_k)]_-\leqslant\|\boldsymbol{\lambda}_{k+1}\|_\infty\|\boldsymbol{g}(\boldsymbol{x}_k)\|_1. \end{cases} \tag{13.32}$$

最后, 由式 (13.29)、式 (13.31) 和式 (13.32) 即得命题的结论. 证毕. □

2. Fletcher 价值函数

Fletcher 价值函数也叫做增广拉格朗日价值函数. SQP 方法问世后, 除了使用 ℓ_1 价值函数以得到算法的全局收敛性外, 优化工作者还引进过其他的价值函数. 例如, Fletcher 曾经针对纯等式约束优化问题引入了下列增广拉格朗日价值函数:

$$\phi_F(\boldsymbol{x},\sigma)=f(\boldsymbol{x})-\boldsymbol{\mu}(\boldsymbol{x})^{\mathrm{T}}\boldsymbol{h}(\boldsymbol{x})+\frac{1}{2\sigma}\|\boldsymbol{h}(\boldsymbol{x})\|^2, \tag{13.33}$$

式中: $\boldsymbol{\mu}(\boldsymbol{x})$ 为乘子向量; $\sigma>0$ 为罚参数.

若函数 $\boldsymbol{h}(\boldsymbol{x})$ 的 Jacobi 矩阵 $\boldsymbol{A}(\boldsymbol{x})=\nabla\boldsymbol{h}(\boldsymbol{x})^{\mathrm{T}}$ 是行满秩的, 则乘子向量可取为

$$\boldsymbol{\mu}(\boldsymbol{x})=[\boldsymbol{A}(\boldsymbol{x})\boldsymbol{A}(\boldsymbol{x})^{\mathrm{T}}]^{-1}\boldsymbol{A}(\boldsymbol{x})\nabla f(\boldsymbol{x}), \tag{13.34}$$

即 $\boldsymbol{\mu}(\boldsymbol{x})$ 是下面的最小二乘问题的解:

$$\min_{\boldsymbol{\mu}\in\mathbf{R}^l}\|\nabla f(\boldsymbol{x})-\boldsymbol{A}(\boldsymbol{x})^{\mathrm{T}}\boldsymbol{\mu}\|.$$

另外, Fletcher 函数在 $\boldsymbol{x}_k$ 处的梯度为

$$\nabla\phi_F(\boldsymbol{x}_k,\sigma)=\nabla f(\boldsymbol{x}_k)-\boldsymbol{A}_k^{\mathrm{T}}\boldsymbol{\mu}(\boldsymbol{x}_k)-\nabla\boldsymbol{\mu}(\boldsymbol{x}_k)\boldsymbol{h}(\boldsymbol{x}_k)+\sigma^{-1}\boldsymbol{A}_k^{\mathrm{T}}\boldsymbol{h}(\boldsymbol{x}_k), \tag{13.35}$$

式中: $\boldsymbol{A}_k=\boldsymbol{A}(\boldsymbol{x}_k)$ 为 $\boldsymbol{h}(\boldsymbol{x})$ 在 $\boldsymbol{x}_k$ 处的 Jacobi 矩阵, 且 $\boldsymbol{A}_k$ 行满秩.

假设 $\boldsymbol{d}_k$ 是子问题

$$\begin{aligned} \min\quad & \frac{1}{2}\boldsymbol{d}^{\mathrm{T}}\boldsymbol{B}_k\boldsymbol{d}+\nabla f(\boldsymbol{x}_k)^{\mathrm{T}}\boldsymbol{d} \\ \text{s.t.}\quad & \boldsymbol{h}(\boldsymbol{x}_k)+\boldsymbol{A}_k\boldsymbol{d}=\boldsymbol{0} \end{aligned} \tag{13.36}$$

的最优解, 并记

$$\boldsymbol{d}_k=\boldsymbol{A}_k^{\mathrm{T}}\boldsymbol{d}_k^y+\boldsymbol{Z}_k\boldsymbol{d}_k^z,$$

式中: $\boldsymbol{Z}_k$ 的列向量是零空间 $\mathcal{N}(\boldsymbol{A}_k)$ 的一组基.

根据子问题 (13.36) 的可行性条件, 有

$$\boldsymbol{d}_k^y = -(\boldsymbol{A}_k\boldsymbol{A}_k^{\mathrm{T}})^{-1}\boldsymbol{h}(\boldsymbol{x}_k).$$

然后, 利用最小二乘乘子 $\boldsymbol{\mu}(\boldsymbol{x}_k)$ 的定义即式 (13.34), 得

$$\nabla f(\boldsymbol{x}_k)^{\mathrm{T}}\boldsymbol{A}_k^{\mathrm{T}}\boldsymbol{d}_k^y = -\boldsymbol{\mu}(\boldsymbol{x}_k)^{\mathrm{T}}\boldsymbol{h}(\boldsymbol{x}_k).$$

故有

$$\nabla\phi_F(\boldsymbol{x}_k,\sigma)^{\mathrm{T}}\boldsymbol{d}_k = \nabla f(\boldsymbol{x}_k)^{\mathrm{T}}\boldsymbol{Z}_k\boldsymbol{d}_k^z - \boldsymbol{h}(\boldsymbol{x}_k)^{\mathrm{T}}\nabla\boldsymbol{\mu}(\boldsymbol{x}_k)^{\mathrm{T}}\boldsymbol{d}_k - \sigma^{-1}\|\boldsymbol{h}(\boldsymbol{x}_k)\|^2. \tag{13.37}$$

另由 KKT 条件, 则

$$\boldsymbol{W}_k\boldsymbol{d}_k + \nabla f(\boldsymbol{x}_k) - \boldsymbol{A}_k\boldsymbol{\mu}_k = \boldsymbol{0},$$

式中: $\boldsymbol{\mu}_k$ 为拉格朗日乘子, 有

$$\begin{aligned}\boldsymbol{Z}_k^{\mathrm{T}}\boldsymbol{W}_k\boldsymbol{d}_k &= \boldsymbol{Z}_k^{\mathrm{T}}\boldsymbol{W}_k\boldsymbol{Z}_k\boldsymbol{d}_k^z + \boldsymbol{Z}_k^{\mathrm{T}}\boldsymbol{W}_k\boldsymbol{A}_k^{\mathrm{T}}\boldsymbol{d}_k^y \\ &= \boldsymbol{Z}_k^{\mathrm{T}}[\boldsymbol{A}_k\boldsymbol{\mu}_k - \nabla f(\boldsymbol{x}_k)] \\ &= -\boldsymbol{Z}_k^{\mathrm{T}}\nabla f(\boldsymbol{x}_k).\end{aligned}$$

于是, 有

$$\begin{aligned}\nabla\phi_F(\boldsymbol{x}_k,\sigma)^{\mathrm{T}}\boldsymbol{d}_k &= -(\boldsymbol{d}_k^z)^{\mathrm{T}}[\boldsymbol{Z}_k^{\mathrm{T}}\boldsymbol{W}_k\boldsymbol{Z}_k]\boldsymbol{d}_k^z - (\boldsymbol{d}_k^y)^{\mathrm{T}}\boldsymbol{A}_k\boldsymbol{W}_k\boldsymbol{Z}_k\boldsymbol{d}_k^z \\ &\quad - \boldsymbol{h}(\boldsymbol{x}_k)^{\mathrm{T}}\nabla\boldsymbol{\mu}(\boldsymbol{x}_k)^{\mathrm{T}}\boldsymbol{d}_k - \sigma^{-1}\|\boldsymbol{h}(\boldsymbol{x}_k)\|^2.\end{aligned} \tag{13.38}$$

因此, 当简约 Hesse 阵 $\boldsymbol{Z}_k^{\mathrm{T}}\boldsymbol{W}_k\boldsymbol{Z}_k$ 正定时, 若取罚参数满足

$$\sigma^{-1} \geqslant \left[\frac{-(\boldsymbol{d}_k^y)^{\mathrm{T}}\boldsymbol{A}_k\boldsymbol{W}_k\boldsymbol{Z}_k\boldsymbol{d}_k^z - \boldsymbol{h}(\boldsymbol{x}_k)^{\mathrm{T}}\nabla\boldsymbol{\mu}(\boldsymbol{x}_k)^{\mathrm{T}}\boldsymbol{d}_k}{\|\boldsymbol{h}(\boldsymbol{x}_k)\|^2}\right] + \bar{\delta}, \tag{13.39}$$

式中: $\bar{\delta} > 0$. 则 $\boldsymbol{d}_k$ 是 Fletcher 价值函数的下降方向.

下面给出一般形式约束优化问题的 SQP 方法的算法步骤.

算法 13.4 (一般约束优化问题的 SQP 方法)

步骤 0, 给定初始点 $(\boldsymbol{x}_0,\boldsymbol{\mu}_0,\boldsymbol{\lambda}_0) \in \mathbf{R}^n \times \mathbf{R}^l \times \mathbf{R}^m$, 对称正定矩阵 $\boldsymbol{B}_0 \in \mathbf{R}^{n\times n}$. 计算

$$\boldsymbol{A}_0^{\mathcal{E}} = \nabla\boldsymbol{h}(\boldsymbol{x}_0)^{\mathrm{T}},\quad \boldsymbol{A}_0^{\mathcal{I}} = \nabla\boldsymbol{g}(\boldsymbol{x}_0)^{\mathrm{T}},\quad \boldsymbol{A}_0 = \begin{pmatrix}\boldsymbol{A}_0^{\mathcal{E}} \\ \boldsymbol{A}_0^{\mathcal{I}}\end{pmatrix}.$$

选择参数 $\eta \in (0,1/2)$, $\rho \in (0,1)$, 容许误差 $0 \leqslant \varepsilon_1,\varepsilon_2 \ll 1$. 令 $k := 0$.

步骤 1，求解子问题

$$\begin{aligned}\min \quad & \frac{1}{2}\boldsymbol{d}^{\mathrm{T}}\boldsymbol{B}_k\boldsymbol{d}+\nabla f(\boldsymbol{x}_k)^{\mathrm{T}}\boldsymbol{d},\\ \text{s.t.} \quad & \boldsymbol{h}(\boldsymbol{x}_k)+\boldsymbol{A}_k^{\mathcal{E}}\boldsymbol{d}=\boldsymbol{0},\\ & \boldsymbol{g}(\boldsymbol{x}_k)+\boldsymbol{A}_k^{\mathcal{I}}\boldsymbol{d}\geqslant\boldsymbol{0},\end{aligned} \tag{13.40}$$

得最优解 $\boldsymbol{d}_k$.

步骤 2，若 $\|\boldsymbol{d}_k\|_1\leqslant\varepsilon_1$ 且 $\|\boldsymbol{h}_k\|_1+\|(\boldsymbol{g}_k)_-\|_1\leqslant\varepsilon_2$，停算，得到原问题的的一个近似 KKT 点 $(\boldsymbol{x}_k,\boldsymbol{\mu}_k,\boldsymbol{\lambda}_k)$.

步骤 3，对于某种价值函数 $\phi(\boldsymbol{x},\sigma)$，选择罚参数 σ_k，使得 $\boldsymbol{d}_k$ 是该函数在 $\boldsymbol{x}_k$ 处的下降方向.

步骤 4，设 m_k 是满足下列不等式的最小非负整数 m：

$$\phi(\boldsymbol{x}_k+\rho^m\boldsymbol{d}_k,\sigma_k)-\phi(\boldsymbol{x}_k,\sigma_k)\leqslant\eta\rho^m\phi'(\boldsymbol{x}_k,\sigma_k;\boldsymbol{d}_k). \tag{13.41}$$

令 $\alpha_k:=\rho^{m_k}$，$\boldsymbol{x}_{k+1}:=\boldsymbol{x}_k+\alpha_k\boldsymbol{d}_k$.

步骤 5，计算

$$\boldsymbol{A}_{k+1}^{\mathcal{E}}=\nabla\boldsymbol{h}(\boldsymbol{x}_{k+1})^{\mathrm{T}},\quad \boldsymbol{A}_{k+1}^{\mathcal{I}}=\nabla\boldsymbol{g}(\boldsymbol{x}_{k+1})^{\mathrm{T}},\quad \boldsymbol{A}_{k+1}=\begin{pmatrix}\boldsymbol{A}_{k+1}^{\mathcal{E}}\\ \boldsymbol{A}_{k+1}^{\mathcal{I}}\end{pmatrix}$$

以及最小二乘乘子

$$\begin{pmatrix}\boldsymbol{\mu}_{k+1}\\ \boldsymbol{\lambda}_{k+1}\end{pmatrix}=\left[\boldsymbol{A}_{k+1}\boldsymbol{A}_{k+1}^{\mathrm{T}}\right]^{-1}\boldsymbol{A}_{k+1}\nabla f(\boldsymbol{x}_{k+1}). \tag{13.42}$$

步骤 6，校正矩阵 $\boldsymbol{B}_k$ 为 $\boldsymbol{B}_{k+1}$. 令

$$\begin{gathered}\boldsymbol{s}_k:=\alpha_k\boldsymbol{d}_k,\quad \boldsymbol{y}_k:=\nabla_{\boldsymbol{x}}L(\boldsymbol{x}_{k+1},\boldsymbol{\mu}_{k+1},\boldsymbol{\lambda}_{k+1})-\nabla_{\boldsymbol{x}}L(\boldsymbol{x}_k,\boldsymbol{\mu}_{k+1},\boldsymbol{\lambda}_{k+1}),\\ \boldsymbol{B}_{k+1}:=\boldsymbol{B}_k-\frac{\boldsymbol{B}_k\boldsymbol{s}_k\boldsymbol{s}_k^{\mathrm{T}}\boldsymbol{B}_k}{\boldsymbol{s}_k^{\mathrm{T}}\boldsymbol{B}_k\boldsymbol{s}_k}+\frac{\boldsymbol{z}_k\boldsymbol{z}_k^{\mathrm{T}}}{\boldsymbol{s}_k^{\mathrm{T}}\boldsymbol{z}_k},\end{gathered} \tag{13.43}$$

式中

$$\boldsymbol{z}_k=\omega_k\boldsymbol{y}_k+(1-\omega_k)\boldsymbol{B}_k\boldsymbol{s}_k, \tag{13.44}$$

参数 ω_k 定义为

$$\omega_k=\begin{cases}1, & \boldsymbol{s}_k^{\mathrm{T}}\boldsymbol{y}_k\geqslant 0.2\boldsymbol{s}_k^{\mathrm{T}}\boldsymbol{B}_k\boldsymbol{s}_k,\\ \dfrac{0.8\boldsymbol{s}_k^{\mathrm{T}}\boldsymbol{B}_k\boldsymbol{s}_k}{\boldsymbol{s}_k^{\mathrm{T}}\boldsymbol{B}_k\boldsymbol{s}_k-\boldsymbol{s}_k^{\mathrm{T}}\boldsymbol{y}_k}, & \boldsymbol{s}_k^{\mathrm{T}}\boldsymbol{y}_k<0.2\boldsymbol{s}_k^{\mathrm{T}}\boldsymbol{B}_k\boldsymbol{s}_k.\end{cases} \tag{13.45}$$

步骤 7，令 $k:=k+1$，转步骤 1.

注 (1) 算法 13.4 步骤 5 隐含地假设了 $\boldsymbol{A}_k$ 是行满秩的. 如果这个条件不成立, 则在计算最小二乘乘子时, 需要使用计算广义逆的技巧, 即此时式 (13.42) 为

$$\begin{pmatrix} \boldsymbol{\mu}_{k+1} \\ \boldsymbol{\lambda}_{k+1} \end{pmatrix} = (\boldsymbol{A}_{k+1}^{\dagger})^{\mathrm{T}} \nabla f(\boldsymbol{x}_{k+1}), \tag{13.46}$$

式中: $\boldsymbol{A}_{k+1}^{\dagger}$ 为 $\boldsymbol{A}_{k+1}$ 的广义逆.

(2) 算法 13.4 步骤 3 若选择 ℓ_1 价值函数, 即

$$\phi(\boldsymbol{x}, \sigma) = f(\boldsymbol{x}) + \sigma^{-1}\big[\|\boldsymbol{h}(\boldsymbol{x})\|_1 + \|\boldsymbol{g}(\boldsymbol{x})_-\|_1\big],$$

可令

$$\tau = \max\{\|\boldsymbol{\mu}_k\|, \|\boldsymbol{\lambda}_k\|\},$$

任意选择一个 $\delta > 0$, 定义罚参数的修正规则为

$$\sigma_k = \begin{cases} \sigma_{k-1}, & \sigma_{k-1}^{-1} \geqslant \tau + \delta, \\ (\tau + 2\delta)^{-1}, & \sigma_{k-1}^{-1} < \tau + \delta. \end{cases} \tag{13.47}$$

在本节最后需要指出的是, 对于无约束优化问题, 所谓的"超线性收敛步"成立, 即如果 $\boldsymbol{x}^*$ 是 $f(\boldsymbol{x})$ 的稳定点且 Hesse 矩阵 $\nabla^2 f(\boldsymbol{x}^*)$ 正定, 那么只要迭代序列 $\{\boldsymbol{x}_k\} \to \boldsymbol{x}^*$ 且搜索方向满足

$$\lim_{k\to\infty} \frac{\|\boldsymbol{x}_k + \boldsymbol{d}_k - \boldsymbol{x}^*\|}{\|\boldsymbol{x}_k - \boldsymbol{x}^*\|} = 0,$$

对于充分大的 k, 就必然成立

$$f(\boldsymbol{x}_k + \boldsymbol{d}_k) < f(\boldsymbol{x}_k).$$

换言之, 对于无约束优化问题, 超线性收敛步总是可以接受的. 但是对于约束优化问题情况并非如此, 即对于有些约束优化问题, 不管 $\boldsymbol{x}_k$ 如何靠近 $\boldsymbol{x}^*$, 都不会有

$$\phi(\boldsymbol{x}_k + \boldsymbol{d}_k, \sigma) \leqslant \phi(\boldsymbol{x}_k, \sigma)$$

成立, 且 $\boldsymbol{x}_k + \boldsymbol{d}_k$ 对应的目标函数值和可行度比 $\boldsymbol{x}_k$ 对应的目标函数值和可行度还要差一些. 也就是说, 对于约束优化问题, 在这种情况下, 超线性收敛步是无法接受的, SQP 方法会失去收敛阶高的优点, 人们把这种现象称为 Maratos 效应.

为了克服 Maratos 效应, 人们已经提出了许多方法, 如放松接受试探步 $\boldsymbol{x}_k + \boldsymbol{d}_k$ 的条件 (Watchdog 技术), 或者引进满足 $\|\tilde{\boldsymbol{d}}_k\| = O(\|\boldsymbol{d}_k\|^2)$ 的二阶校正步 $\tilde{\boldsymbol{d}}_k$, 使得相应的

价值函数值 $\phi(\boldsymbol{x}_k+\boldsymbol{d}_k+\tilde{\boldsymbol{d}}_k,\sigma)<\phi(\boldsymbol{x}_k,\sigma)$, 或者使用光滑的精确罚函数作为价值函数, 以提高超线性收敛步接受度, 如 Schittkowski 提出增广拉格朗日函数

$$\begin{aligned}\phi(\boldsymbol{x},\boldsymbol{v},\boldsymbol{r}) &= f(\boldsymbol{x})-\sum_{j\in\mathcal{E}}\Big(v_jh_j(\boldsymbol{x})-\frac{1}{2}r_jh_j^2(\boldsymbol{x})\Big)\\ &\quad-\sum_{j\in J(\boldsymbol{x},\boldsymbol{v})}\Big(v_jg_j(\boldsymbol{x})-\frac{1}{2}r_jg_j^2(\boldsymbol{x})\Big)-\frac{1}{2}\sum_{j\in K(\boldsymbol{x},\boldsymbol{v})}\frac{v_j^2}{r_j},\end{aligned}\tag{13.48}$$

式中

$$J(\boldsymbol{x},\boldsymbol{v})=\Big\{j\in\mathcal{I}\,|\,g_j(\boldsymbol{x})\leqslant\frac{v_j}{r_j}\Big\},\quad K(\boldsymbol{x},\boldsymbol{v})=\Big\{j\in\mathcal{I}\,|\,g_j(\boldsymbol{x})>\frac{v_j}{r_j}\Big\}.$$

一般来说, ℓ_1 精确罚函数形式简单, 但是非光滑, 增广拉格朗日函数是光滑的, 数值计算结果较好.

13.4 SQP 方法的 MATLAB 实现

本节讨论 SQP 方法的 MATLAB 实现. 注意到算法 13.4 每一迭代步的主要计算量是求解子问题 (13.40). 因此, 先讨论子问题的 MATLAB 实现.

13.4.1 SQP 子问题的 MATLAB 实现

利用 KKT 条件, 问题 (13.40) 等价于

$$\boldsymbol{H}_1(\boldsymbol{d},\boldsymbol{\mu},\boldsymbol{\lambda})=\boldsymbol{B}_k\boldsymbol{d}-(\boldsymbol{A}_k^{\mathcal{E}})^{\mathrm{T}}\boldsymbol{\mu}-(\boldsymbol{A}_k^{\mathcal{I}})^{\mathrm{T}}\boldsymbol{\lambda}+\nabla f(\boldsymbol{x}_k)=\boldsymbol{0},\tag{13.49}$$

$$\boldsymbol{H}_2(\boldsymbol{d},\boldsymbol{\mu},\boldsymbol{\lambda})=\boldsymbol{h}(\boldsymbol{x}_k)+\boldsymbol{A}_k^{\mathcal{E}}d=\boldsymbol{0},\tag{13.50}$$

$$\boldsymbol{\lambda}\geqslant\boldsymbol{0},\ \boldsymbol{g}(\boldsymbol{x}_k)+\boldsymbol{A}_k^{\mathcal{I}}\boldsymbol{d}\geqslant\boldsymbol{0},\ \ \boldsymbol{\lambda}^{\mathrm{T}}[\boldsymbol{g}(\boldsymbol{x}_k)+\boldsymbol{A}_k^{\mathcal{I}}\boldsymbol{d}]=0.\tag{13.51}$$

注意到式 (13.51) 是一个 m 维的线性互补问题, 定义光滑 FB-函数

$$\varphi(\varepsilon,a,b)=a+b-\sqrt{a^2+b^2+2\varepsilon^2},$$

式中: $\varepsilon>0$ 为光滑参数. 令

$$\boldsymbol{\Phi}(\varepsilon,\boldsymbol{d},\boldsymbol{\lambda})=(\varphi_1(\varepsilon,\boldsymbol{d},\boldsymbol{\lambda}),\varphi_2(\varepsilon,\boldsymbol{d},\boldsymbol{\lambda}),\cdots,\varphi_m(\varepsilon,\boldsymbol{d},\boldsymbol{\lambda}))^{\mathrm{T}},$$

式中

$$\varphi_i(\varepsilon,\boldsymbol{d},\boldsymbol{\lambda})=\lambda_i+[g_i(\boldsymbol{x}_k)+(\boldsymbol{A}_k^{\mathcal{I}})_i\boldsymbol{d}]-\sqrt{\lambda_i^2+[g_i(\boldsymbol{x}_k)+(\boldsymbol{A}_k^{\mathcal{I}})_i\boldsymbol{d}]^2+2\varepsilon^2},$$

其中 $(\boldsymbol{A}_k^{\mathcal{I}})_i$ 为矩阵 $\boldsymbol{A}_k^{\mathcal{I}}$ 的第 i 行.

记 $\boldsymbol{z}=(\varepsilon,\boldsymbol{d},\boldsymbol{\mu},\boldsymbol{\lambda})\in\mathbf{R}_+\times\mathbf{R}^n\times\mathbf{R}^m\times\mathbf{R}^l$, 则式 (13.49) 和式 (13.50) 等价于

$$\boldsymbol{H}(\boldsymbol{z}):=\boldsymbol{H}(\varepsilon,\boldsymbol{d},\boldsymbol{\mu},\boldsymbol{\lambda})=\begin{pmatrix}\varepsilon\\ \boldsymbol{H}_1(\boldsymbol{d},\boldsymbol{\mu},\boldsymbol{\lambda})\\ \boldsymbol{H}_2(\boldsymbol{d},\boldsymbol{\mu},\boldsymbol{\lambda})\\ \boldsymbol{\Phi}(\varepsilon,\boldsymbol{d},\boldsymbol{\lambda})\end{pmatrix}=\mathbf{0}. \tag{13.52}$$

不难计算出 $\boldsymbol{H}(\boldsymbol{z})$ 的 Jacobi 矩阵为

$$\boldsymbol{H}'(\boldsymbol{z})=\begin{pmatrix}1 & \mathbf{0} & \mathbf{0} & \mathbf{0}\\ \mathbf{0} & \boldsymbol{B}_k & -(\boldsymbol{A}_k^{\mathcal{E}})^{\mathrm{T}} & -(\boldsymbol{A}_k^{\mathcal{I}})^{\mathrm{T}}\\ \mathbf{0} & \boldsymbol{A}_k^{\mathcal{E}} & \mathbf{0} & \mathbf{0}\\ \boldsymbol{v} & \boldsymbol{D}_2(\boldsymbol{z})\boldsymbol{A}_k^{\mathcal{I}} & \mathbf{0} & \boldsymbol{D}_1(\boldsymbol{z})\end{pmatrix}, \tag{13.53}$$

式中: $\boldsymbol{v}=\nabla_\varepsilon\boldsymbol{\Phi}(\varepsilon,\boldsymbol{d},\boldsymbol{\lambda})=(v_1,v_2,\cdots,v_m)^{\mathrm{T}}$, v_i 由下式确定, 即

$$v_i=-\frac{2\varepsilon}{\sqrt{\lambda_i^2+[g_i(\boldsymbol{x}_k)+(\boldsymbol{A}_k^{\mathcal{I}})_i\boldsymbol{d}]^2+2\varepsilon^2}}, \tag{13.54}$$.

而 $\boldsymbol{D}_1(\boldsymbol{z})=\mathrm{diag}(a_1(\boldsymbol{z}),a_2(\boldsymbol{z}),\cdots,a_m(\boldsymbol{z}))$, $\boldsymbol{D}_2(\boldsymbol{z})=\mathrm{diag}(b_1(\boldsymbol{z}),b_2(\boldsymbol{z}),\cdots,b_m(\boldsymbol{z}))$, 其中 $a_i(\boldsymbol{z}),b_i(\boldsymbol{z})$ 由下式确定, 即

$$a_i(\boldsymbol{z})=1-\frac{\lambda_i}{\sqrt{\lambda_i^2+[g_i(\boldsymbol{x}_k)+(\boldsymbol{A}_k^{\mathcal{I}})_i\boldsymbol{d}]^2+2\varepsilon^2}}, \tag{13.55}$$

$$b_i(\boldsymbol{z})=1-\frac{g_i(\boldsymbol{x}_k)+(\boldsymbol{A}_k^{\mathcal{I}})_i\boldsymbol{d}}{\sqrt{\lambda_i^2+[g_i(\boldsymbol{x}_k)+(\boldsymbol{A}_k^{\mathcal{I}})_i\boldsymbol{d}]^2+2\varepsilon^2}}. \tag{13.56}$$

给定参数 $\gamma\in(0,1)$, 定义非负函数

$$\psi(\boldsymbol{z})=\gamma\|\boldsymbol{H}(\boldsymbol{z})\|\min\{1,\|\boldsymbol{H}(\boldsymbol{z})\|\}. \tag{13.57}$$

算法 13.5 (求解子问题的光滑牛顿法)

步骤 0, 选取参数 β, $\sigma\in(0,1)$, 容许误差 $0\leqslant\varepsilon\ll 1$, 初始值 $\varepsilon_0>0$, 初始向量 $(\boldsymbol{d}_0,\boldsymbol{\mu}_0,\boldsymbol{\lambda}_0)\in\mathbf{R}^n\times\mathbf{R}^l\times\mathbf{R}^m$. 令 $\boldsymbol{z}_0:=(\varepsilon_0,\boldsymbol{d}_0,\boldsymbol{\mu}_0,\boldsymbol{\lambda}_0)$, $\bar{\boldsymbol{z}}:=(\varepsilon_0,\mathbf{0},\mathbf{0},\mathbf{0})$. 选取 $\gamma\in(0,1)$ 使得 $\gamma\varepsilon_0<1$ 及 $\gamma\|\boldsymbol{H}(\boldsymbol{z}_0)\|<1$. 令 $i:=0$.

步骤 1, 如果 $\|\boldsymbol{H}(\boldsymbol{z}_i)\|\leqslant\varepsilon$, 算法终止; 否则, 计算 $\psi_i=\psi(\boldsymbol{z}_i)$.

步骤 2, 求解下列方程组

$$\boldsymbol{H}(\boldsymbol{z}_i)+\boldsymbol{H}'(\boldsymbol{z}_i)\Delta\boldsymbol{z}_i=\psi_i\bar{\boldsymbol{z}}, \tag{13.58}$$

得解 $\Delta \boldsymbol{z}_i = (\Delta\varepsilon_i, \Delta \boldsymbol{d}_i, \Delta \boldsymbol{\mu}_i, \Delta \boldsymbol{\lambda}_i)$.

步骤 3, 设 m_i 为满足下面不等式的最小非负整数 m:

$$\|\boldsymbol{H}(\boldsymbol{z}_i + \beta^m \Delta \boldsymbol{z}_i)\| \leqslant [1 - \sigma(1 - \gamma\varepsilon_0)\beta^m]\|\boldsymbol{H}(\boldsymbol{z}_i)\|. \tag{13.59}$$

令 $\alpha_i := \rho^{m_i}$, $\boldsymbol{z}_{i+1} := \boldsymbol{z}_i + \alpha_i \Delta \boldsymbol{z}_i$.

步骤 4, 令 $i := i+1$, 转步骤 1.

下面给出算法 13.5 的 MATLAB 程序.

程序 13.1 利用光滑牛顿法求解二次规划子问题.

```
function [k,d,mu,lm,val]=qpsubp(dfk,Bk,Ae,hk,Ai,gk)
%功能: 求解二次规划子问题:
%        min   qk(d)=0.5*d'*Bk*d+dfk'*d,
%        s.t.  hk+Ae*d=0,  gk+Ai*d>=0
%输入: dfk是f(x)在点xk处的梯度, Bk是第k次近似Hesse矩阵,
%       Ae,hk是线性等式约束的有关参数, Ai,gk是线性不等式约束的有关参数
%输出: k是迭代次数, d,val分别是最优解和最优值, mu,lam是乘子向量
n=length(dfk);  l=length(hk);  m=length(gk);
beta=0.5;  sigma=0.2;  epsilon=1.0e-6;  gamma=0.05;
ep0=0.05;  d0=ones(n,1);  mu0=0.05*zeros(l,1);
lm0=0.05*zeros(m,1);  u0=[ep0;zeros(n+l+m,1)];
z0=[ep0; d0; mu0; lm0];
k=0;   %k为迭代次数
z=z0; ep=ep0; d=d0; mu=mu0; lm=lm0;
while (k<=150)
    dh=dah(ep,d,mu,lm,dfk,Bk,Ae,hk,Ai,gk);
    if(norm(dh)<epsilon)
        break;
    end
    A=JacobiH(ep,d,mu,lm,dfk,Bk,Ae,hk,Ai,gk);
    b=psi(ep,d,mu,lm,dfk,Bk,Ae,hk,Ai,gk,gamma)*u0-dh;
    dz=A\b;
    if(l>0 & m>0)
        de=dz(1); dd=dz(2:n+1);
        du=dz(n+2:n+l+1); dl=dz(n+l+2:n+l+m+1);
```

```
end
if(l==0)
    de=dz(1);  dd=dz(2:n+1); dl=dz(n+2:n+m+1);
end
if(m==0)
    de=dz(1);  dd=dz(2:n+1); du=dz(n+2:n+l+1);
end
i=0; %mk=0;
while (i<=20)
    if(l>0&m>0)
      t1=beta^i;
      dh1=dah(ep+t1*de,d+t1*dd,mu+t1*du,lm+t1*dl,dfk,Bk,Ae,hk,Ai,gk);
    end
    if(l==0)
      t1=beta^i;
      dh1=dah(ep+t1*de,d+t1*dd,mu,lm+t1*dl,dfk,Bk,Ae,hk,Ai,gk);
    end
    if(m==0)
      t1=beta^i;
      dh1=dah(ep+t1*de,d+t1*dd,mu+t1*du,lm,dfk,Bk,Ae,hk,Ai,gk);
    end
    if(norm(dh1)<=(1-sigma*(1-gamma*ep0)*beta^i)*norm(dh))
        mk=i; break;
    end
    i=i+1;
    if(i==20), mk=10; end
end
alpha=beta^mk;
if(l>0 & m>0)
    ep=ep+alpha*de;    d=d+alpha*dd;
    mu=mu+alpha*du;   lm=lm+alpha*dl;
end
if(l==0)
    ep=ep+alpha*de;    d=d+alpha*dd;
```

```
        lm=lm+alpha*dl;
    end
    if(m==0)
        ep=ep+alpha*de;    d=d+alpha*dd;
        mu=mu+alpha*du;
    end
    k=k+1;
end
%=========================================================%
function p=phi(ep,a,b)
p=a+b-sqrt(a^2+b^2+2*ep^2);
%=========================================================%
function dh=dah(ep,d,mu,lm,dfk,Bk,Ae,hk,Ai,gk)
n=length(dfk); l=length(hk); m=length(gk);
dh=zeros(n+l+m+1,1);
dh(1)=ep;
if(l>0&m>0)
  dh(2:n+1)=Bk*d-Ae'*mu-Ai'*lm+dfk;
  dh(n+2:n+l+1)=hk+Ae*d;
  for(i=1:m)
    dh(n+l+1+i)=phi(ep,lm(i),gk(i)+Ai(i,:)*d);
  end
end
if(l==0)
   dh(2:n+1)=Bk*d-Ai'*lm+dfk;
   for(i=1:m)
      dh(n+1+i)=phi(ep,lm(i),gk(i)+Ai(i,:)*d);
   end
end
if(m==0)
   dh(2:n+1)=Bk*d-Ae'*mu+dfk;
   dh(n+2:n+l+1)=hk+Ae*d;
end
dh=dh(:);
```

```
%=========================================================%
function xi=psi(ep,d,mu,lm,dfk,Bk,Ae,hk,Ai,gk,gamma)
dh=dah(ep,d,mu,lm,dfk,Bk,Ae,hk,Ai,gk);
xi=gamma*norm(dh)*min(1,norm(dh));
%=========================================================%
function [dd1,dd2,v1]=ddv(ep,d,lm,Ai,gk)
m=length(gk);
dd1=zeros(m,m); dd2=zeros(m,m); v1=zeros(m,1);
for(i=1:m)
   fm=sqrt(lm(i)^2+(gk(i)+Ai(i,:)*d)^2+2*ep^2);
   dd1(i,i)=1-lm(i)/fm;
   dd2(i,i)=1-(gk(i)+Ai(i,:)*d)/fm;
   v1(i)=-2*ep/fm;
end
val=0.5*d'*Bk*d+dfk'*d;
%=========================================================%
function A=JacobiH(ep,d,mu,lm,dfk,Bk,Ae,hk,Ai,gk)
n=length(dfk); l=length(hk); m=length(gk);
A=zeros(n+l+m+1,n+l+m+1);
[dd1,dd2,v1]=ddv(ep,d,lm,Ai,gk);
if(l>0&m>0)
A=[1,             zeros(1,n), zeros(1,l), zeros(1,m);
   zeros(n,1),    Bk,          -Ae',        -Ai';
   zeros(l,1),    Ae,         zeros(l,l), zeros(l,m) ;
   v1,            dd2*Ai,      zeros(m,l), dd1];
end
if(l==0)
   A=[1,             zeros(1,n), zeros(1,m);
      zeros(n,1), Bk,            -Ai';
      v1,            dd2*Ai,     dd1];
end
if(m==0)
   A=[1,             zeros(1,n), zeros(1,l);
      zeros(n,1), Bk,            -Ae';
```

```
        zeros(1,1),  Ae,         zeros(1,1)];
    end
```

下面利用程序 13.1 求解三个分别是纯等式约束、纯不等式约束以及混合约束的二次规划问题.

例 13.3 利用程序 13.1 求解例 10.1, 即

$$\begin{aligned}&\min\quad f(\boldsymbol{x})=\frac{3}{2}x_1^2+x_2^2+\frac{1}{2}x_3^2-x_1x_2-x_2x_3+x_1+x_2+x_3,\\&\text{s.t.}\quad x_1+2x_2+x_3=4,\end{aligned}$$

在点 $\boldsymbol{x}_0=(0,0,0)^{\mathrm{T}}$ 处相应的子问题 (13.40).

解 在 MATLAB 命令窗口依次输入下列命令:

```
>> dfk=[1 1 1]';
>> Bk=[3 -1 0; -1 2 -1; 0 -1 1];
>> Ae=[1 2 1];
>> hk=-4;
>> Ai=[];
>> gk=[];
>> [k,d,mu,lm,val]=qpsubp(dfk,Bk,Ae,hk,Ai,gk)
```

得

```
k =
    2
d =
    0.3889
    1.2222
    1.1667
mu =
    0.9444
lm =
    Empty matrix: 0-by-1
val =
    3.2778
```

例 13.4 利用程序 13.1 求解例 10.2, 即

$$\begin{aligned} \min\ & f(\boldsymbol{x}) = x_1^2 + x_2^2 - 2x_1 - 4x_2, \\ \text{s.t.}\ & -x_1 - x_2 + 1 \geqslant 0, \\ & x_1,\ x_2 \geqslant 0, \end{aligned}$$

在点 $\boldsymbol{x}_0 = (0,0)^{\mathrm{T}}$ 处相应的子问题 (13.40).

解 在 MATLAB 命令窗口依次输入下列命令:

```
>> dfk=[-2 -4]';
>> Bk=[2 0; 0 2];
>> Ae=[ ];
>> hk=[ ]';
>> Ai=[-1 -1; 1 0; 0 1];
>> gk=[1 0 0]';
>> [k,d,mu,lm,val]=qpsubp(dfk,Bk,Ae,hk,Ai,gk)
```

得

```
k =
  5
d =
  0.0000
  1.0000
mu =
  Empty matrix: 0-by-1
lm =
  2.0000
  0.0000
  0.0000
val =
  -3.0000
```

例 13.5 利用程序 13.1 求解下列二次规划问题

$$\begin{aligned} \min\quad & f(\boldsymbol{x}) = x_1^2 + x_2^2 - 2x_1x_2 - 2x_1, \\ \text{s.t.}\quad & x_1 + x_2 + x_3 - 3 = 0, \\ & x_1 + 5x_2 + x_4 - 6 = 0, \\ & x_1,\ x_2,\ x_3,\ x_4 \geqslant 0, \end{aligned}$$

在点 $\boldsymbol{x}_0 = (0,0,0,0)^{\mathrm{T}}$ 处相应的子问题 (13.40).

解 在 MATLAB 命令窗口依次输入下列命令:

```
>> dfk=[-2 0 0 0]';
>> Bk=[2 -2 0 0; -2 2 0 0; 0 0 0 0; 0 0 0 0];
>> Ae=[1 1 1 0; 1 5 0 1];
>> hk=[-3 -6]';
>> Ai=eye(4);
>> gk=[0 0 0 0]';
>> [k,d,mu,lm,val]=qpsubp(dfk,Bk,Ae,hk,Ai,gk)
```

得

```
k =
  6
d =
   1.6944
   0.8611
   0.4444
   0.0000
mu =
   0.0000
   -0.3333
lm =
   -0.0000
   -0.0000
   -0.0000
   0.3333
val =
   -2.6944
```

13.4.2 SQP 方法的 MATLAB 实现

本小节给出 SQP 方法 (算法 13.4) 的一个 MATLAB 程序, 该程序在某种意义上是通用的, 不同的问题只需编写目标函数、约束函数以及它们的梯度和 Jacobi 矩阵的 m 文件即可调用该程序.

程序 13.2 一般约束优化问题 SQP 方法的 MATLAB 程序, 该程序在每一迭代步调用了程序 13.1 qpsubp.m 求解二次规划子问题.

```
function [k,x,mu,lam,val]=sqpm(x0,mu0,lam0)
%功能: 基于拉格朗日函数Hesse矩阵的SQP方法求解约束优化问题:
%         min  f(x),
%         s.t.  h_i(x)=0 (i=1,2,..., l),
%               g_i(x)>=0 (i=1,2,...,m).
%输入: x0是初始点, mu0, lam0是乘子向量的初始值
%输出: k是迭代次数, x,mu,lam分别是近似最优点及相应的乘子向量, val是最优值
kmax=1000;  %最大迭代次数
n=length(x0); l=length(mu0); m=length(lam0);
ro=0.5; eta=0.1;  B0=eye(n);
x=x0; mu=mu0;  lam=lam0;
Bk=B0; sigma=0.8;
epsilon1=1e-6; epsilon2=1e-5;
[hk,gk]=cons(x);  dfk=df1(x);
[Ae,Ai]=dcons(x); Ak=[Ae; Ai];
k=0;
while(k<kmax)
   [k1,dk,mu,lm,val]=qpsubp(dfk,Bk,Ae,hk,Ai,gk); %求解子问题
   mp1=norm(hk,1)+norm(max(-gk,0),1);
   if(norm(dk,1)<epsilon1) & (mp1<epsilon2)  %检验终止准则
       break;
   end
   deta=0.05;  %罚参数更新
   tau=max(norm(mu,inf),norm(lam,inf));
   if(sigma*(tau+deta)<1)
       sigma=sigma;
   else
       sigma=1.0/(tau+2*deta);
   end
   im=0;   %求步长
   while(im<=20)
     temp=eta*ro^im*dphi1(x,sigma,dk);
```

```
    if(phi1(x+ro^im*dk,sigma)-phi1(x,sigma)<temp)
      mk=im;
      break;
    end
    im=im+1;
    if(im==20),   mk=10;   end
  end
  alpha=ro^mk; x1=x+alpha*dk;
  [hk,gk]=cons(x1);  dfk=df1(x1);
  [Ae,Ai]=dcons(x1);  Ak=[Ae; Ai];
  lamu=pinv(Ak)'*dfk;  %计算最小二乘乘子
  if(l>0 & m>0)
     mu=lamu(1:l); lam=lamu(l+1:l+m);
  end
  if(l==0), mu=[]; lam=lamu;  end
  if(m==0), mu=lamu; lam=[];  end
  sk=alpha*dk;  %更新矩阵Bk
  yk=dlax(x1,mu,lam)-dlax(x,mu,lam);
  if(sk'*yk>0.2*sk'*Bk*sk)
      omega=1;
  else
     omega=0.8*sk'*Bk*sk/(sk'*Bk*sk-sk'*yk);
  end
  zk=omega*yk+(1-omega)*Bk*sk;
  Bk=Bk+zk*zk'/(sk'*zk)-(Bk*sk)*(Bk*sk)'/(sk'*Bk*sk);
  x=x1;  k=k+1;
end
val=f1(x);
%p=phi1(x,sigma)
%dd=norm(dk)
%=============l1精确价值函数==========================%
function p=phi1(x,sigma)
f=f1(x); [h,g]=cons(x); gn=max(-g,0);
l0=length(h);  m0=length(g);
```

```
if(l0==0), p=f+1.0/sigma*norm(gn,1); end
if(m0==0),  p=f+1.0/sigma*norm(h,1); end
if(l0>0&m0>0)
   p=f+1.0/sigma*(norm(h,1)+norm(gn,1));
end
%==============价值函数的方向导数=======================%
function dp=dphi1(x,sigma,d)
df=df1(x); [h,g]=cons(x);  gn=max(-g,0);
l0=length(h);  m0=length(g);
if(l0==0),  dp=df'*d-1.0/sigma*norm(gn,1); end
if(m0==0), dp=df'*d-1.0/sigma*norm(h,1); end
if(l0>0&m0>0)
    dp=df'*d-1.0/sigma*(norm(h,1)+norm(gn,1));
end
%==============拉格朗日函数L(x,mu)======================%
function l=la(x,mu,lam)
f=f1(x);   %调用目标函数文件
[h,g]=cons(x);  %调用约束函数文件
l0=lemgth(h);  m0=length(g);
if(l0==0), l=f-lam*g;  end
if(m0==0),  l=f-mu'*h;  end
if(l0>0 & m0>0)
   l=f-mu'*h-lam'*g;
end
%==============拉格朗日函数的梯度=======================%
function dl=dlax(x,mu,lam)
df=df1(x); %调用目标函数梯度文件
[Ae,Ai]=dcons(x);  %调用约束函数Jacobi矩阵文件
[m1,m2]=size(Ai); [l1,l2]=size(Ae);
if(l1==0), dl=df-Ai'*lam; end
if(m1==0), dl=df-Ae'*mu; end
if(l1>0 & m1>0), dl=df-Ae'*mu-Ai'*lam; end
```

下面利用程序 13.2 来计算两个约束优化问题的极小点.

例 13.6 解非线性规划问题

$$\begin{aligned}\min\quad & f(\boldsymbol{x})=\mathrm{e}^{x_1x_2x_3x_4x_5}-\frac{1}{2}(x_1^3+x_2^3+1)^2,\\ \text{s.t.}\quad & x_1^2+x_2^2+x_3^2+x_4^2+x_5^2-10=0,\\ & x_2x_3-5x_4x_5=0,\\ & x_1^3+x_2^3+1=0.\end{aligned}$$

解 首先, 编写如下四个 m 函数:

```
%==============目标函数f(x)=======================%
function f=f1(x)
s=x(1)*x(2)*x(3)*x(4)*x(5);
f=exp(s)-0.5*(x(1)^3+x(2)^3+1)^2;
%==============目标函数f(x)的梯度=================%
function df=df1(x)  %df1.m
s=x(1)*x(2)*x(3)*x(4)*x(5);
df(1)=s/(x(1))*exp(s)-3*(x(1)^3+x(2)^3+1)*x(1)^2;
df(2)=s/(x(2))*exp(s)-3*(x(1)^3+x(2)^3+1)*x(2)^2;
df(3)=s/(x(3))*exp(s);
df(4)=s/(x(4))*exp(s);
df(5)=s/(x(5))*exp(s);
df=df(:);
%==============约束函数===========================%
function [h,g]=cons(x)  %cons.m
h=[x(1)^2+x(2)^2+x(3)^2+x(4)^2+x(5)^2-10; ...
   x(2)*x(3)-5*x(4)*x(5);x(1)^3+x(2)^3+1];
g=[];
%==============约束函数Jacobi矩阵=================%
function [dh,dg]=dcons(x) %dcons.m
dh=[2*x(1),2*x(2),2*x(3),2*x(4),2*x(5);...
    0,x(3),x(2),-5*x(5),-5*x(4);...
    3*x(1)^2,3*x(2)^2,0,0,0];
dg=[];
```

然后, 在 MATLAB 命令窗口依次输入下列命令:

```
>> x0=[-1.7  1.5  1.8  -0.6  -0.6]';
```

```
>> mu0=[0 0 0]';
>> lam0=[]';
>> [k,x,mu,lam,val]=sqpm(x0,mu0,lam0)
```

得

```
k =
   17
x =
   -1.7171
    1.5957
    1.8272
   -0.7636
   -0.7636
mu =
   -0.0402
    0.0380
   -0.0052
lam =
   Empty matrix: 0-by-1
val =
   0.0539
```

例 13.7 解非线性规划问题

$$
\begin{aligned}
\min \quad & f(\boldsymbol{x}) = e^{-x_1-x_2} + x_1^2 + 2x_1x_2 + x_2^2 + 2x_1 + 6x_2, \\
\text{s.t.} \quad & 2 - x_1 - x_2 \geqslant 0, \\
& x_1,\ x_2 \geqslant 0.
\end{aligned}
$$

解 首先, 编写如下四个 m 函数:

```
%==============目标函数f(x)========================%
function f=f1(x)
s=-x(1)-x(2);
f=exp(s)+x(1)^2+2*x(1)*x(2)+x(2)^2+2*x(1)+6*x(2);
%==============目标函数f(x)的梯度==================%
function df=df1(x)
```

```
s=-x(1)-x(2);
df=[-exp(s)+2*x(1)+2*x(2)+2; -exp(s)+2*x(1)+2*x(2)+6];
%==============约束函数============================%
function [h,g]=cons(x)
h=[ ];
g=[2-x(1)-x(2);x(1);x(2)];
%==============约束函数Jacobi矩阵==================%
function [dh,dg]=dcons(x)
dh=[ ];
dg=[-1 -1; 1 0; 0 1];
```

然后, 在 MATLAB 命令窗口依次输入下列命令:

```
>> x0=[1 1]';
>> mu0=[ ]';
>> lam0=[0 0 0]';
>> [k,x,mu,lam,val]=sqpm(x0,mu0,lam0)
```

得

```
k =
   1
x =
   1.0e-010 *
    -0.2239
    -0.0002
mu =
   Empty matrix: 0-by-1
lam =
   0.0000
   1.0000
   5.0000
val =
   1.0000
```

习 题 13

1. 以 $\boldsymbol{x}=(0,0)^{\mathrm{T}}$ 为初始点, 用牛顿-拉格朗日法求解优化问题

$$\min x_1+x_2, \quad \text{s.t. } x_2 \geqslant x_1^2,$$

并考虑为什么在 $\lambda=0$ 时算法会失败.

2. 用 SQP 方法求解问题

$$\begin{aligned} \min \quad & f(\boldsymbol{x})=x_1+x_2, \\ \text{s.t.} \quad & x_2-x_1^2 \geqslant 0, \end{aligned}$$

取初始点为 $\boldsymbol{x}_0=(0,0)^{\mathrm{T}}$. $\boldsymbol{B}_k$ 用如下两种取法:

(1) 取 $\boldsymbol{B}_k=\nabla_{\boldsymbol{x}\boldsymbol{x}}^2 L(\boldsymbol{x}_k,\boldsymbol{\lambda}_k)$, 且 $\lambda_0=1$; 若取 $\lambda_0=0$, 结果怎样?

(2) 取 $\boldsymbol{B}_0=\boldsymbol{I}$ (单位矩阵), 并采用校正公式 (12.45) $\sim$ (12.47) 校正 $\boldsymbol{B}_k$.

3. 用线搜索全局 SQP 方法求解问题

$$\begin{aligned} \min \quad & f(\boldsymbol{x})=-x_1-x_2, \\ \text{s.t.} \quad & -x_1^2+x_2 \geqslant 0, \\ & -x_1^2-x_2^2+1 \geqslant 0. \end{aligned}$$

此问题的最优解为 $\boldsymbol{x}^*=\left(\dfrac{\sqrt{2}}{2},\dfrac{\sqrt{2}}{2}\right)^{\mathrm{T}}$. 取初始点 $\boldsymbol{x}_0=\left(\dfrac{1}{2},1\right)^{\mathrm{T}}$, 初始乘子向量 $\boldsymbol{\lambda}_0=(0,0)^{\mathrm{T}}$, B_k 用如下两种取法:

(1) 取 $\boldsymbol{B}_k=\nabla_{\boldsymbol{x}\boldsymbol{x}}^2 L(\boldsymbol{x}_k,\boldsymbol{\lambda}_k)$.

(2) 取 $\boldsymbol{B}_0=\boldsymbol{I}$ (单位矩阵), 并采用校正公式 (12.45) $\sim$ (12.47) 校正 $\boldsymbol{B}_k$.

4. 考虑最优化问题

$$\begin{aligned} \min \quad & f(\boldsymbol{x})=-x_1+2(x_1^2+x_2^2-1), \\ \text{s.t.} \quad & x_1^2+x_2^2-1=0. \end{aligned}$$

若取价值函数为 Fletcher 精确罚函数, 试问单位步长能否使价值函数下降?

5. 设等式约束优化问题为

$$\begin{aligned} \min \quad & f(\boldsymbol{x})=x_1x_2^2, \\ \text{s.t.} \quad & g(\boldsymbol{x})=x_1^2+x_2^2-2=0. \end{aligned}$$

(1) 取初始点 $\boldsymbol{x}_0=(-2,-2)^{\mathrm{T}}$, 初始矩阵 $\boldsymbol{B}_0=\boldsymbol{I}$ (单位矩阵). 用步长为 1 的 SQP 方法求解此问题;

(2) 取 $\bar{\boldsymbol{x}}=(-0.8,-1,1)^{\mathrm{T}}$, $\lambda=-0.8$. 求 $r^*>0$, 使得 $0<r<r^*$ 时, 有

$$\nabla_{\boldsymbol{x}\boldsymbol{x}}^2 L(\bar{\boldsymbol{x}},\lambda)+\frac{1}{r}\nabla g(\bar{\boldsymbol{x}})\nabla g(\bar{\boldsymbol{x}})^{\mathrm{T}}$$

正定.

6. 用光滑牛顿法的 MATLAB 程序求解下列二次规划问题:

(1)

$$\begin{aligned} \min \quad & f(\boldsymbol{x})=\frac{1}{2}(x_1^2+2x_2^2-2x_1x_2+x_3^2), \\ \text{s.t.} \quad & x_1+x_2-x_3=4, \\ & x_1-2x_2+x_3=-2, \end{aligned}$$

在点 $\boldsymbol{x}_0=(0,0,0)^{\mathrm{T}}$ 处相应的子问题 (13.40);

(2)

$$\begin{aligned} \min \quad & f(\boldsymbol{x})=x_1^2+x_2^2, \\ \text{s.t.} \quad & -2x_1-x_2+2\geqslant 0, \\ & x_2-1\geqslant 0, \end{aligned}$$

在点 $\boldsymbol{x}_0=(0,0)^{\mathrm{T}}$ 处相应的子问题 (13.40).

7. 用 SQP 方法的 MATLAB 程序求解下列优化问题:

(1)

$$\begin{aligned} \min \quad & f(\boldsymbol{x})=(x_1-2)^4+(x_1-2x_2)^2, \\ \text{s.t.} \quad & -x_1^2+x_2\geqslant 0, \end{aligned}$$

取初始点 $\boldsymbol{x}_0=(0,0)^{\mathrm{T}}$, 初始矩阵 $\boldsymbol{B}_0=\boldsymbol{I}$ (单位矩阵);

(2)

$$\begin{aligned} \min \quad & f(\boldsymbol{x})=x_1^2+x_2^2-16x_1-10x_2 \\ \text{s.t.} \quad & -x_1^2+6x_1-4x_2+11\geqslant 0, \\ & x_1x_2-3x_2-\mathrm{e}^{x_1-3}+1\geqslant 0, \\ & x_1,\ x_2\geqslant 0, \end{aligned}$$

取初始点 $\boldsymbol{x}_0=(4,4)^{\mathrm{T}}$, 初始矩阵 $\boldsymbol{B}_0=\boldsymbol{I}$ (单位矩阵).

8. 设 $\boldsymbol{A}\in\mathbf{R}^{n\times n}$ 对称正定, 则 $(\boldsymbol{x}^*,\boldsymbol{\lambda}^*)$ 是下述优化问题的 KKT 对:

$$\min f(\boldsymbol{x}), \quad \text{s.t. } c_i(\boldsymbol{x})\leqslant 0,\ i=1,2,\cdots,r,$$

当且仅当 $(\mathbf{0},\boldsymbol{\lambda}^*)$ 是下述严格凸二次规划问题的 KKT 对:

$$\begin{aligned} & \min \ \frac{1}{2}\boldsymbol{d}^{\mathrm{T}}\boldsymbol{A}\boldsymbol{d}+\nabla f(\boldsymbol{x})^{\mathrm{T}}\boldsymbol{d}, \\ & \text{s.t. } c_i(\boldsymbol{x}+\nabla c_i(\boldsymbol{x})^{\mathrm{T}}\boldsymbol{d}\leqslant 0,\ i=1,2,\cdots,r. \end{aligned}$$

参考文献

[1] 袁亚湘, 孙文瑜. 最优化理论与方法 [M]. 北京: 科学出版社, 1997.

[2] 王宜举, 修乃华. 非线性最优化理论与方法 [M]. 北京: 科学出版社, 2012.

[3] 倪勤. 最优化方法与程序设计 [M]. 北京: 科学出版社, 2009.

[4] 徐成贤, 陈志平, 李乃成. 近代优化方法 [M]. 北京: 科学出版社, 2002.

[5] 李董辉, 童小娇, 万中. 数值最优化算法与理论 [M]. 2 版. 北京: 科学出版社, 2010.

[6] 赖炎连, 贺国平. 最优化方法 [M]. 北京: 清华大学出版社, 2004.

[7] 孙文瑜, 徐成贤, 朱德通. 最优化方法 [M]. 北京: 高等教育出版社, 2004.

[8] 袁亚湘. 非线性优化计算方法 [M]. 北京: 科学出版社, 2008.

[9] 曹卫华, 郭正. 最优化技术方法及 MATLAB 的实现 [M]. 北京: 化学工业出版社, 2005.

[10] 陈宝林. 最优化理论与算法 [M]. 2 版. 北京: 清华大学出版社, 2006.

[11] 何勇坚. 最优化方法 [M]. 北京: 清华大学出版社, 2007.

[12] 唐焕文, 秦学志. 最优化方法 [M]. 大连: 大连理工大学出版社, 1994.

[13] 黄红选, 韩继业. 数学规划 [M]. 北京: 清华大学出版社, 2006.

[14] 张光澄, 王文娟, 韩会磊, 等. 非线性最优化计算方法 [M]. 北京: 高等教育出版社, 2005.

[15] 韩中庚, 郭晓丽, 杜剑平, 等. 实用运筹学——模型、方法与计算 [M]. 北京: 清华大学出版社, 2007.

[16] Nocedal J, Wright S T. Numerical Optimization [M]. Berlin: Springer-Verlag, 2000.

[17] 张立卫, 单锋. 最优化方法 [M]. 北京: 科学出版社, 2010.

[18] 戴彧虹, 袁亚湘. 非线性共轭梯度法 [M]. 上海: 上海科学技术出版社, 2000.

[19] 施光燕, 董加礼. 最优化方法 [M]. 北京: 高等教育出版社, 1999.

[20] 简金宝. 光滑约束优化快速算法: 理论分析与数值实验 [M]. 北京: 科学出版社, 2010.